Amazon Web Services

AWSの基本・仕組み・重要用語が全部わかる教科書

株式会社NTTデータ
川畑光平 KAWABATA Kohei
菊地貴彰 KIKUCHI Takaaki
真中俊輝 MANAKA Toshiki

SB Creative

本書に関するお問い合わせ

この度は小社書籍をご購入いただき誠にありがとうございます。小社では本書の内容に関するご質問を受け付けております。本書を読み進めていただきます中でご不明な箇所がございましたらお問い合わせください。なお、お問い合わせに関しましては下記のガイドラインを設けております。恐れ入りますが、ご質問の際は最初に下記ガイドラインをご確認ください。

ご質問の前に

小社 Web サイトで「正誤表」をご確認ください。最新の正誤情報をサポートページに掲載しております。

- 本書サポートページ URL
  https://isbn2.sbcr.jp/07852/

ご質問の際の注意点

- ご質問はメール、または郵便など、必ず文書にてお願いいたします。お電話では承っておりません。
- ご質問は本書の記述に関することのみとさせていただいております。従いまして、○○ページの○○行目というように記述箇所をはっきりお書き添えください。記述箇所が明記されていない場合、ご質問を承れないことがございます。
- 小社出版物の著作権は著者に帰属いたします。従いまして、ご質問に関する回答も基本的に著者に確認の上回答いたしております。これに伴い返信は数日ないしそれ以上かかる場合がございます。あらかじめご了承ください。

ご質問送付先

ご質問については下記のいずれかの方法をご利用ください。

▶ Web ページより

上記のサポートページ内にある「この商品に関する問い合わせはこちら」をクリックすると、メールフォームが開きます。要綱に従って質問内容を記入の上、送信ボタンを押してください。

▶郵送

郵送の場合は下記までお願いいたします。

〒 105-0001　東京都港区虎ノ門 2-2-1

SB クリエイティブ　読者サポート係

はじめに Introduction

「ＡＷＳ（エーダブリュエス）の入門書を書いてほしい」。この要望をいただいて少し悩みました。2006年にAWS（Amazon Web Services）が本格的にサービスを開始してから16年余りが経過しており、すでにすばらしい入門書がいくつも刊行されています。ある意味レッドオーシャン（競合過多）な状況下で「入門書として、これ以上何か書くことあったかな？」というのが、率直な最初の印象でした。

この疑問に自分なりの答えを出すために、改めてクラウドサービスの歴史や、システム開発の変化を自分の頭の中で整理してみました。そして、次の点に気づかされました。

- AWSが提供するサービスの革新は著しく、年単位で大きな変化を遂げている
- 単なる機能やサービスの新規追加にとどまらず、クラウドに対する考え方や方向性が変化している

筆者は約15年前にNTTデータに入社し、金融機関の業務アプリケーション開発担当やシステム基盤開発担当を経て、研究開発部門に異動しました。そこではじめてクラウドコンピューティング技術に触れたのですが、これまでの業務で経験してきたアプリケーション実行基盤の構築を、仮想化技術を使っていとも簡単に、かつ迅速・柔軟に行えるこのテクノロジーに感銘を受けたことを覚えています。

当時は先駆的にサービス展開していたAWSと、AWSと同様にクラウド環境構築を行えるオープンソースソフトウェアとして提供されていたCloudStackやOpenStack、Eucalyptusなどを扱っていました。それから10年ほどが経過した現在、Azure、GCP（Google Cloud Platform）、IBM Cloud、Oracle Cloud Infrastructureや、Kubernetesといったコンテナプラットフォーム、Cloud FoundryなどのPaaSの登場といった形で、クラウドテクノロジーを取り巻く環境は目まぐるしい変遷を遂げています。

振り返ってみると、当初のクラウドテクノロジーはコスト削減や開発作業の効率化・スピードアップが主な目的でした。しかし近年は、AIやビッグデータ、ブロックチェーン、IoTなどの技術を組み合わせて、既存のビジネスや仕組みを改良したり、根幹から変えたりする（いわばデジタルトランスフォーメーションの）ためのコアな技術として位置づけられています。これからの時代を生きるエンジニアには、クラウドテクノロジーの基本を身につ

けておくことは必須といえるでしょう。

そこで本書では、こうした技術・背景の移り変わりや、今後も一定数残り続けるであろうオンプレミス環境（企業が独自に持つデータセンタ）との違いを明確にしたうえで、デジタルトランスフォーメーションを実現するためにAWSにはどのようなサービスがあり、それをどのようなアーキテクチャで実現できるのかを体系的にまとめることにしました。中でも、AWSやクラウドの技術の本質をきちんと理解するうえで必須となる以下の点については、とことん丁寧に、しっかりと解説しています。

・クラウドの背景・成り立ちや発展経緯
・AWSの全体像や基本的なサービスの概要
・技術カテゴリごとの応用的なサービスの概要

本書を手に取る読者は主に新卒・若手技術者が対象になると思いますが、これまでレガシーな（古き良き）情報システムを支えてこられた熟練のエンジニアの方々にとっても、役立つ書籍になっています。本書が日本のIT技術人材育成のための一助となれば幸いです。

謝辞

本書を執筆するにあたり、貴重な機会を与えてくださったSBクリエイティブ社の岡本さま、浦辺制作所の澤田さま、また、本業務が忙しいにも関わらず執筆の作業分担を快く引き受けてくれた共同執筆者の菊地さん、真中さん、ありがとうございます。また、本書の査読や感想ヒアリング・レビューにご協力いただいた方々にも感謝申し上げます。

最後に、私がいちエンジニアとしての人生を踏み出すまでに育て、援助してくれた両親（父：忠志、母：明代）や兄妹と、今の私を支えてくれている妻の由佳、2019年に生まれた長男の憬に感謝の気持ちを述べたいと思います。令和という時代になっても、感染症や紛争など不安になる出来事も多くありますが、敬愛する家族がいるおかげで今日の自分があって、これから息子が育っていくこの日本という国の発展のために、今後も微力ながら、自分ができることで精一杯貢献していきたいと思います。

著者代表 川畑 光平

CONTENTS

序章

本書の目的と構成

本書は、これから AWS を学ぶ人にとって最良の書籍であることを目指して制作されています。ここでは、本書の目的、本書の対象読者、および本書の構成について解説します。

本書の目的と対象読者

本書の目的

本書の目的は、**AWSの全体像や基礎知識、主要サービスの特徴**を、これからAWSを学ぶ初学者の皆さんに向けて、できるだけ丁寧にわかりやすく解説することです。

本書を読むことで**「AWSとはこういうものなのか！」「現在のAWSの特徴や活用方法を把握できた！」「昨今、クラウドが注目されている理由がわかった！」**といった知識を得ることができます。

AWSについて理解を深めるには、何よりも先にAWSの「**全体像**」（AWSがどのようなものであるか）を把握することが重要です。全体像をきちんと習得しておけば、今後の学習が非常にスムーズになります。

また、AWSのサービス群は非常に多岐にわたり、かつ高機能であるため、**最初から各サービスの詳細を突き詰めていく学習方法は効率的とはいえません**。まずはAWSの主要なサービスの特徴や要点から学んでいくことをお勧めします。

☑AWSのお勧めの学習ステップ

今後、みなさんが継続してAWSの学習を進めていったり、熟練のAWS技術者を目指したりするであれば、次のステップを意識して学習を進めることをお勧めします。このサイクルを繰り返すことで、効率よくスキルアップできます。

（1）クラウドコンピューティング技術の全体像、AWSの概要、提供されているサービスの内容をざっくりと知る
（2）ハンズオンなどで実際にAWSサービスを体験することで、より深く学ぶ
（3）AWSを使って、チームでの開発を経験し、プロダクトを作ってみる

本書が提供するのは**（1）**の部分です。まずは本書を読んで、**（1）**の全体像や概要をしっかり習得してください。そのうえで、**（2）→（3）**と学習を進めていくことをお勧めします。

本書の対象読者

本書では次のような方々を読者対象として設定しています。

・AWSや他のクラウドサービスに一度も触れたことがない初心者の方々
・AWSの全体像を押さえておきたい人
・クラウドやAWSの基本を知りたい人
・AWSを用いた開発案件に配属されたエンジニアの方々

このように、本書では「**AWSについてこれからはじめて学ぶ人**」を対象に、AWSの基礎知識から一つずつ、できるだけ丁寧に解説していきます。少々分厚い本ですが、安心して読み進めてください。

ただし、コンピュータやネットワークなどの基礎知識に関しては、ある程度知っていることを前提として解説しています。具体的には、基本情報技術者試験に出題される範囲の用語についてはすでに知っているという前提のもとで解説を行っています。そのため、本書を読み進めていく中で、もし「技術用語が難しい」と感じた場合は、IT用語辞典などを副読本として利用することをお勧めします。

Column

お勧めのAWS学習コンテンツ

学習ステップ（2）については、AWSが提供しているハンズオン資料（https://aws.amazon.com/jp/aws-jp-introduction/aws-jp-webinar-hands-on/）や他の技術書籍などが有用です。

また学習ステップ（3）については、実務などを通して進めていくのが最良ですが、筆者らがIT情報サイト「Tech+」に寄稿している以下の記事が参考になるかもしれません。参照してみてください。

● AWSで作るクラウドネイティブアプリケーションの基本
URL https://news.mynavi.jp/techplus/series/AWS/
● AWSで作るクラウドネイティブアプリケーションの応用
URL https://news.mynavi.jp/techplus/series/aws_adv/
● AWSで作るマイクロサービス
URL https://news.mynavi.jp/techplus/series/aws_2/
● AWSで実践！基盤構築・デプロイ自動化
URL https://news.mynavi.jp/techplus/series/AWSAuto/
● AWSではじめる機械学習 ～サービスを知り、実装を学ぶ～
URL https://news.mynavi.jp/techplus/series/aws_1/

A Text Book of AWS : Chapter 00

02 本書の構成

各章の解説内容

本書は、以下の3部構成で、全20章立てとなっています。

・入門編：クラウドコンピューティングやAWSの概要を解説
・基礎編：AWSの基本的、かつ最重要のサービスを解説
・実践編：利用頻度の高い実践的なサービスを解説

なお、各章は独立しているため、どの章から読みはじめても大丈夫ですが、初心者の方は入門編の第1章から順番に読み進めていくことをお勧めします。

● **本書の構成**

部・章	概要
入門編	
第1章 クラウドの基礎知識	クラウドコンピューティングの歴史や発展経緯、最近の傾向、オンプレミスとの違い、DXの実現手段としての側面などについて解説
第2章 AWSの基本と全体像	AWSが提供するクラウドコンピューティングサービスの歴史や提供エリア、サービスの一覧、利用方法、責任共有モデルの考え方などを解説
基礎編	
第3章 ネットワーク関連 のサービス	AWSクラウドでネットワークを構成する場合に使用するサービスの種類やその内容を解説
第4章 コンピューティング関連 のサービス	サーバコンピューティングに関するサービスの種類やその内容を解説
第5章 ストレージ関連 のサービス	AWSクラウドで非機能要件を高めたマネージドストレージとして利用可能なサービスの種類やその内容を解説
第6章 データベース関連 のサービス	AWSクラウドで使用できる非機能要件を高めたマネージドデータベースの種類やその内容を解説
第7章 アプリケーション統合関連 のサービス	AWSクラウドでアプリケーション間の連携をサポートするサービスの種類やその内容を解説

	第8章 監視関連 のサービス	AWSクラウドでサーバやアプリケーションを監視するサービスの種類やその内容を解説
	第9章 アイデンティティ関連 のサービス	AWSクラウドでユーザ管理やアクセス制御を行うサービスの種類やその内容を解説
実践編		
	第10章 静的Webサイト関連 のサービス	静的Webサイトを構築する際によく使用するAWSサービスの種類やその内容を解説
	第11章 エンタープライズシステム関連 のサービス	特に企業向けに構築されるエンタープライズシステム環境で使用されるAWSサービスの種類やその内容を解説
	第12章 コンテナ関連 のサービス	コンテナ技術（Dockerなど）を使ったアプリケーションを構築する際によく使用するAWSサービスの種類やその内容を解説
	第13章 サーバーレス関連 のサービス	サーバーレスアプリケーションを構築する際によく使用するAWSサービスの種類やその内容を解説
	第14章 DevOps関連 のサービス	CI（Continuous Integration：継続的インテグレーション）や、CD（Continuous Delivery：継続的デリバリ）を実現するAWSサービスの種類やその内容を解説
	第15章 データアナリティクス関連 のサービス	データ分析やビッグデータを取り扱う基盤を構築する際によく使用するAWSサービスの種類やその内容を解説
	第16章 機械学習関連 のサービス	AIや機械学習（Machine Learning：ML）をAWSで利用する際によく使用するAWSサービスの種類やその内容を解説
	第17章 IoT関連 のサービス	IoT基盤をAWSで構築する際によく使用するAWSサービスの種類やその内容を解説
	第18章 基盤自動化関連 のサービス	アプリケーションが動く基盤環境を自動的に構築する際によく使用するAWSのサービスの種類やその内容を解説
	第19章 システム管理関連 のサービス	開発したシステムやアプリケーションの保守・運用フェーズでよく使用するAWSサービスの種類や内容を解説
	第20章 セキュリティ関連 のサービス	AWS環境でセキュリティ対策を施す際によく使用するAWSサービスの種類や内容を解説

エンジニアのスキルセット

AWSのサービス数は本書執筆時点ですでに200を超えています。そのため、すべてのサービスを把握するのはかなり骨が折れます。AWSのエキスパートを目指さないのであれば、各サービスの細かい内容を覚えておく必要はありません。AWSに限らず、これからは自身の仕事内容や学習目的に合わせて、獲得するスキルセットを検討することが重要です。

例えば、あるアプリケーション開発者の場合、下図のように、各スキルを山形に修めるケースもあると思います。この図のポイントは、すべてのスキルを均等に獲得するのではなく、スキルごとに習熟度が異なるところです。みなさんもこれから獲得を目指す技術について、どの程度習熟すべきか、ぜひ一度検討してみてください。

●エンジニアのスキルセットの例

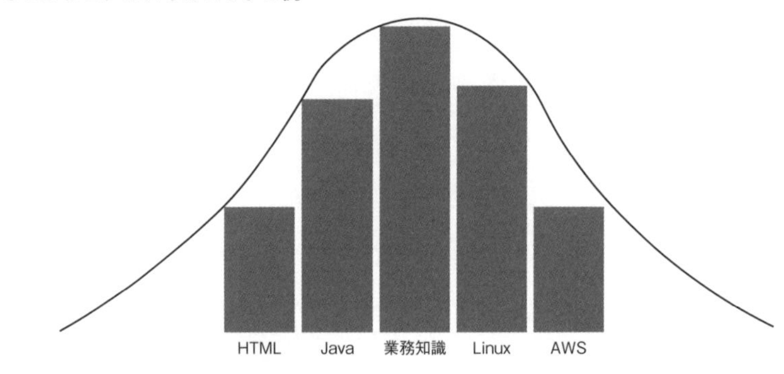

第 1 部
入 門 編

Chapter 01

第1章

クラウドの基礎知識

本章では、クラウドとオンプレミスとの違いや、仮想化技術の発展、クラウドのメリット・デメリットなどについて解説します。本書はAWSの入門書ですが、AWSを正しく理解するには、前提として、クラウドについての理解が必須です。

01 クラウドコンピューティングの発展

クラウドコンピューティングとオンプレミス

「クラウドコンピューティング」という用語は、2006年にGoogleのCEOであったエリック・シュミットの提唱によって広まったといわれています。

クラウドコンピューティングとは、**仮想化技術を駆使して、サーバリソースをオンデマンドに、かつ柔軟に提供するサービス**です。クラウドコンピューティングという用語を検索すると、概要や歴史、分類、用語の解説などがたくさん出てきますが、本書では、クラウドと対比されがちな**オンプレミス環境**がどのように提供されているかを出発点として、クラウドの特徴を解説していきたいと思います。

オンプレミスとは

伝統的なエンタープライズシステムでは、自社で調達したハードウェア（企業の基幹業務を担う高度･高価なメインフレームや汎用的なサーバなど）を用いて、共同で利用・運営するデータセンタなどにITシステム環境を構成します。このような環境を「**オンプレミス**」と呼びます。

大規模な企業では、その事業運営に必要な基幹システムや情報システム、コンシューマ向けのWebサイト、SAPなどのアプリケーションパッケージソフト、スクラッチ(業務に応じて個別に開発する)アプリケーションなど、幅広くITサービスを運営するために自社でデータセンタを構築するケースもあります。

押さえておきたい 中小規模のITシステム

中小規模の企業が、勤怠管理や経費精算など、最低限の事務・会計処理をITシステムで行う場合や、外向けに会社や事業の情報を提供する程度で事足りる場合は、レンタルサーバを借りてWebサイトを準備したり、事務処理を行うパッケージ会計ソフトを使用したり、Salesforce.comなどのSaaS型のASP（アプリケーションサービスプロバイダ）を利用したりするだけで済むケースもあります。こうしたケースは従来からクラウドに近い形態で、さまざまなソフトウェア会社から提供されている場合も多く、オンプレミスとは異なります。

☑オンプレミス環境を構築する際に必要になるもの

オンプレミスでコンシューマ向けに何かしらのWebサービスを提供する場合に必要なものをもう少し詳しくみてみましょう。以下は、Webサービスを展開する場合の典型的なシステム構成です。

● オンプレミス

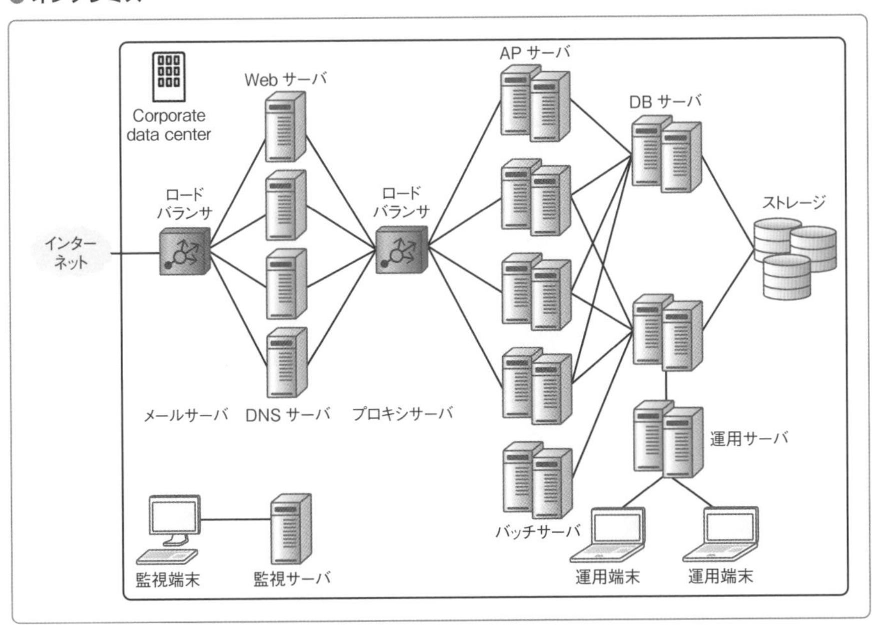

相応の信頼性、サービス継続性、セキュリティレベルをもってWebサービスの提供を行う場合、最低限、次ページの表のようなものが必要になります。

これらは、一度構成を決めてしまうと後から変更するのに相当な労力がかかるため、ある程度の安全率を見込んだうえで構成しておくことがオンプレミスにおける重要な考え方の1つです。反面、**ピーク時以外はリソースを持て余す傾向にあることが特徴**です。

● オンプレミスにおける Web システムの代表的な構成要素

構成要素	役割
ロードバランサ	インターネットから Web サーバへ入ってくるリクエストを負荷分散する。その他、L4 スイッチ相当の通信制御やサーバのヘルスチェックといった死活監視、およびファイアウォール、SSL ターミネーションなどの機能を持つ場合もある
Web サーバ	画像などの静的コンテンツやキャッシュ用途で配置される。障害発生の対応として冗長化された構成で構築される場合もある
メールサーバ	コンシューマ向けにメール配信用途で使用する
DNS サーバ	インターネットで使用されるドメイン名と IP アドレスのマッピング用途で使用される。DNS は「Domain Name System」の略
プロキシサーバ	オンプレミス内部からインターネットへ通信する場合に、アクセス制御を行うために個別に用意される場合がある
AP サーバ	アプリケーションがデプロイされるサーバ。エンドユーザー向けに動的なページやデータをレスポンスする Web サービスとして提供される。障害発生の対応として、冗長化された構成で構築される場合もある。AP は「Application」の略
DB サーバ	主にデータベースミドルウェアがインストールされるサーバ。AP サーバやバッチサーバなどからリクエストを受けて、アプリケーションなどで使用するデータをレスポンスしたり、保存、消去する処理を実行したりする。障害発生の対応として冗長化された構成で構築される場合もある。DB は「Database」の略
ストレージ	DB サーバの処理を受けて、実際にデータが読み込み・書き込まれるストレージ。バックアップや障害によるデータ毀損回避用途で DB サーバのストレージとは別に用意される
バッチサーバ	オンライン以外で業務に必要なバッチ処理を実行する用途で使用されるサーバ。外からのリクエスト処理に性能影響を与えないために個別に用意される場合がある
運用サーバ	各サーバのメンテナンス、アプリケーションのアップデート、DB マスタデータの更新など運用に不可欠な処理を実行する用途で使用される
運用端末	運用サーバにアクセスする用途の端末（PC）
監視サーバ	各サーバの死活監視や、サーバ・アプリケーションログの収集、監視・アラートなどの用途で使用する
監視端末	監視サーバにアクセスし、監視状況を表示する用途の端末（PC）

☑オンプレミスでのサイジング・見積もりの大変さ

オンプレミス環境を構築する場合は最初に、提供する Web サービスの利用ユーザー数やピークリクエスト数、サービスレベルに応じて、**各サーバのサイジング**（サーバの種類やスペック、ストレージ容量などの設計）を行います。

一般的にこのような作業では、IPA（独立行政法人 情報処理推進機構）が提供している「非機能要求グレード」などを元にしてシステム構成を検討するのですが、観点が多く、かなり大変です。**最新の非機能要求グレードでは、可用性や性能・拡張性といった非機能 6 カテゴリ、全部で 230 項目を越える観点が存在します。**これらを元にして、ユーザーの要求に合わせて、システムのサーバ構成や台数、使用するミドルウェアなどを決定していきます。

加えて、サーバを調達するベンダに問い合わせて価格を見積もり、同時にサーバを実際に配置するデータセンタを調査・手配して、機器の搬入手続きやネットワーク回線の敷設工事を進めることになります。

このような環境構築の経験に携わったことがない人も、この作業の大変さは感覚的におわかりいただけるのではないでしょうか。

仮想化技術の普及

他方、上記のITシステムの構築方法に影響を及ぼすことになる**仮想化技術**が2000年代の初頭から普及しはじめます。

仮想化とは、シンプルにいえば、**従来は1つの物理サーバ上で1つのOSを実行していたところ、「ハイパーバイザ」と呼ばれるソフトウェアを使って、仮想的に複数のOSを実行する技術**です。この技術により1つの物理マシンで複数のサーバ環境を構築できるようになります。仮想化技術の代表的なプロダクトは「**VMware**（ヴイエムウェア）」です。

● 仮想化技術のイメージ図

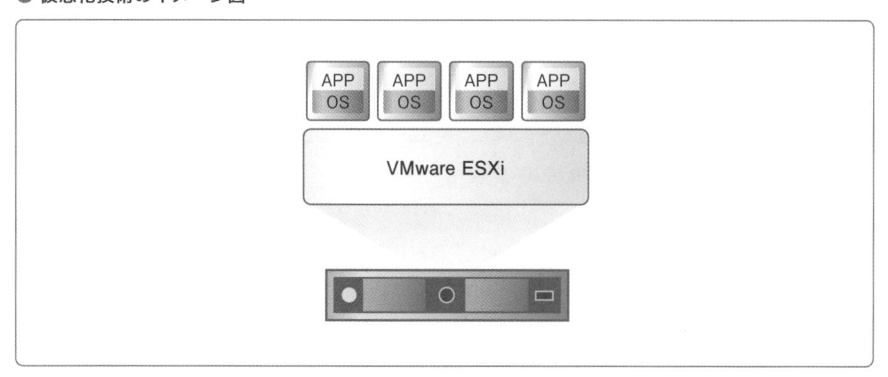

また、**VLAN**（Virtual Local Area Network）や**OpenFlow**をはじめとした**ネットワーク仮想化技術**によって、ソフトウェアでネットワークを動的に構築する技術（SDN：Software-Defined Networking）も発展していきます。

これらの仮想化技術を活用することで、1つのサーバで複数のアプリケーションの実行環境を動的に（いつでも好きなときに）構築することが可能になります。

当初、仮想化を導入する多くの理由は「**コスト削減**」のためでした。1つの物理サーバで仮想的にいくつものサーバを動かしたほうが、費用も設置するスペースも削減できるからです。

クラウドコンピューティングの登場

このような中、クラウドコンピューティングの先駆けである **AWS**（Amazon Web Services）は、Amazon.com のサーバリソースを「**サービス**」として他社に提供しはじめたことに端を発します。

Amazon.com は、自社 EC サイトの運営のために、高額な費用を使ってデータセンタに膨大なサーバリソースを抱えていましたが、一時的な繁忙期（クリスマス商戦の時期など）を除き、膨大なサーバリソースを持て余していました。

そこで Amazon.com は、余剰なサーバリソースを他社にサービスとして提供することを考えます。これが AWS のはじまりです。2004 年に **SQS**（Simple Queue Service）の提供を開始したことを皮切りに、2006 年には中核となる **EC2**（Elastic Compute Cloud）をパブリックベータとしてリリースし、クラウドベンダの先駆けとしてスタートしました。

☑クラウドコンピューティングの種類

クラウドコンピューティングを利用すれば、使用者はリモートから仮想のサーバリソースにアクセスすることで、上述の IT 環境を構築できます。**このとき、使用者の手元には一切の物理サーバは必要ありませんし、さらにクラウド上の物理サーバのことを意識する必要もありません。**

このように、いわば雲（クラウド）の中にある仮想リソースを使うことができることから、こういったサービス形態のことを「**クラウドコンピューティング**」と呼ぶようになりました。

その後、類似となるクラウドコンピューティングのサービスが続々と登場します。現在では、クラウドコンピューティングは、そのサービスの提供形態によっていくつかの種類に分類できます。

クラウドコンピューティングの種類

種類	概要
パブリッククラウド	主にインターネット経由で提供されるクラウドコンピューティングサービス。提供するサービスの内容によって、さらに「IaaS」「PaaS」「SaaS」の3種類に分類できる（下表を参照）
プライベートクラウド	企業が、OpenStackなどの仮想化技術を使用して、パブリッククラウドと同等の機能を持つ環境を自社内に構築・設置し、イントラネットなどを経由してユーザー部門が利用する形態。パブリッククラウドと比較して、投資や運用管理が必要な反面、セキュリティや資産保護を強化できる。なお、特定のベンダが個別企業向けにクラウド環境をプライベートなサービスとして提供する形態もある
ハイブリッドクラウド	上記のパブリッククラウドとプライベートクラウドを組み合わせた形態。業務、データ、セキュリティなどの要件に応じた使い分けや連携が可能

Memo

本章において、単に「クラウド」と表記されている場合、それは「パブリッククラウド」のことを指すものとします。

パブリッククラウドの種類

種類	概要
IaaS	「Infrastructure as a Serivce」の略。主にサーバリソースを提供する。IaaSベンダには、AWS、Microsoft Azure、Google Cloud Platform（GCP）、IBM Cloud、Oracle Cloud Infrastructure（OCI）などがある
PaaS	「Platform as a Service」の略。サーバリソースに加えて、アプリケーションの土台となるミドルウェア（複数をまとめてプラットフォームと呼ぶ）もサービスとして提供する。主なPaaSには、Salesforce.comが提供するHerokuやVMware社が提供するPivotal Application Service、オープンソースソフトウェアのCloudFoundryなどがある
SaaS	「Software as a Service」の略。使用するアプリケーションをサービスとして提供する。SaaSの代表例は、Salesforce.comが提供するForce.comなど

Column

雲の中はどうなっているの？

クラウドについて学習する中で**「クラウド（雲）の中はどうなっているの？」**という疑問を抱いた人は、エンジニアとしてよい資質を持っていると思います。

当然のことながら、AWSがどのように仮想化技術を利用し、また、どのようにして仮想サーバのリソースをユーザーに提供しているのかは公開されていませんが、クラウドを構築するためのOSS（オープンソースソフトウェア）である**Eucalyptus**や**OpenStack**のアーキテクチャを確認することで、クラウドの中を想像するためのヒントを見つけることができます。

例えば、OpenStackでは、各コントローラがAPI（Application Programming

Interface：ソフトウェア同士で情報をやり取りする際に使われるインターフェース)を持ち、さまざまなクライアントからのリクエストを受けて、サーバリソースをオンデマンドにユーザーに提供できる仕組みを構築しています。クラウドを利用するユーザーはコマンドラインツールや管理コンソールとなるWebアプリケーション、各言語からアクセスするライブラリなどを用いて雲の中にあるAPIを実行し、必要なサーバリソースを構築したり、マネージドサービスを利用したりする仕組みになっています。以下は、OpenStackのアーキテクチャのイメージです。

● **OpenStackのアーキテクチャ** [1]

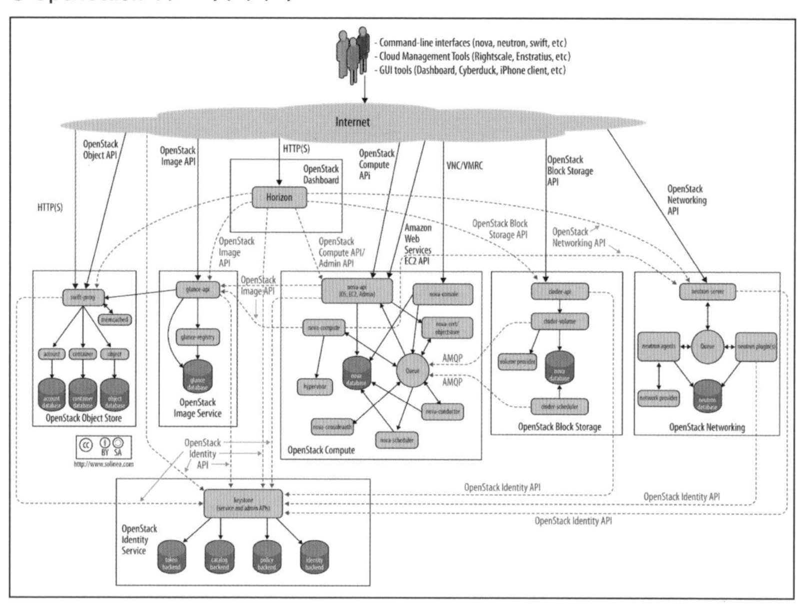

AWSをはじめとする各クラウドベンダはアーキテクチャを公開してないので、このようなアーキテクチャと必ずしも同一ではないと思いますが、少なからず同じような役割を持つサーバがいて、ユーザーのリクエストに応じたサービスを提供する仕組みになっていると考えられます。

クラウドの特徴とメリット・デメリット

クラウドによって提供されるサーバリソースは**拡張性**や**耐障害性**に優れており、加えて、従量課金をベースとした料金体系のため、利用コストも最適化できます。

さらに、クラウドでは、IT環境を運営する際に必要となる処理や管理作業を一体化させて「**マネージドサービス**」として提供しています。一例としてデータベースに関するサービスを例に挙げると、**クラウドによって提供されるマネージドサービスでは、バックアップ処理や障害時に自動復旧する処理などをデータベースエンジンとなるミドルウェアに組み込んだ形で利用できます**。他にも、AIやビッグデータ解析などの先端技術をAPI（Application Programming Interface：ソフトウェア同士で情報をやり取りする際に使われるインターフェース）を通じて、簡単に利用することも可能です。

このように、クラウドを利用することで多くのメリットを得ることができる一方で、システム環境のすべてをクラウドベンダに委ねるため、例えば、**誤操作によるロストデータを復旧できない**ことや、さまざまなユーザーが同一のサーバ環境に相乗りするマルチテナント化による**パフォーマンスの不安定さ、カスタマイズ性の不足**といったデメリットがあります。他にも、大手のクラウドベンダであるが故に、**逆にセキュリティの脅威に晒されてしまう**といった点もデメリットの1つとして挙げられます。

以下に、オンプレミスと比較した場合の、クラウドのメリットとデメリットを簡単にまとめます。

クラウドのメリット

- データセンタの選定やサーバ機器の手配、手続き作業コストを最小化できるため、短期間にITシステム環境を構築できる
- システムの構築後でもサーバのスペックを変更したり、動的にリソースをスケールしたりできるため、最初から厳密にサイジング作業を行う必要がない
- クラウドベンダが提供している環境は災害対策・障害・セキュリティ対策などが組み込まれて構築されているため、非機能要件への対応コストを削減できる
- クラウドベンダが提供しているさまざまなマネージドサービスを利用することによって、商用向けライセンスが付与されたミドルウェアの導入コストを削減できる。また、AIやビッグデータなどの先端技術を用いた付加価値の高いデータ処理を容易に実行できる

クラウドのデメリット

- 自社のデータセンタでは実現できていた、柔軟なトラブル対応や安定したパフォーマンスが保証されない
- 利用するリソース・サービスによっては詳細なチューニングができず、非機能

要件の実現が難しいケースがある
・完全閉塞したネットワーク環境を構築可能なオンプレミスに比べ、セキュリティの脆弱性をついた攻撃に晒されやすくなる
・何かのきっかけでリソースが大量消費された場合に、費用が膨大な額になるリスクがある

第1部 入門編

このように、クラウドにもメリットとデメリットがあります。**クラウドを利用することによって多くのメリットを享受できることは間違いありませんが、あらゆるケースにおいて常にクラウドが優れているわけではない**、という点は押さえておいてください。

例えば、高レベルのセキュリティが求められる場合や、システムをクラウドに移行することでかえって費用が増えてしまうような場合は、無理にクラウドへ移行する必要はなく、これまで通り、オンプレミスや安価なアプリケーションサービスプロバイダが提供するサービスで構成したほうがよい場合もあります。**システム要件や特性を見極めて適切にシステムを構成することが重要**です。

クラウドとDX

これまで解説してきた通り、クラウドの主な目的は、システム構築にかかる**期間の短縮やコスト削減**などを図ることでしたが、近年では**DX（デジタルトランスフォーメーション）**を実現するベース技術としての側面が注目されつつあります。

このことについての理解を深めるために、近年筆者が目にした代表的なDX事例をいくつか紹介します。

☑ 事例1 Uberのデジタル・ディスラプターなサービス

Uberは最も有名なDXの事例の1つです。Uberは、クラウド上にある地図データやGPSなどから収集した位置情報データをリアルタイムに組み合わせて、一般人が自家用車を使ってタクシー配車するという新たなサービスです。

また、Uberは2016年に「**Uber Eats**」というデリバリーサービスをはじめたことが当時話題になりました。2020年のコロナ禍で需要が一気に増大したこともあり、日本ではタクシー事業者としてのUberよりも、Uber Eatsのほうが馴染み深いかもしれません。

Uber Eatsの仕組みは、基本的に配車サービスと同じです。配達員の位置情報データや、飲食店・配達先の住所・地図データを使ってデリバリーサービスを行います。

Uber Eatsはまだしも、配車サービスは既存のタクシー業界のビジネスを破壊しかねない脅威の**デジタル・ディスラプター（創造的破壊者）**なサービスとして、よくDXの事例として取り上げられます。

GPSから収集するデータは時間帯によってリクエスト量に大きな波があるため、クラウドの特徴の1つである「**伸縮自在なサーバスケール**」と相性がよく、リソースコストの最適化が可能となっています。

● Uberの配車サービス

［出所］https://apps.apple.com/us/app/uber/id368677368?platform=iphone

☑ 事例2 Cenovus Energyのエッジコンピューティング

2つめのDX事例は、カナダに本拠をおく石油・天然ガスの採掘を行う企業Cenovus Energyのエッジコンピューティングに関するものです。

採掘現場があるアルバータ州は、冬は氷点下を下回る過酷な環境であり、車や人がスリップすることに加え、ガス中毒や重量級作業機器の運搬による身体への負荷など、環境は常に労働災害と隣り合わせでした。

● Cenovus Energy 社のホームページと採掘現場環境

［出所］https://www.cenovus.com/

そのような中で、Cenovus Energy は労働災害の撲滅を目的として、**加速度センサーが内蔵されたヘルメット**や、**GPS が内蔵されたジャケット**を用いて作業員の地理情報や動作に関するデータを収集し、事故やインシデントを可視化するシステムを開発することを目指します。

とはいえ、現場の環境は都会のオフィスのようにネットワーク環境が整備されているわけではありません。そこで、Cenovus Energy はネットワーク伝送量や消費電力を抑えてサーバ側へデータ送信を行う**エッジコンピューティング**（p.432）を導入します。

このようなエッジコンピューティングは IoT などで用いられるテクノロジーであり、同時に DX の好例でもあります。主に製造業を中心としたインダストリー業界で活用が期待される技術であり、その膨大なデータの保存先としてクラウドが有力な候補となります。

事例3 Walt Disney World Resort の API 連携

Walt Disney World Resort は、アメリカのフロリダ州にある世界最大級の複合テーマパーク施設です。4大テーマパーク（マジックキングダム、エプコット、アニマルキングダム、ハリウッドスタジオ）と、2つのウォーターパーク（タイフーンラグーン、ブリザードビーチ）、および、森林や湖、オフィシャルホテルを含む敷地面積は、東京都に位置する山手線が囲むエリアを優に超えます。

● Walt Disney World Resort

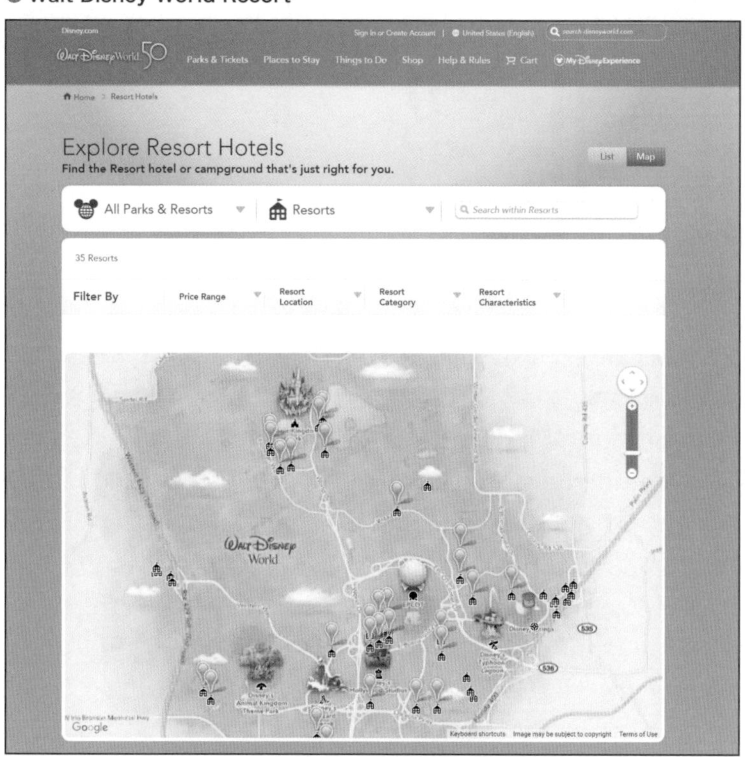

［出所］https://disneyworld.disney.go.com/resorts/map/

1週間でも回りきれないほどの一大リゾート施設ですが、筆者が訪れたときに極めて優れているなと感じた DX の事例があります。

その中核をなすのが、スマホアプリ「My Disney Experience」と、RFID を内蔵したウェラブルデバイスの「Magic Band」、そしてそれらをシームレスに連携する API です。

● My Disney Experience

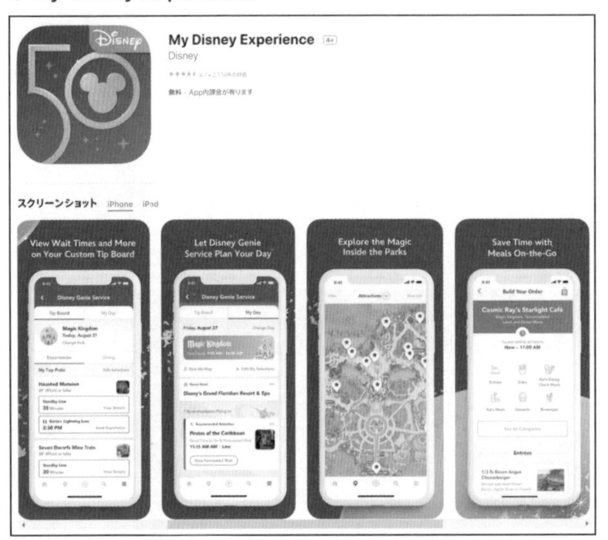

［出所］https://apps.apple.com/jp/app/my-disney-experience/id547436543

スマホアプリ「My Disney Experience」には、アトラクションの待ち時間の確認機能や、ファストパス（アトラクションにショートカットで搭乗できるパス）の取得機能、レストランの予約機能などが用意されています。

Walt Disney World Resortで特徴的なのは、防水・防塵仕様でRFIDが内蔵されたウェラブルデバイス「Magic Band」です。このバンドは、オフィシャルホテルを予約した人に無償で配布されます。Magic Bandにはホテルのルームキーやパーク入場チケットに関するデータ、クレジットカードの情報（任意）などが内蔵され、これ1つを持っておけばパーク内のアクティビティは困ることはなく、ウォーターパークでも紛失や盗難を気にせず安心して扱える仕様になっています。

また、Magic Bandで読み取ることのできる各種データは、セキュリティ対策にも活用されています。セキュリティゲートにいる警備員がマジックバンドをスキャンすることで、そのゲート（ホテルやレストラン）を通過可能なゲストであるか否かを瞬時にチェックすることが可能になっています。

こういった処理を実現するために重要な役割を果たすのが**API連携**です。つまり、一元化されたデータベースに蓄積されたデータに、スマホアプリをはじめ、パーク内のさまざまな場所からAPIを通じて連携できるようになっていると推測できます。

● API 連携

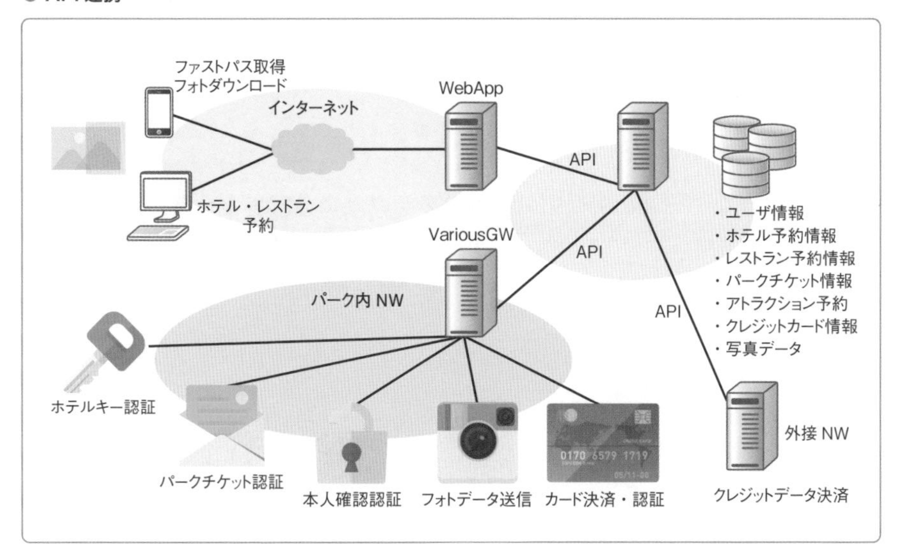

データを一元化し、さまざまな用途に向けて API 化することで、これほどまでユーザビリティを向上させることができるのかと感心した事例です。

この事例の重要なポイントは「ホテルやレストランの予約データをセキュリティ対策にも活用するという発想」です。既存のデータベースにあるデータを API 化して、別の問題解決に利用するという考え方は、多くのエンタープライズ企業で参考にできる DX のあり方の 1 つではないかと思います。

クラウドとデータ活用

前項では、以下の 3 つのタイプの DX 事例を紹介しました。

・デジタル・ディスラプター（創造的破壊者）
・エッジコンピューティング
・API 連携

各事例にはとても重要な共通点があります。その中心にある要素は「データ」であり、ポイントは以下の 3 点です。

・これまでは収集が難しかった膨大なデータをクラウドへ蓄積
　（事例 1：GPS の位置情報、事例 2：センサーデータ）

・さまざまな技術でデータを解析・加工
（事例 1：位置情報をマッチング、事例 2：異常なセンサーデータの検知）
・データをさまざまな用途で公開し、組み合わせて活用
（事例 3：API 連携）

上記のようなデータ活用を次の 4 つのカテゴリに分けて考えると、昨今のさまざまなハードウェア・ソフトウェアテクノロジーは下図のように分類できます。

●データ活用の 4 分類

データ収集
・RFID
・スマートフォン
・タブレット
・Raspberry Pi
・BLE ／ Beacon
・ウェアラブルデバイス
・スマートデバイス
・ロボティクス
・ドローン
・5G ／6G
・IoT エッジコンピューティング
・Wi-SUN ／ LPWA
・リアクティブプログラミング

データ蓄積
・データウェアハウス（DWH）
・クラウド
・NoSQL
・データレイク

データ加工・解析
・ETL
・MPI ／ HPC
・ビッグデータ解析
・データクレンジング／ OpenRefine
・ブロックチェーン
・人工知能
・機械学習／ディープラーニング（深層学習）
・量子コンピュータ

データ活用
・SOA
・マッシュアップ
・モバイル
・スマートデバイス
・VR ／ AR ／ MR
・マイクロサービス
・ウェアラブルデバイス
・X-Tech
・ロボティクス
・ドローン
・5G ／6G

☑ 1．データ収集

まずは「**データ収集**」に関する技術です。古くは RFID（電波を使って IC タグの情報を読み取る技術）のような近距離無線通信機器もあれば、昨今では、Raspberry Pi や Beacon、スマートフォン、ウェアラブルデバイス、ドローンなどもあり、こういったハードウェアを利用することで大量のデータを収集することが可能になりつつあります。また、大容量のデータ通信といえば、LTE に代表される 4G ネットワークや、近年普及が進む 5G、将来に向けて研究が進む 6G があります。

ソフトウェアのカテゴリでは、先に紹介した IoT・エッジコンピューティングや、MQTT などのより軽量なプロトコル技術、BLE/Wi-SUN のような通信規格、リアクティブプログラミングなど、さまざまなレイヤの技術・仕様が発展してき

ています。

☑2．データ蓄積

続いて「**データ蓄積**」に関する技術です。大きなカテゴリで見ると、クラウド、DWH（データウェアハウス）、NoSQL、データレイクなどが主要な技術です。特にクラウドは、その分野だけでさまざまな技術が登場しています。

主要なクラウドサービスとして、AWSやAzure、GCPが高いシェアを誇っていますが、IBM CloudやOracle Cloud Infrastructureもあります。

☑3．データ加工・解析

次に「**データ加工・解析**」に関する技術を見てみましょう。古くはHPC（High Performance Computing：科学技術計算などで用いられるハイスペックなコンピュータマシン）や、MPI（Message Passing Interface：多数のコンピュータマシンで並列的にコンピューティングを実行する規格）があり、理系の大学でこれらの技術を使った人も多いのではないでしょうか。エンタープライズでも企業活動の中で得られたデータを抽出（Extract）、変換（Transform）、格納（Load）するETLツールがあり、企業経営の意思決定をサポートしてきました。

2008年頃からは、ビッグデータ処理フレームワークであるApache Hadoopが注目を浴び、2010年代にはビットコインとともに登場したブロックチェーンでは、資産移転作業の効率化の実現などが期待されています。

近年は機械学習（Machine Learning：ML）や深層学習（Deep Learning：DL）をはじめとした、人工知能（Artificial Intelligence：AI）分野が注目されています。また、このジャンルに位置付けることには賛否がありそうですが、既存の暗号技術の信頼性を破壊しかねないコンピューティング能力を持った量子コンピュータもデータ加工・解析に関する技術の1つとして、着々と歩みを進めています。

☑4．データ活用

最後は「**データ活用**」に関する技術です。データ収集関連の技術といくつかは重複しますが、スマートフォンやタブレット、スマートスピーカーなどのデバイス、VRやAR、MRなどでよく用いられるウェアラブルデバイスなど、エンドユーザーの手に触れる機会も多いためか、欲しくなるものも多い技術です。5Gの普及により大容量の通信が広まれば、ますます多くのサービスが生み出されていくでしょう。

ソフトウェアテクノロジーに関するデータ活用という観点では、2000年代初頭から、SOA（Service Oriented Architecture：サービス指向アーキテクチャ）という考え方のもと、さまざまなWebサービスを連携させて新たな付加価値を生み出すという取り組みが、政府が抱える代表的なシステムでも取り入れられていますし、Google MapなどのAPIを組み合わせるマッシュアップなどもあります。

近年ではアプリケーションの構築手法としてマイクロサービスが注目されていますが、オープンAPI（主に企業向けに、自社のサービスをAPI化して公開すること）がさまざまな業界に普及しつつある昨今、データを利活用する側面もみられます。

次章以降では、本書のメインテーマである「AWS」について解説を進めていきます。AWSには、これまで説明したデータの収集、蓄積、加工・解析、活用の実現をサポートするさまざまなマネージドサービスが提供されています。各サービスの概要を押さえ、既存システムや単なるオンプレミスの代替手段として考えるのではなく、ご自身が携わる業務のDXを実現するために、AWSがどのようなことをサポートしてくれるのか、楽しみながら学びましょう。

押さえておきたい ICTスキル総合習得プログラム

データ収集から活用までの一連の技術は、総務省が提供する「ICTスキル総合習得プログラム」[2]で学ぶこともできます。血気盛んなエンジニアの方々にとっては、ハンズオンコンテンツは少々物足りないかもしれませんが、各コースの講座資料は実例が多く紹介されていて読んでいるだけで楽しいです。クラウドエンジニアを目指すにあたり、一通りは押さえておいたほうがよい内容なので、時間を見つけてぜひ読んでみてください。

引用・参考文献

[1] https://docs.openstack.org/arch-design/design.html
[2] https://www.soumu.go.jp/ict_skill/

Chapter 02

第2章

AWSの基本と全体像

本章では、AWS の基本と全体像を説明します。システム開発に AWS を利用することで、可用性、性能・拡張性、運用・保守性、移行性、セキュリティなどの非機能面の要求を容易に実現できるようになります。AWS は、IT サービスを構築していくうえで使用頻度が高いミドルウェアやアプリケーション処理の一部を、高い非機能性を持つマネージドサービスとして提供しています。AWS がこれらの特徴をどのようにして実現しているのかを１つずつ丁寧に解説していきます。

AWSがクラウドサービスを展開しているリージョン

リージョンとは

AWSは、パブリッククラウドの市場において、2022年8月現在で世界No.1のシェアを持つ、世界最大級のクラウドコンピューティングサービスです。

まず、AWSが提供するクラウドコンピューティングサービスについて見ていきましょう。AWSは現在、全世界の26の地域（リージョン）に、クラウドサービスを展開しています。

● AWSがクラウドサービスを展開しているリージョン

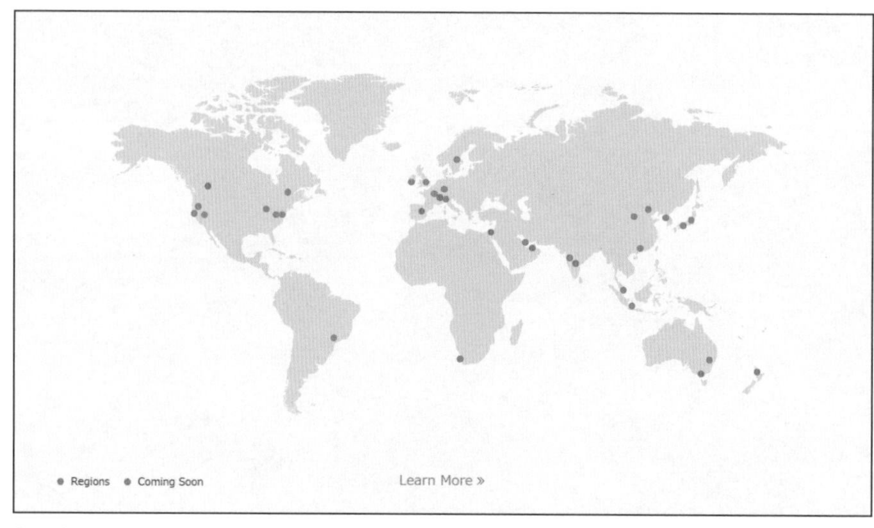

［出所］https://aws.amazon.com/jp/about-aws/global-infrastructure/

まず前提として注意したいのは「**利用者は、居住する地域がどこであろうと、インターネットにつながってさえいれば、AWSのどのリージョンでも利用できる**」ということです。リージョンはあくまでも「**クラウドサービスを構築する環境・場所を選ぶための基本的な単位**」でしかありません。

例えば、日本であるWebサイトを構築したい場合、一般的に、AWSユーザーはサービスを提供するリージョンに「**東京**」を選択します。特別な理由がなければ米国や欧州の他のリージョンを選ぶことはありません。サービスを利用するユーザー（エンドユーザー）が最も高速にアクセスできる（低レイテンシ：遅延が少ない）リージョンを指定するのが普通です。

リージョンは、各々を識別するリージョンコードを持っていて、AWSを利用する際は常にリージョンを意識する必要があります。リージョンとリージョンコードは以下の通りです。

● AWSのリージョンとリージョンコード

リージョン（設置都市）	リージョンコード
米国東部（バージニア北部）	us-east-1
米国東部（オハイオ）	us-east-2
米国西部（北カリフォルニア）	us-west-1
米国西部（オレゴン）	us-west-2
米国西部（GovCloud）	-
アフリカ（ケープタウン）	af-south-1
アジアパシフィック（香港）	ap-east-1
アジアパシフィック（東京）	ap-northeast-1
アジアパシフィック（ソウル）	ap-northeast-2
アジアパシフィック（大阪）	ap-northeast-3
アジアパシフィック（北京）	-
アジアパシフィック（寧夏）	-
アジアパシフィック（ムンバイ）	ap-south-1
アジアパシフィック（シンガポール）	ap-southeast-1
アジアパシフィック（シドニー）	ap-southeast-2
アジアパシフィック（ジャカルタ）	ap-southeast-3
カナダ（中部）	ca-central-1
欧州（フランクフルト）	eu-central-1
欧州（アイルランド）	eu-west-1
欧州（ロンドン）	eu-west-2
欧州（パリ）	eu-west-3
欧州（ストックホルム）	eu-north-1
欧州（ミラノ）	eu-south-1
中東（バーレーン）	me-south-1
南米（サンパウロ）	sa-east-1

※ 2019年3月20日より後に導入されたリージョン（ケープタウンや香港、バーレーン、ミラノ、ジャカルタ）を使用するには、そのリージョンをマネージメントコンソールで有効にする必要があります。
※「GovCloud」は米国政府専用のリージョンです。一般ユーザーは利用できません。同様に中国リージョンも使用できません。これらは専用のアカウントにより利用されます。

リージョンは、一部を除き、AWS ユーザーが任意に選択できますが、展開したいサービスの地域によって慎重に選択する必要があります。例えば、米国と日本でサービスを展開したい場合、次のような組み合わせを選択できます。

AWS のリージョンの組み合わせ例

使用するリージョンの組み合わせ	エンドユーザーのアクセス	環境構築が必要なリージョン	解説
アジアパシフィック（東京）	すべてのユーザーが東京リージョンに展開されているサービスにアクセス	東京リージョンのみ	管理が一箇所になり、運用負荷が軽減されるパターン。ただし、米国からのアクセスに対しては遅延が生じる。また、どのリージョンからアクセスされても提供されるサービスが同一になるようにしなければならない
・米国東部（オハイオ） ・アジアパシフィック（東京）	エンドユーザーがその国（地域）のリージョンにアクセス	各リージョンに IT サービス環境を構築	国ごとにシステムを分ける必要（言語や法律、表示内容）があるパターン。エンドユーザーのロケーションによってアクセスするリージョンが選択される。地域によって遅延が発生する可能性がある
・米国東部（オハイオ） ・米国西部（オレゴン） ・アジアパシフィック（東京）	エンドユーザーが最もアクセスが速いリージョンにアクセス	各リージョンに IT サービス環境を構築	最も基本的な構成パターン。エンドユーザーは最もアクセスが速いリージョンにアクセスする。リージョンによってサービス環境を管理。アクセス速度も高速（低レイテンシ）

上記のように、複数のリージョンにわたってシステムを構成することを「**マルチリージョン構成**」といいます。サービスの要件に応じてリージョンを適切に組み合わせることで、グローバルな環境下でも迅速にシステムを構成できます。これも AWS のメリットの 1 つです。

他にも、高度な可用性が求められるシステムでは、**災害対策の 1 つとして複数リージョンでのシステム構成が選択肢として挙がることもあります**。通常、オンプレミスなどでこのような可用性を実現する場合は、自ら被災が少ないロケーションを調査して、該当するデータセンタを複数選定してシステム構成を考えねばなりませんが、AWS を利用すれば、こういった手間を省くことができます。

なお、留意すべき事項として、**各リージョンで利用可能なマネージドサービスに差がある場合がある**という点が挙げられます。システム構成を検討する際は、AWS が公開しているリージョン表[1]を参照して、サービスの提供に支障がないかを確認しておいてください。

押さえておきたい　マルチリージョン構成の注意点

AWSでは、マルチリージョン構成にすると、システムやデータは各リージョンに独立して存在することになるため、この構成には少々やっかいな面もあります。

例えば、あるエンドユーザーが、同じサービスを日本と米国で利用していたとします。このケースにおいて、マルチリージョン構成にしていると、日本でできていたことが、渡米するとできなくなるといったケースも起こりえるので注意が必要です。Amazon.comとAmazon.co.jpが顕著な例といえます。Amazonの場合はアクセスするURLのドメインを明確に分離しているので、それほど大きな問題は発生していませんが、サービス提供元はこの点に留意しておく必要があります。AWSの一部のマネージドサービス（S3やDynamoDBなど）では、各リージョンでデータを同期するクロスリージョンリプリケーション機能をサポートしているので、マルチリージョン構成にする際は、要件に応じて活用するとよいでしょう。

Column　海外のリージョンを利用する際の注意点

海外のリージョンに個人情報を含むデータを配置する際は、注意が必要です。そのリージョンが展開されている国の法規制によって扱いが制限されたり、調査の対象になったりする可能性があります。

代表的な例としては、米国の「クラウド法」や「カリフォルニア州消費者プライバシー法（CCPA)」、EUの「一般データ保護規則（GDPR)」などがあります。これらの規程に反するデータの転送処理などを行うと、法令違反として処罰され、多額の罰金を支払うことに発展しかねません。

個人情報の取り扱いに関する法律は、各国で今後も流動的に変化していく可能性があるので、海外のリージョンを利用する場合は常にその国の法令の最新状況を確認するようにしてください。AWSの公式サイトでも「クラウド法」や「GDPR」に対する対応の資料が公開されています[2] [3]。

なお、日本でも「個人情報の保護に関する法律等の一部を改正する法律案」が2022年4月に改正されました。主にデータ取扱の規定がより厳密になり、個人同意や、重要な情報のマスク化、漏洩時の報告が義務化されます。クラウドに関わるものとしては、個人情報保護法17条および28条（外国にある第三者への提供の制限）の改正に対して注意が必要です。具体的には、日本法人の外国支店への個人情報の提供や、外国にあるサーバに個人データを保存する場合などに関する規定が定められているので（https://www.ppc.go.jp/personalinfo/legal/guidelines_offshore/)、これらのケースに該当するビジネス要件がある場合は法令をクリアできているかチェックする必要があります[4]。

AWSが展開するアベイラビリティゾーン

続いて、リージョンの中身を詳しく見ていきます。

AWSの各リージョンは、複数のデータセンタからなる「**アベイラビリティゾーン**」(Availability Zone：AZ) と、外部のネットワークとの接続を行うデータセンタである「**トランジット**」を組み合わせた単位で構成されています。

● アベイラビリティゾーンの構成

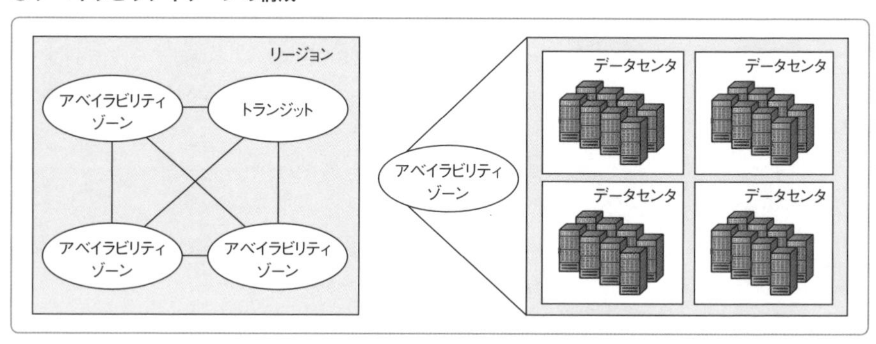

アベイラビリティゾーン自体は、**多数のサーバからなる1つ以上のデータセンタ**で構成されており、アベイラビリティゾーン間は複数の冗長化されたネットワークで接続されています。

データセンタの物理的なロケーションは、被災を考慮して隔離しつつも、相互の通信遅延が2ms未満となるよう、100km以内で立地しています。**アベイラビリティゾーンから他のAWSリージョンや企業のオンプレミス環境、インターネットへの接続は、トランジットを経由して行われます。**データセンタ内部では、多数のサーバ・ネットワーク機器がさまざまな対策を施されたうえで稼働しています。

こちらもオンプレミスでシステム構築していたときと比べ、はるかに負荷が低く、安全にシステム運用できることがメリットです。

Memo

防犯上の観点からデータセンタの位置は非公開となっていますが、公式サイトではAWSが実施しているさまざまな被災、障害、セキュリティ対策が公開されています[5]。

エッジロケーションとリージョナルエッジキャッシュ

AWSでは、上述のリージョンに加え、エンドユーザーからのアクセス速度の向上のために、42カ国・84都市にある216箇所に「**エッジロケーション**」および「**リージョナルエッジキャッシュ**」と呼ばれるデータセンタを構築しています。

● エッジロケーションとリージョナルエッジキャッシュ [6]

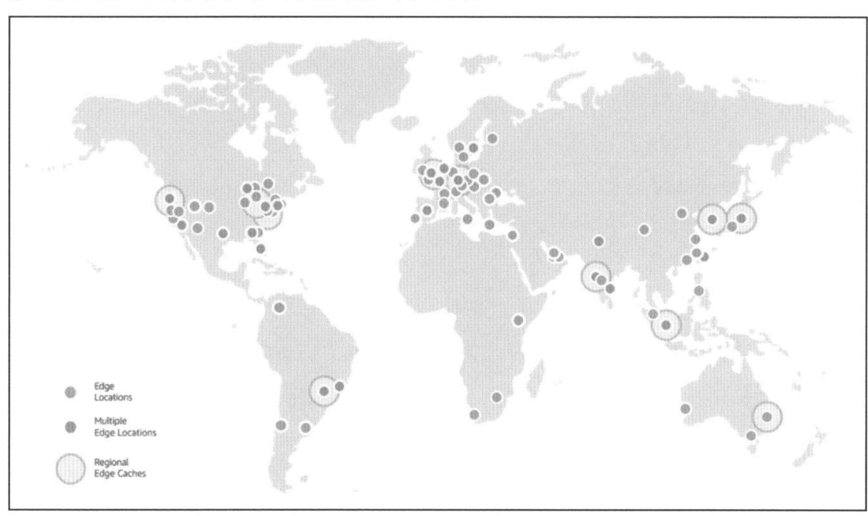

日本では、これらは東京リージョンや大阪リージョンに複数配置されており、CloudFrontなどのコンテンツ配信ネットワーク（CDN：Content Delivery Network）サービスを利用した際に、物理的な場所に応じて、最も速く接続可能なデータセンタに配置されたサーバにアクセスされるよう構成されています。**AWSを利用することで、アクセス速度という性能面でも優位性を得ることが可能です。**

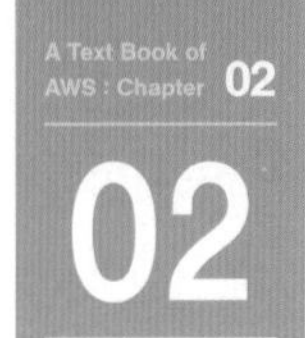

AWSが展開するサービスの一覧

150を超えるAWSのサービス

AWSでは、ITサービスの構築において使用頻度の高いミドルウェアやアプリケーション処理の一部を、高い非機能性を持つ「マネージドサービス」として提供しており、その数は150を超えます。そして、すべてのサービスでAPIが提供されており、AWSユーザーは、後述するマネージメントコンソールなどを用いてAPIをコールすることで、サービスを実行できます。ここでは、本書執筆時点で提供されているサービスの一覧を、カテゴリごとにアルファベット順で示します。

なお、すべてのサービスを詳細に把握しておく必要はありません。下表を眺めることで、**AWSでどのようなサービスが提供されているのかをざっくりと把握し**、また、**状況に応じて適切なサービスを選択するための足掛かり**としてください。

コンピューティングカテゴリ

アプリケーションやコンピューティング処理を実行するためのサーバ・コンテナ環境を提供するサービス群です。さまざまなユースケースやワークロードに応じたコンピューティングサービスが提供されているので、種類や適した用途を押さえておきましょう。

● **コンピューティングカテゴリのサービス**

サービス名	概要
AWS AppRunner	コンテナで構成されるWebアプリケーションを簡単にデプロイできるサービス。AutoScalingやロードバランシング設定、証明書管理などが、自動で管理される
AWS Batch	Dockerコンテナを利用したバッチ実行サービス
Amazon EC2	任意のOSで仮想的にサーバ環境を構築・利用できるサービス。EC2は「Elastic Compute Cloud」の意味 解説章 第4章 コンピューティング関連
Amazon EC2 Image Builder	EC2で動作するOSのアップデートを最新化するサービス
AWS Elastic Beanstalk	典型的なアプリケーション環境を、ウィザード形式で構築し、自動でデプロイするサービス 解説章 第14章 DevOps関連

サービス名	概要
AWS EMP for Windows Server	サポートが切れて動作しなくなったWindowsアプリケーションを新しいWindows Serverへ移行するサービス。EMPは「End-of-Support Migration Program」の略
AWS Lambda	定義したアプリケーションコードを、サーバなしで実行するサービス 解説章 第13章 サーバーレス関連
Amazon Lightsail	WordPressなどのWebサイトやGitLab、Redmineなどのツールを、メモリやCPU、ストレージ別に固定費でまとめたパッケージでインスタンス構築するサービス
AWS Local Zones	AWSリソースの配置で、リージョン内で地理的により細かい範囲のゾーンを指定可能にするサービス
AWS Outposts	オンプレミス環境に、AWSのAPIが実行可能なハードウェアを導入するサービス
AWS Severless Application Repository	サーバーレスアプリケーションを共有・公開するためのサービス
AWS Serverless Application Model	サーバーレスアプリケーションを簡単に実装するためのCLI、およびオープンソースフレームワーク。CloudFormationを拡張したSAMテンプレートを作成することで、APIGatewayやLambda、DynamoDBなどの環境を簡易構築できる 解説章 第13章 サーバーレス関連
AWS Wavelength	5Gネットワークを展開する電気通信サービス事業者のデータセンタ内にAWSのコンピューティング・ストレージインフラを導入し、高速なアプリケーション環境を提供するサービス

ネットワーキング・コンテンツ配信カテゴリ

AWSクラウド内に仮想的ネットワークを構築したり、AWSネットワーク間／オンプレミス／インターネットとの通信・ゲートウェイ、およびコンテンツ配信機能を提供したりするサービス群です。

ネットワーキング・コンテンツ配信カテゴリのサービス

サービス名	概要
Amazon API Gateway	APIの作成・公開を行うサービス。REST API、WebSocket API、HTTP APIの3種類をオプションで選択できる 解説章 第13章 サーバーレス関連
AWS App Mesh	オープンソースソフトウェア「Envoy」を利用して、ECSやEKSなどに構築したサービス間で通信をサポートするサービス 解説章 第12章 コンテナ関連
AWS Cloud Map	EC2、ECS、S3、SQSなどのAWSリソースを含むサービスのIPやリソース名を取得できるサービスディスカバリ 解説章 第12章 コンテナ関連

サービス名	概要
Amazon CloudFront	静的コンテンツキャッシュなどを実現するCDN（Content Delivery Network：コンテンツ配信ネットワーク）サービス 解説章 第10章 静的Webサイト関連
AWS Direct Connect	オンプレミスとの専用線接続サービス 解説章 第11章 エンタープライズシステム関連
Elastic Load Balancing	ALB（Application Load Balancer）、CLB（Classic Load Balancer）、NLB（Network Load Balancer）、GLB（Gateway Load Balancer）の4種類をオプションで選択できるロードバランシングサービス 解説章 第3章 ネットワーク関連
AWS Global Accelerator	高速なAWSのネットワークを利用してインターナルなALBやEC2へアクセスするためのサービス 解説章 第11章 エンタープライズシステム関連
Amazon Route 53	ドメインの登録、DNSルーティング、ヘルスチェックなどを行うDNSサービス 解説章 第3章 ネットワーク関連
Amazon VPC	AWS内にプライベートな仮想ネットワークやサブネットを構築するサービス。VPCは「Virtual Private Cloud」の略 解説章 第3章 ネットワーク関連
Amazon VPC IP Address Manager	VPCのIPアドレスの割り当てや監査、モニタリングなどを行う管理サービス
AWS VPN	IPsec通信を使用したオンプレミスとサイト間をつなぐSite to Site VPNと、OpenVPNクライアントを利用したClient VPNサービス 解説章 第11章 エンタープライズシステム関連

ストレージカテゴリ

データを保存するためのストレージ、およびバックアップ、データ転送・移行機能を提供するサービス群です。さまざまな種類のストレージがAWSで利用できるので、種類や適した用途を押さえておきましょう。

ストレージカテゴリのサービス

サービス名	概要
AWS Backup	定義したポリシーを元に、EBSボリュームやRDS、EFS、DynamoDB、Storage Gatewayなどのバックアップを実行するサービス
Amazon EBS	EC2にマウントするブロックストレージ。EBSは「Elastic Block Store」の略 解説章 第5章 ストレージ関連
Amazon EFS	マルチアベイラビリティゾーンで利用可能なネットワーク共有EC2用マウントストレージ。EFSは「Elastic File System」の略 解説章 第5章 ストレージ関連
AWS Elastic Disaster Recovery	既存環境に影響を与えることなく、サーバやデータベースなどをレプリケーションする災害対策向けのサービス

サービス名	概要
Amazon FSx	ビジネスアプリケーション向けの Amazon FSx for Windows File Server と、高性能ワークロード向けの Amazon FSx for Lustre ファイルシステム。FSx は「File System」の意
Amazon S3	ログ保存、バックアップ、静的ホスティングなどの多様な用途のオンラインストレージ。S3 は「Simple Storage Service」の略 解説章 第 5 章 ストレージ関連
Amazon S3 Glacier	S3 でのアーカイブ用途の低コストオンラインストレージ 解説章 第 5 章 ストレージ関連
AWS Storage Gateway	オンプレミス環境のデータ保存用として、AWS クラウド内のストレージを利用するためのサービス 解説章 第 11 章 エンタープライズシステム関連

データベースカテゴリ

可用性や保全性などの非機能要件を高めたデータベースサービス群です。さまざまなデータベースが提供されているので、種類や内容を理解し、ワークロードに応じたものを選択できるようにしましょう。

● データベースカテゴリのサービス

サービス名	概要
Amazon Aurora	クラウドで最適化されたストレージデータ配置により、高可用性・高性能を実現したリレーショナルデータベース 解説章 第 6 章 データベース関連
Amazon DocumentDB	オープンソースデータベース「MongoDB」との互換性を持つドキュメント指向データベース
Amazon DynamoDB	スケーラブルな特性を持つ、NoSQL スキーマレスデータベース 解説章 第 6 章 データベース関連
Amazon ElastiCache	オープンソースソフトウェア「Memcached」および「Redis」を利用したキャッシュ向けデータベース 解説章 第 6 章 データベース関連
Amazon Keyspaces (for Apache Cassandra)	オープンソースデータベース「Apache Cassadra」を利用したスケーラブル NoSQL データベース
Amazon MemoryDB for Redis	オープンソースソフトウェア「Redis」を利用した、耐久性をより向上させた永続データベース
Amazon Neptune	複雑な関連データの保存に適したグラフ型データベース
Amazon QLDB	データ改ざんが不可能な台帳型データベース

サービス名	概要
Amazon RDS	可用性や保全性を向上させたオープンソースおよびプロプライエタリのマネージドリレーショナルデータベース。RDSは「Relational Database Service」の略 解説章 第6章 データベース関連
Amazon Timestream	時系列的に発生するデータ分析・保存に適したデータベース

アプリケーション統合カテゴリ

アプリケーション間のメッセージングや処理の連続実行、ワークフロー制御をサポートするサービス群です。処理設計の中でこれらのサービスをうまく活用し、信頼性・可用性の高いアプリケーションを構築するようにしましょう。

● **アプリケーション統合カテゴリのサービス**

サービス名	概要
Amazon AppFlow	SalesforceやSlackなどのSaaSアプリケーションと、S3やRedshiftなどのAWSサービスとの間でデータを連携するサービス
Amazon EventBridge	DatadogなどのSaaSやカスタムアプリケーションとAWSサービス間でイベントデータを連携するサービス
Amazon Managed Workflows for Apache Airflow	ワークフローをスケジュール・モニタリングするオープンソースソフトウェア「Apache Airflow」のマネージドサービス。CloudWatch LogsやMetricなどの連携により可観測性が高められている
Amazon MQ	オープンソースソフトウェア「Apache ActiveMQ」を利用したメッセージキューサービス。MQは「Message Queue」の略
Amazon SNS	スケーラブルな1：Nのプッシュ配信を実現するメッセージ送信サービス。SNSは「Simple Notification Service」の略 解説章 第7章 アプリケーション統合関連
Amazon SQS	スケーラブルな完全マネージド型メッセージキューサービス。スケーラブルな1:1の大量メッセージの送受信を実現するキューサービス。SQSは「Simple Queue Service」の略 解説章 第7章 アプリケーション統合関連
AWS Step Functions	AWS Lambdaで定義した関数をワークフロー式に実行するためのサービス 解説章 第13章 サーバーレス関連
Amazon SWF	「AWS Flow Framework」というフレームワークを用いて、JavaおよびRuby言語でバッチタスクをワークフローで実行するマネージドサービス。SWFは「Simple Workflow」の略

コンテナカテゴリ

アプリケーションやコンピューティング処理を実行するためのコンテナ環境を

提供するサービス群です。コンテナは可搬性が高く、軽量に実行できる仮想化技術であり、今後活用されるシーンがますます拡大していくことが予想されます。AWSで提供される関連サービスをしっかり押さえておきましょう。

● コンテナカテゴリのサービス

サービス名	概要
AWS App2Container	JavaおよびASP.NETアプリケーションのアプリケーションをコンテナ化するコマンドラインツール
Amazon ECR	AWSネットワーク内でDockerコンテナイメージを管理するリポジトリを提供するサービス。ECRは「Elastic Container Registry」の略 解説章 第12章 コンテナ関連
Amazon ECS	コンテナの実行、動的IPアドレスやポートの割り当て、管理、オートスケーリングを行うオーケストレーションサービス。ECSは「Elastic Container Service」の略 解説章 第12章 コンテナ関連
Amazon EKS	オープンソースソフトウェア「Kubernetes」を利用して、コンテナ管理を行うオーケストレーションサービス。EKSは「Elastic Kubernetes Service」の略 解説章 第12章 コンテナ関連
Red Hat OpenShift Service On AWS	Red Hatが提供する、エンタープライズで必要な認証・アクセス制御などの機能を付加したKubernetesベースのコンテナプラットフォーム「OpenShift」をAWS環境で利用するサービス

アナリティクスカテゴリ

ストレージやデータベースから収集したデータを加工・変換、解析・分析したり、結果を可視化したりするサービスです。ビッグデータに代表されるデータ活用の中核となる技術なので、種類や内容をよく押さえておきましょう。

● アナリティクスカテゴリのサービス

サービス名	概要
Amazon Athena	S3に保存されたデータに対してSQLを発行してデータを取得・分析できるサービス 解説章 第15章 データアナリティクス関連
Amazon CloudSearch	Webサイトやアプリケーション向けの検索エンジンサービス
AWS Data Exchange	サードパーティから提供されるさまざまなデータをS3へ取り込むことができるサービス
AWS Data Pipeline	RDSやS3にあるデータを定期的に移送・ETL処理などワークフローで自動実行するサービス

サービス名	概要
Amazon EMR	オープンソースの「Apache Spark」「Apache Hive」「Apache HBase」「Apache Flink」「Apache Hudi」「Presto」といったビッグデータ処理プラットフォームのサービス。EMR は「Elastic Map Reduce」の略 解説章 第 15 章 データアナリティクス関連
Amazon FinSpace	金融業界のデータを大規模かつ簡単に保存・カタログ化するデータ管理・分析サービス
Amazon Glue	S3 や Aurora、RDS、Redshift などからデータの抽出・変換・ロードを行うサービス 解説章 第 15 章 データアナリティクス関連
Amazon Kinesis	ストリーミングデータをリアルタイムで収集・処理・分析するサービス。データストアにストリームデータをロードする「Kinesis Data Firehose」、データストリームのキャプチャ・処理・保存を行う「Kinesis Data Streams」、SQL や Java でデータストリームを分析する「Kinesis Data Analytics」、ストリーミング動画のキャプチャ・処理・保存を行う「Kinesis Vide Streams」がある 解説章 第 15 章 データアナリティクス関連
Amazon Lake Formation	S3 をベースとしたデータレイクの構築、Glue を使って、データ抽出・クレンジング・クエリなどのワークフローの作成・実行を行うサービス
Amazon MSK	オープンソースの「Apache Kafka」を利用した分散メッセージングサービス。MSK は「Managed Streaming for Apache Kafka」の略
Amazon OpenSearch Service	オープンソースの検索・分析エンジン「Elasticsearch」「Kibana」「Logstash」のサービス。Amazon ElasticSearch Service から名称が変更された 解説章 第 15 章 データアナリティクス関連
Amazon QuickSight	さまざまなデータストアの可視化が可能な BI（Business Intelligence：ビジネス分析）サービス 解説章 第 15 章 データアナリティクス関連
Amazon Redshift	ビッグデータ解析用データウェアハウス 解説章 第 15 章 データアナリティクス関連

デベロッパー用ツールカテゴリ

AWS クラウドで構築するアプリケーションの開発・デバッグ・テストをサポートするサービス群です。クラウドのメリットを活かして高いパフォーマンス・可用性を持った開発ツールとして利用できます。

● デベロッパー用ツールカテゴリのサービス

サービス名	概要
AWS Cloud9	ブラウザベースの IDE（Integrated Develop Environment：統合開発環境）
AWS CloudShell	マネージメントコンソールから使用できるブラウザベースのコマンドラインインタフェース

サービス名	概要
AWS CodeArtifact	さまざまな開発言語で利用可能なライブラリレポジトリサービス
AWS CodeBuild	クラウド環境における継続的インテグレーションを実現するビルドサービス 解説章 第14章 DevOps関連
AWS CodeCommit	マネージドGitレポジトリサービス 解説章 第14章 DevOps関連
AWS CodeDeploy	EC2インスタンスやオンプレミスサーバへの自動デプロイを実現するサービス 解説章 第14章 DevOps関連
AWS CodePipeline	コードのビルド、テスト、デプロイといったワークフローをパイプラインとして定義、実行でき、継続的デリバリーを実現するサービス 解説章 第14章 DevOps関連
AWS CodeStar	さまざまなプログラミング言語の開発プロジェクトテンプレートにしたがって、CodePipelineやCodeBuildなどのプロジェクト雛形を自動生成するサービス
AWS Fault Inject Simulator(FIS)	カオスエンジニアリングを実行するためのサービス。AWSリソースに対する破壊的なアクションをテンプレートに定義して実行し、システムの耐障害性や回復性を確認する
AWS Microservice Extractor for .NET	.NET Frameworkで構成されたモノリシックアプリケーションを マイクロサービスへ移行する際のサポートサービス。アプリケーションの依存関係の解析や可視化、抽出、リファクタリングなどを行う
AWS X-Ray	分散されたアプリケーションのデータを収集し、処理の実行可否やパフォーマンス情報を可視化・分析するサービス 解説章 第12章 コンテナ関連
Porting Assistant for .NET	.NET Frameworkアプリケーションを .NET Coreに移植する際に手動の労力を減らす互換性スキャナー

マネジメントとガバナンスカテゴリ

AWSクラウドで構築したアプリケーション環境の維持・保守・運用をサポートするサービス群です。クラウド環境では、同じような作業を繰り返すことが多いのでこれらのサービスを活用して負荷の軽減に役立てましょう。

● マネジメントとガバナンスカテゴリのサービス

サービス名	概要
AWS Account Management	AWSを使用するために基本となるアカウントの管理を行うサービス
AWS AppConfig	Systems Managerと連動して、環境依存のアプリケーションの設定情報を柔軟・安全に切り替えるサービス
AWS Application Auto Scaling	アプリケーションの負荷をモニタリングし、キャパシティを自動で調整するサービス。EC2インスタンスやECSタスク、DynamoDBテーブル、Auroraなどが対象 解説章 第4章 コンピューティング関連

サービス名	概要
AWS Backint Agent for SAP	SAP HANA データベースのデータを S3 へバックアップ・復元するサービス
AWS Chatbot	Slack や Amazon Chime へのアラート通知やコマンド発行など、AWS サービスと相互に連携するエージェントサービス
AWS CloudFormation	IaC（Infrastructure As Code）として、テンプレートをもとに、AWS リソース基盤を自動構築するツール 解説章 第 18 章 基盤自動化関連
AWS CloudTrail	マネージメントコンソールでの操作と AWS API コールを記録するサービス 解説章 第 20 章 セキュリティ関連
Amazon CloudWatch	AWS リソースのさまざまなメトリクスやログを収集・可視化するサービス 解説章 第 8 章 監視関連
AWS CLI	コマンドラインから AWS API を実行するツール。CLI は「Command Line Interface」の略 解説章 第 19 章 システム管理関連
AWS Compute Optimizer	EC2 と Auto Scaling のメトリクスデータを収集・分析して、コストおよびパフォーマンス最適化のリコメンデーションを行うサービス
AWS Config	AWS リソースの構成情報の検索・閲覧、変更履歴の記録、通知などを行うサービス 解説章 第 19 章 システム管理関連
AWS Control Tower	組織で複数のアカウントを管理する場合の推奨ルールに基づいた自動構成と違反操作の予防・検出ルールの適用を行うサービス
Amazon Data Lifecycle Manager	EBS ボリュームに保存されたデータを自動バックアップ・更新管理するサービス
AWS Health	AWS のリソース、サービス、およびアカウントの状態をリアルタイムで可視化するサービス
AWS Launch Wizard	Microsoft SQL Server や SAP アプリケーションを簡単にデプロイするサービス
AWS License Manager	ソフトウェアライセンスの使用状況を検出・レポート、管理するサービス
Amazon Managed Service for Grafana	オープンソースのデータ可視化ソフトウェア「Grafana」のサービス
Amazon Managed Service for Prometheus	オープンソースのデータ監視ソフトウェア「Prometheus」のサービス
AWS Management Console	各 AWS サービスを GUI 上から行うコンソールアプリケーション
AWS OpsWorks	構成管理ツール「Chef」や「Puppet」を使って AWS リソース環境構築を行うサービス。AWS OpsWorks for Che Automate、AWS OpsWorks for Puppet Enterprise、AWS Ops Works Stacks の 3 種類がある 解説章 第 18 章 基盤自動化関連
AWS Organizations	複数の AWS アカウントにおける請求やアクセス、セキュリティ制御など組織として一元管理するためのサービス 解説章 第 19 章 システム管理関連

サービス名	概要
AWS Personal Health Dashboard	AWS 環境で発生した運用の問題で、自身や組織の環境に影響があるものを一覧化して表示するサービス
AWS Proton	コンテナ・サーバアプリケーションのためのテンプレートを使用したデプロイサービス
AWS Resilience Hub	アプリケーションの耐障害性を検証・可視化するためのサービス
AWS Resource Groups	AWS リソースを特定のフィルタ条件にしたがって、グループ化して管理するサービス 解説章 第 19 章 システム管理関連
AWS Resource Groups Tagging API	作成した AWS リソースにタグを付与・削除し、リソースグループを管理するための API
AWS Service Catalog	管理者がユーザー向けに使用可能な AWS リソースを定義した CloudFormation テンプレートを製品カタログとして作成し、操作を制御するサービス 解説章 第 19 章 システム管理関連
AWS Service Quotas	AWS アカウント・サービス単位で制限値確認および上限緩和申請ができるサービス
AWS Systems Manager	AWS におけるシステム運用でソフトウェアインベントリの収集や OS のパッチ適用、運用コマンド実行、環境変数の管理、セキュアなサーバアクセス、メンテナンス作業の自動化などを実行するサービス 解説章 第 19 章 システム管理関連
AWS Tool for Powershell	Windows PowerShell で API を実行できるコマンドツール群
AWS Trusted Advisor	コスト・パフォーマンス・セキュリティ・フォールトトレランスの観点から既存の環境の粗を探し出し、推奨設定をアナウンスするサービス 解説章 第 20 章 セキュリティ関連
Tag Editor	マネージメントコンソールでリソースグループに付与するタグを簡易に作成・編集・削除する GUI エディタ
AWS Well Architected Tool	AWS マネージメントコンソールから QA 形式でワークロードのチェックに回答し、レポートを出力するサービス

セキュリティ、アイデンティティ、コンプライアンスカテゴリ

AWS クラウドで利用可能な証明書、暗号化、アクセス制御、ファイアウォール機能など、セキュリティを確保し、脅威やインシデントをモニタリング・検出するサービス群です。インターネットからのアクセスが前提となるパブリッククラウドのセキュリティ対策は極めて重要なので、利用可能なサービスをしっかり押さえてきましょう。

● セキュリティ、アイデンティティ、コンプライアンスカテゴリのサービス

サービス名	概要
AWS Artifact	AWS マネージメントコンソールからコンプライアンスレポートを一括で確認できるサービス
AWS Audit Manager	監査証跡の自動収集と監査レビュープロセスを簡素化するサービス 解説章 第 20 章 セキュリティ関連
Amazon Certificate Manager	AWS の各サービスで使用する SSL/TLS 証明書のリクエスト、プロビジョニング、管理、デプロイを行うサービス
AWS Certificate Manger Private Cetificate Authority	Certificate Manger の証明書管理機能をパブリックの証明書とプライベート証明書の両方に拡張するプライベート CA（Certificate Authority）サービス
Amazon Cloud Directory	アプリケーションの階層構造、組織構造、カタログ、ネットワークトポロジなどを管理できるディレクトリサービス
Amazon Cloud HSM	顧客ごとに専用のハードウェア（FIPS 140-2 レベル 3 検証済みシングルテナント HSM クラスター）で暗号化キーを保存・管理するサービス
Amazon Cognito	アプリケーション向けユーザーデータベースおよび認証・認可を行うマネージドサービス。OIDC プロバイダとしての API も一部サポート 解説章 第 13 章 サーバーレス関連
Amazon Detective	CloudTrail や VPC フローログ、GuardDuty のログを集約し、分析や調査をより迅速かつ効率的にするためのサービス 解説章 第 20 章 セキュリティ関連
AWS Directory Service	Amazon Cloud Directory および Microsoft Active Directory などのディレクトリサービスを AWS サービスと連携させて使うためのサービス
AWS Firewall Manager	複数の AWS アカウントで WAF を一元的に管理するサービス
Amazon GuardDuty	悪意のある操作や不正な動作を継続的にモニタリングする脅威検出サービス 解説章 第 20 章 セキュリティ関連
AWS IAM	AWS アカウント内でユーザー、グループ、ロールなどを作成し、各サービスやリソースに対するアクセス制御･管理を行うサービス。IAM は「Identity & Access Management」の略 解説章 第 9 章 アイデンティティ関連
Amazon Inspector	EC2 に設定したエージェントを使ってセキュリティ診断を行い、脆弱性を検知するサービス 解説章 第 20 章 セキュリティ関連
Amazon KMS	データを暗号化するキーを作成･管理するマネージドサービス。KMS は「Key Management Service」の略 解説章 第 20 章 セキュリティ関連
Amazon Macie	機械学習を用いて、機密データを自動的に検出、分類、保護やアクセス履歴を記録するセキュリティサービス 解説章 第 20 章 セキュリティ関連
AWS Network Firewall	インターネットゲートウェイや NAT ゲートウェイなど VPC 内の AWS ネットワークリソースに適用可能なファイアウォールサービス
AWS Resource Access Manager	他のアカウントで作成した AWS リソースを共有・管理するサービス

サービス名	概要
AWS Secrets Manager	アプリケーションから参照するパスワードなどの秘匿情報を管理するためのサービス 解説章 第20章 セキュリティ関連
AWS Security Hub	GuardDuty、Inspector、Macie、IAM Access Analyzer、Firewall Manager やサードパーティ製のセキュリティサービスのアラートとチェック結果を一元的に集約・可視化するサービス 解説章 第20章 セキュリティ関連
AWS STS	AWS サービスへアクセスできる一時的な権限・認証情報を取得するサービス。STS は「Security Token Service」の略 解説章 第20章 セキュリティ関連
AWS Shield	ELB、CloudFront、Route53 における DDoS 対策を提供するサービス 解説章 第20章 セキュリティ関連
AWS Single Sign-On	Organizations、Directory Service と連携し、複数の AWS コンソールにログインしたり、SAML 対応の SaaS サービスにシングルサインオンするサービス
AWS Signer	AWS Lambda のコードが信頼できる発行元から作成されたことを保証するコード署名サービス
AWS WAF	ALB、CloudFront、API Gateway に適用するファイアウォールサービス 解説章 第20章 セキュリティ関連

機械学習カテゴリ

AWS クラウドで実行できる AI や機械学習を用いて使用可能なサービス群です。年々注目度が高まっているサービス群ですが、気軽に利用可能な AI サービスから、本格的な機械学習モデルを開発するプラットフォームまで多岐に渡り提供されています。

機械学習カテゴリのサービス

サービス名	概要
Amazon A2I	推論結果レビューの人的リソースを含めたワークフローを作成・実行するサービス。A2I は「Augmented AI」の略
Amazon CodeGuru	アプリケーションのソースコードレビューの自動化と、アプリケーションのパフォーマンスを監視して性能のボトルネックの特定と改善点を提供するサービス 解説章 第16章 機械学習関連
Amazon Comprehend	機械学習を使用してテキスト内で固有名詞・キーワード抽出や感情分析を行う自然言語処理（NLP）サービス 解説章 第16章 機械学習関連
Contact Lens for Amazon Connect	Amazon Connect によるコンタクトセンターの分析を行うサービス 解説章 第16章 機械学習関連
AWS DeepComposer	機械学習を使用して音楽を生成するサービス。主に機械学習を学ぶために利用する

サービス名	概要
AWS Deep Learning AMIs	一般的な深層学習フレームワークとインタフェースが事前インストールされたAMI 解説章 第16章 機械学習関連
AWS Deep Learning Containers	一般的な深層学習フレームワークとインタフェースが事前インストールされたDocker コンテナ 解説章 第16章 機械学習関連
AWS DeepLens	深層学習に対応したビデオカメラ。主に機械学習を学ぶために利用する
AWS DeepRacer	機械学習を使用して駆動する1/18スケールのレースカーと3Dレーシングシミュレータ。主に機械学習を学ぶために利用する
Amazon DevOps Guru	機械学習を使用してアプリケーションの運用パフォーマンスや可用性を監視し、故障時間の短縮に貢献するサービス
Amazon Elastic Inference	EC2インスタンスやSageMakerインスタンスにGPUを付与することができるサービス
Amazon Forecast	機械学習を使用して時系列に整理されたデータから予測を行うサービス 解説章 第16章 機械学習関連
Amazon Fraud Detector	機械学習を使用して不正なアクティビティを検出するサービス 解説章 第16章 機械学習関連
Amazon HealthLake	医療従事者、健康保険会社、あるいは製薬企業などが、ペタバイト規模の医療データを保存、変換、クエリ、分析できるようにする、HIPAA適合のサービス
Amazon Kendra	機械学習を使用してインデックスを構築し、精度の高い検索を提供するサービス 解説章 第16章 機械学習関連
Amazon Lex	機械学習を使用して、アプリケーションに音声やテキストなどの対話型インタフェースを構築するサービス 解説章 第16章 機械学習関連
Amazon Lookout for Equipment	機械学習を用いて設備の異常な振る舞いを検知するサービス
Amazon Lookout for Metrics	機械学習を用いて、収支パフォーマンスや購買トランザクションなどの異常値を検出するサービス 解説章 第16章 機械学習関連
Amazon Lookout for Vision	AWSで開発したモデルを利用して画像や映像から異常や欠陥を検知するサービス
Amazon Monitoron	機械学習を使用して、産業機械の異常な動作を検出するエンドツーエンドのシステム
Amazon Panorama	アプライアンス製品やSDKを使ってオンプレミスのカメラから正確で低レイテンシの予見を可能にするサービス
Amazon Personalize	機械学習を使用して、レコメンデーションを作成するサービス 解説章 第16章 機械学習関連
Amazon Polly	機械学習を使用して、テキストを音声に変換するサービス 解説章 第16章 機械学習関連
Amazon Rekognition	機械学習を使用して、画像や動画の解析処理や検出、分析を行うサービス 解説章 第16章 機械学習関連

サービス名	概要
Amazon SageMaker	機械学習（Machine Learning：ML）モデルを構築、トレーニング、デプロイするマネージドサービス 解説章 第16章 機械学習関連
Amazon Textract	機械学習を使用して、OCRのように画像データからテキストや表を抽出するサービス 解説章 第16章 機械学習関連
Amazon Translate	機械学習を使用した、高度なテキスト翻訳サービス 解説章 第16章 機械学習関連
Amazon Transcribe	機械学習を使用して、音声をテキストに変換し、アプリケーションに自動音声認識（Automatic Speech Recognition）機能を追加するサービス 解説章 第16章 機械学習関連
Apache MXNet on AWS	オープンソースの深層学習フレームワーク「Apache MXNet」をAWS上で実行するための統合サービス

IoT カテゴリのサービス

AWSクラウドでIoT基盤を構築する際に利用可能なサービス群です。IoTは、さまざまな産業で普及しており、今後も拡大が期待される技術領域なので、提供されるサービスをしっかり押さえておきましょう。

● IoT カテゴリのサービス

サービス名	概要
AWS IoT Analytics	IoTデバイスから送信されたデータを収集、処理、保存、解析、可視化するサービス 解説章 第17章 IoT関連
AWS IoT Core	AWSクラウドへのセキュア接続や認証、リクエストの受付やメッセージのルーティングを行う、数十万規模のデバイスのデータ収集・リモート制御を目的としたサービス 解説章 第17章 IoT関連
AWS IoT Device Defender	デバイスの監査、アノマリー検出・アラート通知などを行うサービス 解説章 第17章 IoT関連
AWS IoT Device Management	（大量の）デバイスの導入、整理、監視、リモート管理、ファームアップデート、パッチ管理を行うサービス 解説章 第17章 IoT関連
AWS IoT Events	デバイスから収集されたデータを継続的に監視し、定義したDetector Modelにしたがってイベントを検出、アクションを実行するサービス 解説章 第17章 IoT関連
AWS IoT ExpressLink	AWSに接続可能なサードパーティ製デバイスおよびそのソフトウェア・モジュール
AWS IoT FleetWise	車両データをリアルタイムに収集し、AWSへ転送するサービス

サービス名	概要
AWS IoT Greengrass	エッジコンピューティング環境を実現するためのデバイスにインストールするソフトウェアおよびサーバのサービス 解説章 第17章 IoT関連
AWS IoT RoboRunner	ロボットを一元的に管理、コントロール、動作制御、シミュレーションするためのサービス
AWS IoT SiteWise	Snowball Edgeなどのゲートウェイデバイスで動作するAWSクラウドへデータをセキュアに送信するソフトウェアパッケージ 解説章 第17章 IoT関連
AWS IoT Things Graph	Greengrassに対応したエッジデバイスで実行するアプリケーションを、モデルを用いて視覚的に設計するUIツール
AWS IoT TwinMaker	デジタルツインを迅速に構築、監視最適化するサービス
AWS IoT 1-Click	AWS IoTエンタープライズボタン、SORACOM LTE-Mボタンといった専用のデバイスからLambdaFunctionを実行するためのサービス
FreeRTOS	マイクロコントローラ向けのオープンソースのIoTオペレーティングシステム 解説章 第17章 IoT関連

移行と転送カテゴリ

オンプレミスシステムやレガシーなクラウドサービスを使った環境からモダンなAWSプラットフォームへ移行するためのサービス群です。レガシーマイグレーションは近年、企業の重要な課題に位置づけられています。どのようなサービスが利用可能か押さえておくとよいでしょう。

● 移行と転送カテゴリのサービス

サービス名	概要
AWS Application Discovery Service	クラウドへの移行に向けた既存ITシステムのデータ収集サービス
AWS Application Migration Service	クラウドへアプリケーションリフト＆シフトを実現するためのサービス。2019年にAWSが買収した、オンプレミスサーバにエージェントをインストールすることで、アプリケーション環境をAWSクラウドに移行させる「CloudEndure Migration」と同等の機能をマネージメントコンソール上から実現する
AWS Database Migration Service	オンプレミスやEC2上に構築したデータベースなどからのAWSのマネージドデータストア、Kinesis、MSKなどへデータ移行するサービス
AWS DataSync	オンプレミスストレージとS3やEFS間のデータの移動を自動化するデータ転送サービス
AWS Mainframe Modernization	メインフレームの環境やレガシーアプリケーションをリファクタリングし、モダンな言語へ変換するサービスおよび開発・テストツール群

サービス名	概要
AWS Migration Hub	移行サービスであるApplication Discovery ServiceやDatabase Migration Service、Server Migration Serviceに関する移行サマリダッシュボードを統合したサービス
AWS Schema Conversion Tool	ソースとなるデータベースのスキーマ、ビュー、ストアドプロシージャなどをマネージドデータベースへ移行するサービス
AWS Server Migration Service	VMWareやHyper-V、Azure上に構築したマシンイメージをAWSへ移行するサービス
AWS Snow Family	AWSが高性能のストレージを貸し出し、オンプレミスのデータをS3へ物理的にデータ移送・転送するサービス
AWS Transfer Family	SFTP、FTP、FTPSプロトコルを用いて、S3との間で直接ファイル転送を行うサービス

フロントエンドWebとモバイルカテゴリ

モバイル向けのアプリケーションやバックエンド処理を開発・運用をサポートするためのサービス群です。

● フロントエンドWebとモバイルカテゴリのサービス

サービス名	概要
AWS Amplify	モバイルアプリケーションのバックエンドサービスをサーバーレスで自動セットアップするライブラリ。モバイル向け統合バックエンドサービスだった「AWS Mobile Hub」も機能統合された
AWS AppSync	GraphQLをベースとしたフルマネージドアプリケーションサービス
AWS Device Farm	AWSクラウド上でデバイスの実機を使用してモバイルおよびWebアプリケーションのテストを行うサービス
Amazon Location Service	デバイスのGPS位置情報と連携して、イベント駆動でLambdaやEventBridge、SNSなどのAWSサービスを実行できるサービス

メディアサービスカテゴリ

AWSクラウドを使って、動画配信やライブストリーミングおよび、動画フォーマットの変換や広告挿入などの編集ができるサービス群です。

● メディアサービスカテゴリのサービス

サービス名	概要
Amazon Elastic Transcoder	動画ファイルをさまざまなデバイスに対応した動画ファイルへ変換できるサービス

サービス名	概要
AWS Elemental Appliances & Software	AWS の動画配信サービスと連携するためのオンプレミス向けソリューション。オンプレミスで動画アセットをエンコード、パッケージ化して、動画配信サービスとシームレスに接続する
AWS Elemental MediaConnect	AWS グローバルネットワークを通じて安全に複数の送信先に送信できる高品質なライブ動画伝送サービス
AWS Elemental MediaConvert	動画ファイルのブロードキャスト配信や変換・高度な編集ができるサービス
AWS Elemental MediaLive	高品質のライブ動画ストリームを信頼性の高い使いやすい方法で高速配信する、クラウドベースのライブ動画エンコードサービス
AWS Elemental MediaPackage	配信環境に応じてさまざまなフォーマットや、データ保護のための暗号化などを提供するサービス
AWS Elemental MediaStore	メディア配信向けに高速化・最適化されたストレージサービス
AWS Elemental MediaTallor	ビデオストリームに広告を個別に挿入するサービス
Amazon Interactive Video Service	ライブ動画配信でコンテンツの取り込み、処理、配信までの動画ワークフローを一括でまとめられるソリューション
Amazon Nimble Studio	映画やアニメーションのクリエイティブスタジオなどで使用されるワークステーションやソフトウェア、ツールなどの作業環境セットを AWS クラウド上で提供するサービス

エンドユーザーコンピューティングカテゴリ

AWS クラウドを使ったオフィス作業向けの仮想デスクトップサービス群です。

エンドユーザーコンピューティングカテゴリのサービス

サービス名	概要
Amazon AppStream 2.0	デスクトップアプリケーションをブラウザ上で実行するアプリケーションストリーミングサービス
Amazon WAM	WorkSpaces 向けのアプリケーションをデプロイ・管理するサービス。WAM は「Workspaces Application Manager」の略
Amazon WorkLink	モバイルから社内の Web サイトや Web アプリケーションに安全かつ簡単にアクセスできるようにするサービス
Amazon Workspaces	VPC 内に構築する、開発用途等で使用する仮想デスクトップサービス
Amazon Workspaces Web	Web ブラウザを使って、Workspaces として利用するサービス
NICE DCV	ハイパフォーマンスコンピューティング向けのリモートアクセスソフトウェア

ビジネスアプリケーションカテゴリ

ビジネスで使用するコミュニケーションユーティリティツールやアプリケーション機能を提供するサービス群です。

● ビジネスアプリケーションカテゴリのサービス

サービス名	概要
Alexa for Business	Amazon Echoの音声インターフェースAlexaをビジネスで利用するためのサービス
Amazon Chime	音声・動画通話、チャット、画面共有が可能なオンラインWeb会議サービス
Amazon Connect	エンドユーザー向けのコールセンターを構築・運用するためのサービス
Amazon Honeycode	ノーコードでWeb・モバイルアプリケーションを作成可能なツール
Amazon Pinpoint	プッシュ通知、Eメール、SMSテキストメッセージ、または音声メッセージを送信するサービス
Amazon SES	マーケティングメールや注文確認などの取引メール、ニュースレターなどさまざまなEメールを大量に送信できるサービス。SESは「Simple Email Service」の略
Amazon WorkDocs	WindowsおよびMacOSで使用可能なセキュアなストレージおよびファイル共有マネージドサービス
Amazon WorkMail	企業向けEメールおよびカレンダーのマネージドサービス

その他のサービス

その他のサービスをカテゴリごとに紹介します。

● その他のサービス

カテゴリ・サービス名	概要
ブロックチェーン	
Amazon Managed Blockchain	オープンソースフレームワークHyperledger FabricやEthereumを使用したスケーラブルなブロックチェーンネットワークを構築するサービス
ゲーム開発	
Amazon GameLift	マルチプレイヤーのオンラインゲームをホスティングするサービス
Amazon GameSparks	ゲームのバックエンド処理サーバを構築、実行、スケーリングするサービス
Amazon Lumberyard	ハイクオリティな3Dゲームを実行するためのゲームエンジン

カテゴリ・サービス名	概要
拡張現実（AR）とバーチャルリアリティ（VR）	
Amazon Sumerian	Web ブラウザ上で VR/AR コンテンツを作成・ビルド・起動するサービス
ロボット工学	
AWS RoboMaker	オープンソースのロボットソフトウェアプラットフォーム「Robot Operating System（ROS)」を用いた開発を AWS 上で実行するためのサービス
衛星	
AWS Ground Station	人工衛星のデータ受信に必要な地上局を提供し、衛星とデータ受信を行うサービス
Quantum Technologies	
Amazon Braket	量子アルゴリズムの開発、量子コンピュータシミュレーションによるアルゴリズムテスト、実行を行うサービス
Customer Enablement & Other Support Service	
AWS Application Cost Profiler	テナント (ユーザー、グループ、プロジェクト) ごとの利用コストが把握できるレポートを提供するサービス
AWS Billing & Cost Management	AWS の利用料金と請求金額を一覧化して表示するサービス
AWS IQ	組織と AWS 認定の専門家を直接マッチングし、プロジェクト管理が行えるサービス
AWS Managed Entitlements in AWS License Manager	AWS Marketplace でライセンスを購入し、トラックできるサービス
AWS Marketplace	カスタマイズされた仮想インスタンスイメージや商用プロダクト・ライセンスを含む、AWS で利用可能なさまざまなソフトウェアソリューションマーケット
AWS Pricing Calculator	AWS 料金をサービス単位で合計して見積もることができる簡易見積もりツール
AWS Professional Service in AWS Marketplace	サードパーティソフトウェアにおけるアセスメントや実装、サポート、トレーニングなどを検索・購入できるサービス
AWS Support	AWS に関する全般的・技術的な問い合わせが行えるサポートサービス
AWS Training & Certification	各 AWS サービスのトレーニングや認定資格を申込、受講履歴、資格管理するサービス

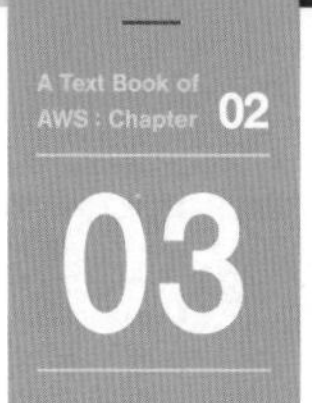

AWSのサービスの利用方法

サービスを利用する3つの方法

AWSでは各サービスでAPIを公開しており、ユーザーはAPIを実行してクラウド環境や各サービスを利用できます。APIを実行する方法は3種類あります。各方法の内容を理解し、状況に応じて適切な利用方法を選択してください。

● AWSのサービスの利用方法

種類	概要
AWSマネージメントコンソール	AWSのサイトからログインして各サービスを実行・利用する方法。視覚的にわかりやすいため、この方法が一般的に最も広く利用されている。サービス運用状況の確認時などにも利用される
AWS CLI (Command Line Interface)	自身のパソコン端末にあるターミナルなどのコマンドラインから各サービスを実行・利用する方法。 AWS上に展開するアプリケーションを開発する場合など、サービスを高速かつ繰り返し起動・実行・停止する場合に適した利用方法
AWS SDK (Software Developers Kit)	AWSが提供するSDKと呼ばれるライブラリを使って各サービスを利用する方法。この方法は主にアプリケーションから利用されることが想定されている。本書執筆時点ではC++、Go、Java、JavaScript、.NET、PHP、Python、Rubyの8種類のプログラム言語に対して、それぞれのSDKが提供されている

なお、AWSを利用するには、事前に「**AWSアカウント**」を作成しておく必要があります。まだ作成していない人は、次項を参考にして、AWSアカウントを作成してください。

AWSアカウントの作り方

AWSアカウントは、以下のサイトから作成できます。アカウントは無料で作成でき、作成から1年間は、限定された条件のもとでEC2やS3などの60以上のサービスを無料で使用できます。

● AWSアカウント作成の流れ

URL https://aws.amazon.com/jp/register-flow/

● AWSアカウント作成の流れ

AWSアカウントの作成時に行うべき10のこと

AWSのサイト上でアカウントを作成すると、AWSマネージメントコンソールにログインできるようになります。ただし、初期設定では、**アカウントのルートユーザーのみ**が作成されている状態になるため、セキュリティ面を鑑みても、このまま利用するのは好ましくありません。

ここでは、AWSアカウントを作成した際に、開発者がすぐに行うべき10の項目をまとめました。初期設定のまま使用を開始するのではなく、以下の項目について必ず確認・設定することをお勧めします。

【管理者設定】

（1）ルートユーザーにMFA（Multi Factor Authorization：多要素認証）を設定する

（2）ルートユーザーの代わりに、管理者権限を割り当てたユーザーを作成する。それ以降、ルートユーザーは極力使用しない

（3）作成した管理ユーザーに請求情報へのアクセス権（AdministratorAccess）を付与する

【アカウント監視設定】

（4）すべてのAWS API呼び出しを記録するように、CloudTrailを設定する
（5）AWS Configを有効化して、AWSリソース（EC2やVPCなど）の構成変更を記録する
（6）CostExplorerを有効化して、使用料金を確認できるようにする
（7）CostExplorerで予算を設定し、メールによる通知設定を行う
（8）Amazon GurdDutyを有効化して、セキュリティ脅威を監視する

【最小限の動作確認】

（9）動作確認のために、最初のサーバを作成してログインできることを確認する。確認できたら削除する
（10）手元のPCでAWS CLIを起動し、操作する（オプション）

上記のうち、設定に関する（1）～（8）については、安全にAWSを利用するうえで必須です。そのため、**これらについては、可能であれば、AWSアカウントを作成したその日のうちに行うようにしてください。**

なお、AWS側も「**AWS利用開始時に最低限知っておきたい10のこと**」を、いくつかのユースケースに沿って公開しています[7]。初学者は一通りこれらの基本事項を確認してから、開発に臨むことをお勧めします。

● AWSで最低限知っておきたい10のことシリーズ
URL https://aws.amazon.com/jp/aws-jp-introduction/aws-jp-webinar-level-100/

認証情報の取り扱い

AWS CLIやSDKを利用する場合は、上記のAWSアカウントに関する各種設定を行った後で、マネージメントコンソールを使って「**アプリケーション開発者用ユーザー**」を作成し、**認証情報**（アクセスキーとシークレットキー）を払い出します。この認証情報があれば、AWS CLIやSDKを用いて、各サービスのAPIを実行できるようになります。

なお、**認証情報が漏えい**する（不特定多数に知られる状態になってしまう）と、外部の悪意のあるユーザーにアカウントを乗っ取られる可能性が生じるので、十分に注意して管理してください。よく発生するのが「**GitHubの公開レポジトリに認証情報を誤ってアップロードしてしまうセキュリティ事故**」です。GitHubの公開レポジトリはAWSの認証情報を探すボットが常時動いて、ものの数分もたたずに認証情報が奪取されます。認証情報は安全な場所に保管し、決して安易に送信したりしないようにしましょう。

Memo
実際に、奪われた認証情報が不正利用されて、仮想通貨のマイニング処理で高価なインスタンスが長時間使用されたケースもあります。

AWSが提供するSDKやツールキット

AWSは、アクセスに使われるSDK（Software Developers Kit）や、プログラミング言語の実行ランタイムやツールキットを提供しています。下表に有用なツール群をまとめるので、使用する技術に合わせて、適宜利用してください。

● AWSが提供するSDKやツールキット

ツール名	概要
AWS Cloud Development Kit	CloudFormationテンプレートをTypeScriptやJavaScript、Python、Java、C#などのプログラミング言語で生成するツール
AWS Cloud Digital Interface SDK	AWSクラウドで大規模な非圧縮ビデオ変換や転送・共有を行うためのツールキット
Amazon Corretto	Amazonが提供するJDK（Java Development Kit：Java言語の実行ランタイムおよび開発キット）
AWS Distro for OpenTelemetry	OpenTelemetoryプロジェクトに準拠した、CloudWatch連携のためのエージェントやライブラリソフトウェア
AWS DynamoDB Encryption for Java	DynamoDBに暗号化アクセスを行うJava向けライブラリ
AWS DynamoDB Encryption for Python	DynamoDBに暗号化アクセスを行うPython向けライブラリ
AWS EKS Distro	Amazon EKSで使用されるKubernetesディストリビューション
AWS Encryption SDK for C	C言語向けの暗号化を行うライブラリ
AWS Encryption SDK for CLI	CLI向けの暗号化を行うライブラリ
AWS Encryption SDK for Java	Java向けの暗号化を行うライブラリ

ツール名	概要
AWS Encryption SDK for JavaScript	JavaScript向けの暗号化を行うライブラリ
AWS Encryption SDK for Python	Python向けの暗号化を行うライブラリ
AWS Mobile SDK for Android	Android向けのAWS APIアクセスを行うライブラリ
AWS Mobile SDK for iOS	iOS向けのAWS APIアクセスを行うライブラリ
AWS Mobile SDK for Unity	Unity向けのAWS APIアクセスを行うライブラリ
AWS Mobile SDK for Xamarin	Xamarin向けのAWS APIアクセスを行うライブラリ
AWS ParallelCluster	科学技術計算などでよく用いられるHPC（High Performance Computing）環境をAWS上に構築するツール
AWS SDK for C++	C++向けのAWS APIアクセスを行うライブラリ
AWS SDK for Go	Go言語向けのAWS APIアクセスを行うライブラリ
AWS SDK for Java	Java向けのAWS APIアクセスを行うライブラリ
AWS SDK for JavaScript	JavaScript向けのAWS APIアクセスを行うライブラリ
AWS SDK for .NET	.NET（C#）向けのAWS APIアクセスを行うライブラリ
AWS SDK for PHP	PHP向けのAWS APIアクセスを行うライブラリ
AWS SDK for Python（Boto3）	Python向けのAWS APIアクセスを行うライブラリ
AWS SDK for Ruby	Ruby向けのAWS APIアクセスを行うライブラリ
AWS Toolkit for Eclipse	オープンソースの統合開発環境Eclipse向け開発サポート機能プラグイン
AWS Toolkit for JetBrains	JetBrains社が提供する統合開発環境IntelliJ IDEA、PyCharm、WebStorm、Rider向け開発サポート機能プラグイン
AWS Toolkit for Visual Studio	MicroSoft社が提供する統合開発環境Visual Studio向け開発サポート機能プラグイン
AWS Toolkit for Visual Studio Code	MicroSoft社が提供するVisual Studio Code向け開発サポート機能プラグイン
AWS Toolkit for Powershell	Windows PowerShellで実行可能なCLI（Command Line Interface）
AWS Toolkit for Azure DevOps	Microsoft Azureが提供するサービスAzure DevOpsにおいて、AWSへと連携するためのプラグイン

AWSの SLAと責任共有モデル

SLA と責任共有モデルへの理解が不可欠

クラウドサービスを利用するうえでは、SLA（Service Level Agreement）についての理解も欠かせません。SLA とは、**クラウド提供事業者が保証するサービス品質基準に関する合意**です。

例えば、AWS のユーザー企業やシステム開発請負会社が、顧客向けに何かしらの IT サービスを提供する場合、SLA に関して、事前に以下のようなことを明確にしておく必要があります。

- 非機能要件（セキュリティや可用性など）を、クラウドベンダ（AWS）とどのような役割分担で満たすのか
- 顧客と契約したサービス提供レベルが維持できないような障害やセキュリティインシデントが発生した場合に、その責任や対応範囲は誰がどのように担うのか

こういったことを明確にしておかないと、後々責任を巡るトラブルに発展しかねません。

オンプレミスでシステムの開発・導入・運用・保守を行うような請負開発案件のケースでは、SLA を維持して運用する責任は、基本的にはユーザー企業と請負会社が負います。

Memo

ミドルウェア製品の不具合に起因する障害もありますが、そういった場合でも、以下のような原因で発生した不具合・インシデントについては、開発したユーザー企業、または請負会社側に責任が生じます。

- アプリケーションのバグ
- オープンソースソフトウェアの不具合・脆弱性
- 冗長化構成だったにもかかわらず、発生したシステムダウン

一方、AWSをはじめとしたクラウドサービスを利用してITサービスを提供する場合、**クラウドベンダが提供する設備やマネージドサービスの保証レベルを見極めたうえで、必要な対策を講じることが必要です。**

AWSは責任境界の目安として、下図に示す「**責任共有モデル**」を定義しています。

● **AWSの責任共有モデル**[8]

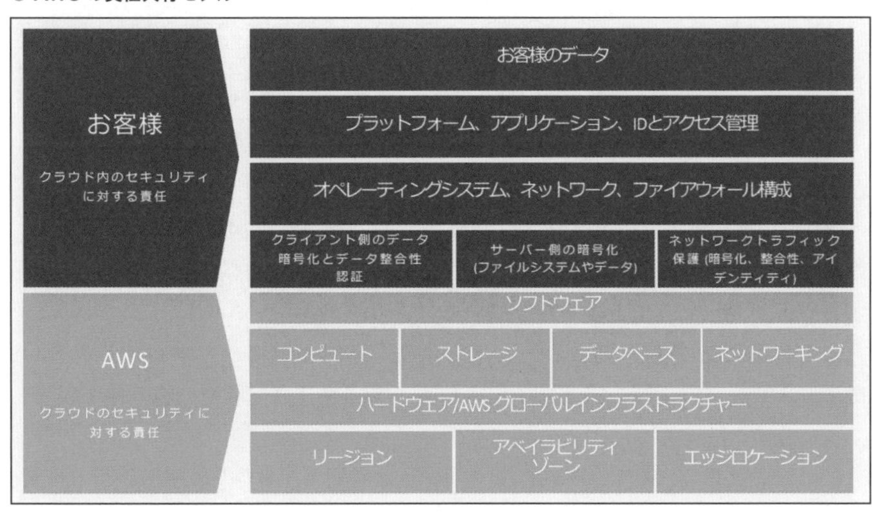

また、**利用するサービス**によっても担当範囲・責任分解点が異なります。下図はAWSが公開しているサービス形態です。以下のパターンに応じてカバーする範囲が異なります。

・独自でEC2にアプリケーションを構築する場合
・AWSが提供するマネージドサービスを利用する場合
・サーバーレスのサービスを利用する場合

障害やインシデントの内容にもよりますが、一般的には、次ページの表に示すユースケースを参考に責任分解を考えるとわかりやすいでしょう。ポイントは「**AWSのSLAの範疇を超えたものはユーザー側が責任を持って構築・対応する必要がある**」ということです。

● 責任範囲と対応

ケース	責任範囲と対応
サーバやデータセンタ内のハードウェア故障が原因で障害が発生した	AWSの定めたサービスのSLA（例えば、S3ではイレブン9の信頼性でデータが保護される）を超えた場合に応じて、AWSが責任を負う場合もある。SLAの範囲内であればユーザー側に責任が生じる
OSの最新アップデートの不備に起因したセキュリティ攻撃によって被害が発生した	ゼロデイ攻撃など、SLAの範疇を超えて発生した被害においてはAWS側に責任は発生しない。EC2を利用する場合など、ゲストOS上で発生した障害・セキュリティインシデントの場合は構築したユーザー（開発委託された会社やエンドユーザー）側が責任を負う
アプリケーションのシステム基盤（OSやミドルウェア）の不備が原因で障害が発生した	EC2上に構築した場合は、ゲストOS以上で発生した不具合のため、構築したユーザー（開発委託された会社やユーザー企業）側が責任を負う。ただし、マネージドサービスでSLAが守られずに発生したもの（例えば、RDSのフェイルオーバーが想定外に失敗したなど）はAWS側に責任が生じる

なお、AWSの施設設備（ファシリティ）やハードウェアは、基本的に災害対策や故障に備えた冗長化構成が組まれているので、そもそもファシリティに起因する障害が発生することはそんなに多くはありません。

また、AWSが提供するマネージドとなる、ホスト環境のハイパーバイザOSやミドルウェアは随時・適宜最新化されるので、クラウド環境の脆弱性が起因してインシデント発生することも稀です。

これらを踏まえ、責任分解点をよく理解したうえで、開発後の運用体制や作業、対応方法、顧客への補償内容を検討するようにしてください。

Column

AWS公式の学習教材

AWSの公式サイトには、クラウドコンピューティングの基本思想やAWSの基礎サービス、および、それによって得られるメリットや最新事例などをやさしく解説するオンデマンドセミナー[9]が多数公開されています。

●はじめてのAWS ～クラウドの有効活用を考える～

URL https://pages.awscloud.com/hajimete-ondemand-jp.html

こういった公式の学習教材も使いながら、AWSの仕組みや構成をきちんと理解し、そのうえで、実業務の中で応用して活用できるようになることをお勧めします。

AWSのサポート

AWSが提供する4種類のサポート

AWSは以下の4種類のサポートを提供しています。無償で利用可能な「ベーシック」の他に、「開発者」「ビジネス」「エンタープライズ」の3種類の有償プランがあります。

● AWSのサポートの種類と費用

種類	月額費用
ベーシック	無償
開発者	＄29/月額、またはAWSの月額使用料の3%のうち、大きいほう
ビジネス	＄100/月額、またはAWSの月額使用料に対して以下の比率を乗じたもののうち、大きいほう ・AWSの月額使用料に対する比率 10%（0-＄10,000） 7%（＄10,000-＄80,000） 5%（＄80,000-＄250,000） 3%（＄250,000以上）
エンタープライズ	＄15,000/月額、またはAWSの月額使用料に対して以下の比率を乗じたもののうち、大きいほう ・AWSの月額使用料に対する比率 10%（0-＄150,000） 7%（＄150,000-＄500,000） 5%（＄500,000-＄1,000,000） 3%（＄1,000,000以上）

※ 最新のサポート料金については、AWSの公式サイトを確認してください[10]。

AWSのサポートに関しては、AWSの機能や利用法に関するものについては回答を得られますが、ユーザーが構築したアプリケーションの運用状況に関するものは対象外になります。

● AWSのサポートの種類と対応可否

種類	ベーシック	開発者	ビジネス	エンタープライズ
AWSチーム、およびコミュニティメンバで構成される知識・意見を交換するためのフォーラムの参照[11]	○	○	○	○
料金に関する質問をAWSチームへ問い合わせ。応答時間は下表参照	○	○	○	○
AWSサービスに関する技術問い合わせ。応答時間は下表参照	−	○	○	○
マネージメントコンソールからの問い合わせ可否	−	○	○	○
チャット・電話を使った問い合わせ可否	−	−	○	○
Trusted Advisor（実行中のAWSリソースを評価し、コストやセキュリティ、耐障害の状況について、不備や改善点をチェックするサービス）	4項目利用	7項目利用	○	○

● 応答時間（問い合わせの際のAWSからのレスポンスタイム）

種類	応答時間
ベーシック	−
開発者	［一般］24時間　［システム障害］12時間
ビジネス	［一般］24時間　［システム障害］12時間 ［商用システム障害］4時間　［商用システムダウン］1時間
エンタープライズ	［一般］24時間　［システム障害］12時間 ［商用システム障害］4時間　［商用システムダウン］1時間 ［商用基幹システムダウン］15分※

※エンタープライズでは、基幹系や情報系などの区分があり、ビジネスの中核となるものを「基幹系システム」と位置付けています。

引用・参考文献

[1] https://aws.amazon.com/jp/about-aws/global-infrastructure/regional-product-services/
[2] https://aws.amazon.com/jp/compliance/cloud-act/
[3] https://aws.amazon.com/jp/compliance/gdpr-center/
[4] https://www.ppc.go.jp/personalinfo/legal/kaiseihogohou/
[5] https://aws.amazon.com/jp/compliance/data-center/data-centers/
[6] https://aws.amazon.com/jp/cloudfront/features/
[7] https://aws.amazon.com/jp/aws-jp-introduction/aws-jp-webinar-level-100/
[8] https://aws.amazon.com/jp/compliance/shared-responsibility-model/
[9] https://pages.awscloud.com/hajimete-ondemand-jp.html?trk=aws_introduction_page
[10] https://aws.amazon.com/jp/premiumsupport/plans/
[11] https://repost.aws

第2部
基礎編

Chapter 03

第3章 ネットワーク関連のサービス

本章では、AWSでネットワークを構築する際によく利用される以下の3つのサービスについて解説します。

ネットワークの構築は、AWSを利用するうえで、すべての人が避けては通れない基本事項です。ネットワークを適切に設定しておかないと、AWSリソースに意図した通りにアクセスできなかったり、不正アクセスの原因となったりすることがあります。最適なネットワークを構築するために、各サービスの構成要素や設定方法を押さえておいてください。

仮想プライベートネットワークを構築するサービス

01 Amazon VPC

東京リージョン 利用可能 料金タイプ 有料

Amazon VPC とは

Amazon VPC（Virtual Private Cloud）は、**AWS 内に仮想ネットワークを構築できるサービス**です。AWS を利用する際に最初に触れることが多い、基本となるサービスでもあります。まずは VPC に関する基本的な用語や概念、用途などを押さえておきましょう。

ここがポイント

- VPC は仮想ネットワークを構築できるサービス
- サーバやデータベースなどで構成されるシステムのためのネットワークを、オンデマンドで迅速に構築できる
- VPC ピアリングや仮想プライベートゲートウェイなど、他の VPC やオンプレミス環境のサーバと外部通信するための仕組みが用意されている
- 「ルートテーブル」「セキュリティグループ」「ネットワーク ACL」の 3 つの方法でアクセス制御を設定できる

第 1 章でも説明した通り、**クラウドの物理実体はデータセンターにあるサーバ群**です。これらのサーバ上では、さまざまな OS や仮想マシンイメージが実行されますが、**これらのコンピューティングリソースを利用するためにはネットワーク環境を構築する必要があります**。そこで利用することになるサービスが VPC です。

VPC は、仮想ネットワークを構築できるサービスです。ここでの「仮想」とは、実際のサーバ機器が手元にない状態でネットワークを構築することを指します。

物理ネットワークでは、ルーターやスイッチを配置し、サーバを接続してネットワークを構成します。一方、VPC では、仮想イメージのサーバ「EC2」やデータベース「RDS」などの AWS リソースに、構築した仮想プライベートネットワーク上の IP アドレスを割り当て、仮想的にそのアドレスにあるように配置します。

VPC では、物理ネットワークでは不可欠なルーターやスイッチなど物理デバイスの調達・セットアップが不要になるため、ネットワークおよびサーバを含む

システム環境を、オンデマンドでかつ迅速に構築できます。

● VPCと物理ネットワークの違い

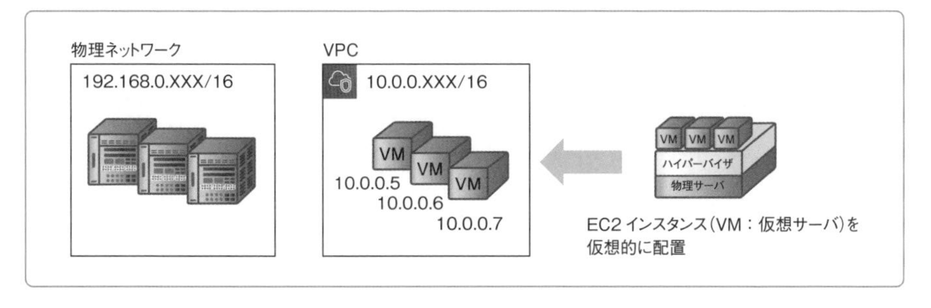

VPCの基礎知識

VPCおよびサブネットは、ネットワークを論理的に細分化したセグメントに相当します。VPCで作成したネットワークはあくまでも仮想化されたものであり、このネットワークの中にサーバやアプリケーションが存在しているわけではありません。

仮想化されたネットワークにより、さまざまなロケーションに分散しているサーバや仮想マシンイメージが、あたかも1つの場所に集中して存在しているように見えます（下図を参照）。

● 仮想ネットワークのイメージ

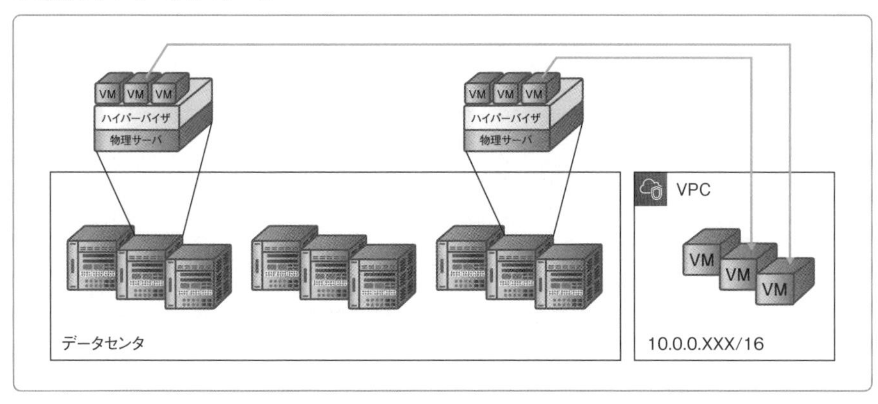

これを実現するため、ルートテーブルや、VPCエンドポイントといった、オンプレミスで構築していた場合と少し異なる概念も登場します。また、この仮想

ネットワークに相互接続するために、仮想プライベートゲートウェイをはじめとしたさまざまなコンポーネントが用意されています。新しい要素が多数登場するので、AWSを使った開発に携わるうえで、これらをどのような場合にどのように使うべきか、構成内容や目的・用途、アクセス制御を行うための要素を押さえておくことが重要です。

VPCとサブネットの特徴と構築方法

VPCは、AWSのリージョン単位で作成でき、XXX.XXX.XXX.XXX/16～28であるCIDR表記に沿ってネットワークを構築することが可能です。構築したVPCでは、セグメントに相当する複数のサブネットを定義して、用途に応じて柔軟にネットワークを構成でき、アクセス制御を設定できます。

その他、VPCやサブネットには以下の特徴があります。

- VPCは複数のアベイラビリティゾーンをまたいで構築できるが、サブネットは各アベイラビリティゾーンごとに作成する必要がある
- VPC内のアドレスはCIDRが「/16」または「/28」の間で使用できる。ただし、各サブネットの最初の4アドレス、最後の1アドレスは予約されているため使用できない

●使用できないアドレス

使用不可	内容
XXX.XXX.XXX.0	ネットワークそのものを指し示すアドレス（ネットワークアドレス）のため、使用不可
XXX.XXX.XXX.1	AWSによって管理されるVPCルーターに割り当てられるIPアドレス
XXX.XXX.XXX.2	VPC内のサーバーなどが利用する、AWSが管理するDNSサーバーに割り当てられるIPアドレス
XXX.XXX.XXX.3	AWSが予備的に確保
XXX.XXX.XXX.255	ネットワークブロードキャストアドレスとしてAWSが確保（ただし、ブロードキャストはサポート外）

- CIDRは一度作成すると変更できなかったが、2017年10月より、VPCに割り当てるCIDRを拡張できるようになった
- サブネットは外部との接続を想定したパブリックサブネットと、リソースやデータを外部アクセスから保護する用途を想定したプライベートサブネットがある。パブリックサブネットではデフォルトでトラフィックを外部に送信できるが、プライベートサブネットはできない

・複数のアカウントでVPC、およびその中のリソースを共有できるVPC sharing[1]をオプションとして選択することもできる

VPCの外部通信

VPCでは、複数のVPC間で通信することはもちろん、**Direct Connect**（オンプレミスとの接続サービス：p.238）や**VPN**（Virtual Private Network：p.228）を通じて、**オンプレミス環境にあるサーバとも通信できます。**

VPC内のリソースが外部通信する際は、次のようなネットワークゲートウェイリソース（VPC外のネットワークと通信を行う際に経由する中継地点）を設置します。

●図：VPCの外部接続に使うリソースと配置箇所

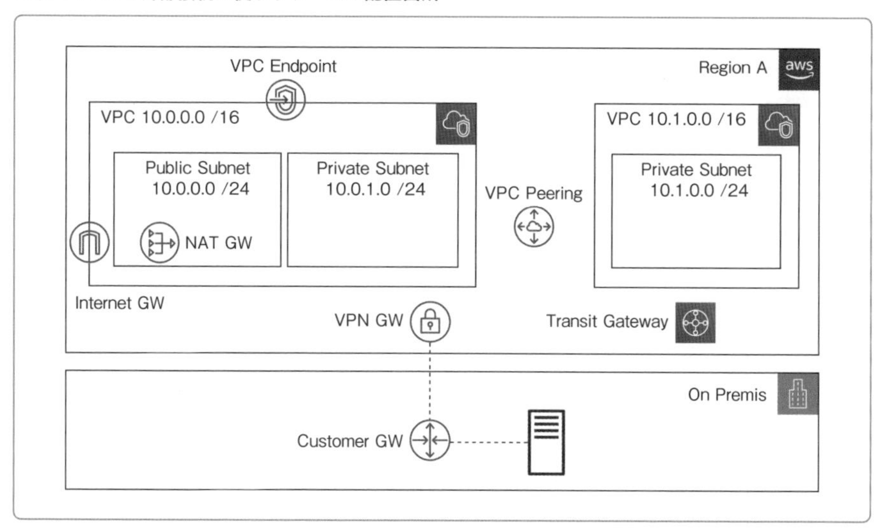

☑インターネットゲートウェイ（Internet GW）

インターネットゲートウェイは、文字通り、VPCとインターネットの通信用途で設置されるものですが、実際に通信を行うにはそれに加えて、通信元のリソースが**パブリックIPアドレス**を持っている必要があります。AWSで付与できるパブリックアドレスは動的に割り当てられるものと、固定的に割り当てられるものがあり、後者を「**Elastic IP Address**」と呼びます。

インターネットゲートウェイは定義としては1つの機器のように扱われますが、内部が冗長化されているため、AZ障害発生時も異なるAZで稼働するインターネットゲートウェイを利用できます。また、**通信量が増加すると自動的にス**

ケーリング（負荷が増大したときに内部のサーバーやリソースを増強すること）されるます。

なお、VPCに配置したリソースに対する保守作業で、最新のミドルウェアやセキュリティパッチを適用する際は､インターネットを経由することが大半です。セキュリティ要件で完全に閉塞したネットワークを構成しなれければならない場合は、そのような保守作業を実施する場合にも、定期的に最新化されたライブラリやサーバーイメージを用意するなどの代替案を考慮する必要が出てきます。

☑NAT ゲートウェイ（NAT Gateway）

NAT（Network Address Translation：ネットワークアドレス変換）は、**プライベートサブネット内でインターネットへの通信を行いたい場合に、パブリックサブネットへ設置する中継用ゲートウェイ**です。インターネットゲートウェイを介した通信は双方向のためインターネットからVPC内への通信を許容するのに対して、NATゲートウェイを介した通信は単方向通信であり、プライベートサブネットからインターネットへ通信することはできますが、インターネットからプライベートサブネット内へ接続することはできません。

☑仮想プライベートゲートウェイ（VPN GW）

仮想プライベートゲートウェイは、VPCとオンプレミス環境を接続するためにAWS内に作成するネットワークゲートウェイです。インターネットゲートウェイと同様、冗長化構成をとります。

VPCとオンプレミスを接続する方法には、「専用線を用いるDirect Connect」と「インターネット回線をベースとしたVPN接続」の2つの方法があります。

VPN接続では、IPアドレスの動的ルーティング（一定のルールに基づき、動的にネットワークの経路を決める方式）と静的ルーティング（ネットワーク管理者が個別にネットワークの経路を決める方式）の両方をサポートしますが、どちらの場合も次項で説明するカスタマーゲートウェイが必要になります。

> **Memo**
> Direct ConnectやVPN接続については、第11章の「エンタープライズシステム関連のサービス」（p.225）で詳細に解説しているので、そちらも併せて参照してください。

☑カスタマーゲートウェイ（Customer GW）

カスタマーゲートウェイは、AWSとのVPN接続においてオンプレミス側に配

置するゲートウェイです。前述の動的/静的の接続方式は、オンプレミス環境のネットワーク構成に依存します。オンプレミス環境で動的ルーティングを利用する場合は、BGP（Border Gateway Protocol：ネットワーク同士を相互に結ぶ際に、互いのネットワーク経路情報をやり取りするための規格）と呼ばれるピア接続（サーバとクライアントのような関係性を持たない対等な接続）を利用して、オンプレミスと接続します。

オンプレミス環境で静的ルーティングを利用する場合は、**通信が行えるネットワーク物理機器と、接続を許可する固定のパブリックIPアドレスが必要になります**。実際に配置されるネットワーク物理機器は「**カスタマーゲートウェイデバイス**」と呼ばれます。**オンプレミス側へ機器を設置した後に、仮想プライベートゲートウェイと接続するためのカスタマーゲートウェイ設定をAWSコンソール上からも行う必要があります。**

> **Memo**
> 機器として必要な要件はAWSのユーザガイド「カスタマーゲートウェイデバイス」[2]を参照してください。

☑VPCピアリング接続（VPC Peering）

VPCピアリング接続は、**独立した2つのVPCを接続し、プライベートアドレスを使って相互に通信します**。こちらもインターネットゲートウェイ、仮想プライベートゲートウェイと同様、冗長化された形で構築されます。

この接続では自分が所有しているVPCだけではなく、**同じリージョンの別アカウントのVPCとも接続が可能**です。ただし、接続できるのはピアリングしたVPCの範囲内に限られ、接続先VPCが別途接続しているネットワークとは接続できません。

> **Memo**
> VPCは1つのリージョン内に構築されます。リージョンをまたいで別のVPCと通信したい場合は、一部のリージョン同士でVPC間の相互接続が可能になる「インターリージョンVPC」を使います。

☑VPCエンドポイント

VPCエンドポイントは、**VPCの中からAWSのマネージドサービスにアクセスするためのサービス**です。AWSのマネージドサービスには、EC2やRDSのようにVPCまたはサブネット内に構築されるリソースと、S3やDynamoDB、

SQSのようにリージョン単位で提供されるリソース（ここではリージョンサービスと呼びます）があります。

リージョンサービスは**VPCの外にあるAWSネットワーク内**に構築されているため、アクセスするにはVPCから外部へ出るかたちになります。S3やDynamoDBなどはデフォルトで、インターネット経由のアクセスが可能なので、インターネットゲートウェイやNATゲートウェイの設定が実行されていれば通信できますが、インターネットを経由することなくアクセスを行いたい場合、VPCエンドポイントを設置する必要があります。

● **VPCエンドポイントを使ったAWSリソースへのアクセス**

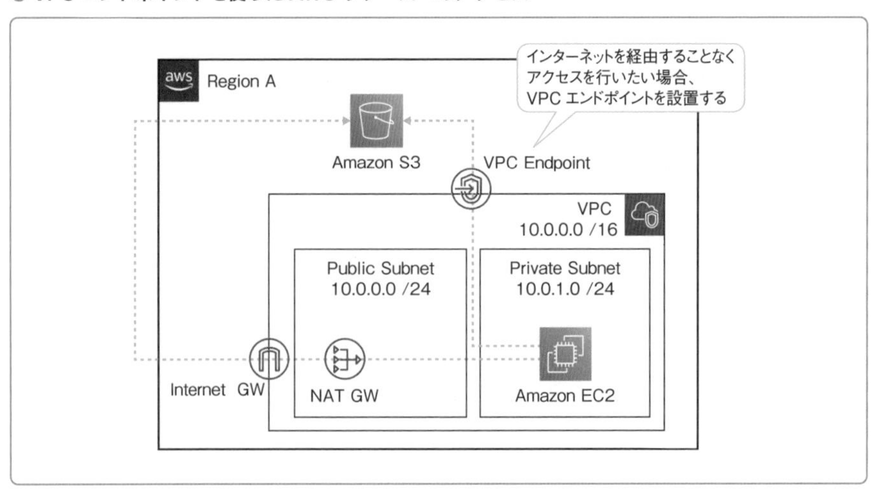

VPCエンドポイントには「**ゲートウェイ型**」と「**インターフェース型**」の2種類があり、設定やアクセス制御の方法が異なります。

● **VPCエンドポイント**

種類	解説
ゲートウェイ型	インターネットゲートウェイやNATゲートウェイと同様、後述する次節「ルートテーブル」への設定が必要なエンドポイント。リージョンサービスであるS3とDynamoDBがこのタイプで提供されている
インターフェース型	AWS PrivateLink[3]を利用したインターフェース型のエンドポイント。ゲートウェイ型であるS3やDynamoDBを除く、多くのサービスがこのタイプである。VPCエンドポイントを使用したいリソースがあるサブネットに直接アタッチし、許可する接続を「セキュリティグループ」(p.87) を使って制御する設定を行う

☑トランジットゲートウェイ（Transit Gateway）

トランジットゲートウェイは、**これまで説明してきたさまざまなVPC間の接続を統合するアグリゲーション（集約）型のネットワーク管理サービス**です。次の図のように、VPCピアリング接続が多数発生する場合や、オンプレミスとのDirect Connect接続やVPN接続が他拠点で発生する場合、接続設定を一元的に管理できます。

●トランジットゲートウェイ（Transit Gateway）

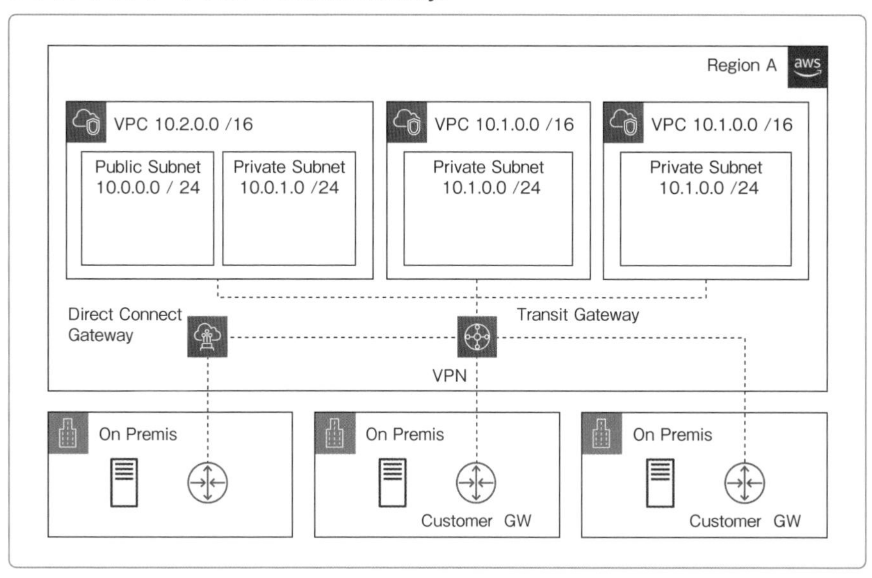

トランジットゲートウェイはVPCで設定するものとは別のルーティングテーブルを持っており、独立した2つのVPCを接続する「**VPCピアリング接続**」において、各VPC間の通信を制御します。多数のVPCでピアリング接続が複数発生する場合は、通常、各VPC間の接続ごとに設定する必要があります。トランジットゲートウェイを利用すれば、一元的な設定により効率的な管理が可能です。

オンプレミスとの接続では、**AWSのデフォルトの上限設定を超えて多くの接続先を構築できます**。前節で解説した仮想プライベートゲートウェイ（p.82）で個々に接続していく場合よりも効率的に行えます。また、トランジットゲートウェイを利用した接続では、**仮想プライベートゲートウェイを構築する必要はありません**。

もう1つ、トランジットゲートウェイのメリットとして、VPCピアリングとオンプレミスのどちらの接続でも**クロスアカウントアクセス**を利用できる点が挙げられます。マルチアカウントや多数の拠点・VPCを接続するユースケースで積極的に活用していきたいサービスです。

> **Memo**
> クロスアカウントアクセスとは、あるアカウントのAWSリソースに別アカウントからのアクセスを許可する設定のことです。

VPCのアクセス制御

VPCでは、「ルートテーブル」「セキュリティグループ」「ネットワークACL」の3つの方法で通信のルート設定・アクセス制御を設定できます。それぞれどのような設定が行えるのか見ていきましょう。

☑ルートテーブル

VPC内の通信では、指定されたCIDR表記のアドレスで通信をルーティングするルールセットを定義する必要があります。これを「ルートテーブル」といい、次図のような形で表します。

● ルートテーブルの作成・設定例

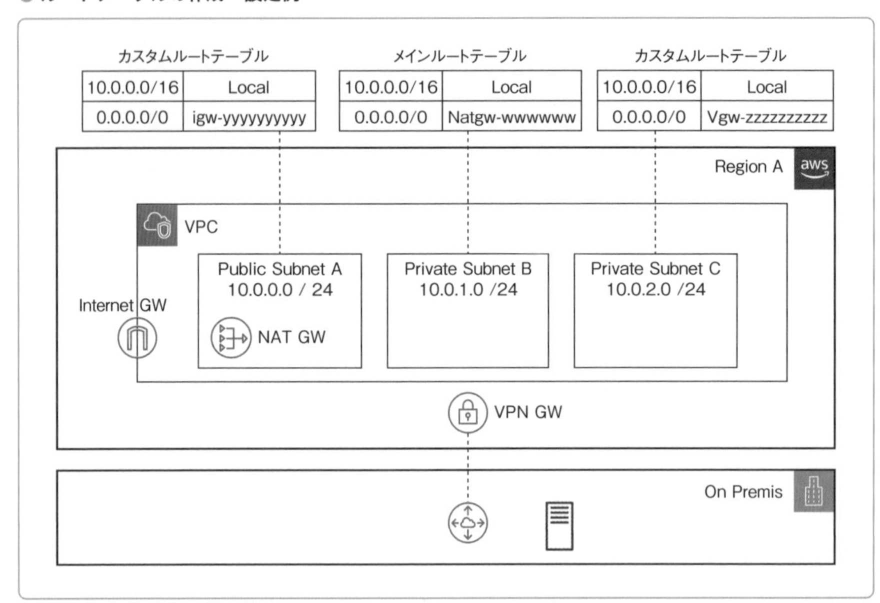

VPCを作成すると、同時にメインルートテーブルが自動的に作成されます。ユーザーは通常、設定変更による影響を小さくするため、メインルートテーブルを編

集するのではなく、カスタムルートテーブルを追加して作成することで、サブネット間のアクセス・通信制御を行います。

VPC内の各サブネットは何かしらのルートテーブルに関連づけられる必要があります。サブネットが特定のルートテーブルに明示的に関連づけられていない場合、**サブネットはメインルートテーブルに暗黙的に関連づけられます**。なお、1つのサブネットに複数のルートテーブルを関連づけることはできませんが、複数のサブネットを1つのルートテーブルに関連づけることはできます。

プライベートサブネットからインターネットへアウトバウンド（外向けの）接続したい場合やオンプレミスへの接続など、ルートテーブルの設定が誤っていると通信エラーになるので、ルートテーブルの関連づけを適切に設定してください。

☑セキュリティグループ

セキュリティグループは、Linuxにおけるファイアウォール機能IPTablesとほぼ同じ役割を担います。アクセス許可するソースやプロトコル、ポートのルール定義を作成し、EC2やRDSなどのAWSリソースに関連付けることで、ファイアウォールとして動作します。受信と送信の両方をリソースレベルで制御できる他に、リソースをグループ化し、共通のセキュリティグループを関連づけることもできます。

一般的なファイアウォール同様、通信の状態を記録して（ステートフルに）動作し、発生した通信に対する応答通信は自動的に許可されます。

● セキュリティグループの作成・設定例

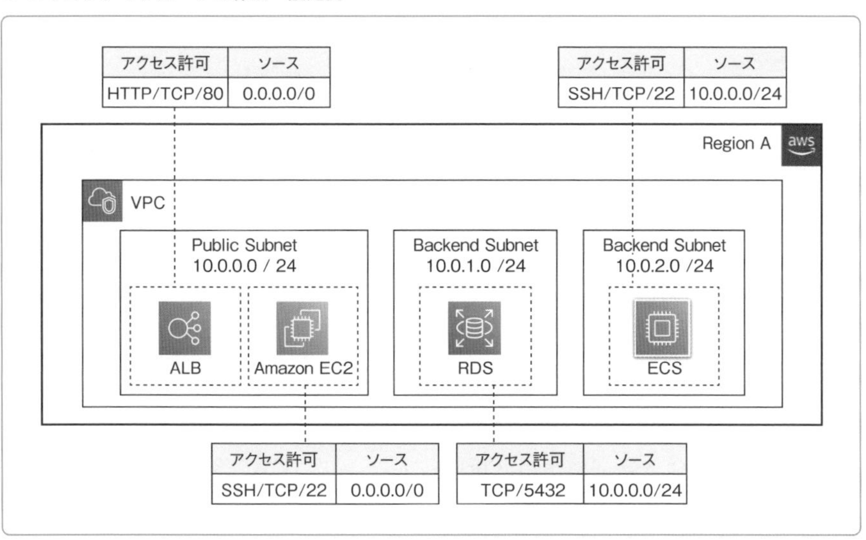

☑ネットワーク ACL

ネットワーク ACL はサブネットに関連づけられ、**受信と送信の両方をサブネットレベルで制御できます**。関連づけられたすべてのサブネットに適用されるので、セキュリティグループよりも広範囲な制御・設定が可能です。ただし、セキュリティグループとは異なり、通信の状態を記録せず（ステートレスに）動作するため、応答通信にも許可の設定が必要です。

● ネットワーク ACL の作成・設定例

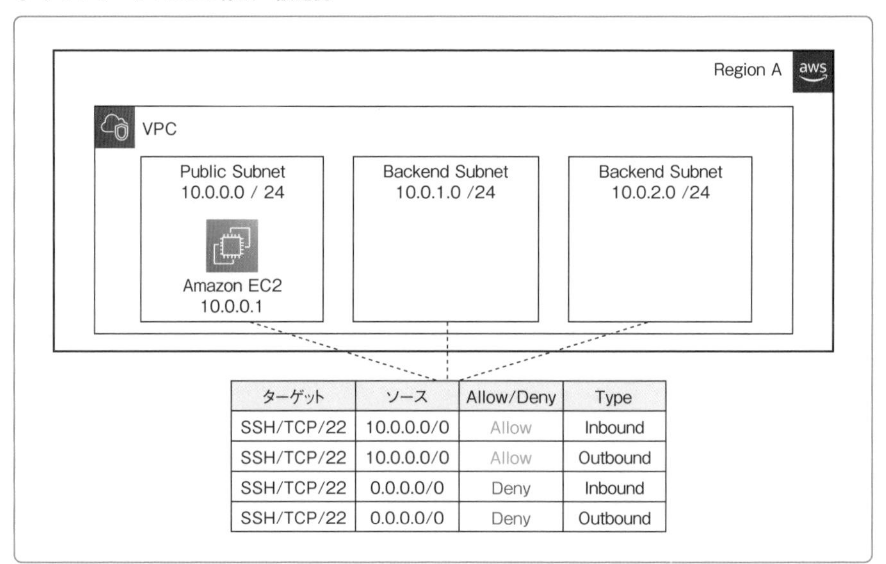

ターゲット	ソース	Allow/Deny	Type
SSH/TCP/22	10.0.0.0/0	Allow	Inbound
SSH/TCP/22	10.0.0.0/0	Allow	Outbound
SSH/TCP/22	0.0.0.0/0	Deny	Inbound
SSH/TCP/22	0.0.0.0/0	Deny	Outbound

Memo

戻り宛先の IP とポートが必要（ポートは特定できないので事実上は任意に設定）となる点に注意が必要です。また、セキュリティグループは許可設定しかできないので、特定のクライアントのアクセスをブロックしたいときはネットワーク ACL を使います。

VPC 利用時の補足事項

その他、VPC を利用する際に押さえておくべき以下の事項について紹介します。

- VPC フローログによるアクセス解析
- GuardDuty による脅威の検知と通知
- デフォルトのリミット値と料金体系

☑VPCフローログによるアクセス解析

VPCフローログは、VPCのIPトラフィック情報（送受信元のIPアドレスやデータ通信量）をキャプチャする機能です（詳細はp.511を参照）。

ログはAmazon Cloud Watch LogsやS3に保存でき、VPCやサブネット、実際のトラフィックをルーティングするENI（Elastic Network Interface）単位で収集できます。

ログの収集自体はコンソール上から簡単に行えますが、ENIのトラフィック量は一般的に膨大となりがちで、ボリュームに応じた使用料金がかかります。トラフィック解析が必要な場合、時間を絞って設定したほうがよいでしょう。

Memo

VPCフローログを使用する際は公式のユーザガイド「VPCフローログ」[4]を参考にしてログ出力を設計してください。

☑GuardDutyによる脅威の検知と通知

GuardDutyは、VPCのフローログなどから不正なアクセスを検知するサービスです（詳細はp.520で参照）。セキュリティ対策を行ううえでは、膨大なログを単に収集するだけでは不十分です。VPCのフローログと、GuardDutyのような脅威の検知を行うサービスを連動させたセキュリティ対策を検討するとよいでしょう。

☑デフォルトのリミット値と料金体系

VPCを利用する際は、デフォルトで以下のようなリミット値が課されています。上限の緩和申請をすることも可能ですが、開発や商用運用時にトラブルの原因とならないようキャパシティを押さえておいてください。

リミット事項	上限数
1つのリージョンで作成できるVPCの上限数	5
1つのVPCで作成できるサブネット数	200
取得可能なElasticIPの数	5
ルートテーブルに設定可能なルート数	100
VPCで作成可能なセキュリティグループの数	500
1つのセキュリティグループに設定できるルール数	50
ネットワークインターフェースに付与可能なセキュリティグループ	5
1つのVPCで利用できるVPCピアリング接続	125
1つのVPCで利用できるVPN接続数	10

VPCの利用料金

VPCの利用料金は以下の通りです。VPCやサブネット、インターネットゲートウェイの構築自体に費用はかかりませんが、**オンプレミスからのインバウンド接続や、VPCからのアウトバウンド通信で、データ転送量に応じた従量課金が発生します**。また、VPCピアリング接続を介した接続や、リージョンをまたぐ通信、NATゲートウェイやトランジットゲートウェイを使用すると相応に費用が発生するので留意しておく必要があります。

● VPCの利用料金

項目	内容
VPC・サブネットの構築・稼働	無料
VPCからのデータ通信でインバウンド接続	無料
VPCからのデータ通信でアウトバウンド接続	データ転送料に応じた従量課金 [5]
VPCピアリング接続	・データ転送料に応じた従量課金 [6] ・異なるリージョン間データ転送料に応じた従量課金
インターネットゲートウェイ	無料
NATゲートウェイ	・NATゲートウェイの利用時間の料金 [7] ・データ転送料に応じた従量課金
仮想プライベートゲートウェイ	・AWS VPNを用いる場合はその料金体系に準ずる [8] ・AWS Direct Connectを用いる場合はその料金体系に準ずる [9]
VPCエンドポイント	・Private Link利用時間の料金 [10] ・データ転送料に応じた従量課金
トランジットゲートウェイ	・アタッチメントごとの料金 [11] ・データ転送料に応じた従量課金

スケーラブルなDNSサービス

02 Amazon Route 53

東京リージョン 利用可能 料金タイプ 有料

Amazon Route 53の概要

VPCで構築したネットワーク内のリソースに、不特定多数のユーザーをアクセスさせるために必要なのがAmazon Route 53というDNS（Domain Name System）サービスです。

DNSとは、基本的にはURLに代表される名前とIPアドレスの解決（対応づけ、マッピング）を行う、古くからさまざまなベンダーで提供されているサービスです。

Route 53は、この単純なDNS機能に加え、さまざまな役割を持っています。ここでは、Route 53の代表的な機能について解説します。

ここがポイント

- Route 53は権威DNSサーバやヘルスチェック機能を持ち、ドメイン名とIPアドレスの紐づけを行う
- クライアントの地理的な位置に応じて応答の制御を変えるさまざまなルーティングポリシーがある
- VPC内のリソースの名前解決のためのRoute 53 ResolverというDNSサーバもある

ホストゾーン

Route 53は、権威DNSサーバ（後述のゾーンの情報を保持し、各システム/サーバーからの問い合わせに応じて管理するゾーンの情報を返却するサーバー）としての役割を持っています。ユーザーはドメインごとに「ホストゾーン」と呼ばれるDNSレコードを管理するコンテナを作成し、AWS内のリソースとドメイン名の紐付けを行います。

ホストゾーンには、インターネットでどのようにトラフィックをルーティングするかを指定する「パブリックホストゾーン」と、VPC内でのルーティングを指定する「プライベートホストゾーン」があります。

ルーティングポリシー

Route 53では、名前解決を行う際に**クライアントとシステムの距離**や、**クライアントの位置**に応じて最も高速なレスポンスを返せるよう、**応答の挙動**を制御できます。この制御の方式を「**ルーティングポリシー**」といいます。ルーティングポリシーは複数使用できるので、用途に合わせて適切な組み合わせを選定する必要があります。

Route 53がサポートするルーティングポリシーは次の通りです。

● **ルーティングポリシー**

ルーティングポリシー	概要
シンプルルーティング	ドメインに紐付いたアドレスにルーティングを行う
位置情報ルーティング	クライアントのIPアドレスから位置情報を特定し、ルーティングを行う。コンテンツの配信の範囲を限定したり、位置によってコンテンツの言語を変更することがユースケースとして挙げられる
フェイルオーバールーティング	後述のヘルスチェックを組み合わせることで、システムがダウンしたときに自動的にフェイルオーバーを行い、事前に構築した待機系のシステムに切り替える
地理的近接性ルーティング	ユーザーとシステムの物理的な距離に基づいて、ルーティングを行う
レイテンシーに基づくルーティング	クライアントにとってもっともレイテンシーが低くなるように、ルーティングを行う
複数値回答ルーティング	1つのドメインで複数のDNSレコードを作成できる
加重ルーティング	ユーザーによって定義された割合に基づき、複数のリソースにトラフィックをルーティングする

ヘルスチェック

Route 53は、**管理するIPアドレスを持つリソースが正しく動作しているかどうかを監視できます**。この機能を「**ヘルスチェック**」といいます。フェイルオーバールーティングとヘルスチェックを併用することで、事前に待機系のシステムを構築しておけば現用系に障害があった場合、Route 53の応答を待機系に切り替えられます。これを「**DNSフェイルオーバー**」と呼びます。

例えば、次の図のように、ap-northeast-1に現用系（普段使われているサーバ）のWebサーバ、us-east-1に待機系（障害発生時に使用するサーバ）のWebサーバを構築し、DNSフェイルオーバーの設定するとします。すると、ap-northeast-1のヘルスチェックが失敗した際に、Route 53が応答先をus-east-1へ自動的に切り替えます。

● DNS フェイルオーバー

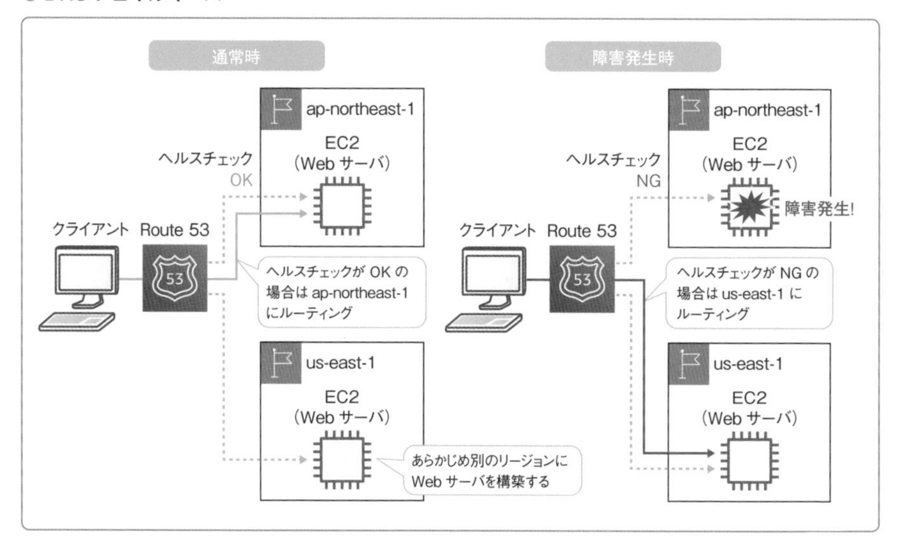

Route 53 Resolver

Route 53 Resolver はこれまで説明してきた機能とは異なる、**VPC 内で標準に備わっている DNS サーバ**です。

オンプレミスや VPC 内からのリソースの名前解決要求に応じて、Route 53 のパブリックホストゾーンやプライベートホストゾーンへフォワードします。その実体は、「Amazon Provided DNS」と呼ばれていた、VPC 内で「XXX.XXX.XXX.2」のアドレスが割り当てられている DNS サーバです。2018 年のアップデートで、DNS サーバへのフォワード機能が付与され、Route 53 Resolver として改称しました。

Route 53 Resolver ではフォワードするドメインのルールと DNS サーバの対応づけを**インバウンド・アウトバウンドエンドポイント**（実体は ENI：Elastic Network Interface）として定義して名前解決を行います。

なお、**Route 53 Resolver は原則、VPC 外からの直接的な名前解決要求は受けつけません**。オンプレミスからの名前解決要求は、VPC 内に作成されるインバウンドエンドポイントを通じてアクセスされます。

ドメイン管理

　ドメイン名とは、インターネット上での住所を表します。通常インターネットに公開されたWebサイトはIPアドレスで管理されていますが、数字の羅列では管理が煩雑になるため、ドメイン名をIPアドレスに紐づけることで利便性を向上できます。
　ドメイン名とIPアドレスの紐づけでユーザーはドメイン名でアクセス可能になるため、自身でオリジナルのサイトを立ち上げる際に必須です。一般的にドメイン名はドメイン取得業者と呼ばれる業者から購入できますが、Route 53でもドメイン名を購入できます。

Route 53の利用料金

　Route 53の利用料金は以下の通りです。

● Route 53の利用料金 [12]

項目	内容
ホステッドゾーン	・各ホストゾーン単位の月額の従量課金 ・DNSクエリ数に応じた従量課金
ヘルスチェック	・ヘルスチェックごとに月額の従量課金 ・DNSフェイルオーバーは無料
Route 53 Resolver	・エンドポイントとなるENIごとの時間単位の従量課金 ・DNSクエリ数に応じた従量課金
ドメイン名	トップレベルドメインの種類に応じた年単位の従量課金

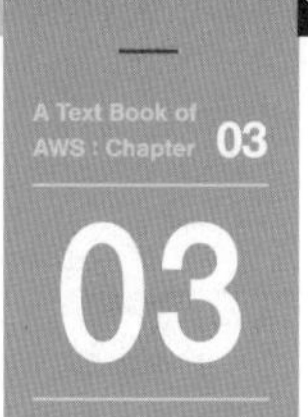

仮想ロードバランシングサービス

Elastic Load Balancing

東京リージョン 利用可能　料金タイプ 有料

Elastic Load Balancing の概要

Elastic Load Balancing(ELB)は、AWSが提供する**完全マネージドな仮想ロードバランシングサービス**です。ELBは次の3つのサービスの総称として使われています。

・アプリケーションロードバランサー（Application Load Barancer：ALB)
・クラシックロードバランサー（Classic Load Barancer：CLB)
・ネットワークロードバランサー（Network Load Balancer：NLB)

各機能の違いや特徴を押さえ、目的にあったものを選択できるようになりましょう。

ここがポイント

- ALBは、L7ロードバランシングサービスで、アプリケーションのURLパスベースでのルーティングなど多様なルーティング機能を持つ
- NLBは、L4ロードバランシングサービスで、より低負荷にリクエストをバランスさせる
- CLBは、メンテナンスモードに近い位置づけのため、古くから使用しているレガシーなプラットフォームなどで使用することを検討する

ELB に共通する特徴

ロードバランシングとは、**あるWebサービスが複数のWebサーバやアプリケーションサーバで構成されている場合に、リクエスト要求の負荷を分散させることで**す。ELBの用途は、従来のオンプレミスで構築していたものと大きな違いはありませんが、クラウド特有の高可用性やパフォーマンス効率といった考え方がオンプレミスとは異なります。

● ELBのロードバランシングイメージ

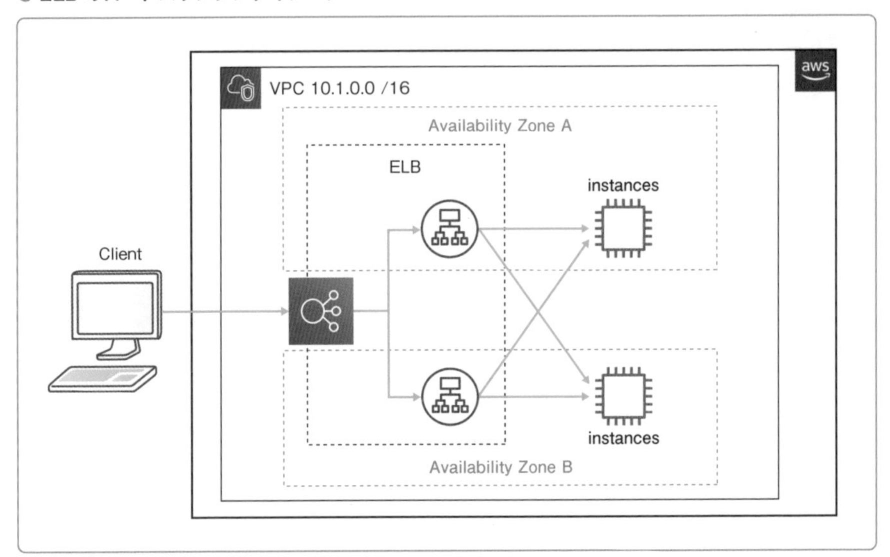

● ELBに共通する主な機能

機能	説明
ヘルスチェック	ロードバランシング先となるターゲットに対してリクエストを送信して死活監視を行い、正常実行されているターゲットにルーティングする
リクエストモニタリング	CloudWatchを利用して正常／異常リクエストの記録・モニタリングする
SSL/TLSターミネーション	SSL/TLSを使った暗号化／復号を実行する
Connection Drain	ロードバランサーを終了する際に、残ったリクエストの処理のために猶予時間を設けて終了する
スティッキーセッション	同じクライアントからリクエストを常に固定したターゲット（特定のEC2インスタンスなど）に振り分ける
WebSockets対応	プッシュ通信などの双方向通信を実現するWebSocketsをサポート

AWSが提供する仮想ロードバランシングサービスである**ELB**は、EC2やRDSのようにVPC内に仮想的に配置されます。定義上は1つのリソースのように扱われますが、内部的には**冗長化構成**されており、トラフィックが増加すると台数を増やしてスケールアウトしたり、スペックを上げてスケールアップします。また逆に、負荷が小さくなるとスケールダウンを行い、自動的にスケーリングする機能を有しています。

ELBは、**複数のアベイラビリティゾーンをまたいだ構築が可能**で、高い可用性と信頼性を保ちながらパフォーマンスを確保できることを特徴としています。

ELBは上記の表の通りヘルスチェックなど一般のロードバランサーが持つ機

能は維持しながらも、ソフトウェアの最新のアップデートなどAWSマネージドで行ってくれるため、非常に運用もしやすくなっています。

Application Load Balancer（ALB）

ALBは、**リバースプロキシ型のロードバランシングサービス**です。負荷分散はOSI 7層モデルの第7層（アプリケーション層）レベルでルーティングが可能です。「**リスナー**」と呼ばれるコンポーネントを作成し、使用するプロトコルとポートを設定して、ルーティングルールを設定します。下図は、リクエストURLのパスパターンに応じたルーティングを行うパスベースルーティングのイメージです。

● ALBのパスベースルーティング

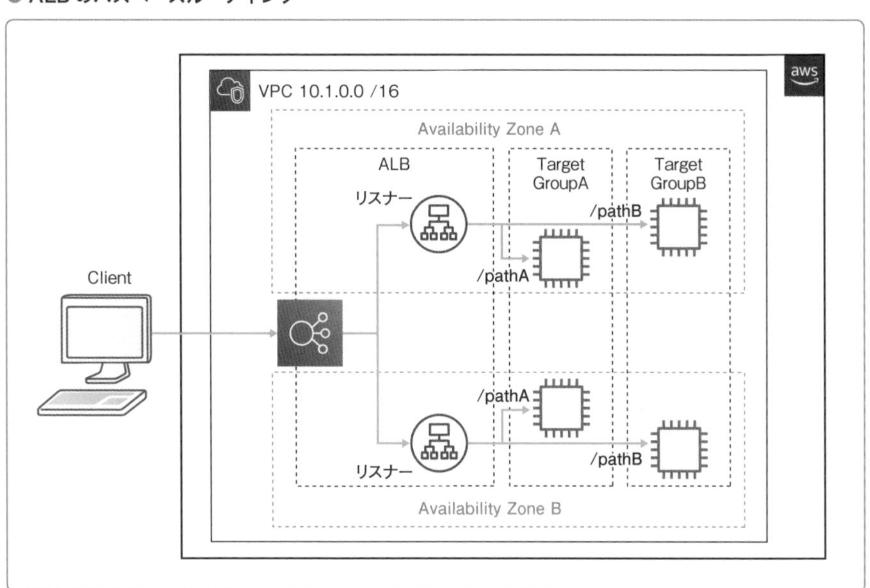

> **Memo**
> リバースプロキシ型とは、応答通信もロードバランサーを経由してクライアントへ届くタイプのことです。

例えば「https://example.com/pathA」や「https://example.com/pathB」といったURLのパス単位で、ターゲットグループ（アベイラビリティゾーンをまたいでインスタンスやコンテナをまとめた仮想的なグループ）を振り分け指定し、より細かく負荷分散することが可能です。

また、ALBでは次のようなルーティングオプションを選択できます。ターゲットグループには優先順位をつけて適用条件を設定できるので、複数のルーティングを組み合わせることができます。

● ALBのルーティング

ルーティング	説明
パスベースルーティング	リクエストURLのパスパターンに応じたルーティング
ホストベースルーティング	HTTPヘッダのhostフィールド(URLのドメイン)に基づいたルーティング
HTTPヘッダーベースルーティング	HTTPヘッダの値に応じたルーティング
HTTPメソッドルーティング	HTTPメソッドに応じたルーティング
クエリ文字列ベースルーティング	HTTPリクエストのクエリパラメータの値に応じたルーティング
ソースIPアドレスCIDRベースルーティング	リクエスト元のソースIPアドレスCIDRに応じたルーティング

その他、**ALBではAWS CognitoやOIDC IDプロバイダと連携するユーザ認証をサポートしています**。認証が成功したリクエストは、ALBによりアクセストークンやIDトークン、ユーザクレイム（ユーザ情報）がHTTPヘッダに付与されてリクエストが転送されます。こうしたトークンを使用して、リクエストが転送されたアプリケーション側で、IDプロバイダを通じた認可制御などに利用することができます。

また、**ネイティブなHTTP/2**にも対応する他、**ECS**や**WAF**などのAWSサービスと連携できますし、フォワード先のターゲットに**Lambda関数**を選択することも可能です。

Network Load Balanacer（NLB）

NLBは主に、**OSI 7層モデルでの第4層（トランスポート層）での負荷分散用途で使用されるL4ロードバランサー**です。一般的にALBのようなL7ロードバランサではアプリケーション層レベルでロードバランスするために、ロードバランサ内でTCPコネクションを一度終端して振り分けします。

それに対し、NLBのようなL4ロードバランサではIPアドレスとポートを元に振り分けるため、より低負荷で負荷分散が可能な特性を持っています。

NLBには次の表に挙げる特徴・機能があります。

NLBの主な機能・機能

機能・特徴	説明
高可用性・高スループット・低レイテンシ	単一・複数のアベイラビリティゾーン構成が選択でき、毎秒数百万のリクエストを低レイテンシで処理できる
クライアントのIPとポートの保持	NAT変換型L4ロードバランサー同様、通信はロードバランサーをすべて経由するが、クライアントのIPとポートが保持され、DSR（Direct Server Return）型L4ロードバランサーのように直接クライアントと通信しているかのように振る舞う
ロードバランサーのIPアドレスが固定	NLB作成時に割り当てられたIPアドレスか、ElasticIPアドレスのいずれかを設定し、その後固定となる。オンプレミスネットワークのファイアウォールの制約でIPアドレスの固定が必要なユースケースなどでの使用が想定されている
暖機運転（Pre-Warming）申請が不要	ALBやCLBでは、通常のスケーリングで間に合わない急激なトラフィックアクセスの増加が見込まれる場合、事前に暖機運転申請を行い、ロードバランサーをスケールアウトさせておく必要があるが、NLBは必要ない。固定のIPアドレスが維持されたままで動的にスケールされる
VPCエンドポイント（Private Link）のサポート	Private Linkを使用してAWSネットワーク内でNLBをサービスエンドポイントして公開できる。異なるVPCのWebサービスをインターネットを経由せずアクセスしたい場合に使用されることを想定している

NLBはALBと同じく、**リスナーやロードバランスされる対象**（EC2やECSなど）をターゲットグループとして設定します。また、NLBそのものにはセキュリティグループを設定することはできません。ターゲットグループ側には送信元のIPアドレスがクライアントのままで届くことになります。通常ターゲットグループにはアクセス元を制御するセキュリティグループを設定しますが、そのセキュリティグループ内の通信許可ソースとしてNLB（正確にいえばNLBに適用するセキュリティグループ）を指定することができません。

そのため、ターゲットとしてECSを選択して動的ポートマッピングの使用を検討する場合、アクセス可能なポートを絞るなどの留意が必要です。

Classic Load Balanacer（CLB）

CLBは、2009年にリリースされて以降、「**Elastic Load Balancing**」という名称でサービス提供されてきましたが、2016年にALB、2017年にNLBが登場したこともあり、現在はCLBに改称されました。

CLBはALBとNLBの節で解説した**L4およびL7双方のロードバランサー機能を提供してきたサービス**ですが、L7としての利用ではALBのような詳細なルーティングの設定はできません。

ALBとNLBの登場以降はメンテナンスモードに近い位置付けであり、低コストかつ機能もほぼ代替可能なので[13]、古くから使用しているレガシーなプラットフォームであるEC2-Classicを使用しなければならないなどの制約がない限り、ALBとNLBを使用するほうがよいでしょう。

ELBの利用料金

ELBの利用料金は以下の通りです。ALBとNLBの料金は「新規接続数」「アクティブ接続数」など、いくつかのトラフィックメトリクスのもとに算定される指標である「LCU（LoadBalancer Capacity Unit)」が影響する従量課金体系となっています。[14]

● ELBの利用料金[15]

項目	内容
ALB	・ALBを起動した時間単位の従量課金 ・以下のLCU（LoadBalancer Capacity Unit）に時間を乗じた従量課金 ・新規接続数 ・アクティブな接続数 ・利用しているネットワーク帯域 ・ルーティングルールの1秒あたりの評価数
NLB	・NLBを起動した時間単位の従量課金 ・以下のLCU（LoadBalancer Capacity Unit）に時間を乗じた従量課金 ・新規接続およびフロー数 ・アクティブな接続およびフロー数 ・ロードバランサーによって処理されたバイトサイズ
CLB	・CLBを起動した時間単位の従量課金 ・データ量に応じた従量課金

引用・参考文献

[1] https://docs.aws.amazon.com/ja_jp/vpc/latest/userguide/vpc-sharing.html
[2] https://docs.aws.amazon.com/ja_jp/vpn/latest/s2svpn/your-cgw.html
[3] https://aws.amazon.com/jp/privatelink
[4] https://docs.aws.amazon.com/ja_jp/vpc/latest/userguide/flow-logs.html
[5] https://aws.amazon.com/jp/ec2/pricing/on-demand/#Data_Transfer
[6] https://aws.amazon.com/jp/ec2/pricing/on-demand/
[7] https://aws.amazon.com/jp/vpc/pricing
[8] https://aws.amazon.com/jp/vpn/pricing/
[9] https://aws.amazon.com/jp/directconnect/pricing/
[10] https://aws.amazon.com/jp/privatelink/pricing
[11] https://aws.amazon.com/jp/transit-gateway/pricing/
[12] https://aws.amazon.com/jp/Route 53/pricing/
[13] https://aws.amazon.com/jp/elasticloadbalancing/features/#compare
[14] https://aws.amazon.com/jp/elasticloadbalancing/pricing/
[15] https://aws.amazon.com/jp/elasticloadbalancing/pricing/

Chapter 04

第4章 コンピューティング関連のサービス

本章では、基本的なコンピューティングサービスである「EC2」と「Auto Scaling」について解説します。
EC2にはさまざまなインスタンスタイプやオプションがあるため、適切な構成が難しい面もあります。基本的な用語や種類を把握し、実現したいサービスの処理の内容に応じて適切な構成を選択できるようになっておきましょう。

01

仮想的なサーバ環境を提供するサービス

Amazon EC2

東京リージョン 利用可能 料金タイプ 有料

Amazon EC2 の概要

Amazon EC2（Elastic Compute Cloud）は、**仮想的なサーバ環境を提供するサービス**です。Web サービスやバッチ処理といったアプリケーションの中核的な処理を実行する他、コンテナの実行、オープンソースソフトウェアの実行、開発時のテスト実行など幅広い用途で使用されます。

ここがポイント

- EC2 はアプリケーションのデプロイをはじめとしたさまざまなソフトウェアの実行基盤として利用される
- ワークロード（用途や処理の内容）に応じた多様な種類のインスタンスタイプが用意されている
- オンデマンドやリザーブドなど、複数の支払いオプションが用意されている
- ユーザーはコンソールやコマンドラインを通じて EC2 インスタンスを起動・アクセスし、目的に応じてさまざまな処理を実行する
- EC2 インスタンスはアベイラビリティゾーンの物理的な配置戦略を選択することもできる
- EC2 インスタンスがデータベース・ストレージサービスなどのリソースにアクセスするには、適切な権限ポリシーを付与したロールを設定する必要がある

EC2 のインスタンスタイプ

EC2 というサービスは、VPC およびサブネットに仮想サーバを配置し、リモートアクセスすることで使用します。配置する仮想サーバを「**インスタンス**」と呼び、インスタンスの CPU やメモリ、ストレージといったリソースのキャパシティを定義したものを「**インスタンスタイプ**」と呼びます。

インスタンスタイプは複数のカテゴリがあり、用途を特徴づけるインスタンスファミリー・ハード機器の世代やオプション、スペックの規模を表すインスタン

スサイズが、以下の規約に基づいて定義されています。

● インスタンスタイプの規約

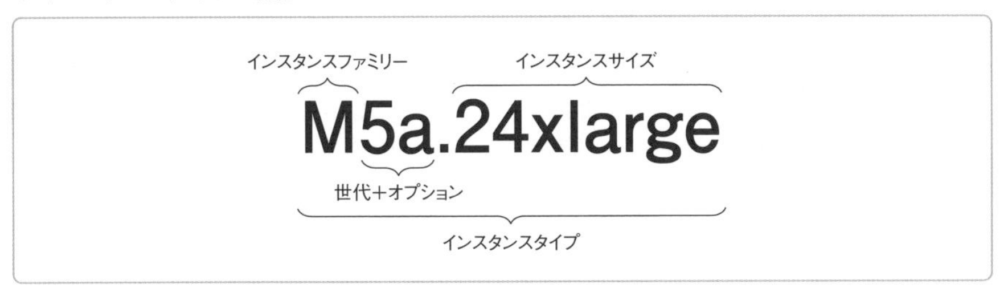

下表に代表的なインスタンスファミリーの特徴・用途の例を示します。ただし、これらはあくまで目安であって、必ずしもそのために使用しなければならないわけではないので注意してください。

● 代表的なインスタンスファミリー[1]と処理の特性

	種別	処理の特性・特徴と用途
T	汎用	小さなアプリケーションや小規模なデータベース、開発環境用サーバなど、汎用ワークロード（用途や処理の内容）向けのインスタンス。T2 など無料利用枠の対象も含まれる
M	汎用	アプリケーションサーバやクラスターコンピューティング、小規模／中規模のデータベースなど比較的高負荷な汎用ワークロード（用途や処理の内容）向けのインスタンス
C	コンピューティング最適化	ハイパフォーマンスコンピューティング（HPC）・バッチ処理・機械学習推論計算など高い CPU 性能が必要なワークロード（用途や処理の内容）向けのインスタンス
R	メモリ最適化	大規模データベース・インメモリキャッシュなど大容量のメモリを必要とするワークロード（用途や処理の内容）向けのインスタンス
G	高速コンピューティング	動画エンコーディング・ゲームなど高い GPU 性能が必要なワークロード（用途や処理の内容）向けのインスタンス
I	ストレージ最適化	大規模 NoSQL データベース、データウェアハウスなど極めて高い I/O パフォーマンスを必要とするワークロード（用途や処理の内容）向けのインスタンス

インスタンスファミリーを選定する際は、M を基準にしてスペックを評価します。より CPU が必要なのか、それともよりメモリが必要かなどをワークロードに応じて検討し、適切なインスタンスファミリーを選ぶとよいでしょう。

インスタンスタイプの世代は、数字が大きいほど新しく高性能です。ただし、必ずしも最新世代のほうが高価格というわけではありません。利用する際は各世代の処理コストの単価を評価して利用するようにしましょう。
また、世代の後ろに付与される**オプション**には以下のものがあります。

● **インスタンスタイプの世代に付与されるオプション**

オプション	説明
d	インスタンスに対して**内蔵ストレージ**（インスタンスストア）が付加される。直接内蔵ストレージにアクセスできるため I/O が高速になる
n	インスタンスに対して**ネットワーク通信のパフォーマンス**が強化される
a	AMD（Advanced Micro Devices）社の CPU が搭載されている

最後の構成要素である**インスタンスサイズ**は、CPU やメモリ、ネットワークのキャパシティといった「インスタンスの性能」を決定します。インスタンスサイズが大きくなるほど、CPU やメモリ、ネットワークのキャパシティも大きくなります。
次の表は C5 インスタンスファミリーにおけるインスタンスサイズの例ですが、他のインスタンスサイズも同様の規約で構成されています。CPU とメモリスペックは xlarge を基準値として、使用されるワークロードに応じて適切なものを選択するようにしてください。
なお、次の表の「**vCPU**」は、**仮想的な CPU コア**を意味しています。AWS でインスタンスサイズを選択する際も同様に「vCPU」と記載されていますが、CPU と同じ意味と捉えて差し支えありません。

● **インスタンスサイズの例（C5 インスタンスファミリー）**

タイプ	vCPU	メモリ	ストレージ帯域網	ネットワーク帯域網
c5.large	2	4GiB	最大 2.25Gbps	最大 10Gbps
c5.xlarge	4	8GiB	最大 2.25Gbps	最大 10Gbps
c5.2xlarge	8	16GiB	最大 2.25Gbps	最大 10Gbps
c5.4xlarge	16	32GiB	2.25Gbps	最大 10Gbps
c5.9xlarge	36	72GiB	4.5Gbps	10Gbps
c5.18xlarge	72	144GiB	9Gbps	25Gbps

インスタンスに指定する OS イメージ（AMI）

EC2 上で仮想サーバとして動かすゲスト OS を AMI（Amazon Machine Image）と呼びます。AWS が標準として提供する Amazon Linux をはじめ、Windows Server、オープンソースの各種 Linux ディストリビューション

(CentOS、Debian、Ubuntu、FedoraCore) などがラインナップされています。

AWS以外のサードパーティによるAMIも提供されています。主要なベンダが提供するコミュニティAMIから検索する他に、オープンソースライセンスを持つOSに複数の特定のソフトウェアをインストールしたカスタムAMIをAWS Marketplaceを通じて、個々のユーザーが自由に利用・提供することも可能です。

Memo

AMIの利用や作成、購入、共有、販売の方法については、AWSのユーザーガイド「Amazon マシンイメージ (AMI)」[2] も参照してください。

インスタンスの購入オプション

EC2を利用するには、当然EC2インスタンスを購入する必要があります。購入方法には、従量課金性の「**オンデマンドインスタンス**」や、事前に予約することでディスカウントが受けられる「**リザーブドインスタンス**」などいくつかの種類が用意されており、こうした選択肢のことを「**購入オプション**」と呼びます。EC2では主に以下の4つの購入オプションのいずれかでインスタンスを購入します。

● **インスタンスの購入オプション**

オプション	説明
オンデマンドインスタンス	インスタンスを起動すると、使用した分だけ料金が発生する従量課金のオプション。時間あたりの単価は固定
リザーブドインスタンス	事前にインスタンスタイプと予約期間（1年か3年）を選択し、一部もしくは全部前払いすることで、料金が最大75%ディスカウントされるオプション。リザーブドとして購入したインスタンスタイプの数量分は、インスタンスを起動してもオンデマンドインスタンスの従量課金の対象とはならない。 また、このインスタンスには条件によってインスタンスタイプを交換できるタイプ（コンバーチブルタイプ）も選択できる
スポットインスタンス	インスタンス起動時に、AWS内で使用されていないEC2リソースを時価で購入することで、料金が最大90%ディスカウントされるオプション。 ただし、スポットインスタンスは任意のタイミングで中断される可能性があるため、その点を考慮した利用を想定する必要がある
Savings Plans	1年間もしくは3年間の期間制約で、1時間あたりの利用料金をコミットするプランを購入することでディスカウントされる。リザーブドインスタンスと比べ、インスタンスサイズの変更やインスタンスファミリーの変更などにも柔軟に対応できる。条件によって最大66%ディスカウントされる「Compute Saving Plan」と、最大72%ディスカウントされる「EC2 Instance Saving Plan」の2種類がある

インスタンスは数分で起動し、サーバの追加や削除・インスタンスタイプの変更も数分で行えます。ただし、**インスタンスタイプを変更するには、EC2を停止する必要があります**（ハイパーバイザを実行している物理サーバマシンを変更することになるため）。当然、EC2上で動いているアプリケーションやサーバなども停止することになるので、クリティカルなシステムではインスタンスタイプを変更するタイミングに重々気を配りましょう。

インスタンスの起動・接続

AWSユーザーは、これまで説明してきた**インスタンスタイプ**と**実行するAMI**、**購入オプション**を指定して仮想サーバを構築します。インスタンスの起動は、**マネジメントコンソール**や**AWS CLI**（p.472）を用いて実行します。

マネジメントコンソールから仮想サーバを起動する場合、起動設定が下図の流れで、ウィザード形式で行われます。

● インスタンスの起動フロー

AMIの選択 → インスタンスタイプの選択 → インスタンス詳細設定 → ストレージ設定 → タグ設定 → セキュリティグループ設定 → キーペア設定

● インスタンスの起動フロー

フロー	説明
AMIの選択	AMIを選択する。自身が登録したAMIやサードパーティが提供するものの他、AWS MarketPlaceから検索して選択することもできる
インスタンスタイプの選択	インスタンスタイプを選択する。リスト化された一覧から選択可能
インスタンス詳細設定	インスタンスを配置するVPCやサブネット、ハードウェア専有オプションやインスタンスに割り当てるIAMロール、ユーザーデータなどを設定する。いくつかのオプションについては後述
ストレージ設定	インスタンスにアタッチ（接続）するストレージを設定する。なお、ストレージの詳細についてはp.118を参照
タグ設定	インスタンスにタグを付与する。タグとは、ある特定のリソースを識別するための目印となるラベルであり、コンソール上でフィルタ機能を利用することにより指定したタグが付与されたインスタンスをピックアップできる
セキュリティグループ設定	インスタンスに割り当てるセキュリティグループを指定する。セキュリティグループについてはp.87を参照
キーペア設定	インスタンスに接続するために必要な公開鍵を設定する。なお、Systems Manager Session Managerを使用することにより、キーペアを設定しなくても、より安全にインスタンスに接続することができる。詳細はp.498を参照

インスタンスを起動した後は、キーペアとして設定した**公開鍵**の対となる**秘密鍵**を使って、SSHコマンドなどでインスタンスへアクセスします。Windows Serverの場合はリモートデスクトップなどで接続し、サーバ内で必要な追加の環境構築作業を行うかたちになります。

インスタンス起動時のオプション

インスタンスを起動する際には、さまざまなソフトウェアインストールしたり、繰り返し行う共通的な設定作業・項目を実行したい場合があります。EC2では、以下のようにインスタンス起動時にカスタム処理を実行する機能が用意されています。

● インスタンス起動時のオプション

オプション	解説
ユーザーデータ	EC2インスタンス起動時にスクリプトを実行する機能[3]。シェルスクリプトおよびcloud-initディレクティブ[4]を用いた2つの方法がある。
起動テンプレート (Launch Template)	前節で解説したインスタンス起動フローの一連の設定をテンプレート化して実行する機能[5]

ハードウェア専有オプション

前ページで解説したインスタンス起動のフローの3つめのステップ「**インスタンス詳細設定**」には、「**ハードウェア専有オプション**」が用意されています。これは、**自身が使用するAWSアカウントで、インスタンスが配置されるハードウェアを専有できるオプション**です。

通常、EC2を起動すると、1つのハードウェアの上で実行されているハイパーバイザー上に複数のOSやアプリケーション（App）が実行されることになります。これらのOSやアプリケーションには、自身のものだけでなく、**他のAWSアカウントが所有するリソース**も含まれています。

このような環境下では、一部ソフトウェアのライセンスが問題になることがあります。例えば、EC2上に構築した標準AMI（ユーザーがカスタマイズしていないAMI）のWindows Serverでは、Microsoft OfficeをはじめとしたMicrosoft製品は、ライセンス規約上、そのままインストールして利用することはできません。ただし、ハードウェア専有オプションを利用した仮想サーバであれば、BYOL（Bring Your Own Licence：ライセンスを購入してアクティベーションする）形式でMicrosoft製品を使用することができます。

使用や改変、複製などを法的、あるいは技術的な方法で制限しているプロプライエタリな商用ライセンスで提供されるソフトウェアは、CPUコアに応じたものなど**仮想サーバ上でのライセンス体系が適応できないもの**があります。実行するソフトウェアのライセンス体系に応じて、ハードウェア占有オプションやライセンス費用が含まれているAMIの利用を検討してください。

また、各インスタンスはハイパーバイザーを介して論理的に分離された環境で実行されていますが、**ハードウェアなどの物理環境リソースを共有していることで、セキュリティ要件に抵触すること**もあります。その場合は、このハードウェア専有オプションの利用を検討するとよいでしょう。

ハードウェア占有オプションには次の2種類が用意されています。

☑専有ハードウェアインスタンス（Dedicated Instance）

AWSアカウント単位でハードウェアを専有するオプションです。このオプションを選択すると、別のAWSアカウントが起動した別のインスタンスが実行されることはありません。このオプションではインスタンス単位で課金されます。

☑専有ホスト（Dedicated Hosts）

インスタンスの起動単位でハードウェアを専有するオプションです。同一AWSアカウント内でも、別のインスタンスが起動されることは一切ありません。専有ではない通常のインスタンス向けのAMIが利用できないケースがあるので注意が必要です。このオプションではホスト（物理的なコンピューター）単位で課金されます。

Column

AWS Nitro Enclaves

「Re:Invent 2020」において、EC2での共用インスタンスのセキュリティ要件をさらに高める機能として「AWS Nitro Enclaves」が発表されました[6]。

AWS Nitro Enclavesは、Nitro Hypervisor技術を使って、「Enclave」というCPUやメモリを分離する環境をEC2内に作成し、アカウントユーザーが排他的にアクセス・実行できるようにする機能です。AWS Nitro Enclavesを使用する場合は、Nitro Enclavesがサポートされているインスタンスタイプを選択し、起動フローのインスタンスの詳細設定でEnclaveを有効化して起動します。ワークロードのサイズやパフォーマンス要件に合わせて、CPUコアとメモリを柔軟にEnclavesへ割り当てることができます。
　ユーザーは「AWS Nitro Enclaves SDK」を使って、Enclavesアプリケーションを作成できます。東京リージョンでもすでに利用できるため、医療、金融、知的財産データなどセキュリティ要件の厳しいワークロードで積極的に活用を検討していきたいサービスです。

プレースメントグループ

　プレースメントグループは、EC2インスタンスの実行時にAWSのアベイラビリティゾーンの物理的な配置戦略を選択できる機能です。配置戦略には、次の3種類が用意されています。非機能要件に応じて、適宜必要なプレースメントグループを作成し、EC2インスタンスを関連づけるとよいでしょう。

● プレースメントグループの戦略

配置戦略	説明
Cluster	この配置戦略のプレースメントグループに属すると、**単一のアベイラビリティゾーン内の、できるだけ近い位置でインスタンスを配置する**。インスタンス間で低レイテンシ（極めて高い応答速度）かつ広帯域な通信が必要になる場合に向いているオプション
Spread	この配置戦略のプレースメントグループに属すると、**EC2インスタンスは別々のハードウェアに分散して配置される**。そのため、障害時に複数のインスタンスが同時にダウンする確率を軽減できる。アベイラビリティゾーンをまたいで展開することも可能なため、高い可用性が求められる際に向いているオプション
Partition	この配置戦略のプレースメントグループに属すると、**インスタンスは同一のハードウェアを共有しない論理的なパーティションに分割して配置される**。パーティション数をユーザーが定義でき、同一パーティション内で低レイテンシを確保しつつ、ハード障害による影響を抑えたい場合に有効なオプション

EC2インスタンスからAWSリソースへのアクセス

　EC2インスタンスからS3やDynamoDBなど他のAWSサービスへアクセスする場合（APIを実行する場合）、IAMを使った権限の付与が必要になります。
　また、EC2インスタンス上から実行される処理にも、必要に応じて権限を割り当てる必要があります。EC2では主に次の2つの方法で権限を割り当てます。なお、最近はIAMロールを用いた方法が推奨されています[7]。

☑IAMユーザー認証情報を設定

次のいずれかの方法で認証情報を設定します。

- EC2のホームディレクトリ配下の.awsディレクトリにCredentialファイルを配置する
- EC2の環境変数としてAWS_ACCESS_KEY_IDおよびAWS_SECRET_ACCESS_KEYに認証情報を設定する

必要な権限（ポリシー）を設定したIAMユーザーを作成し、認証情報（アクセスキー、シークレットキー）をEC2に設定します。ただし、アプリケーションが実際に稼働することになるEC2環境で認証情報を作成して設定することは、**認証情報漏洩の観点から避けたほうが良いでしょう。**

☑IAMロールをEC2インスタンスプロファイルに設定

EC2インスタンス起動フローの「**インスタンスの詳細設定**」（p.106）で、IAMロールをEC2に割り当てる方法です。必要な権限（ポリシー）を設定したIAMロールを作成し、EC2起動時に設定します。

なお、EC2は、一般にアプリケーションを実行する用途で使われることが多いのですが、アプリケーションからAWSリソースへのアクセスは、通常はSDKを通じて行います。このとき、次の順序で権限情報を取得します（言語や実行環境ごとに差はあります）。

1. 環境変数
2. ホームディレクトリ配下の認証情報
3. EC2インスタンスプロファイル（EC2で実行される場合）

したがって、EC2以外の環境でアプリケーション開発を行う際は、開発用ユーザーを作成して、開発端末のホームディレクトリに開発用ユーザーの認証情報を保存しておき、実際にEC2へ配置した際はEC2インスタンスプロファイルから権限情報を参照するやり方が推奨されます。なお、**商用環境でユーザー認証情報を使用するやり方はこれまで数多く漏洩が報告されています。商用環境EC2を使用する場合は、基本的にIAMロールを利用するようにしてください。**

EC2の利用料金

EC2の利用料金は以下の通りです。基本的にEC2インスタンスを起動した分の費用が計上されます。料金体系がインスタンスの種別や購入オプションによって複雑に変わってくるので、AWSが提供する「SIMPLE MONTHLY CALCULATOR（簡易見積もりツール）[8]」などを使用して事前に見積りを行うとよいでしょう。

● EC2の利用料金

項目	内容
オンデマンドインスタンス	インスタンスタイプやAMI、実行時間に応じた従量課金
スポットインスタンス	インスタンスタイプやAMI、実行時間に応じた、時価によって変動する従量課金
リザーブドインスタンス	インスタンスタイプやAMIに応じた1年間・3年間の固定料金（全額前払いおよび一部前払い、前払いなし。全額前払い以外は月額固定費用を支払う）
Savings Plans	・インスタンスタイプやAMIに応じた1年間・3年間のコミットメント料金（全額前払いおよび一部前払い、前払いなし。全額前払い以外は月額固定費用を支払う） ・コミットメントによるディスカウント分を除いた分はオンデマンドと同様の従量課金
専用ハードウェアインスタンス	・ハードウェア専有インスタンスの料金（料金体系は標準インスタンスと同様）[9] ・起動台数に関係ない時間単位のリージョン専有料金
専用ホスト[10]	・オンデマンド料金：インスタンスタイプやAMI、実行時間に応じた従量課金 ・予約料金：インスタンスタイプやAMIに応じた1年間・3年間の固定料金（全額前払いおよび一部前払い、前払いなし。全額前払い以外は月額固定費用を支払う） ・Savings Plans： 　・インスタンスタイプやAMIに応じた1年間・3年間のコミットメント料金（全額前払いおよび一部前払い、前払いなし。全額前払い以外は月額固定費用を支払う） 　・コミットメントによるディスカウント分を除いた分はオンデマンドと同様の従量課金

自動的にEC2インスタンス数を増減させる機能

Auto Scaling

東京リージョン 利用可能　料金タイプ 無料

Auto Scalingの概要

Auto Scalingは、サーバの負荷の上昇や故障などを検知して、自動的にEC2インスタンス数を増減させるクラウドならではの機能です。

Auto Scalingには、EC2を対象とする「**EC2 Auto Scaling**」と、ECSやLambda、DynamoDBなどのさまざまなAWSサービスを対象とする「**Application Auto Scaling**」がありますが、ここでは、EC2 Auto Scalingについて解説します。Application Auto Scalingは関しては、各サービスを解説する箇所で適宜説明します。

ここがポイント

- EC2 Auto Scalingは「Auto Scaling Group」「Launch Configuration」「Scaling Plan」の3要素から成り立っている。Auto Scalingを理解するために、各要素の内容や関係性を理解しておくことが重要
- Auto Scaling Groupに組み込まれたインスタンスは、定められたライフサイクルに則って実行される。Auto Scalingを使いこなすために、各サイクルの状態と実行されるアクションやイベントを押さえておく

EC2 Auto Scalingの概要と構成要素

EC2 Auto Scalingを利用すると、VPC上に配置したEC2インスタンスの需要に応じて自動的にインスタンスを増減でき、コストを最適化できます。また同時に、異常なインスタンスを発見すると切り離して新しいものに交換するため、可用性を高めることもできます。

EC2 Auto Scalingを効果的に設定するには、次の4つの構成要素とその関係性を理解しておく必要があります。

EC2 Auto Scaling の構成要素

構成要素	説明
Auto Scaling Group	Auto Scaling の設定の単位。次のようなスケーリングに関わる全般設定を定義したグループ。 ・起動するインスタンスを配置する VPC およびサブネット ・インスタンス配置数の最小値と最大値および希望値である Desired Capacity ・Scaling Plan（複数設定可能） ・ヘルスチェックの方法
Launch Configuration/ Launch Template	Auto Scaling Group に関連づけられたインスタンスの起動ルールを定めた設定。前節で解説した「**インスタンスの起動フロー**」(p.106) の設定内容とほぼ同一の内容。なお、前節で解説した起動テンプレートを使用することも可能
Scaling Plan	インスタンスをスケールするルールを設定する。Scaling Plan は複数種類があり、Auto Scaling Group へ複数設定することが可能

上表にある Scaling Plan では、下表に挙げたオプションを利用できます。

Scaling Plan のオプション一覧

オプション	説明
最小台数の維持	Auto Scaling Group に設定した配置するインスタンスの最小値を維持するオプション。いわゆる Auto Healing を実現する。インスタンスに障害が発生し、ヘルスチェックで検出された場合、自動的に障害インスタンスを切り離し、Launch Configuration で定義したルールにもとづき、新たなインスタンスを追加する。リソースの負荷や使用率にあわせた EC2 インスタンスを増減は行わない
手動スケーリング	Auto Scaling Group の Desired Capacity 設定を、障害対応時など手動で変更したい場合に設定するオプション。また起動済のインスタンスを手動でアタッチ（追加）・デタッチ（削除）することも可能
スケジューリング	指定した日時や定時実行スケジュールで自動的にスケールを行うオプション。スケーリングが完了するまで猶予時間があるため、それを見越した実行スケジュールの設定が必要
動的スケーリング	CloudWatch で監視しているリアルタイムのメトリクスと、あらかじめ定義したスケーリングポリシーのルールを評価して動的にスケーリングを行うオプション。スケーリングポリシーでは、以下のようなオプションが選択できる。 ・１つのメトリクスが条件を満たすとスケールするシンプルスケーリングポリシー ・複数の条件を定義でき、段階的にスケーリングを行うステップスケーリングポリシー ・定められたメトリクスを維持するよう EC2 インスタンス数を調整するターゲット追跡スケーリングポリシー
予測スケーリング	２週間分のメトリクスを分析し、時間帯別の重要を予測して自動的にスケールを行うプラン。24 時間ごとに次の 48 時間の予測値を作成し、キャパシティの増減をスケジュールする

スケーリングされたインスタンスのライフサイクル

Auto Scaling Groupに組み込まれたインスタンスには、必ず何らかの**ステータス**が付与され、各ステータスでさまざまなイベントやアクションが実行されます。Scaling Planに基づいてインスタンスがスケーリングされる場合、インスタンスのステータスを状態遷移図で表すと次のようになります。[11]

●EC2 Auto Scalingのライフサイクルのインスタンス状態の遷移

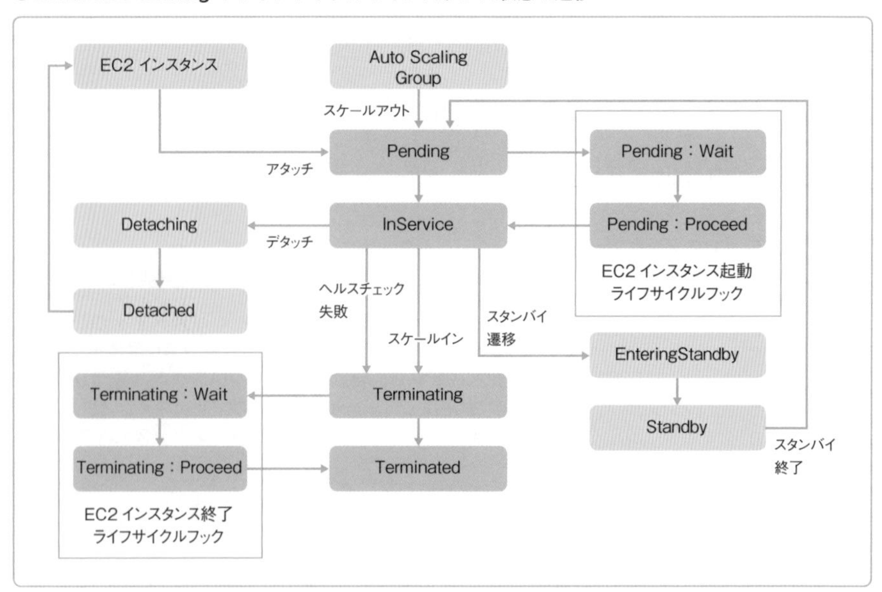

各ステータスの説明は次ページの表の通りです。インスタンスのステータスが変化することで、どのようなアクションやイベントが発生しうるのか、正確に意味を押さえておくようにしましょう。

● EC2 Auto Scalingのステータス

ステータス	説明
Pending	**インスタンスの起動や初期化処理を行っている段階**。なお、インスタンス起動時にカスタムアクションを実行するライフサイクルフックを追加すると「Pending:Wait」へ移行し、アクションが完了すると「Pending:Proceed」に遷移する。ヘルスチェックが成功するとAuto Scaling Groupへ追加されて「InService」へ遷移する
InService	**インスタンスが正常起動されている状態**。以下4つのいずれかのイベントが発生するまでServiceはこの状態を保ち続ける ・Scaling Planに基づいてスケールインが発生する ・ユーザーによりスタンバイ操作が実行される ・ユーザーによりインスタンスがデタッチされる ・何らかの理由でインスタンスに障害が発生し、インスタンスのヘルスチェックが失敗する
Terminating	スケールインやヘルスチェックの失敗通知により、**インスタンスの終了処理を行っている段階**。なお、インスタンスが終了したときにカスタムアクションを実行するためのライフサイクルフックを追加すると「Terminating:Wait」へ移行し、アクションが完了すると「Terminating:Proceed」に遷移する。インスタンスが完全に終了すると「Terminated」へ遷移する
Terminated	インスタンスが終了した状態
Detaching	インスタンスがユーザーからの操作により、**Auto Scaling Groupからデタッチ処理されている状態**
Detached	**インスタンスのデタッチが完了した状態**。Auto Scaling Groupからは外れているもののインスタンス自体は起動されたままとなる
EnteringStandby	インスタンスがユーザーからの操作により、**「Standby」へ移行されている状態**。Standby状態ではトラブルシューティングや変更を加えてから再び、アタッチせずに「InService」に戻すことができる
Standby	インスタンスがAuto Scaling Groupで管理されながらも**一時的に削除されている状態**

Auto Scalingの利用料金

EC2 Auto Scalingの利用料金は基本的に**無料**です。ただし、EC2インスタンスの利用料金（p.111）とCloudWatchモニタリング関係の利用料金が別途発生します。

引用・参考文献

[1] https://aws.amazon.com/jp/ec2/instance-types/
[2] https://docs.aws.amazon.com/ja_jp/AWSEC2/latest/UserGuide/AMIs.html
[3] https://docs.aws.amazon.com/ja_jp/AWSEC2/latest/UserGuide/user-data.html
[4] https://docs.aws.amazon.com/ja_jp/AWSEC2/latest/UserGuide/amazon-linux-ami-basics.

html#amazon-linux-cloud-init
[5] https://docs.aws.amazon.com/ja_jp/AWSEC2/latest/UserGuide/ec2-launch-templates.html
[6] https://aws.amazon.com/jp/blogs/news/aws-nitro-enclaves-isolated-ec2-environments-to-process-confidential-data/
[7] https://docs.aws.amazon.com/ja_jp/IAM/latest/UserGuide/id_roles_use_switch-role-ec2_instance-profiles.html
[8] https://calculator.s3.amazonaws.com/index.html?lng=ja_JP
[9] https://aws.amazon.com/jp/ec2/pricing/dedicated-instances/
[10] https://aws.amazon.com/jp/ec2/dedicated-hosts/pricing/
[11] https://docs.aws.amazon.com/ja_jp/autoscaling/ec2/userguide/AutoScalingGroupLifecycle.html

Chapter 05

第5章 ストレージ関連のサービス

本章では、AWSの基本的なストレージサービスについて解説します。ストレージサービスはほとんどのシステムで理解が必須となるサービスであり、適切なストレージの選択がパフォーマンスや可用性、コストパフォーマンスの向上に大きな役割を果たします。それぞれのストレージの役割とそれらの使い分けを意識しながら読み進めていくとよいでしょう。

A Text Book of AWS : Chapter 05

01 ストレージとは

3種類のストレージ

ストレージとは、データを長期間保存するための記憶装置です。みなさんが普段使っているPCのハードディスクやSSD（Solid State Drive）はもとより、DropboxやGoogle Driveなどのサービスもストレージの一種です。それぞれのストレージはデータの保存方式が異なり、これらは**ブロックストレージ**、**ファイルストレージ**、**オブジェクトストレージ**に大別されます。

ここがポイント

- ブロックストレージ：高速なデータアクセスに有効なストレージ
- ファイルストレージ：複数のクライアントからのデータアクセスに有効なストレージ
- オブジェクトストレージ：大量のデータの格納に適した、APIを使って接続するストレージ

ブロックストレージ

ブロックストレージは、データをブロックという単位で分割して管理するストレージです。私たちが普段使っているPCに取り付けられているハードディスクやSSDはブロックストレージに分類されます。

ブロックストレージに格納されるデータは、固定の大きさのブロックに分割されます。これらのブロックには一意のIDが付与されます。データへアクセスする際には、ブロックのIDを使用してアクセスを行います。このようなアクセス方式を**ブロックアクセス**と呼びます。

データへのアクセスは、OSが提供する**ファイルシステム**という機能を使用します。ファイルシステムとは、コンピュータがリソースを操作するための仕組みです。ファイルシステムにより、ユーザーはデータがどこのブロックに保管されているかを意識する必要がなくなります。

● ブロックストレージ

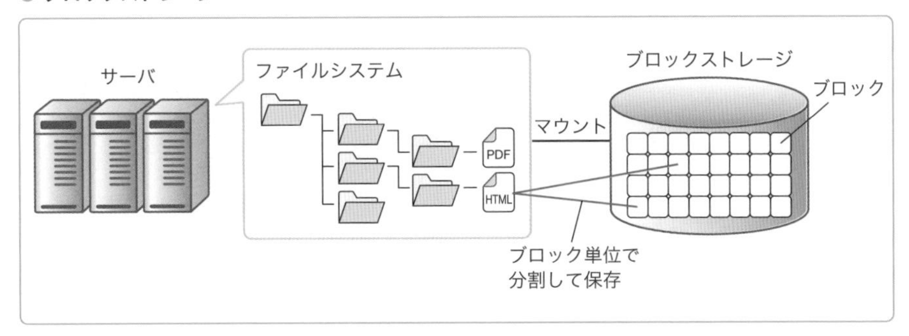

ブロックストレージは、データアクセスに必要な処理によるオーバーヘッド(処理を実行する際に必要となる余分な処理) が少なく、後述するストレージよりも高速なデータアクセスを実現します。そのため、**データベースやOSの起動ディスクなど、高速なデータアクセスが必要なケースに利用されます。**

なお、ブロックストレージは、PCやサーバに単に接続しただけでは利用できず、OSにストレージの存在を認識させる**マウント**と呼ばれる操作を行う必要があります。

ファイルストレージ

ファイルストレージは名前のとおり、**データをファイルとして、階層構造となったフォルダに保存するストレージ**です。データにアクセスする際には、データが保存されている場所（パス）を指定します。

ファイルストレージの特徴として、**ファイル共有機能**があります。ファイルストレージはネットワークごしに接続（マウント）でき、主にWindowsでは**Server Message Block**（SMB)、Linuxでは**Network File System**（NFS）というプロトコルが使われます。この機能により、PCやサーバでデータを共有しつつ、あたかもデータを保持しているかのように扱えます。この性質を利用して、会社などのファイル共有の仕組みとしてよく利用されます。

こうした便利な機能も備えるファイルストレージですが、ブロックストレージと比較するとアクセス速度が落ちることから、**高速のデータアクセスを必要とするケースには不向き**です。また、格納されたデータ量が大きくなりすぎると、データアクセスのパフォーマンスが劣化する性質を持っています。

● ファイルストレージ

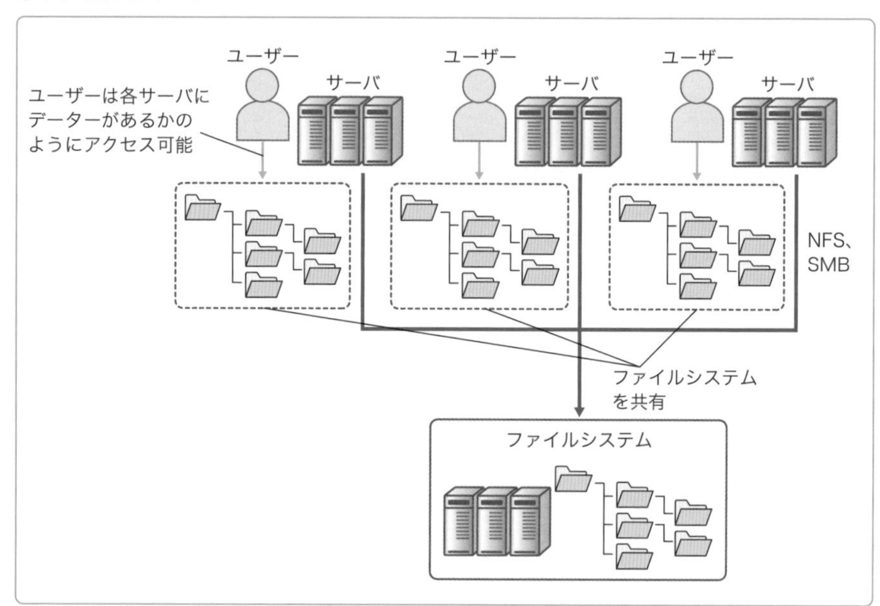

第2部 基礎編

オブジェクトストレージ

オブジェクトストレージとは、**画像データや音声データなど、1つひとつのデータをオブジェクトという単位で管理するストレージ**です。ブロックストレージではブロックとして分割し、ファイルストレージでは階層構造となったフォルダに格納することでデータを管理していました。オブジェクトストレージはこれらの方法とは異なり、各データに**固有のURI**（Uniform Resource Identifier：インターネット上のデータの所在を表す情報）と**メタデータ**（データ自体の特定を表すデータ）を付与し、オブジェクトとしてストレージに格納します。ユーザーはオブジェクトに付与されたURIを指定してHTTP通信を行い、データを読み書きします。

オブジェクトストレージは、ブロックとしてデータを分割せず、フォルダストレージのような階層構造を持たないため、**データ複製やストレージ容量の増設が容易**です。しかし、データを分割し並行して取得できるブロックストレージよりもアクセス速度は遅くなります。

● オブジェクトストレージ

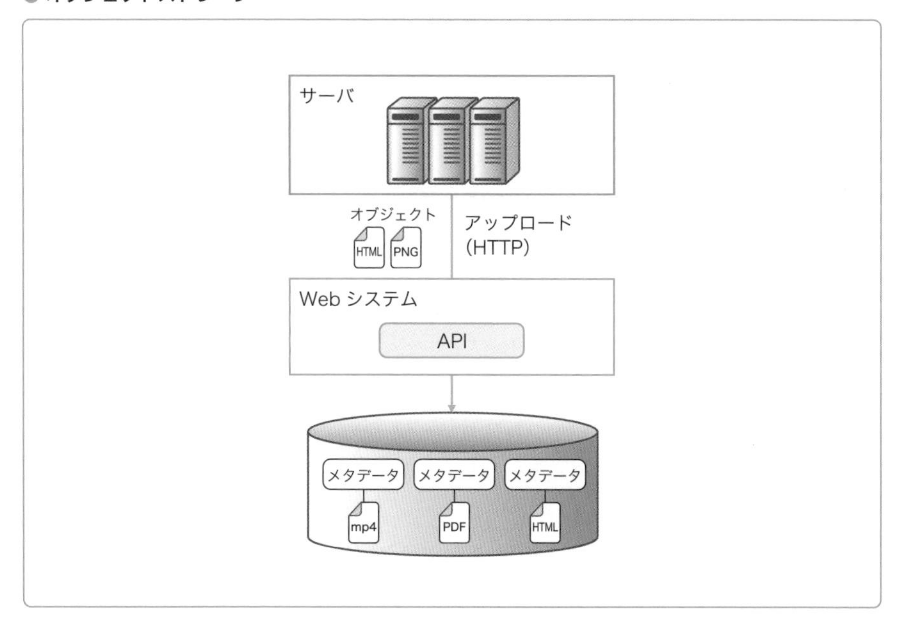

AWS のストレージサービス

AWS では、さまざまなストレージサービスを提供しています。本章では、多くのシステムで使われる以下のサービスについて解説します。

● 本章で解説する AWS のストレージサービス

サービス	概要
Amazon S3	ログ保存、バックアップ、静的ホスティングなど多様な用途に対応するオンラインストレージ
Amazon S3 Glacier	アーカイブ用途の低コストオンラインストレージ
Amazon Elastic Block Storage（EBS）	EC2 用マウントストレージ
Amazon Elastic File System（EFS）	マルチアベイラビリティゾーンで利用可能なネットワーク共有 EC2 用マウントストレージ

A Text Book of AWS : Chapter 05

02

オブジェクトストレージを提供するサービス

Amazon S3／S3 Glacier

東京リージョン 利用可能 料金タイプ 有料

Amazon S3／S3 Glacier の概要

Amazon S3（Simple Storage Service）、および Amazon S3 Glacier は、オブジェクトストレージを提供するサービスです。

ここがポイント

- S3 は容量無制限のオブジェクトストレージ
- データは複数の AZ（アベイラビリティゾーン）に保存され、99.999999999% の高い耐久性を持つ
- 保存するデータ量に応じて利用料金が請求され、他のストレージよりも安価にデータを保存できることから大容量のデータの格納やバックアップ用途に有効
- ユーザーのデータアクセス頻度や要求される可用性等に応じてストレージタイプを選択することで、大幅なコスト削減が可能
- データの格納機能に加えて、アクセス制御やデータの自動消去等周辺機能を提供

S3 の特徴

S3 は、以下のような特徴を持っています。

☑容量無制限の従量課金制

S3 は、オブジェクトストレージの特徴である「ストレージの増設の容易さ」を生かし、ユーザーに容量無制限のストレージを提供します。ユーザーは保存したオブジェクトの量だけ利用料金を支払います。

オンプレミスでは、将来の使用容量を見越して容量を見積もり、ストレージを購入しなければなりませんでした。もし購入したストレージに空き容量がある場合、その分だけ過剰にコストを支払っていることになります。一方、S3 は保存したオブジェクトの容量に基づいて利用料金が計算されるため、空き容量による過剰なコストの発生を防げます。

☑高耐久、高可用

S3は**99.999999999%の高い耐久性**（データロスが発生しない度合い）を実現しています。これは、S3に1万種類のデータを格納した場合、1種類のデータの消失が発生する確率は1000万年に一度しかないことを意味します。

加えてS3は**高い可用性**を実現しています。S3に格納されるデータは、リージョン内の複数のAZ（アベイラビリティゾーン）に複製された上で格納されます。この仕組みにより、特定のAZで障害が発生してもデータ消失を阻止できます。S3へのデータアップロードやS3からのデータダウンロードなどの各種機能は99.99%の高い可用性で動作しています。高耐久、高可用で運用できるS3は、データのバックアップ用途に最適なストレージサービスといえるでしょう。

● S3のデータ保存方式

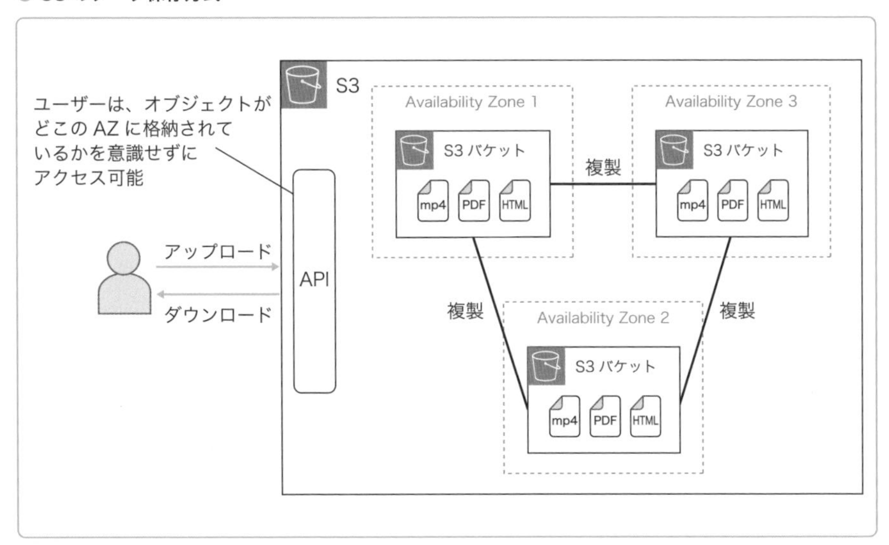

☑安価

S3の利用料金は保存しているデータ量に基づいて算出されます。**S3はAWSのストレージサービスの中でもっとも安価なストレージ**であり、前述の高耐久性・高可用性を生かして、ビッグデータをはじめとした大容量のデータの管理や災害対策用ストレージとして用いられます。

また、S3はいくつかのストレージの種類（**ストレージクラス**）があり、それぞれ可用性や利用料金などに違いがあります。システムの可用性等の要件に応じてストレージクラスを選定することで、さらなるコスト削減が見込めます。

● ストレージクラスと利用料金

ストレージクラス	概要
S3 標準	高耐久、高可用性な一般的なストレージ
S3 Intelligent-Tiering	アクセスの頻度に応じて自動的にストレージタイプが変更されるストレージ
S3 標準 – 低頻度アクセス	S3 標準よりもデータ量あたりの利用料金が安価だが、取り出しに料金が発生するストレージ。アクセス頻度の低いデータの格納に向く
S3 1 ゾーン - 低頻度アクセス	他のストレージタイプでは複数の AZ にデータが複製されるのに対し、単一の AZ に格納し可用性を低下させることでコスト削減を実現するストレージ。取り出しに利用料金が発生する。S3 の可用性低下を受容できるシステムで、アクセス頻度の低いデータの格納に向く
S3 Glacier	データのアーカイブ（長期保存）に適したストレージ。取り出しに利用料金が発生することに加え、データの取り出しに時間がかかる
S3 Glacier Deep Archive	もっとも低コストのストレージで、年に 1、2 回しかアクセスされないようなデータの保存に向く。7 〜 10 年間保存されるようなデータの長期保存を想定した設計が行われている。取り出しには最大 12 時間を要する

S3 の構成

S3 は、次の図に示す要素で構成されます。

● S3 の構成要素

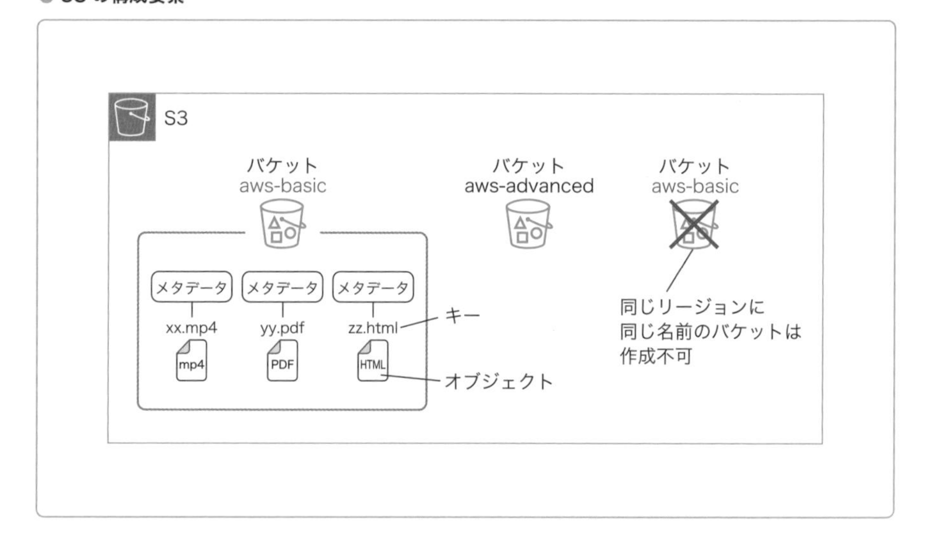

☑ バケット

バケットとは、**オブジェクトの格納場所**です。バケット名がそのまま URL に含まれるため、バケット名は世界中の AWS アカウントの中で、一意でなければなりません。そのため「a」「b」といった短いバケット名や、「test」といった一般的な名称のバケットはすでに他のアカウントで利用されている可能性が高く、その場合は使用できません。

☑キー

キーとは、**オブジェクトに割り当てる名前（ファイル名）**です。キーはバケット内で一意である必要があります。例えば、awsbasic というバケットの中に training.txt というキーでオブジェクトを格納したとします。この場合、training.txt へは以下の URL からアクセスを行います。

https://awsbasic.s3.amazonaws.com/training.txt

バケットには「**プレフィックス**」と呼ばれる S3 上のディレクトリを追加できます。プレフィックスを使うことで、バケットを階層構造にして管理できます。

☑メタデータ

メタデータとは、**アップロードしたオブジェクトの属性を記載したデータ**です。S3 にデータをアップロードすると、メタデータが自動的に生成され、日付やデータのサイズなどが記録されます。ユーザーもメタデータを編集でき、有効期限など用途に応じた属性を付与できます。

S3 の主要機能

S3 は、さまざまな機能を提供しています。本章では、代表的な機能について解説します。

☑静的 Web サイトホスティング

静的 Web サイトホスティングの設定を有効化することで、バケットに Web サーバの機能を付与し、HTML ファイルなどで Web サイトを作成できます。詳細は第 10 章で解説します。

☑アクセス制御

S3 では、オブジェクトへのアクセスを制限するために、**ACL**（Access Control List）と**バケットポリシー**、**パブリックアクセスブロック設定**を提供しています。

● S3のアクセス制御機能

サービス	制御単位	機能
ACL	バケット またはオブジェクト	他のAWSアカウントやパブリックアクセス、S3にログ配信を行うサービスに対して、読み書きの権限を制御可能 【許可と拒否の設定】許可のみ設定可
バケットポリシー	バケット	アカウントやIPアドレスなどの単位で読み書きの権限を制御可能 【許可と拒否の設定】許可と拒否を設定可
パブリックアクセス設定	バケット またはアカウント	パブリックアクセスの可否をバケットやアカウント単位で制御 【許可と拒否の設定】許可と拒否を設定可

押さえておきたい **注意点①：S3を外部に公開する用途がない場合**

デフォルトでは、アカウントとバケットのパブリックアクセス設定は有効化されており、バケットポリシーやACLを誤って設定したとしても、他のAWSアカウントや外部の攻撃者から情報を抜き取られることはありません（ただし、同じAWSアカウントのIAMユーザーはアクセス可能）。他のAWSアカウントや外部に情報を公開する用途がない場合は、**パブリックアクセス設定は無効化しないようにしましょう。**

押さえておきたい **注意点②：外部ユーザーにS3を公開する必要がある場合**

外部ユーザーへの情報公開など、S3バケットないしはオブジェクトを公開する必要がある場合には、**パブリックアクセス設定（アカウント単位）と、該当するバケットのパブリックアクセス設定（バケット単位）を無効化します。その際には、バケットポリシーとACLでアクセス制御を行います。**デフォルトでは、バケットポリシー、ACLはともに未設定（外部ユーザーのアクセスを許可しない）状態です。

ここで留意すべき点は、**「未設定＝拒否」ではない**という点です。両設定が未設定の状態でバケットポリシー、ACLのいずれかでデータ公開設定を行うとそのまま公開されることに注意しましょう。特にACLは明示的な拒否の機能を持たないため、バケットポリシー側で公開設定を行われた場合、ACL側でバケットポリシーの公開設定の絞り込みは行なえません。

☑バケットポリシー

通常アクセス設定は**バケット単位**で設定されますが、**バケットポリシー**を使用することで、「誰が・どのオブジェクトに対して・何を実行できるか」といった、より詳細な制御が可能になります。

バケットポリシーは、以下のように**JSON形式**で記述されます。このポリシーにより、xxxxxxxxxxxx というアカウントは awsguideforbeginner のバケットに配備されたすべてのオブジェクトを取得可能です。

List バケットポリシー

```
{
    "Version": "2012-10-17",            ❶
    "Statement": [                      ❷
        {                               ❸
            "Sid": "PublicRead",        ❹
            "Effect": "Allow",          ❺
            "Principal": {              ❻
                "AWS": "arn:aws:iam::xxxxxxxxxxxx:root"
            },
            "Action": [                 ❼
                "s3:GetObject",
                "s3:GetObjectVersion"
            ],
            "Resource": [               ❽
                "arn:aws:s3:::awsguideforbeginner/*",
                "arn:aws:s3:::awsguideforbeginner"
            ],
            "Condition": {              ❾
                "NotIpAddress": {
                    "aws:SourceIp": "YY.YY.YY.YY/24"
                }
            }
        }
    ]
}
```

❶Version：IAM ポリシーの書式のバージョン。この値は固定値で AWS の公式ドキュメントの規定にのっとりバージョンを指定する。

❷Statement：実際に付与する権限と条件を記述するための要素であり、入れ物。後述するステートメントブロックを複数 Statement 内に記述できる。

❸ステートメントブロック：中括弧 {} で囲まれた範囲がステートメントブロックと呼ばれ、実際に制御する権限と条件を記述した要素。

❹Sid：ユーザーがバケットポリシーに付与できる識別子。この値はユーザーが任意に決定できるため、わかりやすい識別子を付与する。

❺Effect：後述の action に記述した内容を許可（Allow）するか拒否（Deny）するかを記述する箇所。

❻Principal：バケットへアクセス可能なリソース、ユーザーを指定する。ここには、AWS アカウントや IAM ユーザー（第 9 章）などを指定できる。「*」にすることで、AWS アカウントを持たない不特定多数のユーザーがアクセス可能となる。

❼Action：実際に制御したい操作を記述する。公式ドキュメントの書式に則り記述する必要がある。「s3:GetObject」「s3:PutObject」のように複数のアクションを含めることができ、「*」（ワイルドカード）を指定することも可能。例えば「s3:*」であれば s3 のすべてのアクションを制御対象として指定できる。

❽Resource：バケットポリシーを適用する範囲を設定する。以下のような書式で設定する。
`arn:aws:s3:::<バケット名>/<オブジェクト名>`
このとき、オブジェクト名をワイルドカードとすると、バケット内のすべてのオブジェクトが対象となる。バケットの中身を一覧で表示するなど、一部操作ではバケットを対象とする操作があるため、そういった制御する場合には Resource を「arn:aws:s3:::<バケット名>」のように指定する必要がある。
❾Condition：AWS の指定の文法に則り制御を行う際の条件を記述できる。オプションの機能で必ずしも必須の記述要素ではない。今回の例では、バケットにアクセスしている IP アドレスが「YY.YY.YY.YY/24」である場合に、制御の対象外としている。

押さえておきたい リソースベースのポリシー

バケットポリシーは S3 バケットというリソースに対してポリシーを設定し、アクセス制御を行えます。バケットポリシーのような、AWS リソースに対して直接設定できるポリシーを「リソースベースのポリシー」と呼びます。リソースベースのポリシーが設定できるリソースは限定されており、S3 のバケット以外には、後述の AWS Key Managenemt Service（KMS）の暗号化キー、Amazon SQS（SQS）キューなどが挙げられます。これらはバケットポリシーと同様に JSON 形式で記述されます。

☑ライフサイクル

指定日数の経過後、バケット内のオブジェクトを削除したり、ストレージクラスを変更したりする機能のことを「**ライフサイクル**」といいます。ライフサイクルはオブジェクトの更新日をベースに、バケット全体あるいはプレフィックス単位で設定可能です。

例えば、アップロードされてから 1 カ月は頻繁に利用されるものの、その後はまったく利用されないオブジェクトがあるとします。このようなオブジェクトに対して、ライフサイクルで 1 カ月後に Glacier に移行するようにルールを設定することで、コストを削減できます。

● **ライフサイクル**

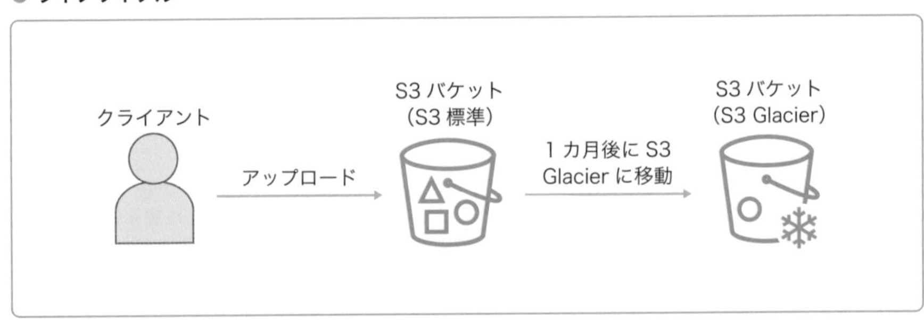

☑署名付きURL

S3では、**署名付きURL**という機能を提供しています。この機能は、AWS CLIやSDKを使って、一時的にオブジェクトへのアクセスできるURLを発行できます。

一時的にオブジェクトへのアクセスを可能にする方法はこの他にも、オブジェクトへのアクセスが可能になるようにACLやバケットポリシーを変更したり、IAMユーザーやアクセスキーを作成しクライアントに提供する選択肢が考えられます。しかし、これらの選択肢は利用後、設定を元に戻さないと永続的にアクセス可能になってしまい、セキュリティの観点からよい選択肢とはいえません。

一方、**署名付きURLはURL自体に有効期限を設けられるため、戻し忘れが起こりません**。

● 署名付きURL

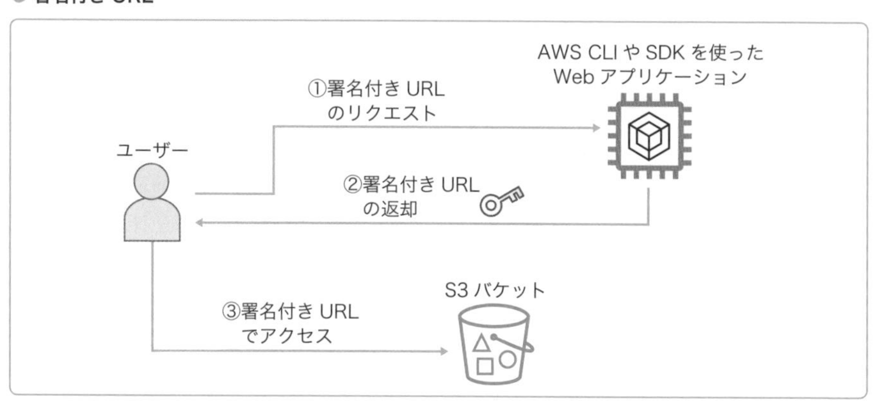

☑バージョニング

バージョニングは、**オブジェクトの更新をバージョン管理する機能**です。バージョニングはバケット単位でバージョニング機能の有効／無効を選択できます。

S3では、オブジェクトを更新・削除すると元に戻せません。例えば、操作ミスで重要なデータを消してしまった場合は、再度データを作成してアップロードする必要があります。しかし、バージョニングを有効化することで、**S3バケット内で更新／削除のイベントは1つのバージョンとして管理されるようになります**。操作ミスでオブジェクトを削除してしまった場合でも、バージョンを指定することで復旧できます。

なお、バージョニングは非常に便利な機能ですが、前のバージョンのデータも保持するため、S3の利用料金がその分上昇します。データの重要度やデータ復旧の容易さ、コストとのバランスを考慮してバージョニングの有効化を検討しましょう。

☑暗号化

S3に格納するデータは**Key Management Service**を使って暗号化できます。暗号化することで、データに不正アクセスが行われた場合でもデータを保護できます。Key Management Serviceや暗号化については第20章で解説します。

☑クロスリージョンレプリケーション

S3はデフォルトで、データが格納されたリージョンにおいて**3つのAZ**（アベイラビリティゾーン）でデータを複製して管理しています。しかし、リージョン全体に影響を及ぼすような大規模な障害が発生した場合には、データロスの発生やサービス継続ができなくなる恐れがあります。

こうしたケースに対応するために、S3では別のリージョンのバケットにデータを複製できる設定が用意されています。これを**クロスリージョンレプリケーション**と呼びます。**この機能を一度有効化すると、ユーザーは一切意識することなく、リージョン間のコピーが自動的に行われるようになります。**災害対策などによく用いられる機能です。一方で複製元と複製先それぞれでデータを保持することになり、S3に格納されるデータ容量は倍になるため、コストが高額になります。求められる可用性の要件と照らし合わせながら設定の是非を検討しましょう。

● クロスリージョンレプリケーション

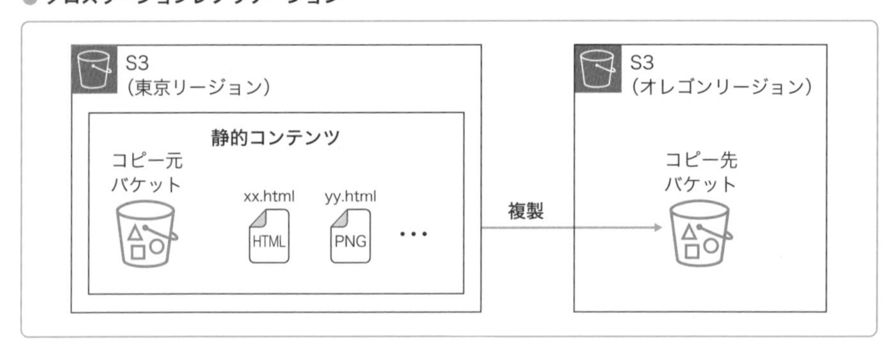

S3の利用料金

S3の利用料金は次の通りです。

● S3の利用料金

項目	内容
ストレージ	バケットに保存したデータ量に応じた従量課金
データアクセス	データ転送量：S3からインターネットへの転送量に応じた従量課金 リクエスト：データアクセスのリクエスト数およびリクエストの種類（GET、POSTなど）に応じた従量課金

EC2向けにブロックストレージを提供するサービス

Amazon EBS

東京リージョン 利用可能　料金タイプ 有料

Amazon EBS の概要

Amazon EBS（Elastic Block Store）は、**EC2 向けにブロックストレージを提供するサービス**です。EBS で作成されたブロックストレージは **EBS ボリューム**と呼ばれます。EBS ボリュームは EC2 インスタンスに関連づけ（アタッチ）し、OS にてマウントすることで利用できます。

ここがポイント

- EBS は EC2 向けのブロックストレージを提供するサービス
- EBS によって作成されたストレージは EBS ボリュームと呼ばれ、高速なディスクアクセス要件に対応可能
- 作成した EBS ボリュームの容量と EBS ボリュームの種類に応じて利用料金が請求される
- データアクセス頻度に応じて EBS ボリュームの種類を選択することで、大幅なコスト削減が可能
- データの格納機能に加えて、暗号化やバックアップ機能を提供

第2部 基礎編

EBS の主要機能

EBS は、ブロックストレージを提供するだけでなく、いくつかの機能を有しています。ここでは、代表的な機能を紹介します。

☑EBS ボリュームの提供

EBS では、前述のとおり EC2 向けに EBS ボリュームを提供します。ユーザーはボリュームのサイズと AZ（アベイラビリティゾーン）を指定し、EBS ボリュームの作成を行います。**EBS ボリュームは同じ AZ にある EC2 のみアタッチ可能**です。AZ をまたいだアタッチはできないことに注意しましょう。

● EBS ボリュームのアタッチ

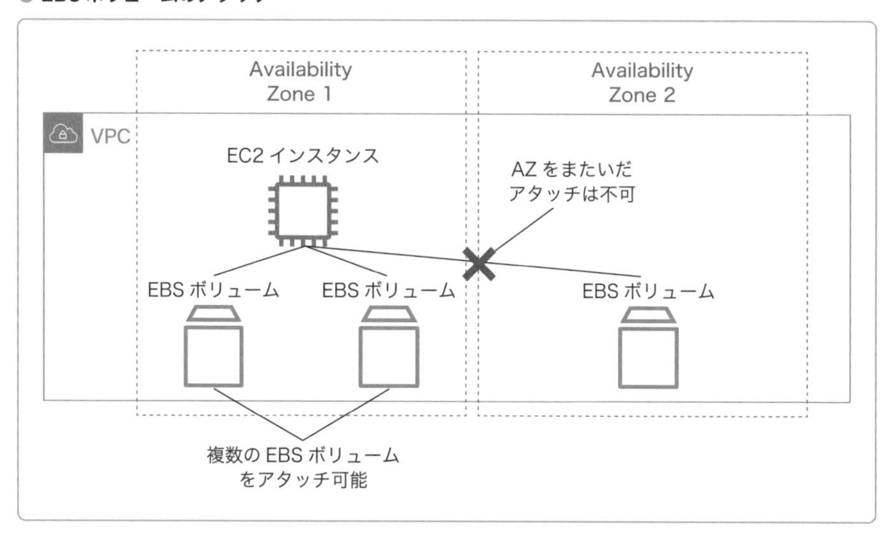

EBS ボリュームにはいくつかの種類があります。これらは利用料金やパフォーマンスが異なります。

● EBS ボリュームの種類

ボリューム	概要	利用料金
汎用 SSD（gp3）	標準の設定でもっとも汎用的なボリューム 【ユースケース】 OS の起動用ディスク、開発テスト環境など	高額
プロビジョンド IOPS SSD（io2）	必要な IOPS（1 秒あたりに処理できる読み込み / 書き込みのアクセス数）を指定し作成するボリューム 【ユースケース】 高スループットを要求するデータベースやアプリケーション	最も高額
スループット最適化 HDD（st1）	高スループットを実現しつつ、利用料金を抑えたボリューム 【ユースケース】 データウェアハウス、ビッグデータ分析	低額
Cold HDD（sc1）	データのアーカイブなど利用頻度の低い大量データの格納に向くボリューム 【ユースケース】 ログデータ、アーカイブ	最も低額

Memo

2020 年の re:Invent で発表された、io2 Block Express という新たな EBS ボリュームがパブリックプレビューとして利用可能です。この EBS ボリュームは通常のプロビジョンド IOPS SSD よりもさらに高いスループットを提供します。

EBSボリュームの種類の変更やボリュームの拡張は、EC2にアタッチした状態でも行えます。また、EBSでは、EBSボリュームのバックアップをスナップショットとして取得できます。スナップショットはAWSによって管理されているS3に保存されます。ユーザーはS3の存在を意識する必要はありません。EBSボリュームのバックアップは、**増分バックアップ**で保存されます。

取得したスナップショットを使って、EBSボリュームを作成できます。このとき、EBSボリュームを作成するAZを再度指定できるため、AZが異なるEC2にもアタッチできます。また、スナップショットは異なるAWSアカウントやリージョンにも複製できます。

● EBSスナップショットからの作成

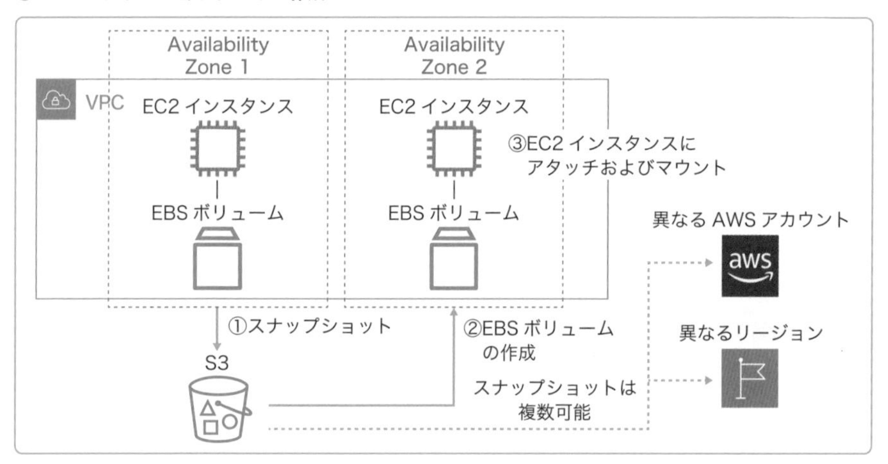

☑暗号化

EBSは、KMS（Key Management Service）を使って暗号化できます。KMSによる暗号化については、第20章で解説します。

EBSの利用料金

EBSの利用料金は次の通りです。

● EBSの利用料金

項目	内容
EBSボリューム	作成したEBSの種類とEBSボリュームのサイズに応じた従量課金
EBSスナップショット	保存されたスナップショットのサイズに応じた従量課金

AWS上でファイルストレージを提供するサービス

Amazon EFS

東京リージョン 利用可能　料金タイプ 有料

Amazon EFSの概要

Amazon EFS（Elastic File System）は、AWS上でファイルストレージを提供するサービスです。EFSが提供するストレージは、EC2やECS（p.247）などの各種サービスから利用可能です。

EFSは**VPC内**に作成されます。EC2インスタンスやコンテナは各AZ（アベイラビリティゾーン）に作成される**マウントターゲット**（EFSに接続するためのネットワークインターフェース）のIPアドレスを使って、EFSに接続します。作成されたファイルストレージはAWSによって管理されるため、サーバやディスクの管理は不要になります。

● EFSへの接続

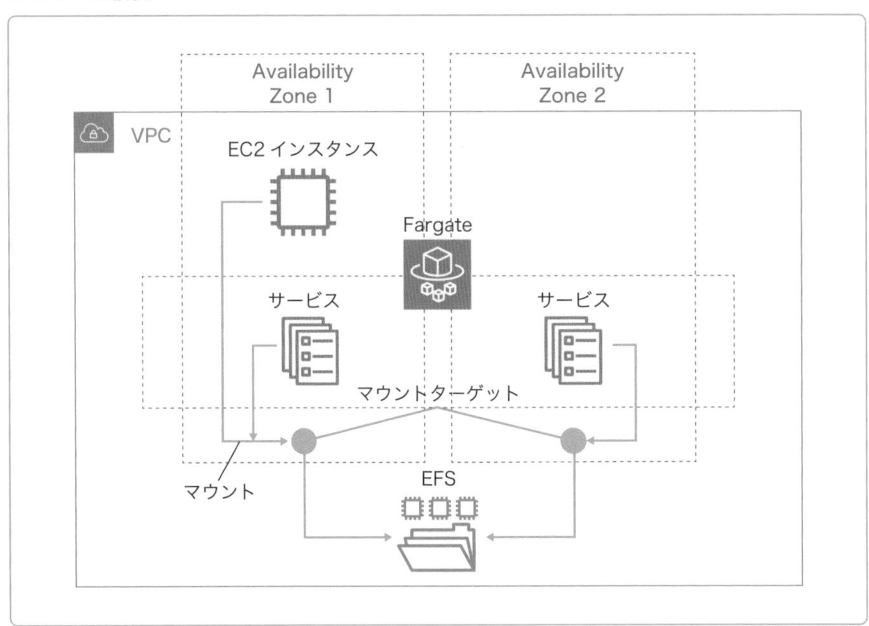

EFSは通常のファイルストレージとは異なり、次のような特徴を有しています。

● EFS の特徴

項目	特徴
可用性	EFS ストレージに格納されたデータは複数の AZ に複製される。これによりいずれかの AZ で障害が発生した場合にも継続してデータアクセスを行える
柔軟性	一般的なファイルストレージでは、保存するデータ量の上限が購入したストレージ容量に依存していた。EFS では、ストレージに格納されたファイルに合わせて自動的にファイルシステムが柔軟に拡張・収縮する
拡張性	一般的なファイルストレージでは、保存するデータ量が多くなるとリソースを増強する必要があった。EFS はストレージに格納されたデータ量に応じて自動的にリソース拡張を行える

EFS も、S3 や EBS のように**ストレージクラス**を選択できます。利用形態に応じて適切なストレージクラスを選択することで、利用料金を抑えられます。

● ストレージクラス

ストレージクラス	特徴
標準ストレージクラス	デフォルトで設定されているストレージクラス
標準 - 低頻度アクセスストレージクラス	アクセス頻度の低いデータの格納に向くストレージクラス。データの保存量に応じた料金は標準ストレージクラスより低いものの、ファイルの読み書きのデータ量に応じた料金が追加で発生
1 ゾーンストレージクラス	単一の AZ に保存されるため可用性が低くなるが、容量あたりの利用料金が標準ストレージクラスよりも低いストレージ。EFS の可用性低下を受容できるシステムで、アクセス頻度の低いデータの格納に向く
1 ゾーン - 低頻度アクセスストレージクラス	前述の 1 ゾーンストレージクラスと低頻度アクセスストレージクラスの特徴を併せ持ったストレージ。アクセス頻度が低く、可用性低下を受容できるシステムに向き、EFS ストレージの中で最も料金が低額となる

EFS の利用料金

EFS の利用料金は次の通りです。

● EFS の利用料金

項目	内容
ストレージ	ストレージ容量：ストレージクラスと利用したストレージ容量に応じた従量課金 データ転送量：低頻度アクセスストレージクラスのみ、データの転送量に応じた利用料金が上乗せされる AZ 転送量：1 ゾーンストレージクラスのみ、異なる AZ から EFS ストレージにアクセスする場合データ転送量に応じた利用料金が上乗せされる

Chapter 06

第6章 データベース関連のサービス

本章では、AWSが提供する以下の代表的なデータベースサービスについて解説します。

まずは、一般的なデータベースの特性を把握し、そのうえで、AWSが提供するマネージドデータベースサービスの種類や機能を知り、さまざまなユースケースで適切なものを選択できる知識を持ちましょう。

データベースの分類

データベース分類の概要

ここがポイント

- クラウド環境で使用するデータベースを考える際は、「ブリューワの CAP 定理」の考え方に基づくと、ワークロードに応じて検討しやすい
- CAP 定理に基づいた分類では「CA 型」「CP 型」「AP 型」に分けられる
- クラウドの分散アーキテクチャならではの特徴を持つのは「AP 型」
- AWS では、いずれのタイプのデータベースもマネージドサービスとして提供されている。ユースケースやデータ特性にあったものを選択すること

一口に「データベース」といっても、さまざまな種類があるため、目的に適したものを選ぶのは簡単ではありません。こうしたときに指針となるのが、データベースの分類です。

リレーショナルモデルやキーバリュー型などの「**データモデル**」に基づく分類や、**NoSQL**（Not Only SQL）などの「**特性・アーキテクチャ**」による分類など、データベースの分類もさまざまですが、クラウド環境でデータベースを検討する際は「**ブリューワの CAP 定理**」による分類が効果的です。

CAP 定理によるデータベースの分類

ブリューワの CAP 定理とは、広域分散した環境下におけるデータベースサービスに関する理論です。限定的な前提条件のもと「**広域な環境で分散してデータを保存する場合、以下の３つの特性のうち、２つまでしか同時に満たすことができない**」という定理を提唱しています。

● CAP定理の3つの特性

特性	概要
一貫性 (Consistency)	あるデータを読み取りしたとき、どのノードにおいても必ず最新の書き込み結果を返す。もしくはエラーを返す
可用性 (Availability)	システムを構成するノードに障害が発生していたとしても、常に読み込みと書き込みが可能である
ネットワーク分断耐性 (Partition Tolerance)	システムを構成するノード間の通信が一時的に分断されても、機能が継続される

ただし、一貫性、可用性、ネットワーク分断耐性の3つのうち、2つが常に満たされるわけではありません。「**原則として、2つの特性を重視すると、残りの1つが失われる**」というニュアンスで捉えたほうがよいでしょう。

この特性に基づいて、データベースを各特性の2つのアルファベット頭文字をとったCA型、CP型、AP型に分類します。各分類で代表的なデータベースも併せて示します。

● CAP定理によるデータベースの分類

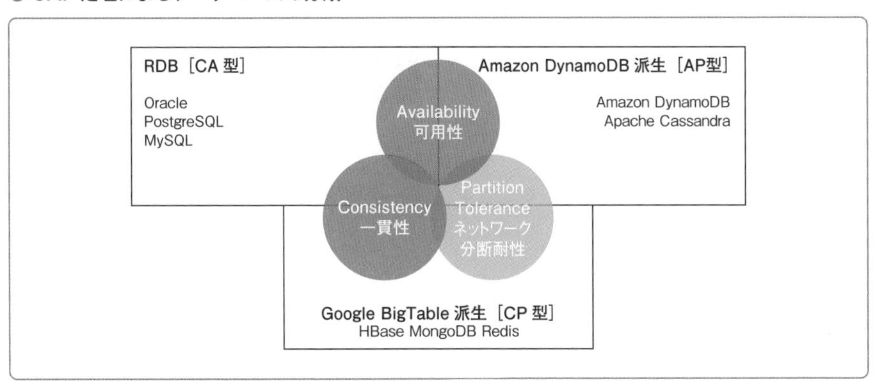

CAP定理による分類を理解するために、複数のアベイラビリティゾーンをまたぐ広域の環境（クラウド）を例に考えてみましょう。

☑CA型のデータベース

CA型のデータベースは、データの一貫性と可用性を提供する構成です。例えば、都市の名称とキーを保存する「**都市テーブル**」を、CA型のデータベースであるRDBに保存するとします。クラウドのような、複数のサーバーから分散してDBで処理を行う(分散トランザクション)環境下では、一貫性（Consistency）と可用性（Availability）を保証しようとすると、RDBは以下の方法などでデータベースの同期を取りながら更新する必要があります。

1．DBMS（Database Management System）の機能を使い、プライマリ/セカンダリ構成（データベースをプライマリとセカンダリの2台で構成すること）でデータを同期する
2．X/Openに対応した分散トランザクションマネージャなどを利用して、同時にデータベースへ更新をかけるよう、2フェーズコミット（処理が複数のサーバーで実行されているような状況下で処理の整合性が保たれるように2段階に分けて変更を確定させる方式）する

> **Memo**
> X/Openは、標準化技術のインターフェース名称およびコンソーシアムの名前です。

● **CA型データベースの特性**

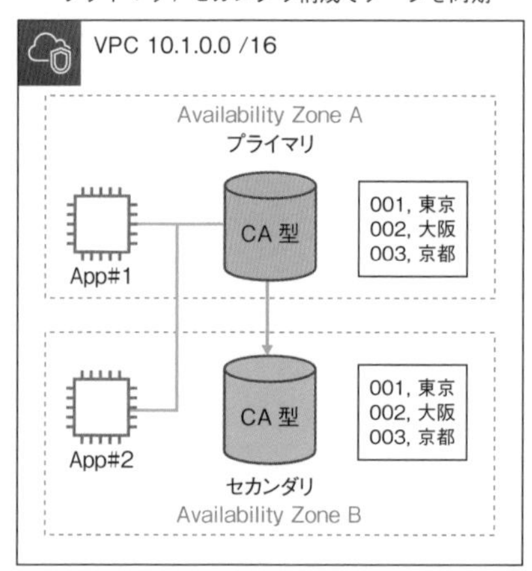

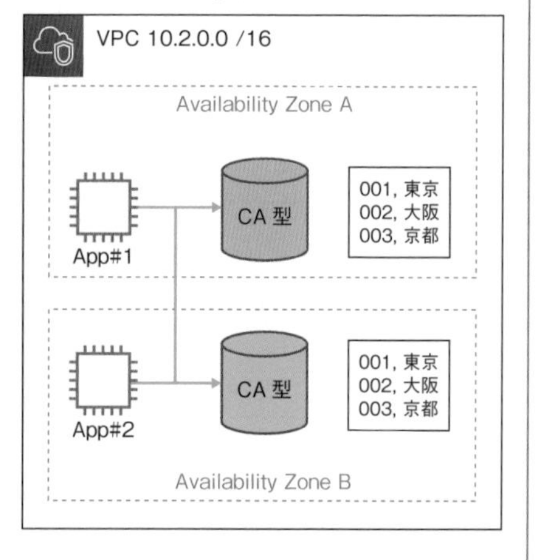

AWSでは、CA型のプライマリ/セカンダリ構成を複数のAZにまたがって構成できます。上記では、単純化のために2つのアベイラビリティゾーンに限定していますが、複数のアベイラビリティゾーンにあるデータは、いずれも常に最新のデータを返し（Consistencyを保証)、「複数同時に壊れる」というまれなケースを除いて、片方のノードで障害が発生しても可用性（Availability）が保証されます。

ただし、**この構成ではネットワークが分断されると、一貫性／可用性ともに満たせなくなってしまいます**。実際はネットワークも冗長化されているので、障害に陥る可能性は限られますが、仮にアベイラビリティゾーン間の通信が使用不能になるとCA型データベースとして機能不全に陥ります。つまり、一貫性／可用性を保ちつつ、同時にネットワーク分断耐性（ネットワークが分断されても大丈夫なこと）を満たすことはできません。

☑CP型のデータベース

CP型では、可用性（Availability）が低下する代わりに、一貫性（Consistency）とネットワーク分断耐性（Partition Tolerance）を高める手法を採ります。データを複数のアベイラビリティゾーン（の別ノード）に分けて保存する方式で、一般的にこの方法は**シャーディング**（Sharding）と呼ばれます。

● シャーディングによるデータ保存

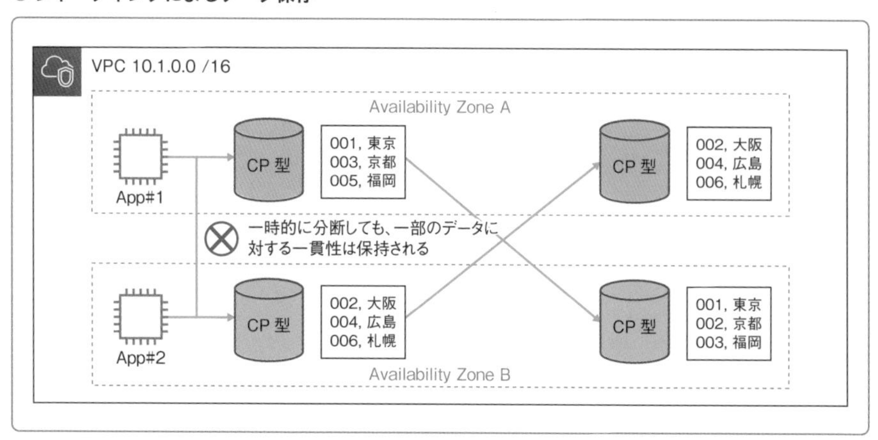

シャーディングでは、1つのノードが機能しなくても、そのノードに配置されたデータが利用できなくなるだけで、データベース全体が利用できなくなることはありません。どちらかといえば性能向上を目的とした負荷分散のためにRDBなどでもよく利用される手法です。特定のデータノードが一時的に分断されても一貫性（Consistency）は保持されます。

ただし、ノードの数が増えることで故障確率が上昇し、読み込みと書き込みが制限され、可用性（Availability）が損なわれる確率が上がります。

このシャーディングを機能として備えるデータベースとして有名なプロダクトとしては「Apache HBase」「MongoDB」「Redis」などが挙げられます。

☑AP型のデータベース

AP型は、一貫性（Consistency）が下がる代わりに、高い可用性（Availability）とネットワーク分断耐性（Partition Tolerance）を提供します。AP型のデータベースの代表例が「Amazon DynamoDB」「Apache Cassandra」です。

AP型のデータベースでは、次のイメージのように、複数のアベイラビリティゾーンにデータベースを配置し、全体で1つのデータベースとして動作します。1つのノードやネットワークに障害が起きてもデータが損なわれないよう、各ノードにデータを分散して配置します。

● AP型データベースの特性

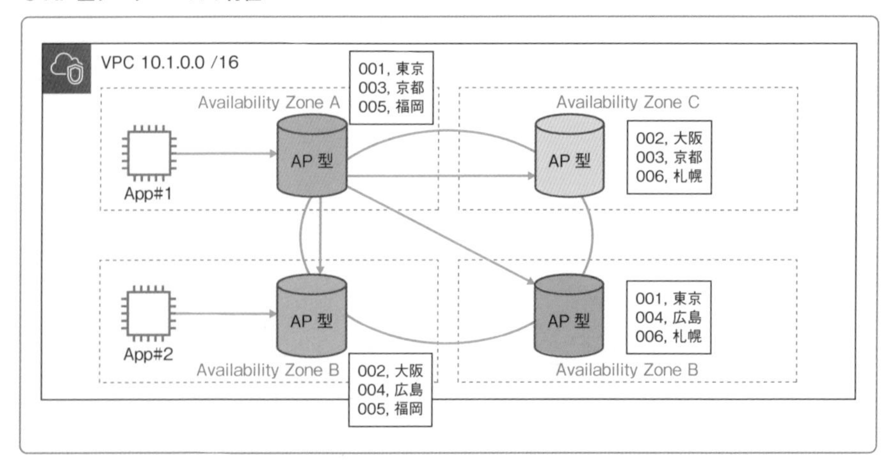

大きな特徴は、**単一障害点がないこと**です。どこのノードからでもデータ更新が可能であり、スケーラビリティにも優れた、まさにクラウドらしい分散型構成だといえるでしょう。

ただし、**ノードの故障や通信のエラーにより、複数のノード間で整合性がとれない（一貫性を損なう）ケース**が発生します。

それらの問題を解決し、一貫性を担保する手段として、読み込み時に最新のデータで古いノードのデータを更新するRead Repair機能や、Quorum（簡単にいえば、不整合が出た場合に、なるべく多くの一致したデータを決定する多数決に似た手法）をベースに結果整合性をとる方法が用意されています。

これらの特性やデータベース機能特性を踏まえて、各データベースに適したユースケースや保存するデータ特性を整理してみます。要件や処理特性に沿ったデータベースを選択するとよいでしょう。

● 各データベースに適したユースケースやデータ特性

タイプ	ユースケース／データ特性	使いどころ
CA 型	複雑な検索条件	集合関数や射影／結合、副問い合わせなどさまざまなオプションがあるケース
	厳密なトランザクション／整合性	多額の決済データや人命に関わるようなデータなど、厳密な一貫性が必要なケース
	高負荷アップデート	正規化を前提としたデータ構造により、アップデートの処理コストを最小限に抑えたいケース
CP 型	キャッシュ	一部が利用できなくても大きな問題はなく、かつ拡張性が高いデータを利用して、高速化を図りたいケース
	高速処理	大量のデータに対する集計や複雑な分析問い合わせで使われるOLAP（online analytical processing）処理や、データアナリティクスでよく用いられる手法であるETL（Extract/Transform/Load）、BI（Business Intelligence）など、シャーディングによる並列データアクセスで高速化が見込めるケース
AP 型	スケーラブルアプリケーション	コネクションプールや単一障害点などがボトルネックとなりがちな、多数のアプリケーションからデータアクセスされる場合や、需要の予測が難しく、あとから性能拡張したいケース
	マルチリージョンデータベース	グローバルな複数のデータセンターにまたがって、データを共通化／レプリケートしたいケース
	高書き込みトラフィック	IoTセンサーデータなど、書き込みが多いケース

AWSで提供されるデータベースサービスと分類

AWSで提供されているデータベースサービスを、CAP定理に基づいて分類すると次のようになります。

● CAP定理の分類に基づく分類（CA型）

データベース	説明	特徴
Amazon RDS	AWSが提供するオープンソースおよびプロプライエタリ（使用や改変、複製などを法的あるいは技術的な方法で制限しているソフトウェア）のマネージドリレーショナルデータベースサービス	・参照整合性 ・ACIDトランザクション ・設計時にスキーマを定義して保存するSchema-On-Write

● CAP 定理の分類に基づく分類（CP 型）

データベース	説明	特徴
Amazon DocumentDB	オープンソースデータベース「MongoDB」との互換性を持つドキュメント指向データベースサービス	ドキュメント（JSON 形式の文字列）を保存し、任意の属性にクエリで素早くアクセス可能
Amazon ElastiCache	オープンソースソフトウェア「Memcached」および「Redis」を利用したキャッシュ向けデータベースサービス	マイクロ秒単位でのレイテンシーでアクセス可能。キーによるクエリが利用できる

● CAP 定理の分類に基づく分類（AP 型）

データベース	説明	特徴
Amazon DynamoDB	スケーラブルな特性をもつスキーマレス NoSQL データベースサービス	・高スループット ・低レイテンシー読み取り ・無限の書き込みスケール
Keyspaces	オープンソースデータベース「Apache Cassandra」を利用したマネージド NoSQL データベースサービス	・設定可能な一貫性 ・無限の書き込みスケール ・高可用性・対障害性

● CAP 定理の分類に基づく分類（その他）

データベース	説明	特徴
Neptune	マネージドグラフ型データベースサービス	素早く簡単にデータ間の関係を作成しナビゲート
Timestream	スケーラブルな時系列データベースサービス	データを時系列に収集、格納、処理
QLDB	フルマネージド分散台帳型 データベースサービス	完全に不変で検証可能なアプリケーションデータに対するすべての変更履歴

Neptune、Timestream、QLDB は、特別な性質のデータベースであり、上記の CAP による分類はあてはまらないため、その他として分類しています。各々の特徴が要求されるユースケースに対し、適用を検討するとよいでしょう。

次節から、代表的な CA 型データベースである RDS、AP 型データベースである DynamoDB、CP 型データベースである ElastiCache について解説していきます。

AWSの代表的なリレーショナルデータベースサービス

Amazon RDS

東京リージョン 利用可能　料金タイプ 有料

Amazon RDS の概要

Amazon RDS（Relational Database Service）は、**構築や運用を容易にするリレーショナルデータベースサービス**です。コンソール上から簡単に環境を構築できます。また、AWS のマネージドサービスにより運用の手間も軽減されます。

ここがポイント

- RDS では、オープンソースソフトウェアやプロプライエタリ（使用や改変、複製などを法的あるいは技術的な方法で制限しているソフトウェア）なライセンスを持つ、さまざまなデータベースエンジンを選択できる
- RDS では、データベース構築する際に苦労する非機能要件や運用の手間を軽減するマネージドサービスが提供されている
- リードレプリカといった、パフォーマンスを向上させるための機能を拡張して提供している

RDS がサポートするデータベースエンジン

RDS では、データベースエンジンとして、オープンソースソフトウェアやプロプライエタリなライセンスを持つ以下の製品を選択できます。サポートされている主要なメジャーバージョンや、RDS で利用できない機能制約については、公式のユーザガイドを参照してください[1]。

● RDS のデータベースエンジン

種類	説明
MySQL	Oracle 社が提供するオープンソースのデータベースソフトウェア
PostgreSQL	PostgreSQL Global Development Group が提供するオープンソースのデータベースソフトウェア
MariaDB	MariaDB Foundation が提供する MySQL から派生したオープンソースのデータベースソフトウェア。ストレージエンジンなども MySQL とほぼ同じものを採用し、高い互換性を持つ
SQL Server	Microsoft が提供するデータベースソフトウェア。RDS SQL Server はライセンス費用込みのインスタンスになる
Oracle Database	Oracle 社が提供するデータベースソフトウェア。RDS Oracle はライセンス費用込みのインスタンスと BYOL（Bring Your Own Licence：ライセンスを購入してアクティベーションする）形式、２つのライセンスオプションがある。Amazon RDS で Oracle DB インスタンスを作成したら、DB インスタンスを変更することでライセンスモデルを切り替えられる
Aurora	Amazon がクラウド時代に向けて再設計したデータベースソフトウェア。MySQL および PostgreSQL 互換のバージョンがあり、前節で解説した分類で AP 型データストアとしてのストレージ特性を持つ。詳細は次節で解説する

RDS マネージドサービスのスコープと内容

RDS では、いずれのデータベースエンジンも**マネージドサービス**として提供されます。オンプレミスや EC2 にデータベースを構築した場合と、RDS で構築した場合とでは、AWS マネージドとなるスコープは次の図のように異なります。

● RDS のマネージドサービスのスコープ

オンプレミス	仮想サーバ (Amazon EC2)	データベースサービス (Amazon RDS など)
アプリケーション最適化	アプリケーション最適化	アプリケーション最適化
拡張性	拡張性	拡張性
高可用性	高可用性	高可用性
DB バックアップ	DB バックアップ	DB バックアップ
DB パッチ適用	DB パッチ適用	DB パッチ適用
DB インストール／構築	DB インストール／構築	DB インストール／構築
OS パッチ適用	OS パッチ適用	OS パッチ適用
OS インストール	OS インストール	OS インストール
サーバメンテナンス	サーバメンテナンス	サーバメンテナンス
ハードウェア資産管理	ハードウェア資産管理	ハードウェア資産管理
電源／ネットワーク／空調	電源／ネットワーク／空調	電源／ネットワーク／空調

マネージドの種類　セルフマネージ　AWS マネージ

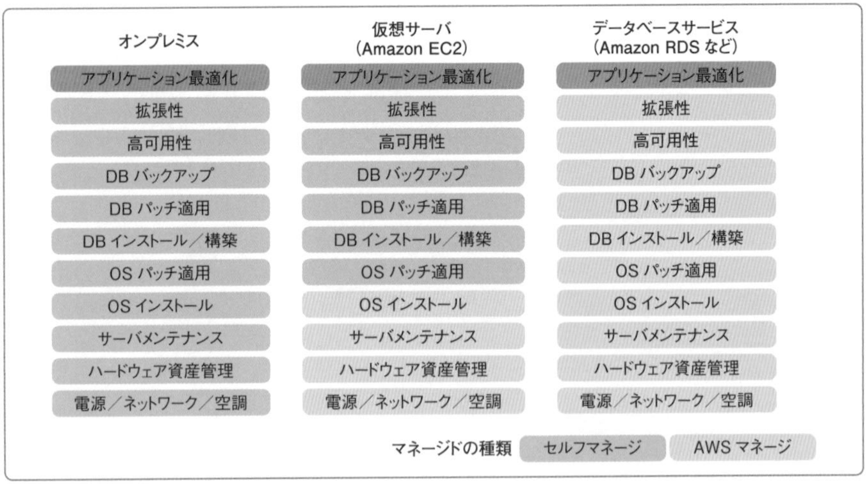

マネージドサービスとしてサポートされる具体的な内容は以下の通りです。

☑拡張性

スケールアップ・スケールダウンを容易に実行できます。EC2同様、RDSを実行する際は、インスタンスタイプを指定して起動します。実際に稼働した際のパフォーマンスに応じて、適宜スケールアップ・スケールダウンできます。

また、実際にデータを保存するストレージはデータベースを停止することなく増やすことができ、サイズを自動的にスケーリングするオプションがあります[2]。

☑高可用性

RDSは、稼働中のシステムがダウンした際に、待機系のシステムに自動で切り替える「**自動フェイルオーバー**」をサポートしています。データベース構築時に「**Multi-AZ配置**」というオプションを選択することで、別のアベイラビリティゾーンにスタンバイデータベースを配置する冗長化構成が構築されます。

このオプションでは、プライマリとなるデータベースノードとは別のアベイラビリティゾーンにスタンバイとなるデータベースノードが配置されます（次項の図「RDSのMulti-AZ配置とリードレプリカ」を参照）。スタンバイデータベースノードはプライマリデータベースノードからデータを複製し、常に同期的に更新されますが、プライマリに障害が発生すると自動的にフェイルオーバーし、スタンバイノードが自動的にプライマリに昇格します。

なお、RDSはプライマリ・スタンバイの両方とも同一のDBエンドポイントでアクセスされるので、フェイルオーバーが発生しても、参照側がDBエンドポイントを切り替える必要はありません。

☑DBバックアップ

RDSには「**自動バックアップ機能**」があり、バックアップ対象として次の2つのデータをS3へ保存します。障害発生時はバックアップをもとにリストア（復旧）できます。

- 1日1回、バックアップウィンドウで指定した時間でのDBスナップショット
- 5分間隔のトランザクションログ

☑DB パッチ適用

メンテナンスウィンドウで指定した時間帯にデータベースエンジンのソフトウェアアップデートが自動で行われます。パッチには必須のものと、任意で適用するか選択できるものがあります。

☑OS パッチ適用

DB パッチ適用と同様、メンテナンスウィンドウで指定した時間帯に、OS のソフトウェアアップデートが自動で行われます。RDS の起動構成次第ですが、メンテナンス時はデータベースが停止されます。ダウンタイムを最小化する方法は、公式ドキュメント[3]を参照してください。

☑OS インストール／サーバメンテナンス／ハードウェア資産管理／電源・ネットワーク・空調

上記の 4 つのレイヤは、EC2 におけるマネージドサービスと同様にサポートされます。そのため、ハードウェアのメンテナンスは意識する必要はありません。DB インスタンスはコンソールや CLI からユーザの要求を受けて起動し、指定された VPC・サブネット内の各アベイラビリティゾーンに配置されます。

リードレプリカ

リードレプリカは、パフォーマンスの向上のために、プライマリとなるデータベースを非同期で複製する機能です。読み込み専用のデータベースを作成することで、読み込みアクセスを分散し、全体のパフォーマンス向上に寄与します。

リードレプリカには、次の 3 つの特徴があります。

☑リクエストをオフロードできる

読み込みアクセスが多い場合、**最大5台までリードレプリカを構築して、リクエストをオフロード（負荷を分散させることが）できます。**

ただし、リードレプリカはプライマリのデータが非同期に反映されるため、常に最新のデータが返されるとは限りません。加えてリードレプリカは独立した DB インスタンスとして機能し、プライマリの DB エンドポイントとは異なります。書き込み処理はプライマリ DB エンドポイントを指定しておく必要があります。

☑リードレプリカをスタンドアロンDBインスタンスへ昇格できる

リードレプリカは、**任意のタイミングでスタンドアロンDBインスタンスへ昇格できるオプションが用意されています。**データ分割のためのシャーディング用途で使用したり、プライマリDBインスタンスに障害が発生した場合のデータ復旧スキームの手段として採用したりすることも可能です。

スタンドアロンDBインスタンスへの昇格後は、アプリケーションの参照先をリードレプリカのエンドポイントに向ける必要があります。RDSのエンドポイントはリネーム機能があるため、リードレプリカエンドポイントをDBエンドポイントとして使用されていたものに変更するとよいでしょう。ただし、DBの再起動が必要になります。

☑クロスリージョンレプリカを作成できる

災害対策等の用途で別のリージョンにクロスリージョンレプリカを作成することができます。なお、**リードレプリカには、Microsoft SQL Serverや一部のリージョンでは使用できないという制約があります。**リードレプリカの制約やデータベースエンジンごとの違いは公式ガイド[4]を併せて参照してください。

●RDSのMulti-AZ配置とリードレプリカ

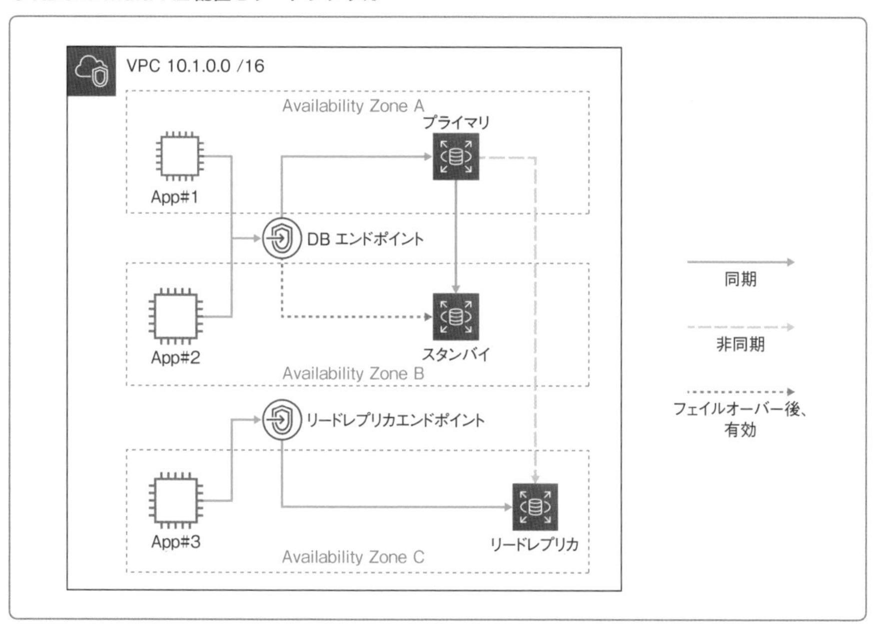

RDSの利用料金

RDSの利用料金は下表の通りです。DBインスタンスに関する費用はEC2インスタンスと同じく、オンデマンドかリザーブドを選択でき、インスタンスタイプに応じた課金体系になります。

加えて、データベースに保存するデータ量に応じたストレージ料金、S3に保存されるスナップショットやトランザクションログ、データベースへ入出力するデータ転送量など課金対象は多岐に渡ります。特にデータベースに保存するデータ量は、料金変動が大きい要素なので、**データ量のサイズがどの程度のオーダーになるか見越して見積もっておくことが重要**です。

● **RDSの利用料金** [5]

項目	内容
オンデマンド DBインスタンス	・インスタンスタイプや、実行時間に応じた従量課金 ・SQL ServerもしくはOracleのプロプライエタリライセンス費用はインスタンス費用に含まれる。OracleはBYOLオプションも選択できる ・マルチアベイラビリティゾーン配置構成を有効にすると、スタンバイインスタンス分で2倍の費用が発生する
リザーブドインスタンス	・インスタンスタイプに応じた1年間・3年間の固定料金（全額前払い、および一部前払い、前払いなし）（全額前払い以外は月額固定費用を支払う） ・マルチアベイラビリティゾーン配置構成を有効にするとスタンバイインスタンス分で2倍の費用が発生する
データベースストレージ	ストレージ種別や、データ量に応じた従量課金
バックアップストレージ	データ量に応じた従量課金
スナップショットおよびトランザクションログ	データサイズに応じた従量課金、エクスポート先のリージョンにおけるS3料金に準ずる
データ転送量	・RDSへのデータ受信（イン）：無料 ・RDSからのデータ送信（アウト）：転送量に応じた従量課金

クラウド環境に最適化されたデータベースエンジン

Amazon Aurora

東京リージョン 利用可能 料金タイプ 有料

Amazon Auroraの概要

Amazon Auroraは、RDSのデータベースエンジンの1つであり、クラウドの普及に伴って、Amazonがその内部アーキテクチャを再設計したデータベースです。

ここがポイント

- Auroraは、クラウド環境に最適化するよう、内部アーキテクチャをAWSが再設計したリレーショナルデータベース
- RDSと比べ、可用性やデータ同期・フェイルオーバーの高速化など性能が向上(性能は向上しているが、オンラインレスポンスが高速化するという意味ではない)
- 内部アーキテクチャがクラウドに最適化されているため、RDSより低コストで構成できる場合もある

Auroraの概要とアーキテクチャ

Auroraは、RDBの特性である**一貫性**を持ち、RDSが持つ**リードレプリカ**といったハイパフォーマンスのための特徴を維持しています。

AP型データベース（p.142）と同様、Quorumに基づく結果整合性でデータを分散して保存するストレージクラスノードクラスタを採用することで、高可用性を実現しています。そのため、あるアベイラビリティゾーンで障害が発生した場合でも、データベースを継続して運用することができます。RDSと違い、マルチアベイラビリティゾーン配置でスタンバイデータベースを作成する必要はありません。

● Amazon Aurora のアーキテクチャ [6]

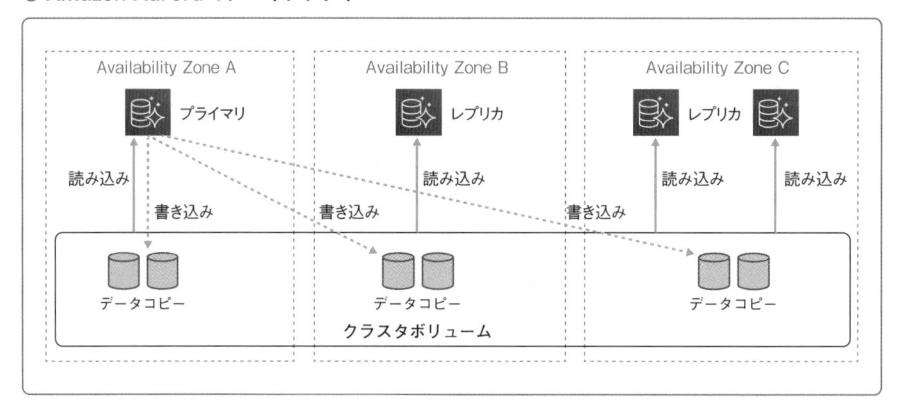

Aurora の特徴

Amazon Aurora には次のような特徴があります。

☑より高速なデータ同期・フェイルオーバー

プライマリインスタンス、リードレプリカともに、3つのアベイラビリティゾーンにレプリケートされた同じクラスタボリュームのデータコピーを参照するので、レプリカの非同期更新時間が小さくなっています。プライマリインスタンスに障害が発生した場合は、RDS より高速にリードレプリカへフェイルオーバーすることができます。

☑自動ストレージ拡張

データは 10GB ずつ「protection groups」と呼ばれる論理的なグループに保存され、64TB まで自動的にスケールアップすることができます。

☑さまざまなエンドポイント

RDS と同様、プライマリインスタンスを指し示す「**クラスターエンドポイント**」とリードレプリカを指し示す「**読み取りエンドポイント**」があります。また、ユーザがワークロードに応じて任意にレプリカを設定する「**カスタムエンドポイント**」を定義できます。

☑リードレプリカのオートスケーリング

Auroraのリードレプリカは、メトリクスに応じて自動増減する「**オートスケーリング**」に対応しています。リードレプリカへの読み取りクエリの分散や、リクエストの増減分に応じたコスト最適化が可能です。

☑DBバックアップ機能の拡充

RDSと同様、**自動バックアップ**が常に**有効**になります。バックアップでもパフォーマンスに影響を与えることなく、セグメントごとに**S3**へ継続的にスナップショットが保存されます。

バックアップは、前回バックアップ時から追加・更新された部分のみを記録する**増分バックアップ**で行われます。バックアップウィンドウで時刻を指定する必要はありません。データをある時点に戻す**BackTrack機能**もサポートされます。

☑クロスリージョンデータベースの性能向上・低価格化

RDSと同様、クロスリージョンでのデータベースレプリケーションが、オプションとしてサポートされます。クロスリージョンは、1つのプライマリAWSリージョン（データを管理）と、最大5つのセカンダリAWSリージョン（読み取り専用）で構成されます。

各リージョンへの展開は、DBインスタンスがなくストレージクラスタボリュームのみになるため、より高速かつ低価格でのレプリケーションが可能です。

☑パラレルクエリ

ストレージノードに搭載されたCPUを活用し、多数のストレージノードに対して並列にクエリを実行し、高速にスキャンすることができます。

Auroraのデータベースエンジンには、MySQLとPostgreSQL互換のバージョンが提供されています。これまで説明してきた通り、その内部アーキテクチャは従来のオープンソースのものと大きく異なるため、あくまで互換です。

サポートされているバージョンや機能制約はそれぞれ公式ガイド「Amazon Aurora MySQLの概要」[7]および、「Amazon Aurora PostgreSQLのデータベースエンジンの更新」[8]を参照してください。

Aurora Serverless

Aurora Serverlessは、**リクエストの負荷に応じて、インスタンスタイプの変更や起動・停止を自動で実行できます**。リードレプリカのオートスケーリングと似た機能を提供します。

● Amazon Aurora Serverlessのアーキテクチャ[9]

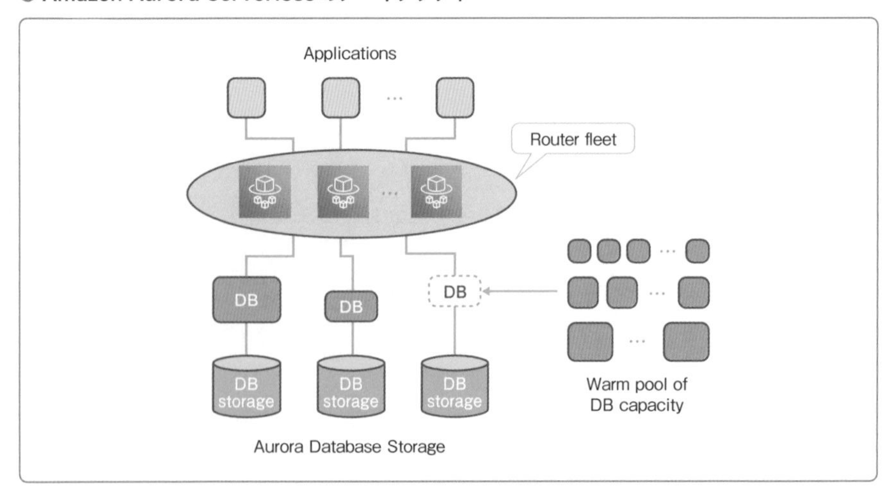

Aurora Serverlessは、データベースサーバをプロビジョニング（配置）して管理するのではなく、**キャパシティユニットと呼ばれるデータベースの使用量を指定します**。キャパシティはプールされていて、指定値を満たすようにリクエストをルーティングするルーターフリートがクライアント接続を追加します。不定期、断続的、または予測不能なワークロードに対して、比較的シンプルでコスト効率のいい方法として使用できます。

Aurora Serverlessの機能は次の通りです。

● Aurora Serverlessの機能

機能	概要
自動起動・停止	オンデマンドで起動し、使用してないときは自動でシャットダウンする
インスタンスタイプ変更	リクエスト負荷に応じて、自動でスケールアップ・スケールダウンする
Data API	Aurora DBクラスにVPC外からアクセスするためのエンドポイントを作成する機能

第2部 基礎編

なお、通常の Aurora と比べて、Aurora Serverless は実行可能なバージョンなどに制約があります。現在は Aurora Serverless v2 も発表され、一部の機能制約は解消しつつありますが、詳細は公式のユーザガイド「Aurora Serverless v1 の制約事項」[10] も参考にしてください。

Aurora の利用料金

Amazon Aurora の利用に関する使用料金体系は以下の通りです。基本的には RDS と同じく、**オンデマンド**または**リザーブド**を選択でき、インスタンスタイプに応じた課金体系になります。加えて、データベースに保存するデータ量に応じたストレージ料金、S3 に保存されるスナップショットやトランザクションログ、データベースへ入出力するデータ転送量など課金対象は多岐にわたります。特にデータベースに保存するデータ量は、料金変動要素が大きい要素なので、**データ量のサイズがどの程度のオーダーになるか見越して見積もりをとっておくことが重要**です。また、Aurora 独自の **BackTrack 機能**を利用した場合、別途料金が発生します。

Aurora は、RDS の別エンジンのものよりも費用が高く発生すると思われがちですが、構成によっては Aurora のほうが低コストで済む場合もあります。

● **Aurora の利用料金** [11]

項目	内容
オンデマンド DB インスタンス	インスタンスタイプ・実行時間に応じた従量課金
リザーブドインスタンス	インスタンスタイプに応じた 1 年間・3 年間の固定料金（全額前払いおよび一部前払い、前払いなし）（全額前払い以外は月額固定費用を支払う）
データベースストレージ	ストレージ種別・データ量に応じた従量課金
バックアップストレージ	データ量に応じた従量課金
スナップショットおよびトランザクションログ	データサイズに応じた従量課金、エクスポート先のリージョンにおける S3 料金に準ずる
データ転送量	・RDS へのデータ受信（イン）：無料 ・RDS からのデータ送信（アウト）：転送量に応じた従量課金
BackTrack 料金	変更を遡った時間および変更したレコード件数を乗じた従量課金

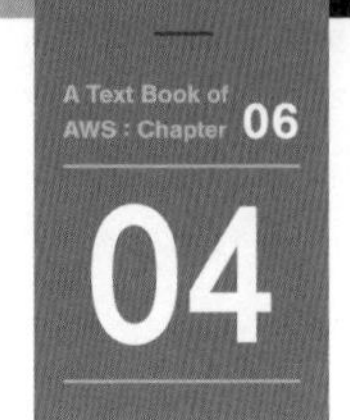

可用性とネットワーク分断耐性を重視したデータベース

Amazon DynamoDB

東京リージョン 利用可能　料金タイプ 有料

Amazon DynamoDB の概要

Amazon DynamoDB は、可用性（Availability）とネットワーク分断耐性（Partition Tolerance）を重視した AP 型データベースの代表例で、クラウド環境ならではの水平スケーラビリティに優れた特徴を持っています。その特性をよく理解して、大規模分散処理構成のユースケースで活用しましょう。

水平スケーラビリティとは、サーバなどのリソースの数を増やしてシステム全体のパフォーマンスを高める手法のことです。既存のリソースの性能を向上することでシステムのパフォーマンスを高める手法のことを、垂直スケーラビリティといいます。

ここがポイント

- AP 型データベースは、複数のアベイラビリティゾーンにまたがってデータを分散して保存するアーキテクチャで構成されている。そのため単一障害点がなく、特に書き込み処理の水平スケーラビリティに優れた特性を持つ
- AP 型データベースを使いこなすうえで押さえておくべき重要な概念として、各ノードに配置される「データ」と「キー」の関係性と、データ読み書きにおける結果整合性がある
- AP 型データベースでは、RDB で可能だった複雑な検索やテーブル結合などは実行できない。代わりにインデックスを駆使したり、不足する機能に代替する処理をアプリケーションで実装したりする必要がある
- DynamoDB は、特に項目・属性の定義が必要ないスキーマレスのテーブル構造を持つ。属性は項目ごとに異なっても問題ない
- DynamoDB は、読み書き処理に関する結果整合性をオプションで選択できる。処理の重要性に応じて使い分ける
- DynamoDB には、条件付き書き込み、DAX、DynamoDB Streams といった固有の機能がある。さまざまな処理で活用できるので、一通り内容を押さえておく

AP 型データベースのアーキテクチャ

最初に、AP 型データベースに共通する特徴を押さえておきましょう。

AP 型の NoSQL データベースは、**一貫性**（Consistency）が下がる代わりに、**可用性**（Availability）と**ネットワーク分断耐性**（Partition Tolerance）を高めています。具体的には、次のイメージのように複数のアベイラビリティゾーンにデータベースを配置し、各ノードにデータを分散して配置することで実現しています。

● AP 型データベースのアーキテクチャ

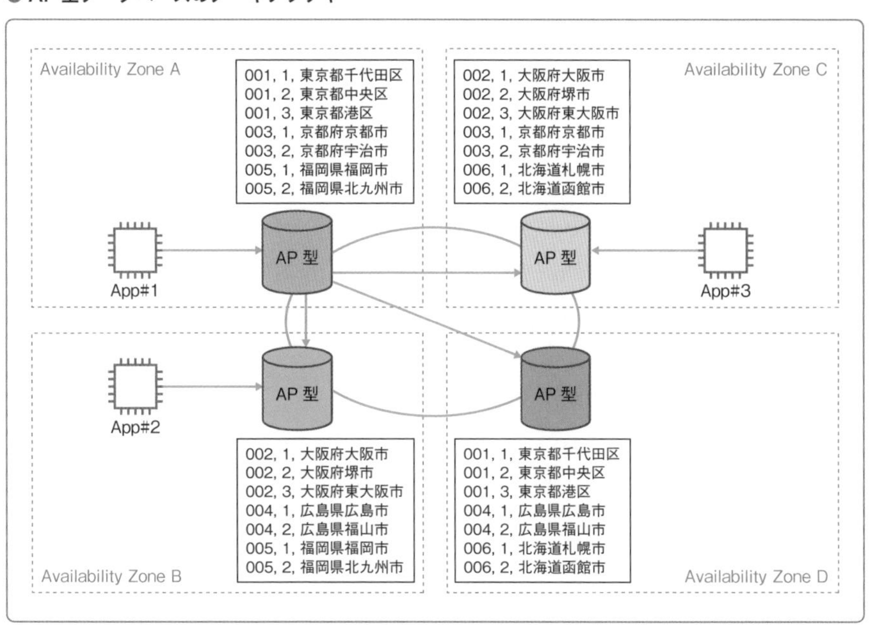

単一障害点がないことが大きな特徴で、どこのノードからでもデータ更新が可能であり（すべてのアベイラビリティゾーンにあるデータを参照・更新します）、ノードも任意に追加／設定できるスケーラビリティにも優れた分散型構成です。

ただし、ノードの故障や通信のエラーにより、複数のノード間で整合性のとれない（一貫性を損なう）ケースが発生します。

その回避策として、読み込み時に最新のデータで古いノードのデータを更新する **ReadRepair 機能**や、**Quorum を使って結果整合性をとる方法**（簡単にいえば、不整合が出た場合に、なるべく多くの一致したデータを判定する多数決に似た手法）で対応しています。

AP型データベースを理解するうえで、押さえておかなければならないのが、各ノードに配置される「**データ**」と「**キー**」の概念です。DynamoDBでは「**Consistent Hashing**」と呼ばれるアルゴリズムにより、各ノードと配置されるデータを決定しています。例えば、先の図では都道府県と市／区は1：Nの関係であり、都道府県を区別するキーを「**親キー**」、市や区を区別するキーを「**子キー**」とします。DynamoDBで親キーを**パーティションキー（Partition Key）**、子キーを**ソートキー（Sort Key）**と呼びます。

> **Memo**
>
> DynamoDBでは以前、パーティションキーは「ハッシュキー（Hash Key）」、ソートキーは「レンジキー（Range Key）」という名称で呼ばれていました。また現在、パーティションキーとソートキーを合わせて「プライマリキー（Primary Key）」と呼んでいます。

これらのキーに対して、次のルールを押さえておくことが必要です。

- 親キーで配置されるノードが決定する
- ノード内のデータ順序を決定する子キーを任意に設定できる
- 子キーを作成しない場合は、親キーでデータを一意に特定できるようにする必要がある
- キーにはインデックスを設定できる

こうしたデータを分散して保持するAP型の仕組みを踏まえると、当然、RDBで当たり前にできていた次のようなことができなくなります。

RDBと比較した場合のAP型データベースの制約

制約	理由
テーブル間の結合ができない	データが分散して配置されているので、「データ同士を結合して射影する」といった操作はできない
外部キーがない	キーはパーティションキーとソートキーに限定される
条件指定は基本的に、プライマリキー以外は使用できない	データが分散して配置されているので、プライマリキー以外で検索をかけることができない。それ以外の項目で検索が必要な場合は、インデックスを作成する、もしくはソートキーを指定する（ただし、ソートキーのみの検索は性能上問題が出る可能性がある）
副問合せができない	データが分散して配置されるので、検索結果のデータを条件とすることができない
GROUP BYなどの集約関数が存在しない	データが分散して配置されるので、集約に必要なデータが検索時に足りない
OR、NOTなどの論理演算子はなくANDのみ	データベースの性質上、サポートしない

このように、AP型のNoSQLデータベースを、RDBの代替として考えるには機能制約が相応にあります。RDBで実現できる機能を使いたい場合は、RDBを導入すべきであり、NoSQLデータベースは、その特性を生かしたユースケースに対して導入を検討すべきです。

ただし、AP型NoSQLデータベースを導入する場合でも、前述の表に記載されているさまざまな機能要件を求められるケースもあります。アプリケーションの設計時に制約をしっかりと意識し、データベースの機能に委ねるべきか、不足する機能に代替する処理をアプリケーションで実装すべきかを判断できるようにしておきましょう。

DynamoDBの概要と特徴

DynamoDBは、AWSが提供する**AP型NoSQLデータベースのマネージドサービス**です。**項目・属性の定義が必要ないスキーマレスのテーブル構成**をとります。

スキーマレスということもあり、値の厳密な設計が不要な他に、属性は項目ごとに異なっても問題ありません。パーティションキーで配置するノードが決定し、ソートキーでノード内でのデータ順序が決定するため、注文と注文明細のような1対多のデータ構造でもそのまま保存することができます。キーの判定には関係演算子（<、>、<=、>=）や等値系演算子（==、！=）が利用可能です。

なお、**DynamoDBのデータサイズ上限は1項目あたり400KB**です。バイナリデータなどサイズの大きくなりがちなデータは保存できないので注意が必要です。

● DynamoDBテーブルのイメージ

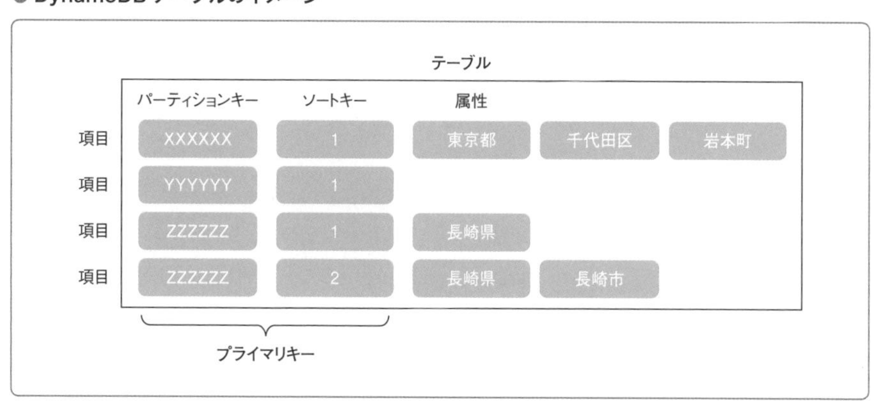

DynamoDB はリージョンごとにデータベースが構築されるサービスであり、3 箇所の異なるアベイラビリティゾーンにデータがレプリケーションされます。結果整合性に関しては、オプションで選択可能です。

● DynamoDB の結果整合性オプション

	結果整合性のオプション	動作
読み込み	結果整合性のある読み込み	2/3 の読み込みで結果が一致した場合、正常応答
	強い読み込み整合性	すべての ReadRepair が完了している状態で結果を応答
	トランザクション読み込み	直列化可能分離レベル（SERIALIZABLE）でデータを読み取るオプション
書き込み	結果整合性のある書き込み	2/3 以上の書き込みが成功した場合、正常応答
	トランザクション書き込み	すべての書き込みが成功した場合、正常応答

DynamoDB ではテーブル単位で読み書きのパフォーマンスをスループットとして定義します。読み取りのスループットを「**読み込みキャパシティユニット**」(Read Capacity Units：RCUs) と呼び、書き込みスループットを「**書き込みキャパシティユニット**」(Write Capacity Units：WCUs) と呼びます。RCUs と WCUs はそれぞれ次のように定義されています。

● キャパシティユニットの定義

種類	説明
RCUs	・1 秒あたりの読み込み項目数 × 項目のサイズ （4KB までを 1 ブロックとして計算） ・結果整合性ある読み込みの場合はスループットが 2 倍になる
WCUs	・1 秒あたりの書き込み項目数 × 項目のサイズ （1KB までを 1 ブロックとして計算） ・トランザクション書き込みの場合はスループットが半分になる

例えば、3KB のデータを読み込むリクエストが毎秒 1000 回あるのであれば、1000RCUs です。仮に 6KB のデータだとすると、ブロック単位の 4KB を超えているので、2 ブロック（8KB）が必要です。

すなわち、2 倍の RCUs として計算し、2000RCUs となります。結果整合性のある読み込みの場合、スループットが 2 倍になるので RCUs は半分で済み、3KB だと 500RCUs、6KB だと 1000RCUs です。

書き込みも計算方法は同様で、3KB のデータを書き込むリクエストが毎秒 10 回あるとすると、30WCUs です。トランザクション書き込みはスループットが半分になるので、倍の 60WCUs が必要になります。

DynamoDB にはその他に、次のような特徴・機能があります。

● DynamoDB の特徴

特徴	説明
フィルタを使った読み込み	クエリやスキャンした結果にフィルタを設定し、結果を絞り込む機能
条件付き書き込み	データの有無や項目値に応じた条件を設定でき、該当したとき更新を行う機能
TTL (TimeToLive)	データ属性に TTL を設定し、有効期限を過ぎると自動的にテーブルからデータを削除する機能
DAX (DynamoDB Accelator)	マルチアベイラビリティゾーン構成で自動フェイルオーバー機能をもつインメモリキャッシュ
DynamoDB Streams	DynamoDB で行われたデータの追加・変更・削除履歴を記録する機能。更新前のデータを残す、更新前後のデータ双方残すなどのオプションも選択できる
クロスリージョンレプリケーション	リージョンをまたいで DynamoDB を構築する機能。リージョンを超えて 1 つのテーブルが構築されるわけではなく、DynamoDB のレプリカが別のリージョンに構成されるイメージ。更新は双方同期される
DynamoDB Trigger	DynamoDB へのデータ更新をきっかけに Lambda ファンクションを実行する機能。別のテーブルの更新や監査ログの保存、プッシュ通知などの用途で利用可能
グローバルテーブル	リージョンをまたいで DynamoDB を構築する機能。リージョンを超えて 1 つのテーブルが構築されるわけではなく、DynamoDB のレプリカが別リージョンに構築されるイメージ。更新は双方で同期される

押さえておきたい プライマリキーとセカンダリインデックス

データを一意に識別するためのプライマリキー（PrimaryKey）は、パーティションキー（PartitionKey）単独、あるいはソートキー（SortKey）との組み合わせで構成されます。DynamoDB はスキーマレスの構造を取るので、プライマリキーに該当する属性以外は事前に定義しておく必要はありません。

検索には基本的にプライマリキーを用いますが、任意の属性をパーティションキーとするグローバルセカンダリインデックス（GlobalSecondaryIndex：GSI）と、パーティションキーと別の属性とを組み合わせて作成するローカルセカンダリインデックス（LocalSecondaryIndex：LSI）が利用できます。

ただし、セカンダリインデックスを使用するには、上記のキャパシティユニットやインデックスを保存するためのストレージが別途必要になるので注意が必要です。

DynamoDB の利用料金

DynamoDB の利用では、2種類の課金体系があります。リクエスト数に応じた従量課金となる「**オンデマンドキャパシティモード**」と、キャパシティユニットの設定値に応じて時間単位の従量課金となる「**プロビジョンドキャパシティモード**」です。いずれかのモードの料金に加えて、データベースに保存するデータ量や利用した機能に応じて料金が発生します。

● **DynamoDB の利用料金** [12]

項目	内容
オンデマンド キャパシティモード	・読み込みリクエスト数に応じた従量課金 ・書き込みリクエスト数に応じた従量課金
プロビジョンド キャパシティモード	・オンデマンド 　・読み込みキャパシティユニット数と時間（1時間あたり）に応じた従量課金 　・書き込みキャパシティユニット数と時間（1時間あたり）に応じた従量課金 ・リザーブド 　・一定の読み込みキャパシティユニットに応じた1年間・3年間の固定料金（全額前払いおよび一部前払い、前払いなし）（全額前払い以外は月額固定費用を支払う） 　・一定の書き込みキャパシティユニットに応じた1年間・3年間の固定料金（全額前払いおよび一部前払い、前払いなし）（全額前払い以外は月額固定費用を支払う）
データベースストレージ	データ量に応じた従量課金
バックアップストレージ・データ復元	データ量に応じた従量課金
データ転送量	・DynamoDB へのデータ受信（イン）：無料 ・DynamoDB からのデータ送信（アウト）：転送量に応じた従量課金
グローバルテーブル （クロスリージョンレプリケーション）	・オンデマンドキャパシティモード 　・レプリケート書き込みリクエスト数に応じた従量課金 ・プロビジョンドキャパシティモード 　・レプリケート書き込みキャパシティユニット数と時間に応じた従量課金
DAX	インスタンスタイプに応じた従量課金
DynamoDB Stream	Stream からの読み込みリクエスト数に応じた従量課金
DynamoDB Trigger	AWS Lambda ファンクションのリクエスト回数と実行時間に応じた従量課金

セットアップ、運用、拡張が容易なマネージドキャッシュサービス

Amazon ElastiCache

東京リージョン 利用可能　料金タイプ 有料

Amazon ElastiCacheの概要

Amazon ElastiCacheは、AWSが提供するセットアップ、運用、拡張が容易なマネージドキャッシュサービスです。主な用途として、RDBに保存してあるマスターデータをキャッシュして処理を高速化や、複数のアプリケーションサーバでセッションデータを共有などに使用されます。

ElastiCacheは2種類のエンジンをサポートしています。いずれもオープンソースのキャッシュソフトウェアであるMemcachedとRedisをベースとしたもので、用途やワークロードに応じて使い分けます。

ここがポイント

- ElastiCache for Memcachedはマルチスレッドでアクセス可能な共通データのキャッシュ用途で利用される
- ElastiCache for Redisはデータをいくつかのグループで分割したシャードと呼ばれる単位で分散保存することでよりパフォーマンスや可用性を高めている
- ElastiCache for Redisはクラスタモードの有効可否によって、ノードの構成やエンドポイント、可用性が大きく異なる。アプリケーションの実装時はその違いを理解して、適切なモードとエンドポイントを使い分ける

ElastiCache for Memcached

ElastiCache for Memcachedは、**インメモリ型**（ディスクではなくメモリにロードされる）のキーバリューストアです。**キーバリューストア**とは、キーと値（value）のセットでデータを保存し、キーを指定することでデータを取り出すデータ管理システムです。プログラミング言語で扱う**ハッシュ**（連想配列）と似た仕組みです。

主に、「シンプルなキーバリュー型のデータをキャッシュし、低レイテンシで参照する」「マルチスレッドでアクセス可能な共通データをキャッシュする」「リ

クエスト量に応じてノードをスケールアウト・スケールインする」といった用途で利用されます。

サポートされているMemcachedのバージョンは、公式ガイド[13]を参照してください。ElastiCache for Memcachedはクラスタを構成し、クラスタは複数のアベイラビリティゾーンにまたがって1つ以上のMemcachedキャッシュノードで構成されます。下図は、データが保存されているノードにElastiCacheがアクセスする仕組みを示したものです。

● ElastiCache for MemcachedのAuto Discoveryに対応したクライアント[14]

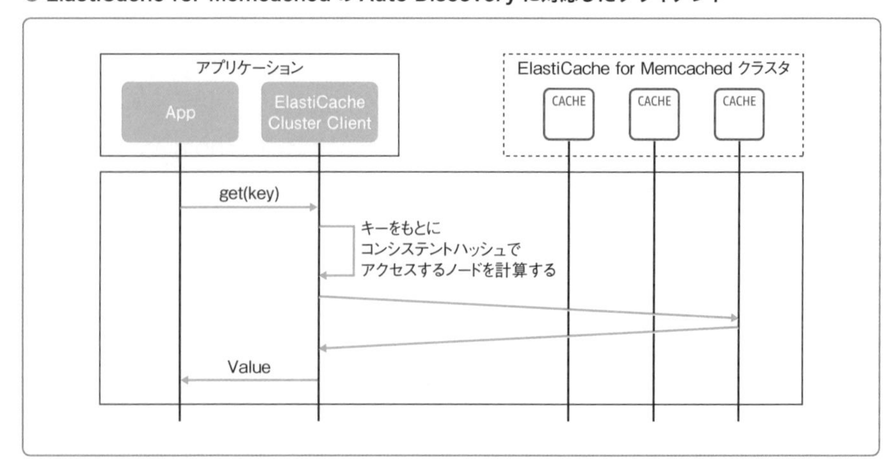

各データはキーのコンシステントハッシュと呼ばれるアルゴリズムに基づいて各ノードに分散して保存されています。クラスタは設定エンドポイントと各キャッシュノードのエンドポイントを持ち、クラスタにはAWSが提供しているAuto Discoveryに対応したクライアント(ElastiCache Cluster Client)を使ってアクセスします。クライアントは設定エンドポイントから指定されたキーの値に基づいて格納されているノードのエンドポイントを取得してアクセスし、データを返します。

アプリケーションは、指定されたキーを持つデータをキャッシュから探し、存在すればそのデータを利用します。存在しなければキャッシュ対象のデータソースからデータを取得し、キャッシュに保存して、データを利用します。

次回以降、同じキーが指定されると、キャッシュからデータを取り出せるようになります。ただし、**Memcached自体がマルチスレッドで動作するため、キャッシュデータの更新系処理が発生すると、スレッドごとに異なるデータを読み込んで**

しまう可能性があります。そのため、さまざまなリクエストから共通的に参照して問題ない用途のマスターデータなどにかぎって利用したほうがよいでしょう。

また、ElastiCache Cluster Clientが提供されているプログラミング言語は、**C#、PHP、Javaに限られます**。それ以外の言語のアプリケーションについては、どのノードにデータが保存されているかアプリケーション側で判定してから、通常のクライアントライブラリを使ってキャッシュノードに直接アクセスするようにしてください。

ElastiCache for Redis

ElastiCache for Redisも**高性能のインメモリ型キーバリューストア**です。前節「CAP定理によるデータベースの分類」(p.138)でも解説したとおり、**一貫性**(Consistency)と**ネットワーク分断耐性**(Partition Tolerance)を重視したCP型のデータベースとしての特性を持っています。

AWSのマネージドサービスとして提供されているため、リードレプリカやマルチアベイラビリティゾーン構成の自動フェイルオーバーに対応しています。また、Redis3.2からの機能である**Redis Cluster**をサポートし、データをいくつかのグループで分割した「**シャード**」と呼ばれる単位で分散保存することで、パフォーマンスや可用性を高めています。

サポートされるバージョンは公式ガイド[15]に記載がありますが、クラスタモードの使用有無によって、構成が大きく異なります。複雑で紛らわしいので、まずは各パターンの構成を押さえておくようにしましょう。

☑(1)クラスタモードが無効

ElastiCache Redisには、**クラスタモード**という概念があり、複数のシャード(ノードグループ)にデータを分散保存(シャーディング)することで可用性とパフォーマンスを高めています。

このシャードをいくつかまとめた論理的なグループのことを「**クラスタ**」といいます。「**クラスタモードが無効**」とは、「**シャーディングを行わないモード**」という意味です(データを保存するキャッシュノードを分けない)。

クラスタモードが無効の場合は、データが保存されているプライマリノードとは別に、リードレプリカを別のアベイラビリティゾーンに配置した構成をとることで、読み取り負荷の分散を図ります。

● Redis（クラスタモードが無効）クラスタ

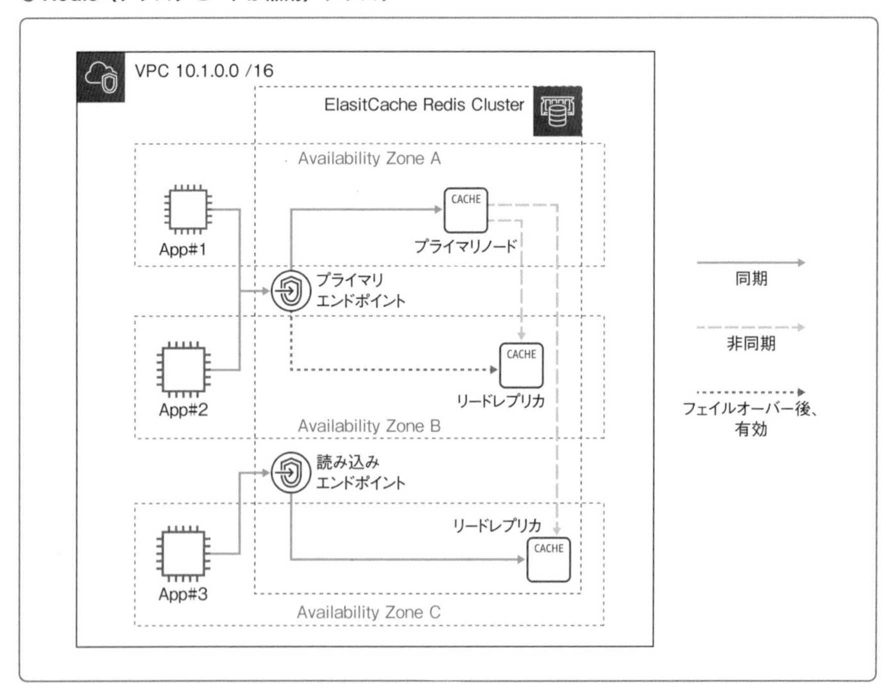

プライマリノードからリードレプリカへは非同期にデータが更新されますが、プライマリノードに障害が発生した際は、リードレプリカの1つがプライマリノードに自動的に昇格します（自動フェイルオーバー）。アプリケーションがキャッシュに更新処理を行う場合はエンドポイントとしてプライマリエンドポイントを指定しておきます。これにより、自動フェイルオーバーが行われたとしても、特にアプリケーション側の参照を切り替える必要はありません。

また、キャッシュデータの参照しか行わないアプリケーションに対しては、読み込みエンドポイントを指定することで、複数のリードレプリカに分散してアクセスできます。なお、プライマリノードの障害によって昇格したリードレプリカに対しては、その時点で読み込みエンドポイントの接続先からは除外されます。

☑（2）クラスタモードが有効

クラスタモードが有効だと、**スロット**（キーのハッシュ値）に応じて、次の図の通り、データをシャーディングした形で分散して保存します。

図の簡単化のため、リードレプリカへの非同期のデータ更新の矢印など除外していますが、リードレプリカへのデータ反映や、自動フェイルオーバーについては各シャードともクラスタモードが無効だったときと同様に行われます。

● Redis（クラスタモードが有効）クラスタ

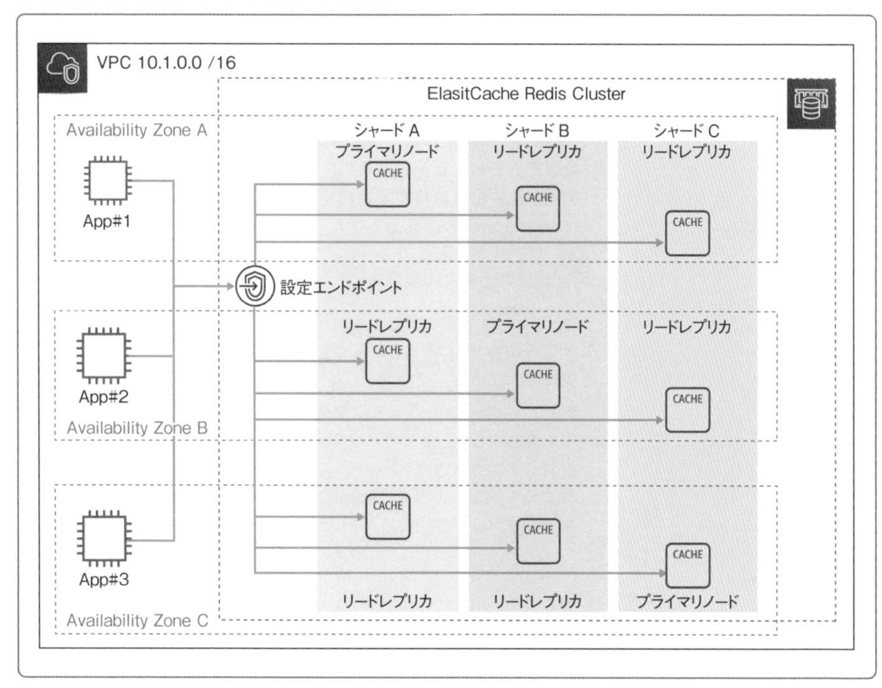

また、大きな違いとして、**エンドポイントが設定エンドポイントのみに集約されます**。アプリケーションからクラスタの設定エンドポイントに対して書き込み、または読み取りリクエストを行うたびに、Redisがバックグラウンドで、キーが属するシャードと、そのシャードで使用するノードエンドポイントを決定します。

シャードは1～15の間、レプリカはシャードごとに最大5つまで作成できます。シャードごとのプライマリノードとレプリカのアベイラビリティゾーンでの配置も任意に設定することが可能です。クラスタモードが無効化でも十分ですが、キャッシュデータ量が多ければ必要に応じて有効化を検討するとよいでしょう。単一のテーブルにデータが大量に蓄積されている場合にシャーディングは有効ですが、その分のコストは上昇します。

なお、注意点として、**Redisはパブリックアクセスが許可されていません**。EC2やECSなどのVPC内のリソースからアクセスする必要があります。

ElastiCacheの利用料金

ElastiCacheの利用料金は以下の通りです。

● ElastiCacheの利用料金

項目	内容
オンデマンドキャッシュモード	ノードタイプ・実行時間に応じた従量課金
リザーブドキャッシュモード	ノードタイプに応じた1年間・3年間の固定料金 (全額前払いおよび一部前払い、前払いなし) (全額前払い以外は月額固定費用を支払う)
データベースストレージ	データ量に応じた従量課金
バックアップストレージ・ データ復元	データ量に応じた従量課金
データ転送量	・同一リージョン・アベイラビリティゾーン間のElasitCacheへのデータ送受信（イン・アウト）：無料 ・同一リージョン・異なるアベイラビリティゾーン間のElasitCacheへのデータ送受信（イン・アウト）：無料 ※ただし、EC2などのリクエスト送信元のアウトバウンド通信に対し料金が発生 ・異なるリージョン間のElastiCacheへのデータ送受信（グローバルデータストア利用時）：– データ転送量に応じた従量課金

引用・参考文献

[1] https://docs.aws.amazon.com/ja_jp/AmazonRDS/latest/UserGuide/Welcome.html
[2] https://docs.aws.amazon.com/ja_jp/AmazonRDS/latest/UserGuide/USER_PIOPS.StorageTypes.html#USER_PIOPS.Autoscaling
[3] https://aws.amazon.com/jp/premiumsupport/knowledge-center/rds-required-maintenance/
[4] https://docs.aws.amazon.com/ja_jp/AmazonRDS/latest/UserGuide/USER_ReadRepl.html
[5] https://aws.amazon.com/jp/rds/pricing/
[6] https://docs.aws.amazon.com/ja_jp/AmazonRDS/latest/AuroraUserGuide/Aurora.Overview.html
[7] https://docs.aws.amazon.com/ja_jp/AmazonRDS/latest/AuroraUserGuide/Aurora.AuroraMySQL.Overview.html
[8] https://docs.aws.amazon.com/ja_jp/AmazonRDS/latest/AuroraUserGuide/AuroraPostgreSQL.Updates.html
[9] https://docs.aws.amazon.com/ja_jp/AmazonRDS/latest/AuroraUserGuide/aurora-serverless.how-it-works.html
[10] https://docs.aws.amazon.com/ja_jp/AmazonRDS/latest/AuroraUserGuide/aurora-serverless.html#aurora-serverless.limitations
[11] https://aws.amazon.com/jp/rds/aurora/pricing/
[12] https://aws.amazon.com/jp/dynamodb/pricing/
[13] https://docs.aws.amazon.com/ja_jp/AmazonElastiCache/latest/mem-ug/supported-engine-versions.html
[14] https://docs.aws.amazon.com/ja_jp/AmazonElastiCache/latest/mem-ug/AutoDiscovery.HowAutoDiscoveryWorks.html
[15] https://docs.aws.amazon.com/ja_jp/AmazonElastiCache/latest/red-ug/supported-engine-versions.html

Chapter 07

第7章 アプリケーション統合関連のサービス

本章では、アプリケーション統合関連サービスの「Amazon SNS」と「Amazon SQS」について解説します。
アプリケーション統合関連サービスを利用すると、マイクロサービスや分散システム、サーバーレスアプリケーションにおいて、コンポーネント間の結合強度が弱い疎結合なシステムを実現できます。疎結合なシステムでは、アプリケーションが互いに及ぼす影響を小さくできるため、アプリケーションの開発やデプロイを迅速化できるだけでなく、障害発生時の影響範囲を狭めることもできます。

A Text Book of AWS : Chapter 07

01

マネージド型のメッセージ配信サービス

Amazon SNS

東京リージョン 利用可能 料金タイプ 有料

Amazon SNS の概要

Amazon SNS（Simple Notification Service）は、マネージド型のメッセージ配信サービスです。SNS を利用すると「Publish-Subscriber（Pub-Sub）」と呼ばれる非同期なメッセージ配信モデルを実現することができます[1]。

ここがポイント

- SNS を利用すると「Publish-Subscriber（Pub-Sub）」と呼ばれる非同期なメッセージ配信モデルを実現できる
- 「Topic」が、メッセージの発行元である「Publisher（発行者）」と配信先である「Subscriber（購読者）」の仲介役を果たし、両者を疎に結合する
- Topic には「スタンダード」と「FIFO」の 2 種類があり、配信の仕組みや性能が異なる
- Topic から Subscriber へのメッセージの配信に失敗した場合、「リトライ」の機構によって再配信される。Subscriber の種類（エンドポイント、プロトコル）によって仕組みが異なる
- KMS（Key Management Service）を使って Topic 内に保持するメッセージを暗号化できる

Memo

アプリケーション統合関連サービスは SNS や SQS だけでなく、次のサービスも該当します。これらについては、他章で解説します。

・Amazon API Gateway：フルマネージド型の Web API を構築するサービス（第 13 章）
・Amazon CloudWatch Events：イベント・時間駆動処理を実現する機能（第 8 章）
・AWS Step Functions：サーバーレスなワークフローを構築するサービス（第 13 章）

SNS の構成要素

Pub-Sub では、メッセージの発行元を「Publisher（発行者）」と呼びます。

Publisherは「Topic」という論理的なアクセスポイントに対してメッセージを発行します。「**Subscriber（購読者）**」は、興味のあるTopic（例えば、コンソールへのログインイベントなど）をあらかじめSubscribe（購読）しておきます。SubscribeしているTopicにメッセージが格納されると、Topicからメッセージが配信されて、メッセージを受信することができます。

● SNSの全体像

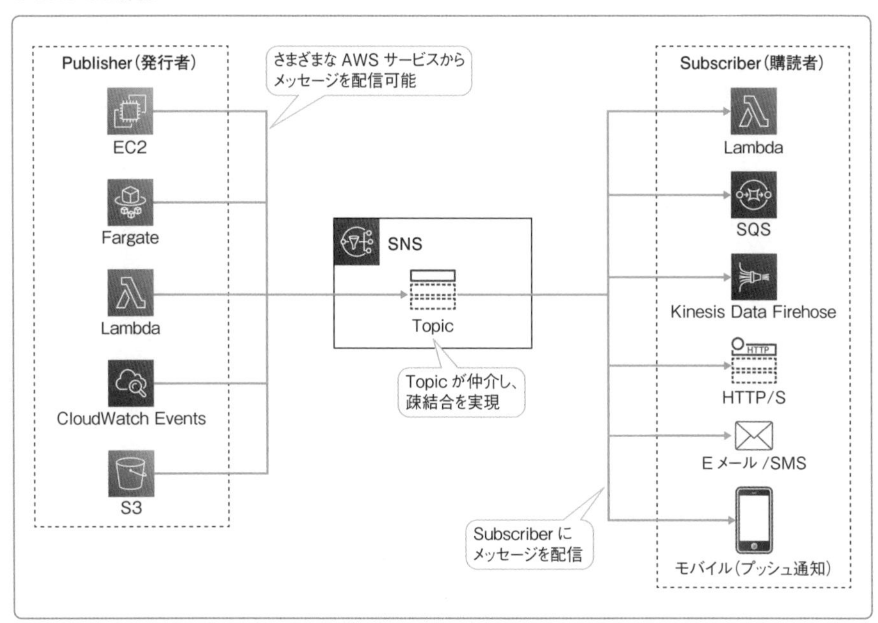

● SNSの構成要素

構成要素	説明
Publisher	メッセージの発行元。PublisherはメッセージをTopicに発行（送信）する。SMS（ショートメッセージサービス）は最大140バイト、それ以外は256キロバイトのメッセージを発行することができる。 AWS SDKやAPIを用いてメッセージを発行するアプリケーションを実装することや、CloudWatch EventsやS3でのイベント発生を契機にメッセージを発行することが可能
Topic	通信チャネルとして機能する論理的なアクセスポイント。Topicに対して発行されたメッセージは即座にSubscriberに配信される
Subscriber	TopicをSubscribe（購読）するエンドポイント。「プロトコル」とも呼ばれる。Subscriberには下記を設定できる。 ・Lambda　・SQS　・Kinesis Data Firehose ・HTTP/S　・Eメール、SMS　・モバイル（プッシュ通知）

SNSを利用することで、Publisherは論理的なアクセスポイントとなるTopicのみを意識すればよく、Subscriberは関心のあるTopicのみを購読すればよい構造となります。**結果として、PublisherとSubscriberの結合強度を弱めた疎結合なシステムを構成することができます。**

> **Memo**
> Pub-Subの仕組みは「メールマガジンの仕組み」を想像すると理解しやすいでしょう[2]。メールマガジンの発行者と購読者がそれぞれPublisherとSubscriber、グルメ情報など特定の話題のメールマガジンがTopicに対応します。メールマガジンの発行者（Publisher）がメールマガジンを作成してTopicにメールを発行（Publish）すると、メールマガジンの購読者（Subscriber）があらかじめ購読（Subscribe）しておいたメールマガジンを受信することができます。

SNSのTopicの種類

SNSには「**スタンダード**」と「**FIFO**」の2種類のTopicが用意されています。「FIFO」は「First In First Out」の略であり、「先入先出し」を意味します。FIFO Topicを利用すると、Topicに到達したメッセージの「順序性」と「重複排除」が保証されます。下表にそれぞれのTopicの特徴を示します。

SNSのTopicの種類と特徴

	スタンダードTopic	FIFO Topic
配信順序	順序性が保証されない	同一のメッセージグループIDにおいて順序性が保証される
配信方式	メッセージの重複の有無にかかわらず配信する	重複を排除して1回のみ配信する
スループット	ほぼ無制限のスループットを実現可能	最大300件/秒のメッセージの処理が可能

☑順序性の保証

FIFO Topicでは、メッセージを発行する際に「**メッセージグループID**」を指定します。同一のメッセージグループでは、Subscriberへのメッセージの配信順序が保証されます。なお、メッセージのグループ分けを行いたくない場合は、すべてのメッセージに同一のメッセージグループIDを指定します。

● FIFO Topic の順序性[3]

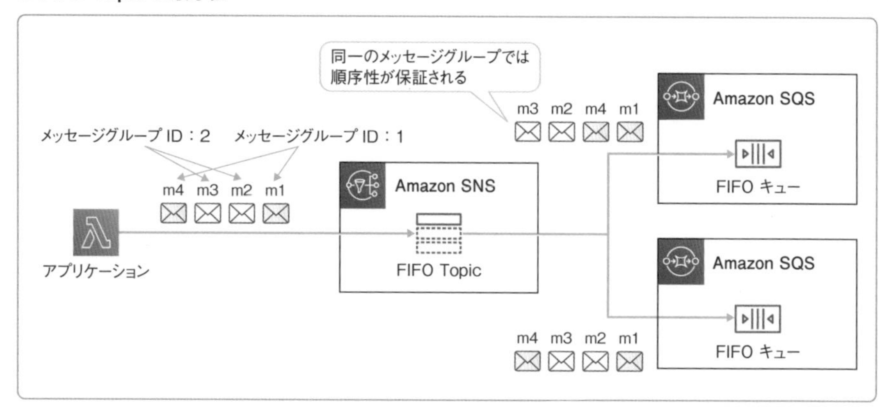

重複排除の保証

疎結合なシステムを設計するうえで気をつけないといけないことが、**メッセージの重複**です。アプリケーションのリトライ処理などで複数の同じメッセージがSNSに送られてしまうことがあります。銀行の取引履歴の記録のような、順序性が厳しく重複処理が許容されない業務においては、これは大きな問題です。

SNSには**重複排除**の仕組みが用意されており、こうした業務においても、信頼性の高いシステムを構築することができます。メッセージの重複排除には、「**コンテンツベースのメッセージ重複排除を有効化**」と「**発行するメッセージに重複排除IDを設定**」の2つの方法があります。

コンテンツベースのメッセージ重複排除では、SNSがメッセージの本文の内容（コンテンツ）を元にしてSHA-256でハッシュ値を計算し、これを重複排除IDに設定します。**SNSは、特定の重複排除IDを持つメッセージが正常に発行されてから5分間は同一IDを持つメッセージの配信を行わない**ので、これにより重複排除を実現できます。

コンテンツベースのメッセージ重複排除を無効化した場合は、利用者が独自に重複排除IDを設定する必要があります。

● FIFO Topic の重複排除 [4]

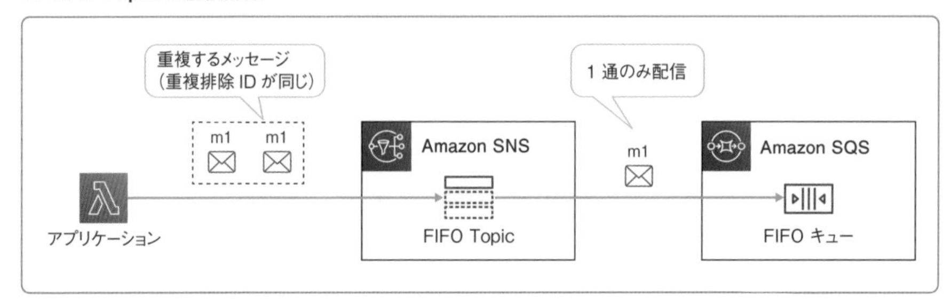

リトライ処理

SNS では、最初の試行で Subscriber（となるエンドポイント）への配信が正常に行われない場合は、次の 4 段階の**リトライポリシー**にしたがってリトライ処理が行われます。

● 4 段階のリトライポリシー

「**バックオフ**」とは、**配信が失敗した場合に、線形もしくは指数関数的に間隔を徐々に増やしながらリトライ処理を行う手法**です。下表に示すように、リトライポリシーはエンドポイントによって異なります [5]。なお、HTTP/S は独自にリトライポリシーを定義して、デフォルトのリトライポリシーを上書きすることができます。

● SNS のリトライポリシー

プロトコル	1．即時の再試行段階	2．バックオフ前段階	3．バックオフ段階	4．バックオフ後段階	合計試行回数
SQS Lambda Kinesis Data Firehose	3 回	1 秒間隔で 2 回	1 秒から 20 秒まで指数関数的に 10 回	20 秒間隔で 10 万回	23 日間で合計 10 万 15 回
E メール SMS モバイル（プッシュ通知）	0 回	10 秒間隔で 2 回	10 秒から 600 秒まで指数関数的に 10 回	600 秒間隔で 38 回	6 時間以上で合計 50 回
HTTP/S	0 回	0 回	20 秒から 60 秒まで線形に 10 回	0 回	60 秒で合計 3 回

すべてのリトライ処理が実行されても配信ができない場合はメッセージが破棄されますが、SQSによる「**デッドレターキュー**」(p.181のAmazon SQSを参照)が構成されている場合はデッドレターキューにメッセージが配信されます。

セキュリティ

SNSでは、**KMS**(Key Management Service)を利用してTopicが保持するメッセージを暗号化できます。ただし、**暗号化の対象はメッセージの本文のみ**であり、**Topicのメタデータ(トピック名と属性情報)とメトリクス、メッセージ(件名、メッセージID、タイムスタンプ、属性情報)のメタデータは暗号化の対象外**である点に注意してください。

また、SNSでは、IAMによるアクセス制御に加えて、Topicに対してSNS独自のアクセスポリシーを付与できます。利用者は、IAMとSNS独自のアクセスポリシーのいずれか、もしくは、両方によるアクセス制御を行うことができ、セキュアなシステムを構成することができます。

押さえておきたい　Topic内に保持するメッセージの暗号化

PCI DSSやFISC安全対策基準などのコンプライアンスプログラムでは、蓄積データの暗号化が要件として定められている場合があります。その場合はKMSを使って、Topic内に保持するメッセージを暗号化できます。

SNSの利用料金

SNSの利用料金は以下の通りです。SNSは、Topicの種類によって課金体系が異なります。**スタンダードTopic**は「APIリクエスト数」と「通知配信数」に対して費用がかかり、**FIFO Topic**は「APIリクエスト数」と「ペイロードデータ量」「TopicのSubscribe数」に対して費用がかかります。

● SNSのサービスの利用料金

項目	内容
スタンダードTopic	APIリクエスト件数と通知配信件数に応じた従量課金。ただし、Lambda、SQSへの配信は無料
FIFO Topic	APIリクエスト件数、ペイロードデータ量、購読数に応じた従量課金
データ転送量(インバウンド通信)	無料
データ転送量(アウトバウンド通信)	データ転送量に応じた従量課金

02

分散メッセージキューサービス

Amazon SQS

東京リージョン 利用可能　料金タイプ 有料

Amazon SQSの概要

Amazon SQS（Simple Queue Service）は、**ほぼ無制限のスケーラビリティを備えたフルマネージド型の分散メッセージキューサービス**です。

キュー（queue）とは、データを入ってきた順に並べ、先に格納したデータを先に取り出すデータ構造のことです。キューでデータを管理する仕組みのことを「**キューイング**」といい、非同期にデータの受け渡しする手法としてよく使われています。SQSはこのキューイングをAWS上で実現するサービスですが、スタンダードキューでは順序性が保証されないなど、一般的なキューイングとは異なる特徴もあります。

複数のアベイラビリティゾーン（AZ）にキューを構成できるため、可用性や耐久性に優れています。キューに対するアクセス制御やKMSを利用した保管データの暗号化が可能であるため、セキュアな分散メッセージキューを構成できます。

ここがポイント

- SQSで、メッセージキューを利用した疎結合なシステムを実現できる
- 「キュー」が、メッセージの送信元「Producer（生産者）」とメッセージの取得者「Consumer（消費者）」の仲介役を果たし、両者を疎に結合する
- キューには「スタンダード」と「FIFO」の2種類があり、配信の仕組みや性能が異なる
- Consumerとなるアプリケーションには、キューからメッセージを取り出す処理の実装が必要である
- スタンダードキューでは、同じメッセージが2回以上処理される場合がある。「遅延キュー」「メッセージタイマー」「可視性タイムアウト」といったメッセージ取得を制御する仕組みが用意されているが、冪等性（べきとうせい）（同じ操作を何度しても同じ結果を得られること）を考慮した設計が必要である
- KMSを使ってキュー内に保持するメッセージを暗号化できる

SQSの構成要素

SQSでは「Producer（生産者）」が生成したメッセージを「キュー」に送信し、「Consumer（消費者）」が「キュー」からメッセージを取り出して後続処理を行います。

押さえておきたい SQSの構成要素とSQSの仕組み

SQSの構成要素である「Producer」「キュー」「Consumer」の役割を下の図表を参考に理解しましょう。SQSでは、Consumerとなるアプリケーションにキューからメッセージを取り出す処理の実装が必要です。

● SQSの全体像

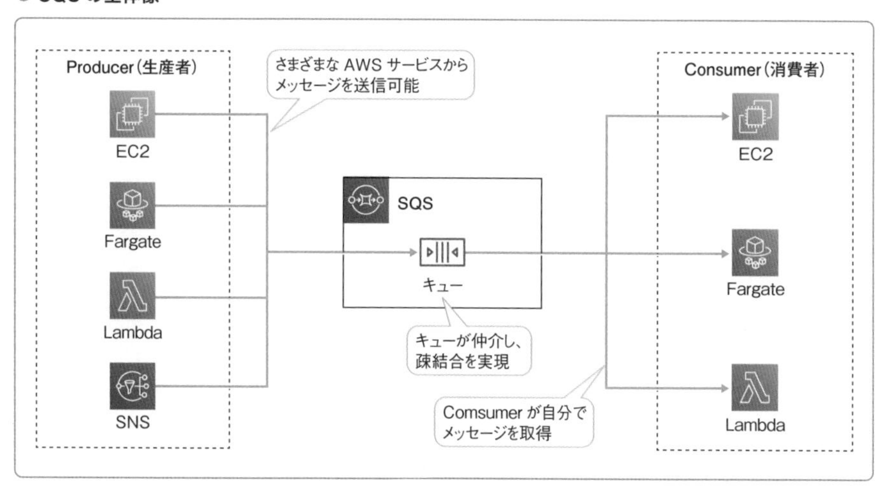

SNSとSQSは両方とも、**疎結合な非同期処理を実現できるサービス**である点では共通しています。

SNSは「**Push型**」の仕組みであり、「Publisher」が生成したメッセージが「Topic」に送信されると、ただちに「Subscriber」にメッセージが配信されます。Push型の例として、S3バケット（Publisher）へのオブジェクトのアップロードを契機に自動でEメール通知（Subscriber）を行う処理が考えられます。

SQSは「Consumer」自身が「キュー」からメッセージを取得する「**Pull型**」の仕組みとなります。Pull型はECサイトのセールのような大量のリクエストが一時的に発生するような場合に活用できます。

大量のリクエストが発生すると、データベースへの書き込み処理が滞留して性能面で問題となることがあります。一方で、ピーク時の性能に合わせてリソースを確保すると、普段は使われない余分なリソースまで確保することになるのでコストパフォーマンスが悪くなります。

利用者からのリクエスト（Producer）をキューに格納しておき、キューからの取り出しとデータベースへの書き込み処理を**EC2**や**Lambda関数**（Consumer）で実装すると、信頼性・コストパフォーマンスの双方に優れたシステムを構築することができます。

● SQSの構成要素

構成要素	説明
Producer	メッセージをキューに送信するアプリケーション。例えば、「EC2」「Fargate」「Lambda」「SNS」にAWS SDKやAPIを用いてメッセージを送信するアプリケーションを実装して、Producerとすることができる。
メッセージ	Producerが生成するデータ。最大256キロバイトまでのメッセージを扱える
キュー	Producerから送信されたメッセージを保管する。キュー内にメッセージをデフォルトで4日間、最大14日間保持できる
Consumer	キューからメッセージを取得するアプリケーション。例えば、「EC2」Fargate」「Lambda」にAWS SDKやAPIを用いてメッセージを取得するアプリケーションを実装して、Consumerとすることができる。

SQSのキューの種類

SQSでは「**スタンダード**」と「**FIFO**」の2種類のキューが用意されています。

スタンダードキューは、キューイングしたメッセージに対する順序性の保証が「**ベストエフォートかつ2回以上の配信がされることがある**」となっています。そのため、Consumer側で「冪等性（べきとうせい）」やDynamoDBで処理済みフラグを持つなど、スタンダードキューの特徴を考慮した処理を設計する必要があります。

一方、「FIFOキュー」の「FIFO」は「First In First Out」の略であり、「先入先出し」を意味します。メッセージをキューイング（キューへのメッセージの挿入）した順序での取り出しが可能です。配信も厳密に1回だけ行われます。

Memo

「冪等性（べきとうせい）」とは、複数回処理を行っても同じ結果を生成するという性質です。

● SQSのキューの種類と特徴

	スタンダードキュー	FIFOキュー
配信順序	順序性が保証されない	順序性が保証される
配信方式	少なくとも1回は配信される （2回以上配信され得る）	1回のみ配信される
スループット	ほぼ無制限のスループットを実現可能	最大300件/秒のメッセージの処理が可能

● スタンダードキューとFIFOキューの違い

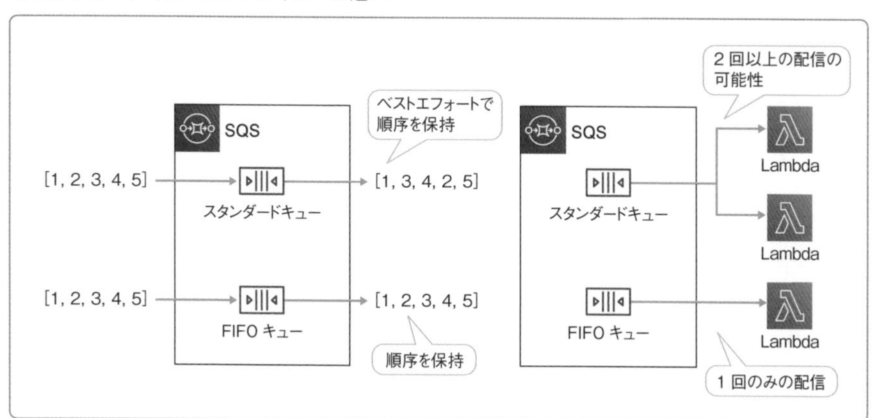

押さえておきたい **SQSのキューの種類と特徴**

キューの種類と特徴を押さえましょう。なお、スタンダードキューでは、同じメッセージが2回以上処理される場合があります。後続の「遅延キュー」「メッセージタイマー」「可視性タイムアウト」を設定しても同一メッセージを複数回処理しないことの保証にはならないため、冪等性を考慮した実装が必要です。

キューからのメッセージ取得

キューからのメッセージの取得は、次の3つのステップで実施します。それぞれのステップに関連する考慮事項について解説します。

1. Consumerからキューに対するポーリング（メッセージのキューイング状態の監視）を行う
2. Consumerがメッセージを取得して、処理を行う
3. Consumerが処理済みメッセージをキューから削除する

☑ポーリング方式

Consumerは、キューを**ポーリング**してメッセージのキューイング状態を監視する必要があります。ポーリングとは、**Consumerが一定間隔でSQSに対してメッセージの存在確認をする仕組み**です。

ポーリングには、次の2つの方式があります。

● SQSのキューの種類と特徴

方式	解説
ショートポーリング	分散配置されたSQSのサーバの中から**一部をサンプリング**してポーリングを行い、すぐに応答を返す
ロングポーリング	分散配置されたSQSの**全サーバ**に対してポーリングを行い、最大20秒の待機時間を待ったあとに応答を返す

利用者が構築するシステムの特性に応じてポーリング方式を選択します。ショートポーリング方式では、**キューへの確認回数（APIコール回数）が増える**ため費用が高くなりやすい傾向があります。**特に問題がなければ、ロングポーリングを選択するとよいでしょう。**

☑遅延キューとメッセージタイマー

遅延キューと**メッセージタイマー**を利用すると、Producerがキューにメッセージを送信してから、Consumerがメッセージを取得可能となるまでの時間を一定時間遅延させることができます。

キュー全体に設定する場合は「遅延キュー」を設定し、特定のメッセージに対して設定する場合は「メッセージタイマー」を設定します。遅延キューおよびメッセージタイマーには、デフォルトで0秒（遅延なし）が設定されており、最大で15分まで設定できます。遅延キューやメッセージタイマーで設定した時間が経過するまでConsumerはメッセージを取得できません。遅延キューとメッセージタイマーの両方が設定されている場合は、メッセージタイマーが優先されます。

なお、FIFOキューではメッセージタイマーがサポートされていません。

☑可視性タイムアウト

可視性タイムアウトでは、あるConsumerがメッセージを取得してから他のConsumerがメッセージを取得できるようにするまでの待ち時間を設定できます。**可視性タイムアウトを設定することで、他のConsumerによる同一メッセージの処理を防止できます。**ただし、スタンダードキューでは同一メッセージを複数回処理しないことの保証にはならないため、冪等性（べきとうせい）を考慮した処理を設計する必要があります。

可視性タイムアウトのデフォルト値は30秒であり、0秒（待ち時間なし）から最大12時間までの値を設定できます。遅延キュー、メッセージタイマー、可視性タイムアウトは、いずれも待機時間を設定するものです。これらの関係を図にすると、次のようになります。

●「遅延キューとメッセージタイマー」、「可視性タイムアウト」の関係 [6]

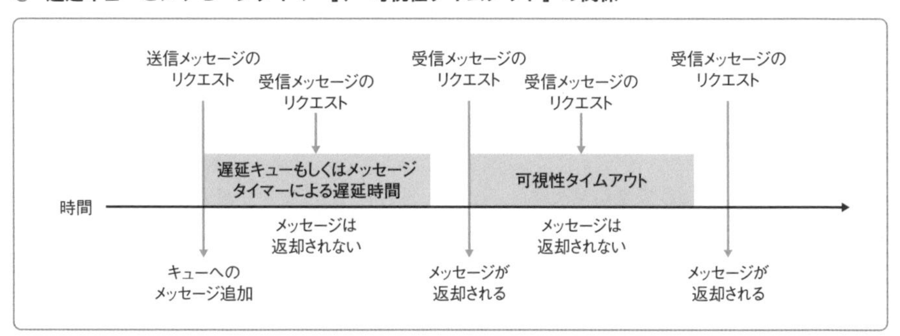

☑デッドレターキュー

デッドレターキューは、**正常に処理できないメッセージがキューに滞留し続けることを防止する機能**です。

「Redrive ポリシー」にデッドレターキューへ移動させるルールを定義します。このポリシーにメッセージの移動先となる「**デッドレターキュー**」とメッセージの「**最大受信数**」を設定します。メッセージの処理の失敗回数が最大受信数に設定した回数を超えた場合に、メッセージがデッドレターキューに移動されます。

デッドレターキューでのメッセージの保持期間は、キューの設定にしたがいます。ただし、メッセージがキューに追加された際のタイムスタンプが起点となる点に注意が必要です。例えば、デッドレターキューでのメッセージの保持期間がデフォルト値である4日に設定されており、移動元のキューで1日が経過した場合、デッドレターキューに格納されてから3日後にメッセージが削除されます。

☑メッセージの削除

SQSでは、Consumerによってメッセージが取得されて処理が完了しても自動でキュー内のメッセージは削除されません。**Consumerの処理の中でキュー内のメッセージの削除処理を実装する必要があります。**明示的に削除処理を行わない場合は、メッセージの保持期間（最大14日）経過後に削除されます。

セキュリティ

SQSでは、KMSを利用してキュー内に保管されたメッセージを暗号化できます。この際、ProducerとConsumerにKMSの暗号化鍵へのアクセスが必要である点に注意してください。

また、SQSでは、IAMによるアクセス制御だけでなく、キューにアクセスポリシーを付与できます。利用者は、IAMとアクセスポリシーのいずれか、もしくは、両方によるアクセス制御を設定することで、セキュアなメッセージキューを構成することができます。

押さえておきたい　キュー内に保持するメッセージの暗号化

PCI DSSやFISC安全対策基準などのコンプライアンスプログラムでは、蓄積データの暗号化が要件として定められている場合があります。その場合はKMSを使って、キュー内に保持するメッセージを暗号化するとよいでしょう。

SQSの利用料金

SQSの利用料金は次の通りです。キューへのAPIリクエスト件数に対して費用がかかります。なお、キューの種類によって課金単位が異なります。

● SQSの利用料金

項目	内容
スタンダードキュー、FIFOキュー	キューへのAPIリクエスト件数に応じた従量課金
データ転送量（インバウンド通信）	無料
データ転送量（アウトバウンド通信）	データ転送量に応じた従量課金

引用・参考文献

[1] PublisherとSubscriberは、それぞれProducerとConsumerと呼ばれることもあります。
[2]『技術用語を比喩から学ぼう！- 第2回「パブサブ」』（https://aws.amazon.com/jp/builders-flash/202004/metaphor-pubsub/）を参考に例え話を作成。
[3] https://docs.aws.amazon.com/ja_jp/sns/latest/dg/fifo-message-grouping.html を参考に作成
[4] https://docs.aws.amazon.com/ja_jp/sns/latest/dg/fifo-message-dedup.html を参考に作成
[5] https://docs.aws.amazon.com/ja_jp/sns/latest/dg/sns-message-delivery-retries.html#delivery-policies-for-protocols
[6] Amazon SQSの開発者ガイド（https://docs.aws.amazon.com/ja_jp/AWSSimpleQueueService/latest/SQSDeveloperGuide/sqs-delay-queues.html）より引用

Chapter 08

第 8 章

監視関連のサービス

本章では、AWS のリソースやアプリケーションの監視で利用される「Amazon CloudWatch」について解説します。

AWSリソースやアプリケーションの監視を行うサービス

01 Amazon CloudWatch

東京リージョン 利用可能　料金タイプ 有料

Amazon CloudWatch の概要

Amazon CloudWatchは、AWSリソースやアプリケーションの監視を行うサービスです。CPU使用率などのシステムのパフォーマンスを示す時系列のデータポイント（測定値）のセットを「**メトリクス**」と呼び、このメトリクスの取得やそれをもとにしたしきい値監視はCloudWatchの代表的な機能です。

CloudWatchは、監視の基本機能にとどまらず、**ロギング**（ログの収集）や**イベント管理機能**、**情報集約のためのダッシュボード**など多岐にわたる機能を提供します。

ここがポイント

- Amazon CloudWatchでは、AWSリソースやアプリケーションの監視に役立つさまざまな機能が提供されている

CloudWatch の機能

CloudWatchは多機能であるため、まずは次ページの図表を確認して、各機能の概要を把握するところからはじめてください。各機能の理解が進んだら、システムの要件や運用の問題・課題に合わせて利用する機能を増やしていくとよいでしょう。

なお、実際の運用では以下のサービスがよく利用されるので、これらに重点を置いて学習することをおすすめします。本書でもこれらの機能に絞って解説を行います。

- CloudWatch Metrics（p.186）
- CloudWatch Alarms（p.190）
- CloudWatch Logs（p.192）
- CloudWatch Logs Insights（p.194）
- CloudWatch Dashboards（p.195）
- CloudWatch Events（p.197）

● CloudWatch が提供する機能

機能	説明
CloudWatch Metrics	監視対象リソースのメトリクスの収集、集計、可視化を行う
CloudWatch Alarms	メトリクスに基づいてアラームを発行し、アクションを行う
CloudWatch Logs	ログの監視、保存、アクセスを行う
CloudWatch Logs Insights	収集したログをインタラクティブ（対話形式）に検索して分析を行う
CloudWatch Dashboard	CloudWatch の各機能で収集、分析した情報を集約するためのダッシュボードを提供する。利用者の要件に合わせてカスタマイズが可能
CloudWatch Events	イベントや時間を実行契機として処理を行う
CloudWatch Service Lens	分散アプリケーションのトレース、メトリクス、ログ、アラームの一元管理を行う。CloudWatch の各機能や X-Ray（p.262）と統合されており、分散アプリケーションを End-to-End（アプリケーションの端から端まで一気通貫）で監視することが可能
CloudWatch Container Insights	コンテナ化されたアプリケーションとマイクロサービスのメトリクスとログの収集・集計を行う
CloudWatch Lambda Insights	Lambda で実行されるサーバーレスアプリケーションのメトリクスとログの収集、集計を行う
CloudWatch Synthetics	エンドユーザ観点でサービスの監視を行うシンセティック監視（外形監視）機能を提供する
CloudWatch Contributor Insights	ログを分析して、システムパフォーマンスに影響している上位コントリビュータ（要因）の一覧を提供する

● CloudWatch の全体像（本節で解説する機能に限定）

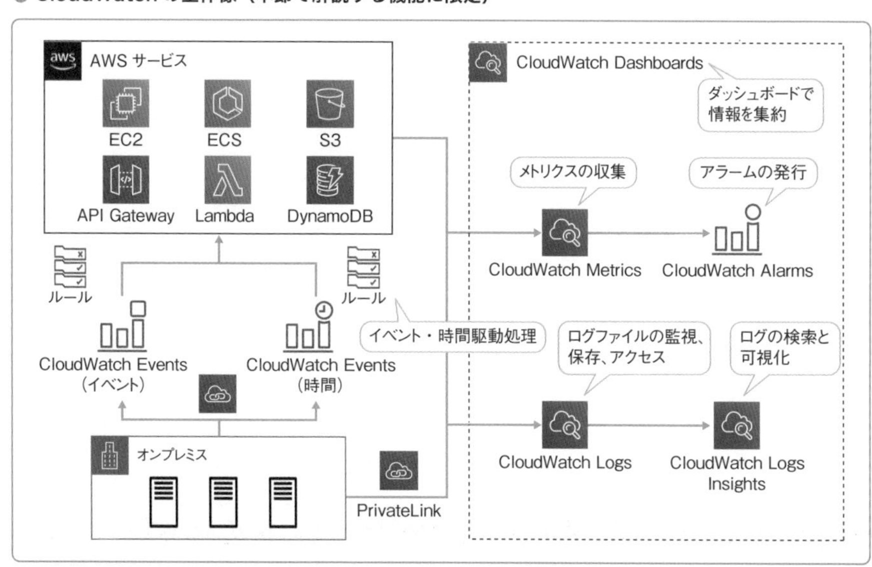

CloudWatch Metrics

CloudWatch Metricsでは、**監視対象のリソースのメトリクス**を収集します。メトリクスとは、**システムのパフォーマンスを示す時系列のデータポイント（測定値）のセット**です。CloudWatch Metricsは、多くのAWSサービスをサポートしている[1]ことに加えて、「**統合CloudWatchエージェント**」[2]というツールを利用すればオンプレミスのサーバのメトリクスも収集できます。

収集したメトリクスは、CloudWatch Alarmsと連携した異常通知や、グラフ化してリソース使用率の傾向把握などに利用できます。

☑メトリクス、名前空間、ディメンション

まずは、CloudWatch Metricsの基本的な概念となる「**メトリクス**」「**名前空間**」「**ディメンション**」について説明します。

● CloudWatch Metricsの重要な概念

項目	説明
メトリクス	CloudWatchに対して発行された、システムのパフォーマンスを示す時系列のデータポイント。メトリクスの取得間隔はサービスやメトリクスの種類により異なるが、基本は1分間隔で取得される 例：EC2の基本モニタリングは5分間隔、詳細モニタリングでは1分間隔で取得
名前空間	収集したメトリクスを格納するためのコンテナ（入れ物）。異なる名前空間のメトリクスは相互に切り離されており、異なるアプリケーションのメトリクスが同じ統計に集約されることはない。AWSサービスの名前空間は「AWS/<service>」という規則で命名される 例：ECSの名前空間は「AWS/ECS」
ディメンション	メトリクスを一意に識別するための名前と値のペア

● 名前空間の例

●ディメンジョンとメトリクスの例

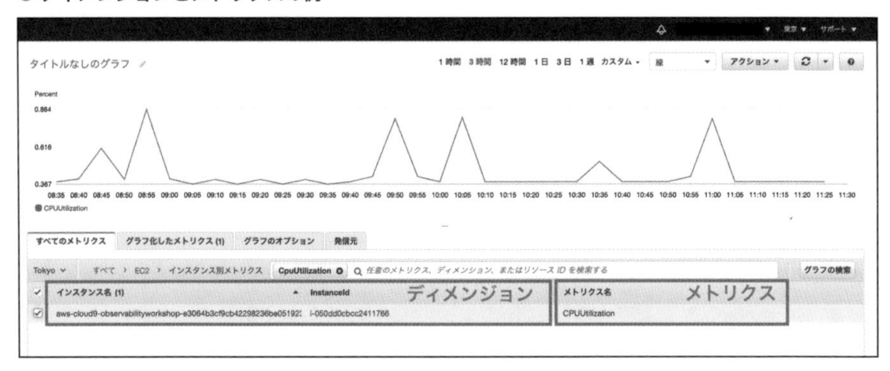

☑統計

CloudWatch Metricsでは、期間を指定して**メトリクスの統計情報**を計算・可視化することが可能です。デフォルトでは下記の統計情報を計算できます。

- 最大
- 最小
- 合計
- 平均
- データサンプル（統計情報の計算に利用したサンプル数）
- パーセンタイル

> **Memo**
>
> パーセンタイルとは、データを小さい順に並べ、小さいほうから数えて位置する値のことです。例えば、50パーセンタイルはちょうど真ん中であり、中央値を指します。

☑Metrics Math

「Metrics Math」を利用すると、数式を定義することで**新しいメトリクスを作成**できます。

次の図は、4つのECSサービスのCPU使用率（id:m1～m4）とMetrics Mathを使って計算したCPU使用率の合計値（id:e1）をプロットしたグラフの例です。例えば、特定のEC2インスタンス上で稼働するコンテナがあり、これらのCPU使用率の合計値がどう推移しているか確認したい場合などに利用できます。

● デフォルトおよび Metrics Math による統計情報の可視化の例

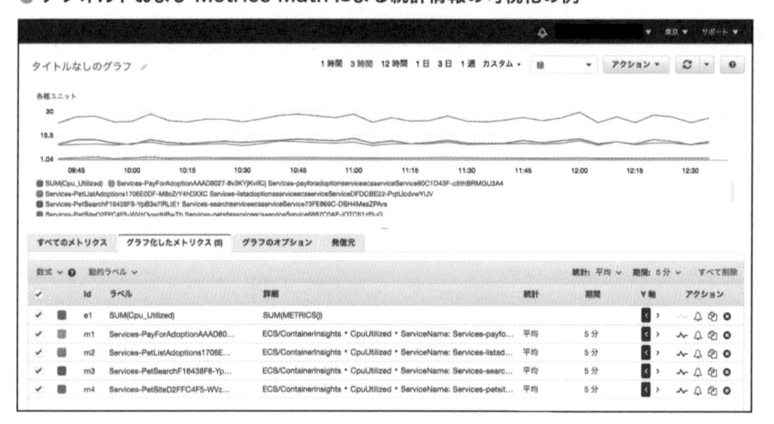

☑標準メトリクスとカスタムメトリクス

EC2では、CPU使用率やディスクの読み込み/書き込みデータ量などのメトリクスが「**標準メトリクス**」として定められています。標準メトリクスで収集できないメトリクスは「**カスタムメトリクス**」として独自に定義する必要があります。

カスタムメトリクスは、AWS CLI（Command Line Interface）のput-metric-data、もしくはPutMetricData APIを利用して定義します。カスタムメトリクスを利用すると、1分未満の高解像度のメトリクスを取得することもできますが、**解像度により保持期間が異なる点**に注意が必要です。メトリクスを取得してから15カ月が経過するとメトリクスは削除されます。

● CloudWatch Metrics の解像度と保持期間

解像度	保持期間
1 分未満	3 時間
1 分以上	15 日間
5 分以上	63 日間
1 時間以上	15 か月

また、CloudWatch Metricsは、**メトリクス件数**、もしくは**APIの発行件数**に対する従量課金であるため、**高解像度メトリクスを利用すると、利用料金が高額になる可能性がある**ことに注意が必要です。

他にも、PutMetricData APIのリクエストの上限（クォータ）に抵触してスロットリング（p.290）が発生する可能性がある点にも注意が必要です。

Memo

カスタムメトリクスは、statsD プロトコルや collectd といった、OSS（オープンソースソフトウェア）のメトリクス収集プロトコルにも対応しています。また、procstat プラグインを利用すると、個別のプロセスからメトリクスを取得することもできます。
「統合 CloudWatch エージェント」を利用すると、EC2 でより多くのメトリクスの収集が可能になります。加えて、ログを収集対象とすることもできます。OS は Linux と Windows に対応しています。

☑異常検出

異常検出は、統計および機械学習を活用してメトリクスの異常を検出する機能です。異常検出の条件は、メトリクスの新規作成時、もしくは既存メトリクスの詳細画面から設定できます。

● メトリクスの新規作成時における異常検出の設定

条件

しきい値の種類

○ 静的
値をしきい値として使用

◉ 異常検出
バンドをしきい値として使用

BucketSizeBytes が次の時...
アラーム条件を定義

◉ バンドの外
> しきい値または < しきい値

○ バンドより大きい
> しきい値

○ バンドより低い
< しきい値

異常検出のしきい値
標準偏差に基づいています。数字が大きいほどバンドが広く、小さいほどバンドが狭いことを意味します。
2
正の数にする必要があります

▼ その他の設定

アラームを実行するデータポイント
アラームを ALARM の状態にするために超えている必要がある評価期間内のデータポイント数を定義します。
1 / 1

欠落データの処理
アラームを評価する際に欠落データを処理する方法。
欠落データを見つかりませんとして処理 ▼

異常検出では、メトリクスの傾向と、時間 / 日 / 週単位のパターンの両方を評価して、機械学習モデルが生成されます。最大 2 週間分のメトリクスデータを使って学習を行いますが、2 週間分のデータがそろっていなくても、機械学習モデルの生成は可能です。

異常検出を有効化すると、機械学習モデルがメトリクスの期待値を計算して、グラフ化したメトリクスにグレーの幅を追加します（下図を参照）。この幅の中にメトリクスがある場合は正常、この幅を外れると異常と判断してアラームを発行することができます。

● **既存メトリクスの異常検出の設定（図に示した枠内にあるグラフマークで追加）**

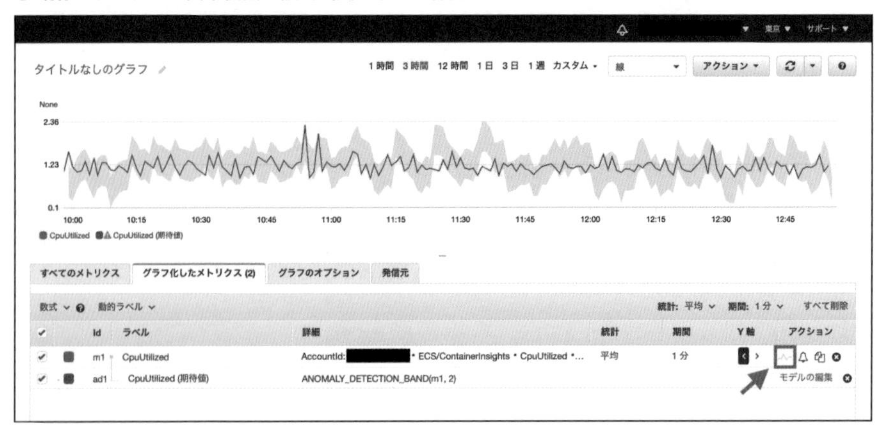

グレーの幅は「詳細」列に表示されている下記の式の第２引数（標準偏差）で調整することができます。デフォルトでは「2」が設定されています。

```
ANOMALY_DETECTION_BAND(m1, 2)
```

CloudWatch Alarms

CloudWatch Alarms では、CloudWatch Metrics で収集したメトリクスを監視対象として、下記の２つの項目を定義できます。

・アラームの発行
・アラームの発行後に実行するアクション

☑基本機能

アラームの状態は、下記の３種類が用意されています。

CloudWatch Alarms におけるアラームの状態

アラームの状態	説明
OK	定義されたしきい値を下回っており、正常である
ALARM	定義されたしきい値を上回っており、異常である
INSUFFICIENT_DATA	データが不足していて、状態を判断ができない

INSUFFICIENT_DATA は、データ不足が起因で発生するアラームの状態です。アラームの開始直後にも発生するので、必ずしも異常な状態ではありません。欠落データがある場合の処理方法について、下記の4つが定義されています。

欠落データの処理方法

欠落データの処理	説明
missing（見つかりません）	アラーム評価範囲内のすべてのデータポイント（メトリクスの測定値）がない場合、アラームは INSUFFICIENT_DATA に移行される。デフォルト動作
notBreaching（良好）	欠落データポイントは「良好」とされ、しきい値内として扱われる
ignore（無視）	現在のアラーム状態が維持される
breaching（不良）	欠落データポイントは「不良」とされ、しきい値超過として扱われる

CloudWatch Alarms では、アラームの発行後にアクションを実行することもできます。例えば、「**AWS の利用料金が無償枠を超えて実際に課金が発生したら E メール通知する**」といったアクションを作れます。

CloudWatch Alarms の例（請求のアラーム）

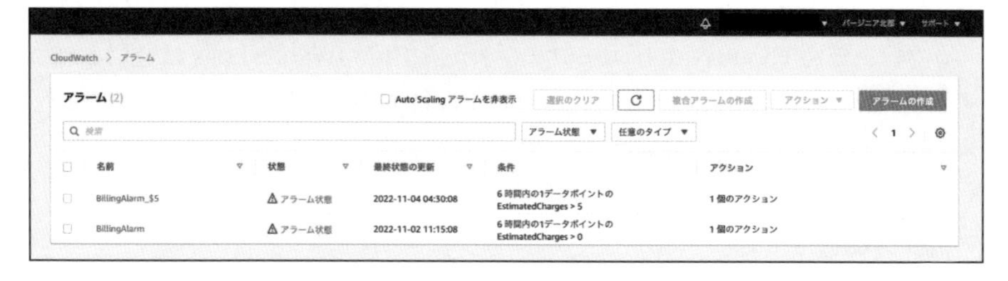

● 通知メールの例（請求のアラーム）

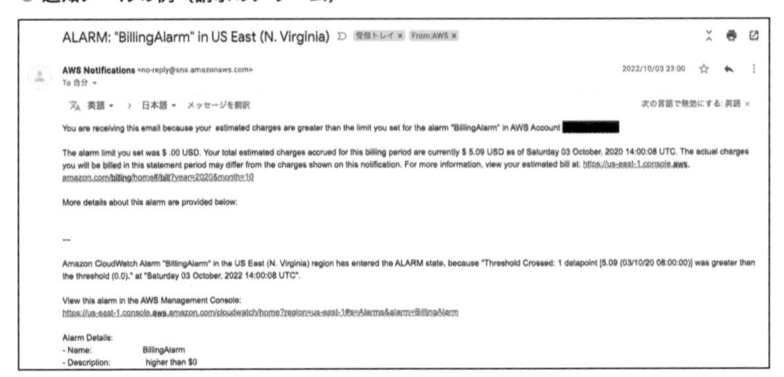

ALARM: "BillingAlarm" in US East (N. Virginia)

AWS Notifications <no-reply@sns.amazonaws.com>
To 自分

2022/10/03 23:00

英語 > 日本語 メッセージを翻訳　次の言語で無効にする: 英語

You are receiving this email because your estimated charges are greater than the limit you set for the alarm "BillingAlarm" in AWS Account

The alarm limit you set was $ .00 USD. Your total estimated charges accrued for this billing period are currently $ 5.09 USD as of Saturday 03 October, 2020 14:00:08 UTC. The actual charges you will be billed in this statement period may differ from the charges shown on this notification. For more information, view your estimated bill at: https://us-east-1.console.aws.amazon.com/billing/home#/bill?year=2020&month=10

More details about this alarm are provided below:

--

Amazon CloudWatch Alarm "BillingAlarm" in the US East (N. Virginia) region has entered the ALARM state, because "Threshold Crossed: 1 datapoint [5.09 (03/10/20 08:00:00)] was greater than the threshold (0.0)." at "Saturday 03 October, 2022 14:00:08 UTC".

View this alarm in the AWS Management Console:
https://us-east-1.console.aws.amazon.com/cloudwatch/home?region=us-east-1#s=Alarms&alarm=BillingAlarm

Alarm Details:
- Name: BillingAlarm
- Description: higher than $0

☑M out of N

CloudWatch Alarmsには「M out of N」という設定が用意されています。これは「N回中M回のしきい値超過が発生したらアラームを発行する」という設定です。

例えば、「EC2インスタンスのCPU使用率のしきい値超えが単発で発生する場合は問題とみなさず、5回中3回（3 out of 5）のしきい値超えが発生した場合には異常とみなしてアラームを発行したい」といった要件に対応できます。

CloudWatch Logs

CloudWatch Logsは、**AWSサービスやアプリケーションのログファイルの監視、保存、アクセスが行えるサービス**です。

ログは、統合CloudWatchエージェントからCloudWatch Logsに送信されます。また、CloudWatch LogsはPrivateLinkに対応しているため、オンプレミスのサーバのログを処理対象とすることもできます。

☑ログの構造

CloudWatch Logsのログは**階層構造**となっており、上位から「**ロググループ**」「**ログストリーム**」「**ログイベント**」で構成されます。

● CloudWatch Logsのログの構造

ログの構造	説明
ロググループ	保持、監視、アクセス制御について同じ設定を共有するログストリームのグループ 例：/aws/lambda/<関数名>
ログストリーム	監視対象のリソースから送信されたタイムスタンプ順のイベント
ログイベント	監視対象のリソースのアクティビティ（挙動）が記録されたログ

● ロググループとログストリームの例（Lambda 関数）

CloudWatch > CloudWatch Logs > Log groups > /aws/lambda/aws-login-event-transform-function
元のインターフェイスに切り替えます。
/aws/lambda/aws-login-event-transform-function
アクション ▼　Logs Insights で表示　Search log group
▼ ロググループの詳細
保持
失効しない
作成時刻
7 か月前
保存されているバイト数
355.7 KB
ARN
arn:aws:logs:us-east-1:■■■■■■■■:log-group:/aws/lambda/aws-login-event-transform-function:*
KMS キー ID
-
メトリクスフィルター
0
サブスクリプションフィルター
0
寄稿者インサイトのルール
-
ログストリーム　メトリクスフィルター　サブスクリプションフィルター　寄稿者のインサイト
ログストリーム (150+)
デフォルトでは、最新のログストリームのみをロードします。さらにロードします。
削除　ログストリームを作成　Search all
ロードされたログストリームをフィルタリングするか、プレフィックス検索を試す

Log stream	Last event time
2022/11/08/[$LATEST]02955144d0d44664913a368d464615a2	2022-11-08 10:22:03 (UTC+09:00)
2022/11/08/[$LATEST]7f4a3d1d5dc64016bb93fa4b714fdf74	2022-11-08 09:23:35 (UTC+09:00)
2022/11/08/[$LATEST]aaeca1f67df84e0490419bbaefd3732c	2022-11-08 09:20:42 (UTC+09:00)
2022/11/07/[$LATEST]84f619e0d4ff4371b3598586aad0408a	2022-11-07 20:17:32 (UTC+09:00)

● ログイベントの例（Lambda 関数）

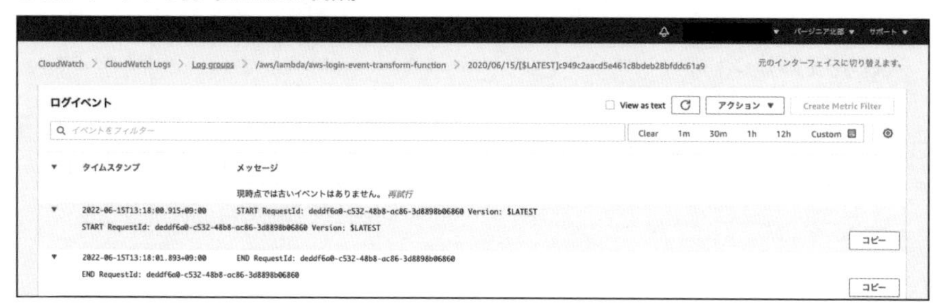

☑保管期間

ロググループには**保管期間**を設定できます。最短は 1 日で、削除をせずに保持し続けることもできます。

ただし、**CloudWatch Logs は、S3 と比較するとログの保管料金が割高であるため注意が必要です**。S3 にログをエクスポートすることができるため、維持・運用に合わせて CloudWatch Logs での保持期間を決めて、S3 へエクスポートを検討してください。

CloudWatch Logs のコンソール画面からは**手動による S3 へのエクスポート**のみがサポートされていますが、**サブスクリプションフィルタ機能**と **Kinesis Data Firehose**（p.352）を利用すると、自動で S3 にエクスポートできます。

● サブスクリプションフィルタの活用例

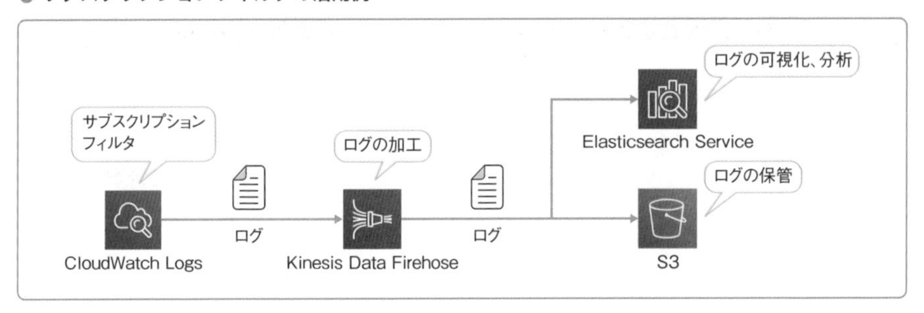

☑メトリクスフィルタ

メトリクスフィルタは、定義したフィルタパターンに適合するログイベントを数えて、それをメトリクスとして記録できる機能です。例えば「『ERROR』というフィルタパターンを定義してメトリクスとして記録し、1以上となった場合にアラームを発行する」といったことが実現できます。

● メトリクスフィルタの例

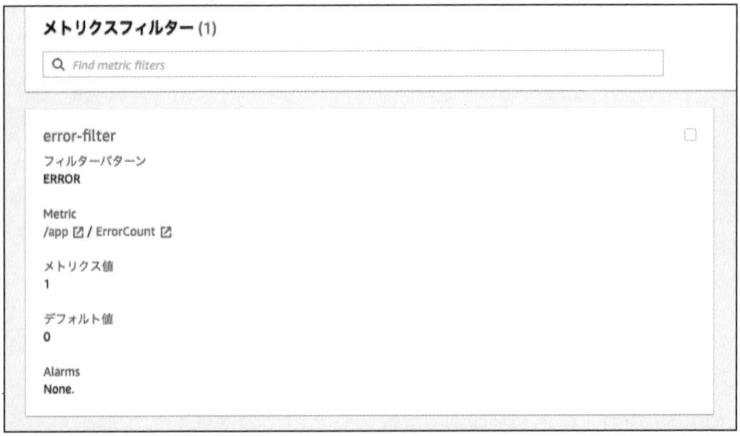

メトリクスフィルター (1)

Find metric filters

error-filter

フィルターパターン

ERROR

Metric

/app / ErrorCount

メトリクス値

1

デフォルト値

0

Alarms

None.

CloudWatch Logs Insights

CloudWatch Logs Insightsは、専用のクエリ言語を使ってCloudWatch Logs内のログの検索と可視化をする機能です。なお、2018年11月5日以降にCloudWatch Logsに送信されたログのみが検索の対象となります。

下図はCloudWatch Logsに送信されたECSのログを対象にして、下記のクエリを実行した結果です。

```
fields @timestamp, @message
| stats count(@message) as number_of_events by bin(5m)
| limit 20
```

● CloudWatch Logs Insights の検索結果の例

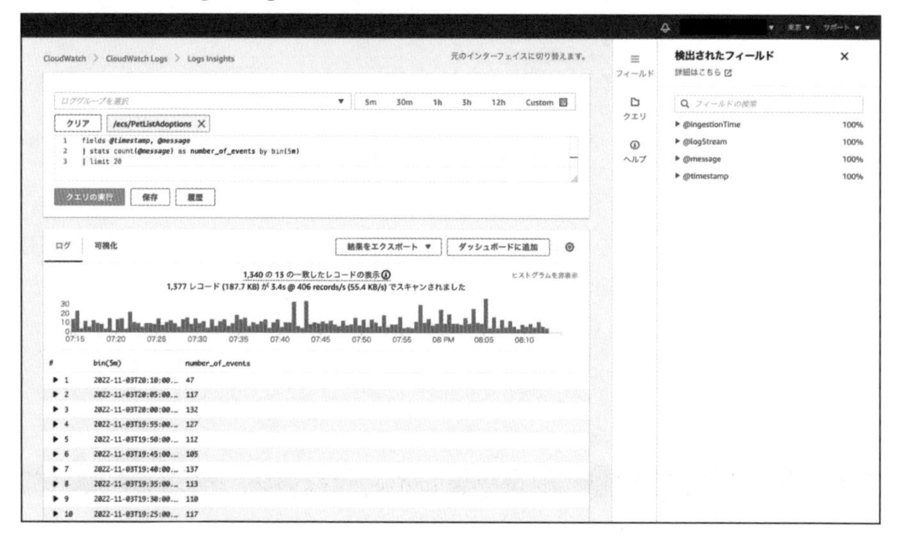

CloudWatch Logs Insightsの機能の詳細やクエリの構文は開発者ガイド（https://docs.aws.amazon.com/ja_jp/AmazonCloudWatch/latest/logs/AnalyzingLogData.html）を参照してください。

CloudWatch Dashboards

CloudWatch Dashboardsでは、CloudWatchのコンソール画面にダッシュボード（情報の集約ページ）を作成して、CloudWatch各機能での監視状況を集約できます。同一アカウント・同一リージョンでの利用にとどまらず、クロスアカウント・クロスリージョンの監視状況を集約することも可能です。

昨今では、マルチアカウントやマルチリージョンにシステムを展開することが一般的となっています。情報集約用のアカウントにダッシュボードを作成して各アカウントの情報を集約すれば、利用者はそのダッシュボードを見るだけでシステム全体の稼働状況を確認することができます。また、自動更新間隔の設定にも対応し、要件に合わせて10秒、1分、2分、5分、15分の中から選択できます。

ダッシュボードには、ウィジェットとして次の情報を追加できます。

● ダッシュボードに追加できるウィジェット

ウィジェットの種類	説明
線	データの推移を折れ線グラフで表示する
スタックされたエリア	データの推移を積み上げ折れ線グラフで表示する
数値	データの最新の値を数値で表示する
棒	データを棒グラフで表示する
円	データの割合を円グラフで表示する
テキスト	マークダウン形式でテキストを表示する
ログテーブル	CloudWatch Logs Insightsのクエリ結果を表示する
アラームのステータス	グリッドビュー（行および列方向に対象を並べる表示形式）でCloudWatch Alarmsのステータスを表示する

下図にダッシュボードの例を示します。ここでは、ECSサービスのCPU使用率およびメモリ使用率（線）、CloudWatch Syntheticsによるシンセティック監視の結果（アラームのステータス）、CloudWatch Logs Insightsによるログのクエリ結果（ログテーブル）を表示しています。

● CloudWatch Dashboardsの構成例

CloudWatch Events

CloudWatch Eventsでは、**システムリソースの変更イベントやスケジュールを処理の実行契機にして、後続処理を実行させる**ことができます。

AWSでは、CloudWatch Eventsの後継サービスとして、**Amazon EventBridge**（EventBridge）が提供されています。AWSサービスに加えて、DatadogやPagerDutyなどのSaaSのイベントも扱えるなど、CloudWatch Eventsと同等以上の機能が用意されています。SaaSのイベントを取り扱う要件がある場合や、これから新規にシステムリソースの変更イベントやスケジュールを契機とする処理の構築を考えている場合は、**EventBridge**の利用も検討してください。

CloudWatch Eventsは「**イベントソース（イベントの発生元）**」から受信したイベント情報を「**ルール**」を照らしあわせ、ルールに一致したイベントを「**イベントターゲット（イベントを契機に処理をさせる対象）**」に振り分けることができます。

☑イベントソースとルール

CloudWatch Eventsには「**イベントパターン**」もしくは「**スケジュール**」を基にしたルールを設定できます。

「イベントパターン」では、システムリソース（イベントソース）の変更を契機に処理を実行させる「イベント駆動処理」を構築できます。

● **CloudWatch Eventsの利用例（イベント駆動処理）**

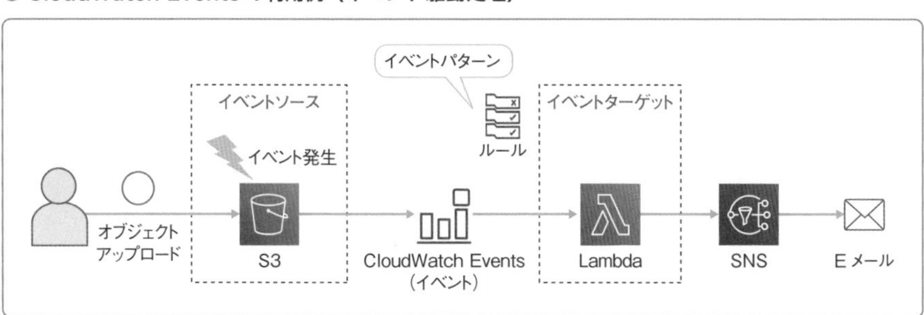

イベント駆動処理の例として、上図に示した「**S3バケットへのオブジェクトのアップロードを契機にEメール通知を行う**」といった処理が考えられます。このイベント駆動処理では、次に示すような流れで処理が実行されます。

1．S3バケットにオブジェクトがアップロードされる
2．「イベントソース」であるS3バケットがJSON形式のイベント情報をCloudWatch Eventsに送信する
3．CloudWatch Eventsが「ルール」を確認する
4．「Lambda関数にイベント情報を送信する」というルールとの一致を確認して、「イベントターゲット」であるLambda関数にイベント情報を送信する
5．Lamdba関数はJSON形式のイベント情報を基にして通知メッセージを作成する
6．SNS TopicにメッセージをPublishしてEメール通知が行われる

「**スケジュール**」では、特定の時間を実行契機とした時間駆動処理を実現できます。スケジュールの定義方法として、「**Cron式**」と「**Rate式**」がサポートされています。

Cron式は「**毎日午前10:00に処理を実行する**」などの実行の日時を指定したい場合に利用し、Rate式は「**10分ごとに処理を実行する**」などの実行の間隔を指定したい場合に利用します。

● CloudWatch Eventsの利用例（時間駆動処理）

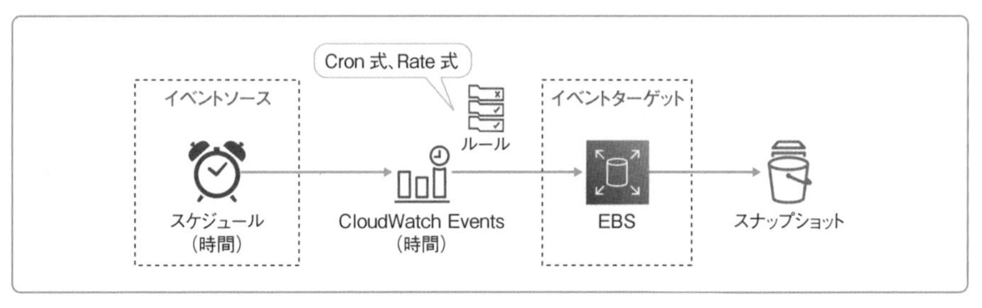

スケジュール駆動処理の例として、上図に示した「**毎日0:00にEBSのスナップショットを取得する**」といった処理が考えられます。

これはCron式を用いて **cron(0 0 * * ? *)** と設定することで実現できます。Cron式とRate式のそれぞれの構文を下記に示します。

構　文 **》Cron式の構文**

```
cron(分 時間 日 月 曜日 年)
```

● Cron 式のフィールド

フィールド	設定可能な値	ワイルドカード
分	0-59	, - * /
時間	0-23	, - * /
日	1-31	, - * ? / L W
月	1-12 または JAN-DEC	, - * /
曜日	1-7 または SUN-SAT	, - * ? L #
年	1970-2199	, - * /

設定例 >> **Cron 式の設定例：毎日午前 10:00（UTC）に実行**

```
cron(0 10 * * ? *)
```

構　文 >> **Rate 式の構文**

```
rate(value unit)
```

● Rate 式のフィールド

フィールド	設定可能な値
value	正数
unit	minute, minutes, hour, hours, day, days

設定例 >> **Rate 式の設定例：10 分ごとに実行**

```
rate(10 minutes)
```

Cron 式、Rate 式とも、引数を「**半角スペース区切り**」で設定する点に注意してください。

また、Rate 式の unit に記載する単位は、単数形と複数形を区別する必要があります。rate(1 hours) と rate(2 hour) はどちらも無効です。それぞれ rate(1 hour) と rate(2 hours) と記載してください。

☑イベントターゲット

CloudWatch Events の「**イベントターゲット**」には、下記に示すような AWS サービスを指定できます。

・EC2 インスタンスの停止、再起動、削除

- EBS のスナップショットの作成
- Lambda 関数
- SNS の Topic
- SQS のキュー

ここに挙げたものはあくまで一例であるため、詳細は開発者ガイド（https://docs.aws.amazon.com/ja_jp/AmazonCloudWatch/latest/events/WhatIsCloudWatchEvents.html）を参照してください。

CloudWatch の利用料金

CloudWatch の利用料金は以下の通りです。CloudWatch は、各機能によって課金体系が異なります。

● CloudWatch の利用料金

項目	内容
CloudWatch Metrics	・メトリクス件数に応じた従量課金 ・API の実行件数に応じた従量課金
CloudWatch Alarms	・アラームを設定するメトリクス件数に応じた従量課金
CloudWatch Logs	・ログを収集（データの取り込み）、保存（アーカイブ）、分析（CloudWatch Logs Insights のクエリ）を行ったデータ量に応じた従量課金 ・Vended Logs（AWS サービスが発行するログ）：収集（データの取り込み）と保存（アーカイブ）を行ったデータ量に応じた従量課金
CloudWatch Dashboards	・作成したダッシュボード数に応じた従量課金
CloudWatch Events	・イベント件数に応じた従量課金

引用・参考文献

[1] サポートされているサービスの詳細は、開発者ガイドを参照してください。https://docs.aws.amazon.com/ja_jp/AmazonCloudWatch/latest/monitoring/aws-services-cloudwatch-metrics.html
[2] 統合 CloudWatch エージェントの詳細な説明や利用方法は開発者ガイドを参照してください。https://docs.aws.amazon.com/ja_jp/AmazonCloudWatch/latest/monitoring/Install-CloudWatch-Agent.html

Chapter 09

第 9 章

アイデンティティ関連のサービス

本章では、AWS のアイデンティティ（アクセス権限）について解説します。アイデンティティの理解は、AWS のリソースを操作するうえで必須です。

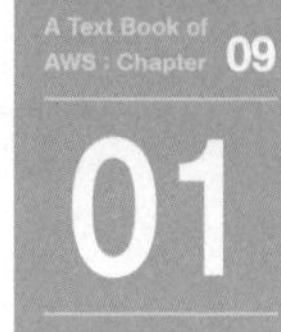

AWSへのアクセス権限を管理するサービス

AWS IAM

東京リージョン 利用可能　料金タイプ 無料

AWS IAMの概要

AWSのリソース操作は、**ルートユーザー**または**AWS IAM**を使って行われます。

ルートユーザーとは、**AWSアカウントを契約したときに作成される最初のユーザー**です。契約したEメールアドレスでログインし、アカウントの契約の変更や解約なども行える非常に強い権限を持っています。誤操作やアカウントの乗っ取りを防ぐため、**原則ルートユーザーは使用せず、IAMユーザーを使うことがAWSにおけるベストプラクティス**です。

AWS IAM（Identity Access Management）は、AWSのサービスやリソースへのアクセスを管理するサービスです。ほぼすべてのAWSサービスにおいて、アクセス権限の管理はIAMで行われます。

ここがポイント

- IAMは、AWSのサービスやリソースへのアクセスを制御するサービス
- IAMユーザーまたはIAMロールを使うことで、AWSリソースにアクセス可能
- IAMユーザーは、IAMグループでグルーピング可能
- IAMユーザー、IAMロール、IAMグループにIAMポリシーをアタッチ（関連づけ）することでアクセス制御を行う
- IAMロールは、STSから一時的な認証情報を入手してAWSリソースにアクセスするため、情報流出のリスクが少ないことから利用を推奨

プリンシパル

AWSのリソースにアクセスするユーザーや、アプリケーションのことを「**プリンシパル**」といいます。プリンシパルは、ルートユーザーやIAMユーザー、IAMロールで認証を行って、AWSリソースを操作します（IAMユーザーとIAMロールは「IAMエンティティ」とも呼ばれます）。

IAM ユーザー

IAM ユーザーは、AWS アカウント内で作成できるユーザーで、マネジメントコンソールにアクセスして、AWS の各種リソースを操作することができます。また、IAM ユーザーでは「**アクセスキー**」と呼ばれる、アクセスキー ID とシークレットキーという項目を含んだ文字列の組み合わせを生成できます。**このアクセスキーをアプリケーションなどに認証情報として埋め込むことで、スクリプトやアプリケーションがCLI、SDK を使って AWS リソースを操作できるようになります。**

ただし、IAM ユーザーで操作できる内容は、IAM ユーザーに紐づけられる IAM ポリシー（後述）に依存します。

●IAM ユーザーとアクセスキー

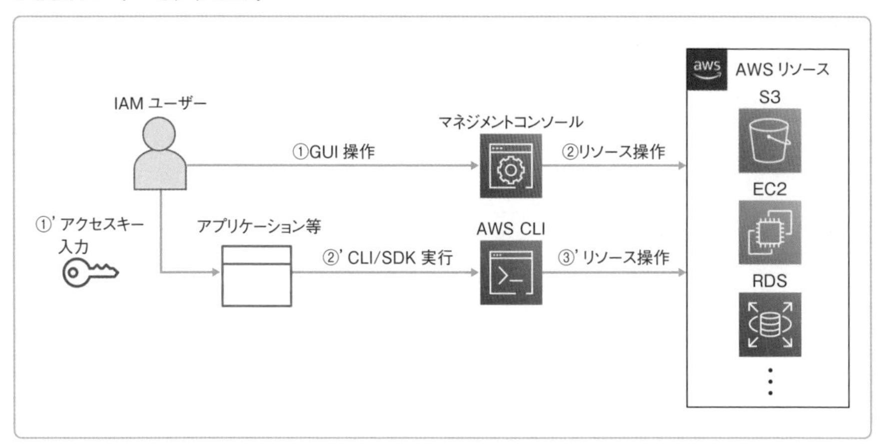

IAM ポリシー

IAM ポリシーとは、**AWS リソースへのアクセスの権限を制御する機能**です。IAM ポリシーは IAM ユーザーや IAM グループに関連付け（アタッチ）し、どのサービスのどのリソースを誰が実行するのかを細かく制御します。

IAM ポリシーは、次のように JSON 形式で記述します。この例では、このポリシーによって、Name タグの値が「Sample」の EC2 インスタンスを起動停止できる権限を付与しています。

● IAMポリシー

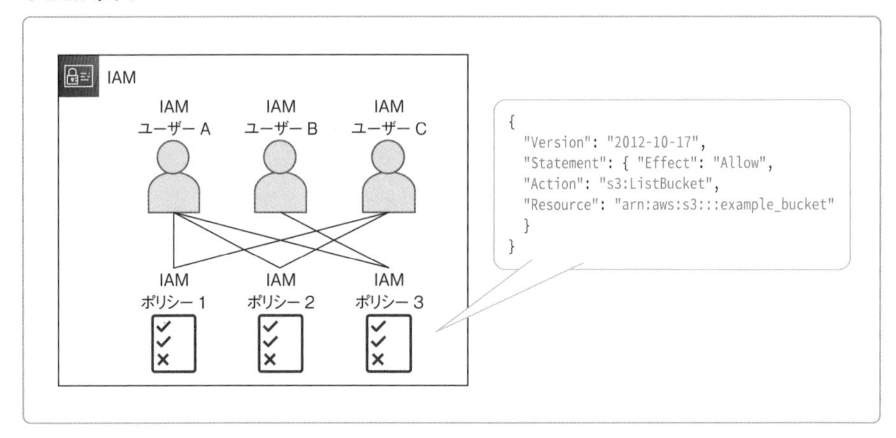

List IAMポリシー

```
{
    "Version": "2012-10-17",  ❶
    "Statement": [  ❷
        {  ❸
            "Sid": "StartStopIfTags",  ❹
            "Effect": "Allow",  ❺
            "Action": [  ❻
                "ec2:StartInstances",
                "ec2:StopInstances",
                "ec2:DescribeTags"
            ],
            "Resource": "arn:aws:ec2:region:account-id:instance/*",  ❼
            "Condition": {  ❽
                "StringEquals": {
                    "ec2:ResourceTag/Name": "Sample"
                }
            }
        }
    ]
}
```

❶ Version：IAMポリシーの書式のバージョン。この値は固定値で、AWSの公式ドキュメントの規定に則りバージョンを指定する。
❷ Statement：実際に付与する権限と条件を記述するための要素。後述するステートメントブロックを複数Statement内に記述できる。
❸ ステートメントブロック：中括弧{}で囲まれた範囲をステートメントブロックと呼ぶ。実際に制御する権限と条件を記述した要素。
❹ Sid：ユーザーがIAMポリシーに付与できる識別子。この値はIAMポリシー作成時に任意で決められる。IAMポリシーがこの値を使用することはないため、わかりやすい識別子を付与する。

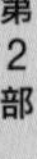

❺ **Effect**：後述の Action に記述した内容を許可（Allow）するか、拒否（Deny）するかを記述する箇所。

❻ **Action**：実際に制御したい操作を記述する。公式ドキュメントの書式に則り、記述を行う必要がある。「ec2:StartInstances、ec2:StopInstances」のように、複数のアクションを含めることができ、「*」(ワイルドカード) を指定することもできる。例えば「ec2:*」であれば ec2 のすべてのアクションを制御対象として指定できる。

❼ **Resource**：制御するリソースの対象を ARN 形式で指定できる。Resource でもワイルドカードを利用できる。

❽ **Condition**：オプションの機能。AWS の指定の文法に則り、制御を行う際の条件を記述できる。例えば上記の例では EC2 インスタンスのタグ Name の値が Sample である場合を条件に指定している。

IAM グループ

IAM グループは、IAM ユーザーをグループ分けする機能です。IAM ユーザーは複数の IAM グループに所属できます。それぞれの IAM グループには複数の IAM ポリシーをアタッチでき、IAM グループに所属する IAM ユーザーには、**グループにアタッチされた IAM ポリシーと IAM ユーザーにアタッチされた IAM ポリシー両方の権限が付与されます**。なお、各 IAM ユーザーに個別に IAM ポリシーをアタッチすると管理が煩雑になるため、**(1) IAM ポリシーは IAM グループにアタッチする、(2) IAM グループに IAM ユーザーを所属させることで権限管理を行う**、という方法が推奨されています。

● **IAM グループを用いた権限管理**

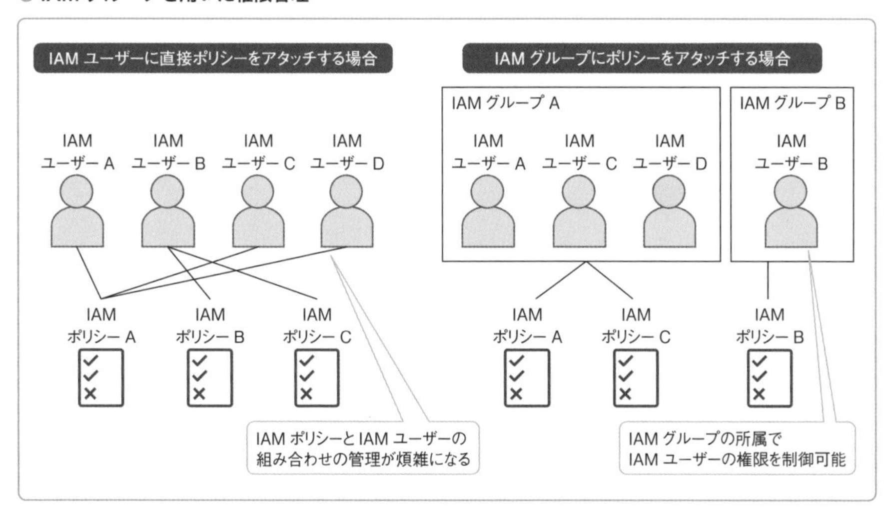

IAMロール

IAMロールは、**AWSリソースに紐づけられる役割**です。IAMユーザーと同じようにIAMロールにもIAMポリシーをアタッチできます。

IAMロールは各リソース（1つのEC2インスタンス、ECSのタスクなど）に対して、1つ割り当てられます。特に、EC2では「**インスタンスプロファイル**」と呼ばれるIAMロールの情報を格納しています。

AWS内のリソースは、**STS**（AWS Security Token Service：次項で解説）を用いることでセキュアに操作できるため、IAMロールを使うことが一般的です。**IAMユーザーはオンプレミスなど、AWSの外に存在するアプリケーションや、AWSを利用する開発・運用メンバー向けに利用されます。**

先述した**IAMユーザー**は主に実際に操作を行う運用者や開発者向けに用いられ、**IAMロール**は主にAWSリソース自身、またはAWSにデプロイしたアプリケーションがAWSリソースを操作するケースで用いられます。

● AWSリソースによるIAMロールの利用

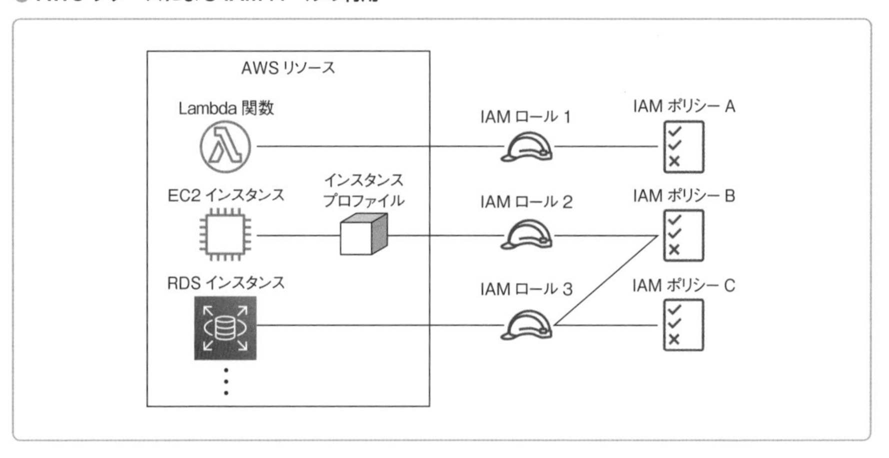

AWS Security Token Service（STS）

AWS Security Token Service（STS）は、AWSリソースや、IAMユーザーを持っていないユーザーやアプリケーションに対して、**一時的に利用できる認証情報（IAMロールの一時的なアクセスキー）を付与する機能**です。この一時的な認証情報を請求する操作を「**AssumeRole**」（ロールの引き継ぎ）と呼びます。

● AWS Security Token Service（STS）による権限管理

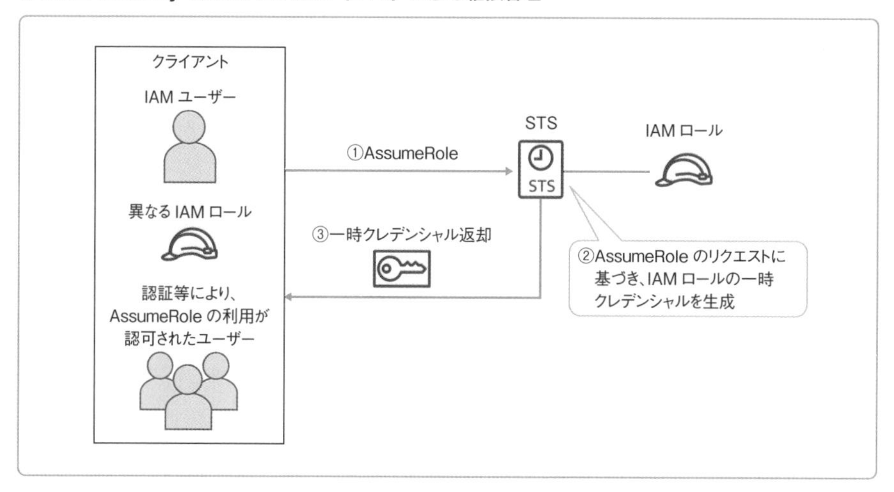

EC2 は、インスタンスプロファイルの情報を元に、アタッチされた IAM ロールの AssumeRole を行い、一時的な認証情報（クレデンシャル）を取得しています。これによって、IAM ロールにアタッチされた権限に基づいた AWS リソースの操作が可能になります。

STS を使うことで、IAM ユーザーを作る必要がなくなり、結果として、**IAM ユーザーごとに作成されるアクセスキーを管理する必要がなくなります**。また、一時的な認証情報であるため、**認証情報の流出のリスクが、IAM ユーザーのアクセスキーを利用するケースと比べ低くなります**。AWS はこの方法をベストプラクティスとして推奨しています。

● STS の代表的な使用例

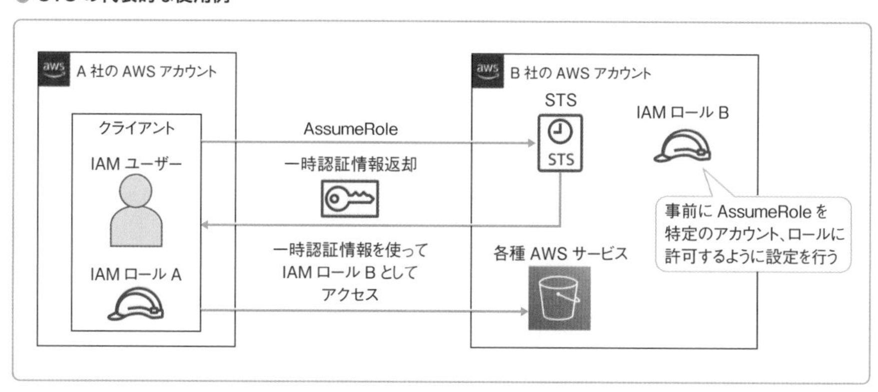

STSの代表的な使用例として、**異なるAWSアカウントによるAWSリソースの操作（クロスアカウントアクセス）**があります。例えば、上図の例のように、B社のAWSアカウントのIAMロールBに対して、A社のAWSアカウントのIAMロールAやIAMユーザーにAssumeRoleを行う権限を付与することで、IAMロールAやIAMユーザーはB社のIAMロールBとしてB社のAWSアカウントに存在する各種のAWSサービスにアクセス可能となります。

AWSリソースへのアクセスの仕組み

AWSリソースへのアクセスは次のようなフローで実施されます。

(1) AWSリソースへアクセスするプリンシパル（ユーザーやアプリケーション）が、IAMユーザーやIAMロールを使って認証を行う
(2) (1) の認証が通ると、IAMユーザーまたはIAMロールを使って、AWSリソースにリクエストを送る
(3) リクエストはIAMユーザーまたはIAMロールにアタッチされたIAMポリシーに基づき、リソースの操作権限の有無を評価される。このとき、権限がない場合にはリソースの操作に失敗する

● AWSリソースへのアクセスの仕組み

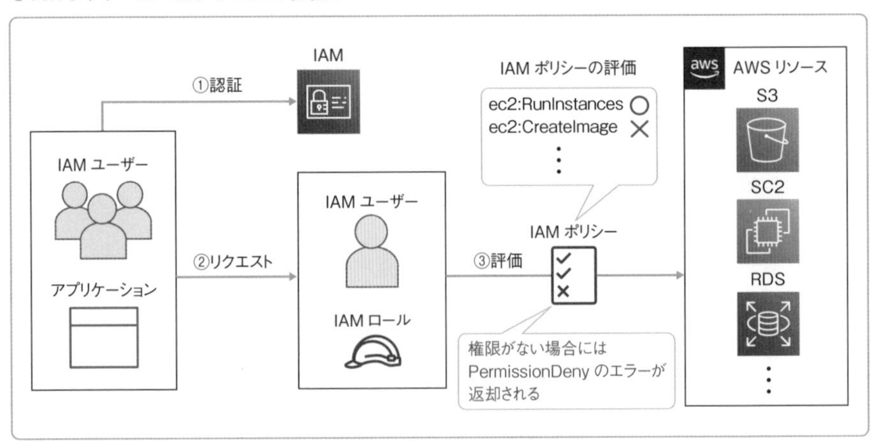

IAMおよびSTSの利用料金

IAMおよびSTSの利用料金は、無料です。

第 3 部

実践編

Chapter 10

第10章

静的 Webサイト関連のサービス

1990年代にWindows OSが普及したことにより、人々のWebサイトの利用率は急速に増加しました。世界中の人がスマートフォンやPCなどのデバイスを使ってWebサイトにアクセスしており、生活の一部となっています。
Webサイトは静的コンテンツや動的コンテンツを単体、あるいは組み合わせることによって構成されています。
本章ではWebサイトの構成要素と、Webサイトの構築を支えるAWSのサービスを解説します。

A Text Book of AWS : Chapter 10

01 AWSにおけるWebサイトの実現

ここがポイント

- Web サイトのコンテンツは静的コンテンツと動的コンテンツに大別される
- 静的コンテンツとは、クライアントのリクエストの内容に関わらず、常に同じ内容が表示されるコンテンツ
- 静的コンテンツは、Web サーバにコンテンツをデプロイ（配備）することで利用可能
- 動的コンテンツとは、リクエストの内容に応じて都度生成されるコンテンツ
- 動的コンテンツはアプリケーションサーバにアプリケーションをデプロイすることで利用可能
- AWS では、S3、ACM、CloudFront、Route53 を組み合わせることで静的コンテンツを配信可能

静的コンテンツと静的 Web サイト

静的コンテンツとは、**クライアントのリクエストの内容に関わらず、同じ内容を表示するコンテンツ**です。HTML ファイルや画像ファイルなどが静的コンテンツに該当します。クライアントのリクエストに対して、静的コンテンツをクライアントに返却するサーバを **Web サーバ**と呼び、静的コンテンツを提供する Web サイトを**静的 Web サイト**と呼びます。

Web サーバは、オープンソースソフトウェア（OSS：ソースコードが公開された改変、再配布が可能なソフトウェア）の **Apache**[1] や **Nginx**[2]、Microsoft より提供される **Internet Information Services**（IIS）[3] などの Web サーバ用のソフトウェアをインストールすることで構築できます。Web サーバの所定の場所に静的コンテンツを配備（デプロイ）することで、クライアントは Web サーバからコンテンツを取得できます。

● 静的Webサイト

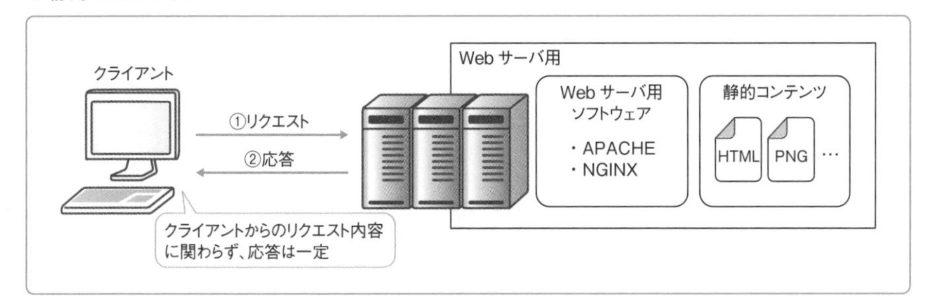

動的コンテンツと動的Webサイト

動的コンテンツとは、**クライアントのリクエストの内容や状況に応じて、表示を変えられるコンテンツ**です。検索ページや日々更新される掲示板などは動的コンテンツに分類されます。

このようなコンテンツを提供するサーバを**アプリケーションサーバ**と呼び、アプリケーションサーバを使って提供されるサイトを**動的Webサイト**と呼びます。アクセスするクライアントや時間によってコンテンツを変えるための処理は、Java や Python、Go といったプログラミング言語を使ってアプリケーションを作成することで実装できます。

作られたアプリケーションは**Webアプリケーション**と呼ばれ、APサーバ（アプリケーションサーバ）にデプロイすることで動作します。多くのAPサーバでは静的コンテンツも合わせて提供しているため、**WebAPサーバ**と呼ばれることもあります。

デプロイされたアプリケーションを動作させるには、アプリケーションのプログラミング言語に合わせたソフトウェアをAPサーバにインストールする必要があります。例えば、Javaアプリケーションの場合はTomcat、Pythonの場合はGunicornなどをインストールして利用します。

● 動的Webサイト

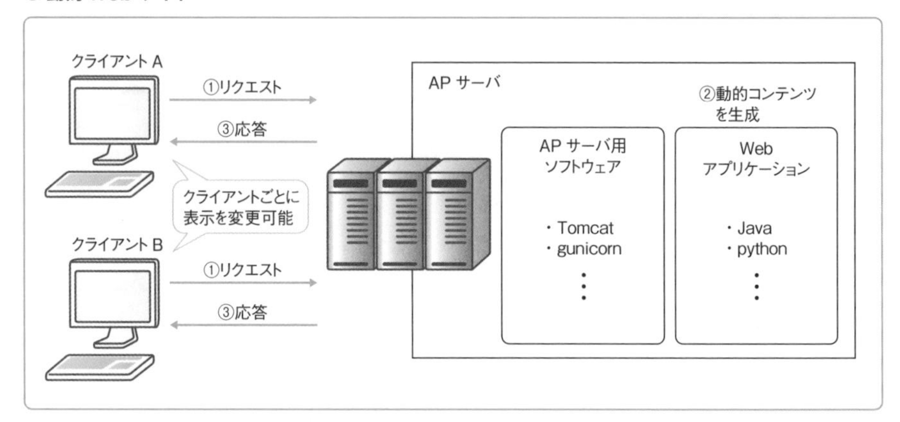

AWSでWebサイトを実現するには

オンプレミスでのシステムでは、インターネットからアクセス可能なWebサイトを公開するには、次のような作業が必要でした。

1. インターネット公開向けのグローバルIPの取得
2. レジストラ（ドメインの登録業者）からドメイン名の取得
3. サーバの調達と配置
4. Webサーバ用のソフトウェアのインストール
5. 動的コンテンツや静的コンテンツの作成
6. コンテンツのWebサーバへのデプロイ
7. 各種セキュリティ設定（ファイアーウォール、パッチ適用など）

これらの作業を行うには、サーバの調達業者やドメインのレジストラ、インターネットプロバイダなどさまざまな企業と調整する必要があり、時間がかかってしまいます。無事Webサイトを公開した後も、サーバを配置する施設やサーバ自体の定期的なメンテナンスが必要となります。

一方、AWSではWebサイト構築に必要な作業がすべてAWS上で完結します。例えば、AWSでは次の図のように静的Webサイトを構築できます（詳しくは後述します）。

今回の例で使用しているAWSサービスはすべて**マネージドサービス**であり、

ユーザーはオンプレミスの静的Webサイトのようにサーバの管理をする必要がなくなり、コンテンツの作成に集中できます。これは大きなメリットです。

● AWSにおける静的Webサイト

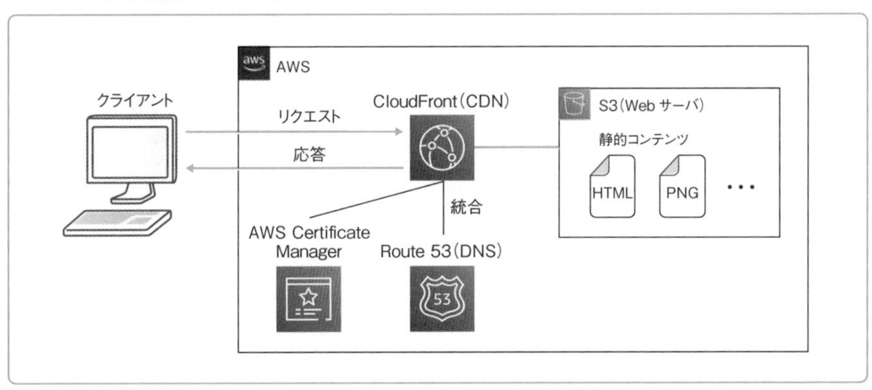

本章では、AWSでの静的Webサイトを実現するために必要な、次の3つのサービスを解説します。

● 本章で解説するサービス

サービス	概要
Amazon S3	ログ保存、バックアップ、静的Webサイトホスティングなど、多様な用途のオンラインストレージ
AWS Certificate Manager	AWS上でのTLSサーバ証明書の割り当てと管理機能を提供するサービス
Amazon CloudFront	コンテンツをサイト利用者の近くで一時的に蓄積、配信し、サイト利用者のアクセスを高速化するCDNサービス

なお、上図に掲載されているその他のサービスについては以下の章を参照してください。

● その他のサービス

サービス	概要	解説章
Amazon Route 53	ドメインの登録、DNSルーティング、ヘルスチェックなどを行うDNSサービス	第3章

A Text Book of AWS : Chapter 10

02

Webサーバの機能も有する万能ストレージ

Amazon S3

東京リージョン 利用可能 料金タイプ 有料

Amazon S3 の概要

S3 は、第 5 章でも解説していますが、データを格納する機能だけでなく、**静的コンテンツを配信する Web サーバとしての機能**も有しています。本項では、静的 Web サイトを実現するうえで必要な機能について解説します。

ここがポイント

- 静的 Web サイトホスティングにより、S3 で静的 Web サイトを公開できる
- 静的コンテンツを配信する際はバケットポリシーを併用し、セキュリティ対策を実施する

静的 Web サイトホスティングを使った静的コンテンツの配信

S3 では、**静的 Web サイトホスティング**という設定を有効化することで、バケットに Web サーバの機能を付与し、静的コンテンツをインターネットに公開できます。このような、Web サイトを運用するための環境をサイト運用者に貸し出すことを **Web サイトホスティング**と呼びます。**静的 Web サイトホスティングはバケット単位で設定できるため、公開するバケットと非公開のバケットを区別して管理できます。**

静的 Web サイトホスティングを有効化すると、バケット名とバケットが存在するリージョンに基づき、**Web サイトの URL が自動的に生成されます**。例えば、リージョンが ap-northeast-1 で、aws-basic というバケットの中に training.html という静的コンテンツを格納したケースを考えます。静的 Web サイトホスティングを有効化した場合、静的コンテンツにアクセスするための URL は以下となります。

http://aws-basic.s3-website-ap-northeast-1.amazonaws.com/training.html

● 静的 Web サイトホスティング

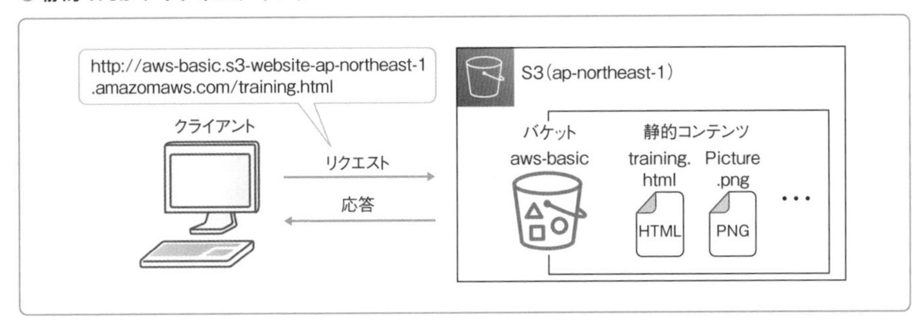

生成されたURLは**Route 53**（p.91）でドメインを設定し、名前解決を行うことで、独自のURLを使ってクライアントにアクセスさせることができます。

静的コンテンツ配信のためのセキュリティ対策

静的Webサイトホスティングによって簡単にWeb上に情報を公開できることがわかりました。しかしこれは同時に、**S3に格納されているデータは簡単に漏えいしうる状態にあるということを意味します**。高いシェアを持つAWSだからこそ、多くのサイバー犯罪の標的にされることに留意すべきです。例えば、Magecartと呼ばれるサイバー犯罪集団は、世界中のS3の設定をスキャンして、情報漏えいの可能性を探っています。

意図しない情報漏えいを防ぐため、S3では、S3バケットのセキュリティを向上させる仕組みが提供されています。

☑バケットポリシーを使った特定のクライアントへの限定公開

S3バケットの公開と、**バケットポリシーによるアクセス制限**は併用できます。例えば、特定の会社のIPアドレス（xx.xx.xx.xx/xx）のみにaws-basicの静的コンテンツを公開したいといったケースでは、バケットポリシーを以下のように記述することで実現できます（バケットポリシーの文法についてはp.126を参照）。

List 特定の IP 以外のアクセスを拒否するバケットポリシー

```
{
  "Version": "2012-10-17",
  "Statement": [
    {
      "Sid": "IPAllow", //
      "Effect": "Deny", ●──❶
      "Principal": "*", ●──❷
      "Action": "s3:*", ●──❸
      "Resource": [ ●──❹
         "arn:aws:s3:::aws-basic",
         "arn:aws:s3:::aws-basic/*"
      ],
      "Condition": { ●──❺
     "NotIpAddress": {"aws:SourceIp": "xx.xx.xx.xx/xx"}
      }
    }
  ]
}
```

❶Effect：Action で指定した操作を拒否する設定
❷Principal：どのユーザーにもこのポリシーを適用する設定
❸Action：すべての S3 の操作を Effect で制御する設定
❹Resource：aws-basic バケットに対してバケットポリシーを適用する設定
❺Condition：xx.xx.xx.xx/xx 以外の IP アドレスにバケットポリシーを適用する設定

03

SSL/TLSサーバ証明書の管理機能を提供するマネージドサービス

AWS Certificate Manager

東京リージョン 利用可能　料金タイプ 有料

AWS Certificate Managerの概要

AWS Certificate Manager（ACM）は、SSL/TLS（Secure Socket Layer/Transport Layer Security）サーバ証明書の管理機能を提供するマネージドサービスです。

ここがポイント

- ACMはSSL/TLSサーバ証明書の管理機能を提供するサービス
- SSL/TLSはデータを暗号化して送受信する仕組み
- 新規の証明書発行と既存の証明書のインポートが可能
- AWSサービスと連携し、マネージドサービスへの証明書デプロイが可能

SSL/TLSは**データを暗号化して送受信する仕組み**です。一般的には**SSL**または**TLS**と記述されます（TLSはSSLを置き換える目的で開発された技術ですが、混乱を避けるためSSLの名称が今でも使われています）。

SSLを有効化するには、通信を行うサーバに対して**SSL/TLSサーバ証明書**を発行・配備する必要があります。SSLが有効化されているWebサイトでは、HTTPを暗号化した**HTTPS通信**を利用します。

SSL/TLSサーバ証明書は発行元によって用途が異なります。公に認められている第三者機関（パブリック認証局）から発行される証明書を**パブリックSSL/TLS証明書**と呼びます。一方、自前の認証局（プライベート認証局）を構築し、発行する証明書を**プライベートSSL/TLS証明書**と呼びます。

パブリックSSL/TLS証明書は基本的には有償で発行され、不特定多数の人が利用するようなサイトで、**接続の安全性を証明するため**に利用されます。一方、プライベートSSL/TLS証明書は自身で無償で発行できるため、**社内ネットワークなど、アクセス元や通信先が明確な場合**に使用されます。

近年、多くのシステムでは、Webページのすべてを SSL化し、通信を保護することが当たり前となりつつあります。オンプレミスのシステムでは、サーバや

ドメインの数だけSSL/TLSサーバ証明書を用意したり、それらが期限切れを起こしたりしないよう管理する必要があります。

ACMの機能

ACMでは、AWS上でTLSサーバ証明書の管理を容易にするために、次の機能を提供しています。

● ACMの提供機能

項目	設定内容
証明書発行機能	ドメイン検証済みパブリック証明書／プライベート証明書を発行し、AWSで利用可能にする機能
証明書のインポート機能	オンプレミスなどで使われている既存の証明書をインポートし、AWSで利用可能にする機能
証明書のデプロイメント機能	AWSサービスに証明書を配備する機能

ACMは各種AWSサービスと連携しており、ACMで管理している証明書を**ELB**（p.95）、**EC2**（p.102）、**CloudFront**（p.221）、**API Gateway**（p.285）で利用可能です。

ACMの利用料金

ACMの利用料金は次の通りです。

● ACMの利用料金

項目	内容
SSL/TLS証明書	**パブリックSSL/TLS証明書**：無料 **プライベートSSL/TLS証明書**：発行した証明書とプライベート認証局の数に応じた従量課金

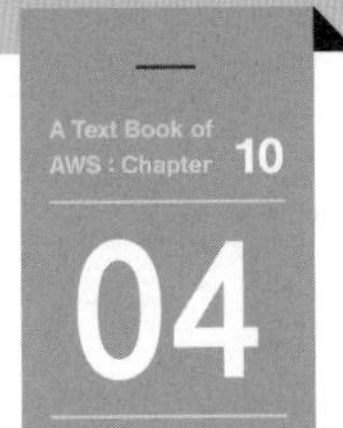

CDNの機能を持つマネージドサービス

Amazon CloudFront

東京リージョン 利用可能　料金タイプ 有料

Amazon CloudFrontの概要

Amazon CloudFrontは、CDN（Contents Delivery Network）の機能を持つマネージドサービスです。CloudFrontを利用することで、クライアントへコンテンツを高速配信することができます。

ここがポイント

- CDNとは、各地に配備されたエッジサーバにコンテンツをキャッシュすることで、コンテンツ配信の高速化や元々コンテンツを配備していたサーバへのアクセスを分散する仕組み
- CloudFrontはAWS上でのCDNを実現するサービス
- CloudFrontはエッジロケーションを世界中に保有しており、エッジロケーションにコンテンツをキャッシュすることでグローバル単位でコンテンツ配信を高速化している
- CloudFrontは他のAWSサービスと統合されており、アクセスのモニタリングやCloudFrontの保護、通信の暗号化が可能

CDNとは

CDN（Contents Delivery Network）とは、**システムのサーバの負荷を下げつつ、コンテンツ配信を高速化する仕組み**です。CDNはオリジンサーバとエッジ（キャッシュ）サーバで構成されます。

オリジンサーバとは、**コンテンツを配信するサーバ**（Webサーバ、APサーバ）です。エッジサーバは、オリジンサーバのコンテンツの一部を**一時的に保持（キャッシュ）するサーバ**です。

クライアントはシステムにアクセスする際に、まずエッジサーバにアクセスします。エッジサーバの中にリクエストされたコンテンツがあれば、そのままクライアントに返却します。もしエッジサーバにそのコンテンツがなければ、オリジ

ンサーバからコンテンツを取得し、クライアントに配信します。このとき取得したコンテンツはキャッシュサーバに格納されます。

● CDNの仕組み

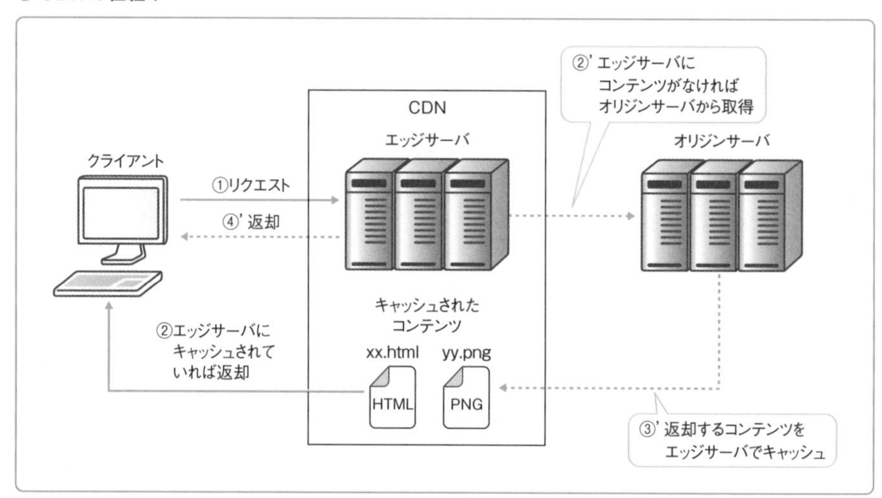

この仕組みにより、**キャッシュさえされていればエッジサーバからコンテンツを配信できるため、オリジンサーバへのアクセスの集中を防げます**。加えてCDNはユーザーへのコンテンツ配信速度の向上にも寄与します。

例えば、世界中からアクセスされるシステムが日本にあると考えてみましょう。日本のクライアントとアメリカのクライアントによるシステムへの**レイテンシー**（データをクライアントから送信してから結果が返ってくるまでの遅延時間）を比較した場合、アメリカのクライアントのほうが距離が離れている分だけレイテンシーが大きくなります。レイテンシーの遅延は、システムの利用者の満足度を低下させる恐れがあります。

CDNでは、**エッジサーバを世界中に配置することでこの問題を解決します**。システムの利用者はもっとも近いエッジサーバへアクセスしコンテンツを取得できるので、レイテンシーの増加を防げます。CDNを提供している著名なベンダーとして、Akamai[4]やFastly[5]が挙げられます。

CloudFrontによるコンテンツ配信

CloudFrontは一般的なCDNと同じようにエッジサーバとオリジンサーバで構成されます。AWSではエッジサーバを**エッジローケーション**と呼び、オリジンサーバを**オリジン**と呼びます。

エッジロケーションは世界中に存在し、各々のエッジロケーションで利用頻度の高いコンテンツをキャッシュし、グローバルへの配信をサポートします。オリジンサーバとしてAWS上のWebサーバやAPサーバ、S3バケットに加え、オンプレミスのサーバを指定できます。CloudFrontを使ったシステムに対してリクエストを送信すると、CloudFrontが自動的にもっとも近いエッジロケーションにアクセスするように振り分けを行います。

● CloudFrontによるコンテンツ配信

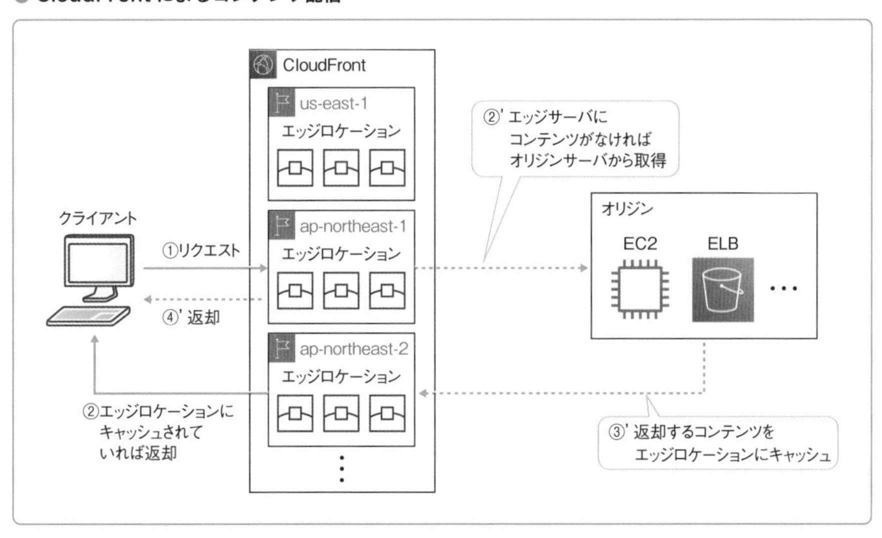

CloudFrontを使ったコンテンツ配信は、**ディストリビューション**を作成することで実現できます。ディストリビューションは**ドメイン**（インターネット上に存在するサーバやサービスを特定するための個々の名前）ごとに作成される、CloudFrontの設定の集合体です。

ディストリビューションは主に次の設定項目で構成されます。

● CloudFront の設定項目

項目	設定内容
Origins	ドメイン情報や、オリジンへの接続のタイムアウト時間など、オリジンに関するパラメータを設定する
Behaviors	クライアントからのリクエストパターンに基づき、キャッシュの挙動やオリジンのアクセスの仕方を指定できる
Distribution Settings	使用するエッジロケーションのエリアの選択や、サポートするHTTPのバージョン、IPv6の使用可否など、ディストリビューション全体に影響するパラメータを設定する

CloudFrontと他のAWSサービスとの統合

CloudFrontは、複数のAWSサービスと連携しています。キャッシュのヒット率、エラーの発生状況などのモニタリングは**CloudWatch**で実施できます。また、アクセスログのS3への配信機能や**AWS WAF**（p.512）、**ACM**（p.219）によって、CloudFrontおよび通信の保護も実現できます。

CloudFrontの利用料金

CloudFrontの利用料金は次の通りです。

● CloudFront の利用料金と制約

項目	内容
リクエスト	クライアントのリクエスト数に応じた従量課金
データ転送	CloudFrontから取得されたデータ量に応じた従量課金

引用・参考文献

[1]https://httpd.apache.org/
[2]https://nginx.org/en/
[3]https://www.iis.net/
[4]https://www.akamai.com/jp/ja/
[5]https://www.fastly.jp/

Chapter 11

第11章

エンタープライズシステム関連のサービス

エンタープライズシステムとは、法人向けシステム（特に大企業や公的法人など）や、比較的事業規模が大きいシステムのことを指します。
本章では、エンタープライズシステムを実現するためのAWSサービスを解説します。まずはエンタープライズシステムに求められる要素を理解しましょう。それらの要素を意識しながら、各サービスの内容を理解し、各要素と紐づけて考えられると効果的です。

エンタープライズシステムとは

エンタープライズシステムの種類

エンタープライズシステムは、業務の特性に応じて**基幹系システム**と**情報系システム**に分けられます。

● 基幹系システムと情報系システム

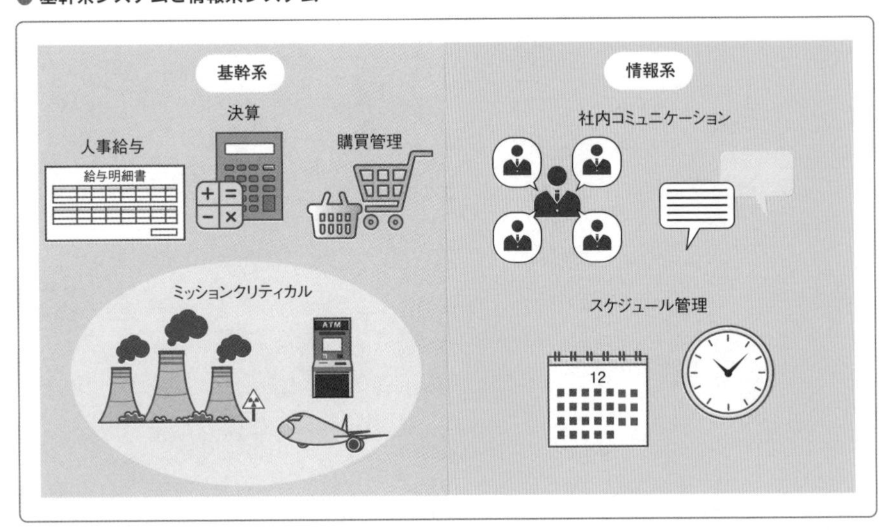

基幹系システムとは、**事業の中枢を担い、システムの障害が事業の不利益に直結するようなシステム**を指します。例えば、社員に払う給料を管理する人事給料システムや財務会計を管理する会計システム、製造業や通販サイトを運営する事業では、在庫や仕入れを管理するシステム、販売管理を行うシステムなどが挙げられます。

基幹系システムの中でも、システムの障害が社会に大きな影響を及ぼすシステムは**ミッションクリティカルなシステム**と呼ばれます。ミッションクリティカルの最も身近な例が、銀行のATMです。ATMに万が一障害が発生した場合、入出金に不整合が起きて利用者のお金が失われたり、入出金のやり取りに遅延が生じたりして、ATMを利用する企業全体の業務が遅延するなど社会に大きな混乱

第3部 実践編

が起こります。他には航空交通を制御する航空管制システム、原子力発電所の原子炉発電システムなど、システム障害が人々の安全を脅かすものもミッションクリティカルなシステムであるといえます。

基幹系システム以外のシステムは、**情報系システム**と呼ばれます。例えば、社内のコミュニケーションシステムやスケジュール管理システムなどはメールや別のツール、人力など非効率ではあるものの異なる手段で代替可能なため、情報系システムに分類されます。ただし、大企業ではこれらのシステム障害は事業の効率を低下させ、間接的に事業へ影響を与えるため、安定したシステム稼働が求められることに変わりはありません。

エンタープライズにおけるクラウドの利用

これまで解説した通り、エンタープライズにおけるシステムは事業に大きな影響を与えます。そのため、一般的なシステムと比べて**機能要件**（ユーザー検索機能、商品購入機能といったような、システムで実現すべき機能）以外に、高い水準の**非機能要件**（処理が完了するまでの時間や年間のシステムの稼働時間のような、機能要件以外の要素）を順守する必要があります。

ここでは、IPA（情報処理推進機構）が公開している非機能要求グレード[1]における、社会的影響が極めて大きいシステムに求められる非機能要件の水準を一部記載します。

● 非機能要求の水準の例

大項目	中項目	小項目	メトリクス（指標）	水準
可用性	継続性	運用スケジュール	運用時間（通常）	24 時間無停止
		目標復旧水準	RTO（目標復旧時間）	2 時間以内
性能・拡張性	性能目標値	オンラインレスポンス	通常時レスポンス順守率	99% 以上
運用・保守性	通常運用	運用時間	運用時間（通常）	24 時間無停止
セキュリティ	データの秘匿	データ暗号化	蓄積データの暗号化の有無	重要情報を暗号化

これはあくまで一例であり、この水準を満たせばよい、あるいは満たさなければならないということではありません。**それぞれのシステムで非機能の水準を決定し、組織で合意する必要があります**。AWS でエンタープライズ向けのシステムを構築するには、システムに求められる非機能の水準を意識しながら慎重にサービスを選定し設計することが重要です。

閉域網

閉域網とは、**インターネットから隔離された、限られた拠点のみで利用できるネットワーク**です。インターネットはオープンなネットワークで、さまざまな拠点間の通信を実現する一方で、常に外部からの攻撃や、侵入のリスクにさらされます。エンタープライズ向けのシステムでは機密情報を扱うケースが多く、攻撃によるデータの流出を防ぐため、**可能な限りインターネットから隔離することが望ましい**とされています。クラウドとオンプレミスなどの拠点を結ぶ通信を閉域で行うには、**専用線接続**または**インターネットVPN**（Virtual Private Network）を利用します。

● 閉域網

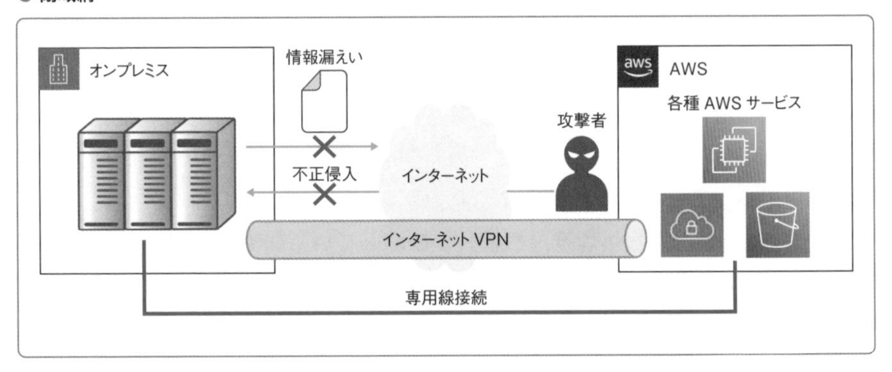

☑閉域網を実現する技術

閉域網を実現する技術の代表例として、**専用線接続**と**VPN**（Virtual Private Network）があります。

専用線接続は名前の通り、**拠点間を専用のネットワークで結ぶ技術**です。専用線接続で形成されたネットワークは、物理的にインターネットから隔離されています。専用のネットワークであることから、外部から通信を傍受される心配もなく、お互いの拠点以外このネットワークを利用しないため、通信速度が安定します。ただし、**専用のネットワークを構築する都合上コストが高くなってしまいます**。

VPNとは、**送受信者の間に仮想的な回線（トンネル）を確立し、トンネルの中で通信の送受信を行う機能**です。VPNの通信経路は暗号化やユーザー認証を行うことで、第三者のトンネルの侵入を防ぎます。特に、インターネットを経由してトンネルを確立し通信を行うことを**インターネットVPN**と呼びます。

第3部 実践編

● インターネット VPN 接続

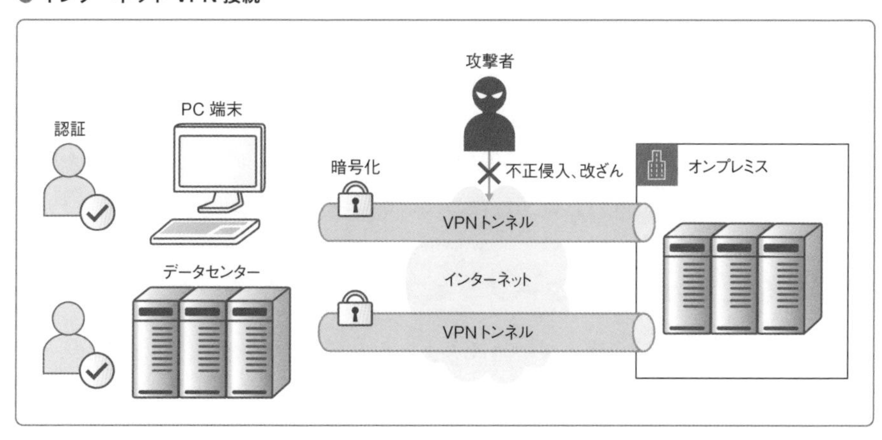

☑インターネット VPN を実現する手段

インターネット VPN を実現する主な手段として、IPsec-VPN と SSL-VPN があります。

● VPN の形式と特徴

形式	暗号化レイヤ	メリット・デメリット・用途
IPsec-VPN	ネットワーク層	【メリット】 アプリケーションの通信など、上位のレイヤーのプロトコルに依存しないため、アプリケーション側の改修が不要 【デメリット】 専用のソフトウェアのインストールが必要 【用途】 拠点間を結ぶようなルータ間での VPN 接続（Site-to-Site 接続）
SSL-VPN	セッション層	【メリット】 専用のソフトウェアのインストールが不要 導入コストが IPsec-VPN より低い 【デメリット】 SSL 対応していないアプリケーションは改修が必須 パフォーマンスが IP-sec より低くなる傾向にある 【用途】 テレワークなど、PC とサーバとの接続

この２つはいずれも通信を暗号化したうえで通信を行いますが、暗号化を行うレイヤーが違います。

IPsec-VPN では**ネットワーク層**で暗号化されるため、プロトコルが何であれ影響を受けません。ただし、専用のソフトウェアをインストールする必要があり、いくつか設定が必要なため、**SSL-VPN に比べて導入コストが高くなります**。

SSL-VPN はセッション層で暗号化を行いますが、SSL に対応しているアプリケーション以外は利用できません。これを回避するには、アプリケーションの改修やソフトウェアを導入する必要があります。**SSL は専用のソフトウェアをインストールする必要がなく、導入コストは IPsec よりも低い一方で、不正アクセスを防止するため別途ユーザー認証を行う必要があります。**ユーザー認証にはパスワード認証や証明書認証が行われます。

AWS におけるエンタープライズアーキテクチャ

これまで、エンタープライズにおけるクラウド利用のための重要なポイントについて解説しました。ここからは、エンタープライズにおけるモデルケースを設定し、AWS での実現方式を考えます。

☑グローバルな API システム

ある企業が世界中で利用される Web システムを構築するケースを考えてみましょう。実現すべき非機能要件のレベルとして、**通常時レスポンス順守率が 99%** であり、**リージョン障害が発生した際の RTO（目標復旧時間）が 30 分**であると想定します。

上記のような非機能要件を満たすアーキテクチャの一例を示します。

● エンタープライズ向けアーキテクチャ例

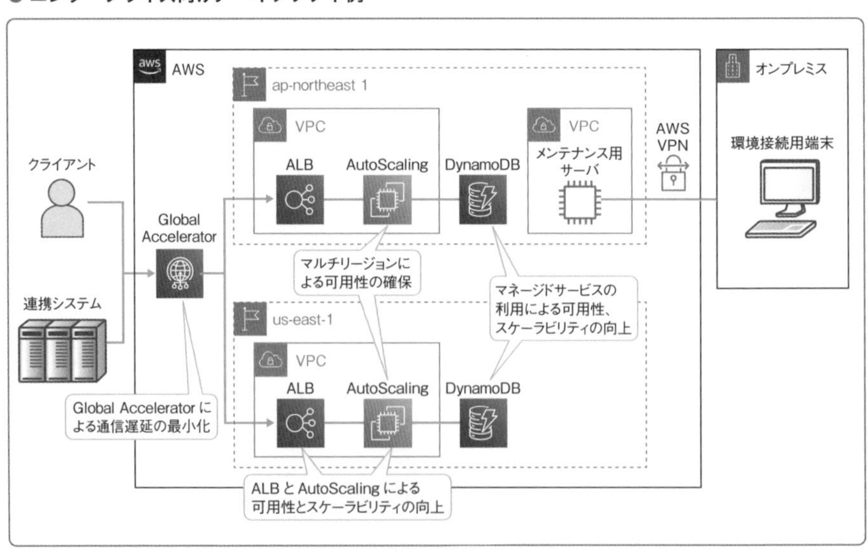

第3部 実践編

実際の開発では、アプリケーションも含めた非機能要件の定義が必要になるので注意が必要です。今回はアプリケーションが非機能要件を十分に満たせるものとして扱います。

☑オンプレミスのバックアップ

すでにオンプレミスに構築されたエンタープライズ向けシステムや、非機能要件の水準が非常に高く、クラウドが利用できないシステムにおいても、AWSは効果的に利用できます。例えば、災害対策のためバックアップをオンプレミスのシステムとは異なる地域に保管することが求められている場合、バックアップの退避先としてAWSを利用するケースもあります。例えば、東京にオンプレミスシステムを構築した場合、バックアップはAWSの大阪リージョンに保管することで、万が一東京で災害が発生したとしてもデータロスを防止できます。

● S3を使った災害対策

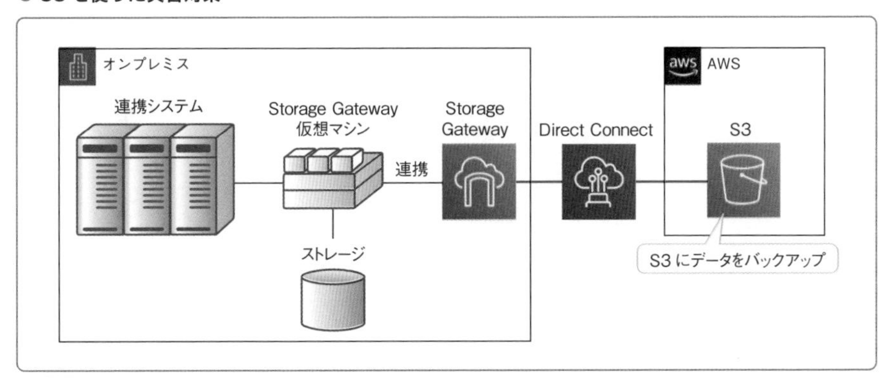

このようなオンプレミスとクラウドのインフラストラクチャーを併用し、両方のメリットを得られる構成を**ハイブリッドクラウド**と呼びます。

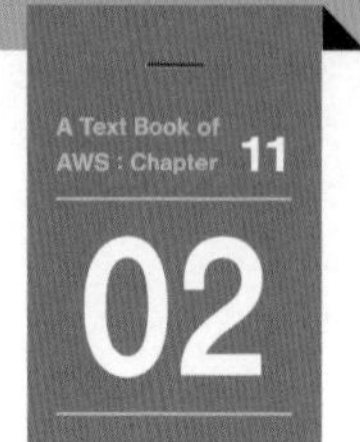

システムへのアクセス速度と可用性を向上させるサービス

AWS Global Accelerator

東京リージョン 利用可能 料金タイプ 有料

AWS Global Acceleratorの概要

AWS Global Acceleratorは、AWSが独自に保持しているネットワークを利用して、システムへのアクセス速度の高速化と可用性の向上を実現するサービスです。

ここがポイント

- Global AcceleratorはAWSが独自保有するネットワークを利用することで、システムへのアクセス速度の高速化と可用性の向上を実現するサービス
- ユーザーはGlobal Acceleratorにエンドポイントの紐づけを実施することで利用可能
- ヘルスチェック機能により、登録したエンドポイントの状態を監視可能

ユーザーがインターネットのサービスにアクセスするときは通常、契約しているインターネットサービスプロバイダー（ISP）に加え、さまざまなネットワークを経由（ホップ）して目的のサービスに到達します。

● インターネットを経由したAWSへの接続

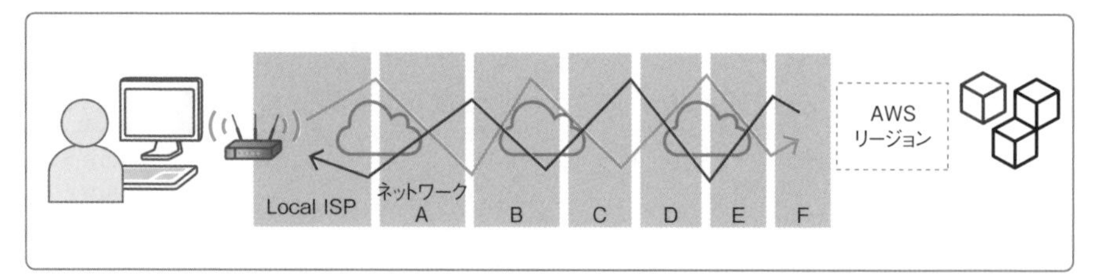

個々のネットワークの混雑具合によっては、さまざまなネットワークへのホップにより通信遅延が発生する恐れもあります。

Global Acceleratorを使うことで、混雑がないAWS専用のネットワーク（AWS Global Network）を利用することができ、無駄なホップを減らして

AWS上のアプリケーションへの到達を高速化できます。

● Global Acceleratorを使ったインターネット接続

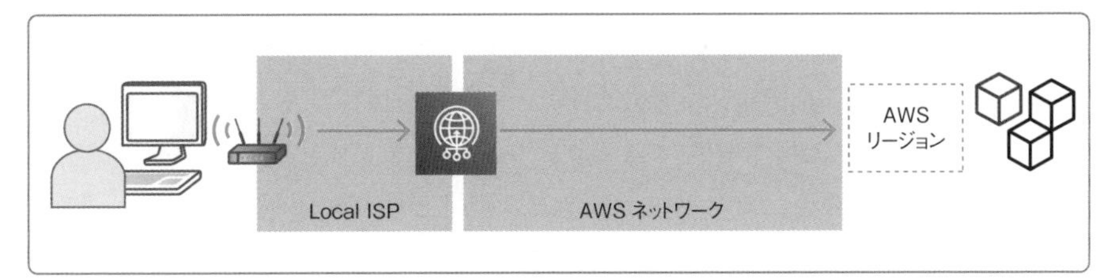

Global Acceleratorは、次の図に示す要素で構成されています。

● Global Acceleratorの構成要素

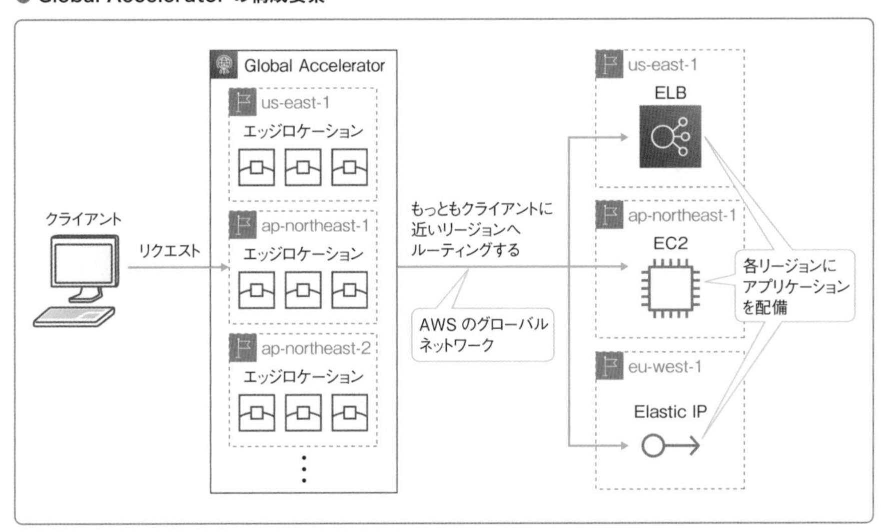

アプリケーションにアクセスするクライアントは、**エッジロケーション**にアクセスを行います。前章で解説した**CloudFront**（p.221）も同様に各国に配置されていますが、CloudFrontよりも配置されている地域がまだ少ないです。

エッジロケーションから**AWS Global Network**を経由し、アプリケーションへアクセスします。このとき、アクセス先のアプリケーションを複数紐づけられます。複数のリージョンにアプリケーションを構築し、**Global Accelerator**に紐づけることで、クライアントのアクセスはクライアントから最短距離でアプリケーションにルーティングされます。

また、**パブリックサブネット（外部公開向けのサブネット）に置かれていないアプリケーションを指定できるのも大きな特徴**です。今までインターネット向けのシステムを構築するには、アプリケーションをデプロイしたサーバ、あるいはそのサーバを後方に配備したELBをパブリックサブネットに配置する必要がありました。この場合、CloudFrontなどのCDNサービスを併用すると、アプリケーションへの到達経路がCDNを経由するパターンと、アプリケーションへ直接アクセスするパターンに別れ、それぞれでアクセス制御を行う必要がありました。プライベートサブネットに配置されたELBまたはアプリケーションをGlobal Acceleratorと紐づけることで、アプリケーションへのアクセスの経路をGlobal Acceleratorに一本化できます。

● Global Acceleratorによるアクセス制限

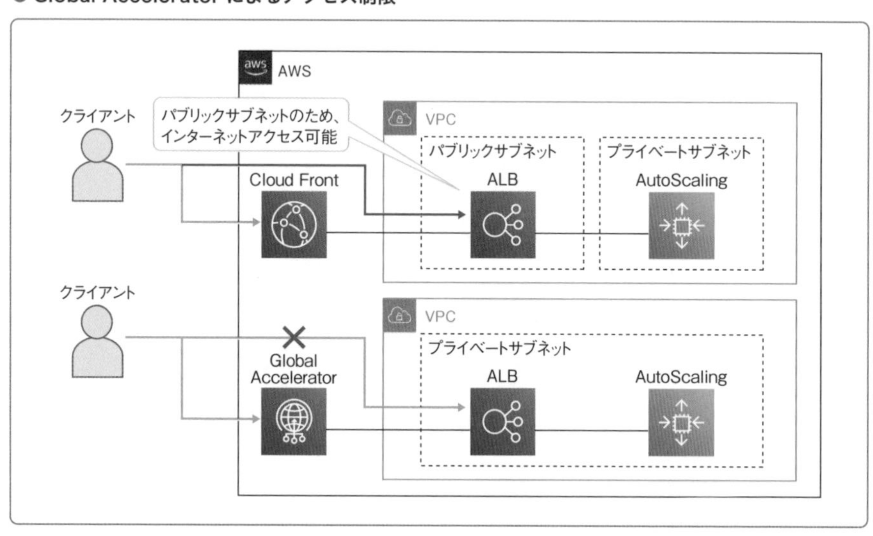

また、Global Acceleratorは**ヘルスチェックの機能**を有しており、ルーティング先のエンドポイントで障害が発生した場合には、Global Acceleratorがそれを検知し、振り分けを停止します。異常検知後、振り分けの停止は**1分以内**で行われます。

第3部 実践編

● Global Accelerator によるヘルスチェック

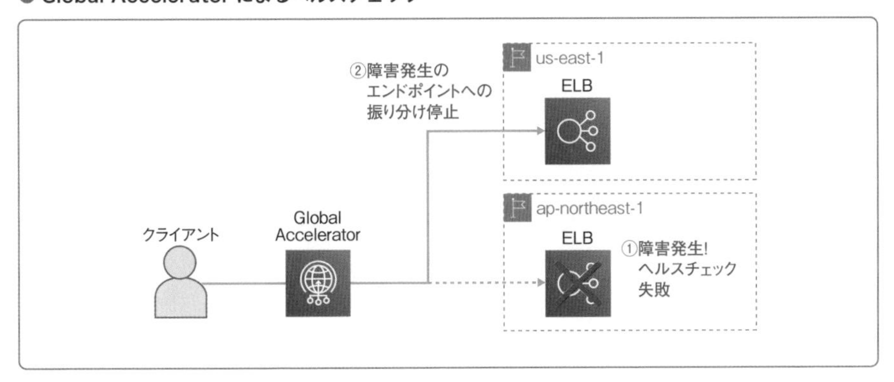

パフォーマンスの改善という観点で、前章で解説したCloudFrontに似ていると思われるかもしれません。CloudFrontとの機能の違いを以下にまとめます。

● CloudFront と Global Accelerator の違い

項目	CloudFront	Global Accelerator
コンテンツキャッシュ	あり	なし
障害時の振り分け停止	なし	あり
DDoS 保護	なし	あり
複数のエンドポイント（オリジン）の設定	なし	あり
登録するエンドポイント（オリジン）	パブリックサブネットまたは CloudFront のアクセスを許可した S3 バケット	ELB、EC2、Elastic IP など
利用できるプロトコル	HTTP	UDP、TCP のすべてのプロトコル

表のとおり、**CloudFrontはキャッシュ可能なWebコンテンツを配信するユースケース**に向き、**Global AcceleratorはキャッシュできないWebシステムや、HTTP以外のプロトコルでのアクセスを高速化**するのに有効です。

Global Accelerator の利用料金

Global Acceleratorの利用料金は次の通りです。

● Global Accelerator の利用料金

項目	内容
稼働時間	稼働時間に応じた従量課金
データ転送	AWS 専用のネットワークを経由して転送されるデータ量に応じた従量課金

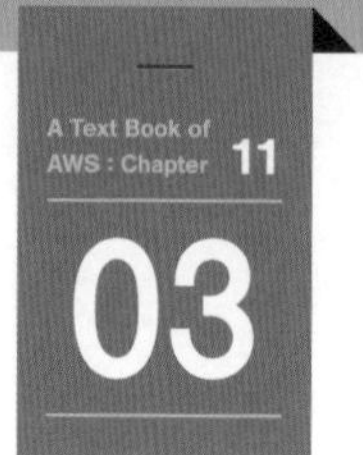

閉域な接続を実現するサービス

AWS VPN

東京リージョン 利用可能 料金タイプ 有料

AWS VPNの概要

AWS VPNは、クライアント拠点や端末とVPC間でVPN接続を確立し、閉域な接続を実現するサービスです。AWS VPNは2種類あります。1つは、拠点間を結ぶSite-to-Site VPN、もう1つは、SSL-VPNの機能を実現するClient VPNです。

ここがポイント

- Site-to-Site VPNは、VPNルーターとVPCの間でVPN接続を確立する拠点間接続に向いたVPN接続サービス
- Client VPNは、クライアント端末とVPCの間でVPN接続を確立するVPN接続サービス

Site-to-Site VPN

Site-to-Site VPNは、**カスタマーゲートウェイ**と**VPNゲートウェイ**で構成されるVPNです。次の図に示す構成で実現されます。

● Site-to-Site VPNの構成例

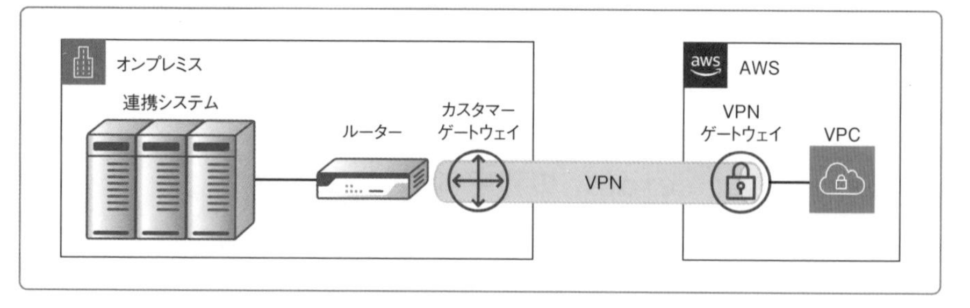

VPNゲートウェイはVPC側のゲートウェイ（異なるネットワーク同士を接続する機器）です。カスタマーゲートウェイは拠点側のゲートウェイですが、**実体はAWS側で拠点側のルーターの情報を識別するための機能**です。VPN接続自体はVPNゲートウェイと拠点側のVPNルーターで行われます。

☑Site-to-Site VPNの利用料金

Site-to-Site VPNの利用料金は次の通りです。

● AWS VPN（Site-to-Site VPN）の利用料金

項目	内容
接続時間	VPN接続を確立した数と時間に応じた従量課金
データ転送	VPNを経由して転送されるデータ量に応じた従量課金

Client VPN

Client VPNは、クライアントVPNエンドポイントを経由して、クライアントからVPCにSSL-VPNを確立し、閉域な接続を実現する機能です。AWSのClient VPNは、VPNソフトウェアのOSS（Open Source Software）であるOpenVPN[2]を使っています。Client VPNを使った構成の一例を示します。

● Client VPNの構成例

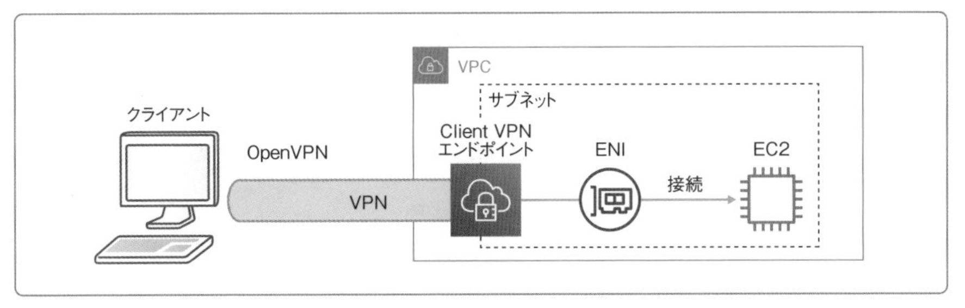

クライアントVPNエンドポイントはサブネット内に作成され、ENI（Elastic Network Interface）が関連づけられます。クライアントの通信はクライアントVPNエンドポイントで復号化され、関連づけられたENIからVPC内へ通信を行います。クライアントVPNエンドポイントには、通信を暗号化するための**サーバ証明書**を指定します。

☑Client VPNの利用料金

Client VPNの利用料金は次のとおりです。

● AWS VPN（Client VPN）の利用料金

項目	内容
接続時間	VPN接続を確立した数と時間に応じた従量課金
クライアントVPNエンドポイント	クライアントVPNエンドポイントの数と時間に応じた従量課金

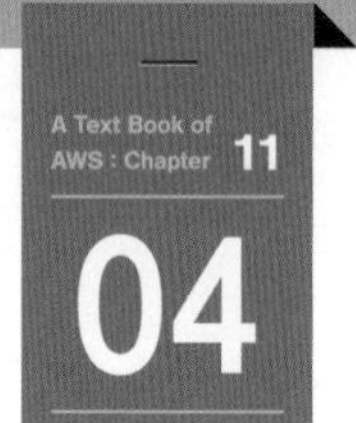

ユーザーの拠点とAWSを専用線でつなぐサービス

AWS Direct Connect

東京リージョン 利用可能　料金タイプ 有料

AWS Direct Connectの概要

AWS Direct Connectは、ユーザーの拠点とAWSを専用線でつなぐサービスです。**専用線を用いることで、拠点とAWSで安定した閉域での通信が可能になります。** AWSでは、EC2などのコンピュートリソースがデプロイされるデータセンターの他に、相互接続ポイントを有しています。Direct Connectは、相互接続ポイントとAWSを専用線で結ぶサービスです。

● Direct Connectの構成

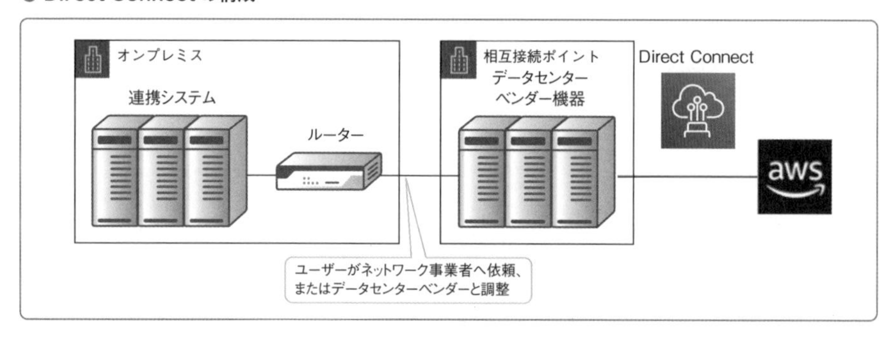

Direct Connectを使った専用線接続の一例を示します。

● Direct Connectを使った接続例

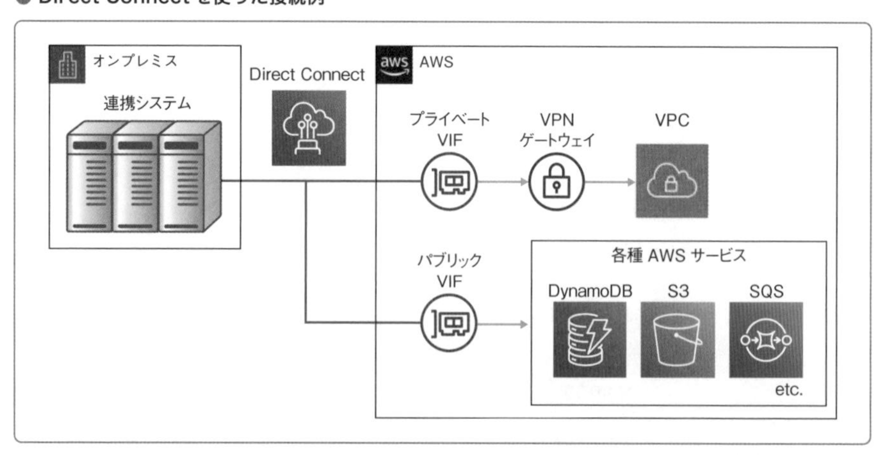

相互接続ポイントはリージョンごとに設置されます。東京リージョン、大阪リージョンでは、エクイニクスをはじめとした各種データセンターベンダーが提供する**データセンター**が相互接続ポイントとなっています。**AWSが提供するのは相互接続ポイントとAWS間のネットワークのみ**です。そのため、ユーザーは自拠点から相互接続ポイントへつなぐためのネットワーク環境を準備する必要があります。これを各企業がデータセンターベンダーと調整し、ネットワーク回線を敷設するのは手間がかかります。そのため、KDDIやNTT東日本などのネットワーク事業者が提供する専用線接続サービスを利用することが一般的です。

オンプレミスのシステムから見たAWS側の接続先は、**Virtual Interface (VIF)**になります。相互接続ポイントなどは意識する必要はありません。

Virtual Interfaceは2つの形式を持っています。1つめは、VGWを経由してVPC内のリソースにアクセスできる**Private VIF**です。もう1つは、オンプレミスから各種AWSサービスに閉域でアクセスできる**Public VIF**です。**ネットワーク事業者経由でDirect Connectを利用する場合、Virtual Interfaceはネットワーク事業者が作成します。**

Direct Connectの利用料金

Direct Connectの利用料金は次の通りです。

● Direct Connectの利用料金

項目	内容
接続時間	Direct Connect接続を確立した時間に応じた従量課金
データ転送量	Dierct Connectを経由して転送されたデータ量に応じた従量課金

Direct Connectと**AWS VPN**（p.236）はともに**閉域でのアクセスを実現するサービス**です。Direct Connectは**帯域保証**（通信速度を保証すること）があり、安定した通信が行えることが強みです。そのため、データセンターとの接続などに向きます。ただし、利用料金はAWS VPNよりも高額で、接続にリードタイムが発生します。ユースケースの違いとそれぞれの特徴を正しく理解し、使い分けができるようになることが重要です。

オンプレミスのバックアップを取得するサービス

AWS Storage Gateway

東京リージョン 利用可能　料金タイプ 有料

AWS Storage Gateway の概要

AWS Storage Gateway は、**オンプレミス環境と AWS を連携させてオンプレミスのバックアップを取得するサービス**です。オンプレミス側に Storage Gateway 仮想マシン（ゲートウェイ VM）を作成し、作成した仮想マシン経由でデータのバックアップやリストアを行います。**オンプレミス側にデータを保管しつつ、S3 へバックアップを行いたい場合に有効**です。

Storage Gateway は 3 つのタイプを提供しています。

● ゲートウェイタイプとユースケース

ゲートウェイタイプ	機能	ユースケース
ファイルゲートウェイ	オンプレミスのファイルを S3 に保存する	オンプレミスのシステムからのアクセス速度を維持しながら、オンプレミスのファイルをバックアップしたいケース
ボリュームゲートウェイ	オンプレミスのディスク内のデータを一部、またはすべて残しつつ、ディスクデータを S3 に複製する	災害対策のためのディスク退避
テープゲートウェイ	物理テープ型のストレージにデータをバックアップする既存のアプリケーションを使いながら、仮想化されたテープ型ストレージ（S3）にデータをバックアップする	既存のテープへのバックアップを行うアプリケーションを維持したまま、データをクラウドにバックアップしたい場合

Storage Gateway の利用料金は次の通りです。

● Storage Gateway の利用料金

項目	内容
ファイルゲートウェイ	AWS へのデータ書き込みデータ量に応じた従量課金
ボリュームゲートウェイ	AWS へのデータ書き込みデータ量と格納されたデータ量に応じた従量課金
テープゲートウェイ	AWS へのデータ書き込みデータ量と格納されたデータ量に応じた従量課金

引用・参考文献

[1]https://www.ipa.go.jp/sec/softwareengineering/std/ent03-b.html
[2]https://www.openvpn.jp/

Chapter 12

第12章

コンテナ関連のサービス

本章では、AWSで扱われる、以下のコンテナ関連のサービスについて解説します。

A Text Book of AWS : Chapter 12

01 コンテナとは

コンテナ技術の概要

コンテナは、Linux OSイメージをサーバ内の隔離された空間で仮想的に動かす技術です。軽量性と使い勝手のよさ、再利用性の高さから、近年、新規にアプリケーションを開発する際に採用されるケースが増えてきています。

コンテナを導入することには大きなメリットがある反面、コンテナとの通信やリソース管理など、**複雑になる部分**も少なからず発生します。そのため、コンテナ自体やコンテナを管理するためのオーケストレーションという技術を把握したうえで、AWSで扱われるコンテナ関連のサービスやよく用いられるアーキテクチャ構成などを押さえておきましょう。

ここがポイント

- コンテナと類似した技術である「サーバ仮想化」との違いを理解したうえで、どのようなメリットや制約、難しさがあるのか押さえておく
- コンテナを用いた典型的なアーキテクチャ構成や頻度の高いサービスの内容を理解し、どのようなときにどのサービスが有効活用できるのか理解しておく

コンテナとサーバ仮想化の違い

通常、1台の物理マシンは、基礎ソフトウェアとなるOSがインストールされている前提で設計されています。これを、ソフトウェアを用いて複数の物理マシンがあるように見せかけて、1台の物理マシン（サーバ）で複数のOSを実行する技術のことを「**仮想化**」といいます。

仮想化技術には大きく「**コンテナ**」と「**サーバ仮想化**」の2種類があります。どちらもOS上で別のOSを仮想的に動作させる技術ですが、**仮想化する範囲**が異なります。次の図は、コンテナとサーバ仮想化（第1章で解説）の実行形態を対比して表したものです。

● コンテナとサーバ仮想化の違い

サーバ仮想化技術では、**ハイパーバイザ**を使って仮想的に複数のOSを実行します。

一方コンテナでは、ホストOS（Linux OS）上において、OSイメージが1つの**プロセス**として動作します（上図の点線で示した範囲が仮想化されています）。各コンテナにはOSの1つ1つのイメージが割り当てられますが、OSイメージ自体がゲストOSとして動作するわけではありません。あくまでもOSイメージ内の指定されたプロセスのみが実行されます。

上記の図では、赤く色づけされたアプリケーションが実行されているプロセスに相当します。ハイパーバイザ上の仮想マシンのように、ゲストOS自体のさまざまなプロセスが実行されることはないため、より軽量・高速に起動できます。また、OSイメージと起動プロセスをまとめたコンテナイメージは可搬性があり、別のホストOS上でもそのまま実行することができます。

コンテナを実行する代表的なソフトウェアとして「**Docker**」が挙げられます。Dockerは、ホストOSとなるLinux上でデーモンサービスとして動作し、主に次のような処理を実行します。

- 「Dockerfile」という設定ファイルを使って、OSイメージや実行プロセスをコンテナイメージとして作成する
- ホストOS上でコンテナイメージをプロセスとして実行する
- ブリッジ（Linuxが提供する仮想のネットワークスイッチ）を使って、ホスト

OSのポートとコンテナのポートをマッピングし、コンテナ内部と外部のネットワーク通信を行う
・LinuxがControlGroup機能を使って、コンテナ上で実行されるプロセスにCPUとメモリを割り当て制御する
・ネットワーク上のレジストリに対してコンテナイメージを送受信する

Memo
デーモンサービスとは、バックグラウンドで動作するプロセスのことを指します。

コンテナオーケストレーション

コンテナはサーバ仮想化と同様、**1つのホストOS上に複数のアプリケーションやデータベースなどのミドルウェアプロセスを動かせます。**

ただし、実行するコンテナが増え、かつ動的に作成・破棄する場合には、前項で示したようなDockerを単純に用いるだけの方法では運用が困難になってきます。

例えば、Webサービスを提供するアプリケーションが、アクセス数に応じて、アプリケーション実行するコンテナを増やす（スケール）するシチュエーションを考えてみましょう。

リクエスト数が増えてきたら、それを処理するためのアプリケーションコンテナ（次ページの図の点線で囲んだ部分）の数を増やせばよいのですが、1つのサーバでアプリケーションを複数実行している場合は、ホストOSのIPアドレスやその上で動くコンテナへ接続するためのポートを、ロードバランサが知っておかなければなりません。コンテナの増減に応じて、手動でロードバランサの設定を変えることもできますが、コンテナの数が増えてくるとそれも現実的ではありません。

そこで、次図のように、コンテナの実行や接続するIPアドレスやポートを管理する役割を持つ**オーケストレータ**が必要になってきます。

オーケストレータは、ホストOSの作成の他に、コンテナを作成・プロビジョニング・実行し、マッピングされるホストOSのIPアドレスやコンテナのポートを管理して、適宜動的にコンテナへ割り当てます。

● オーケストレータの役割

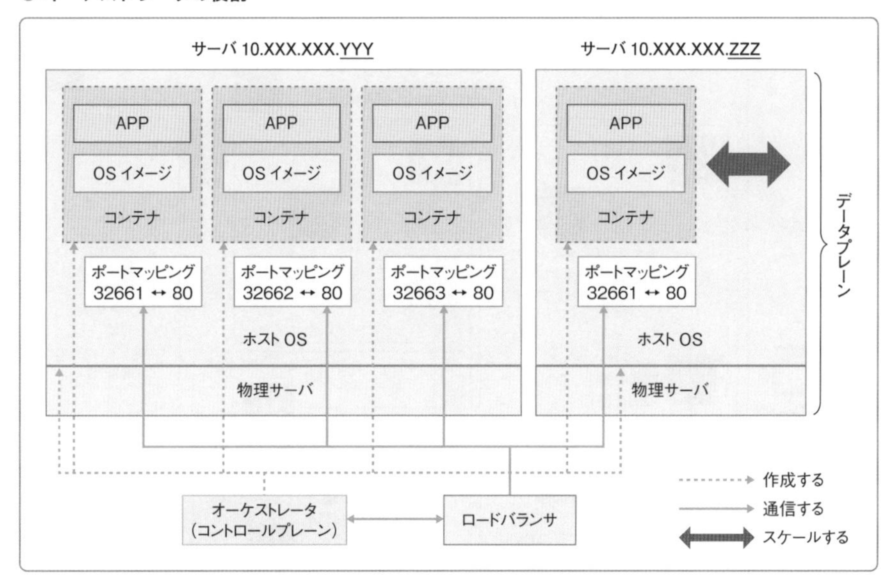

上図の例では、IP アドレス「**10.XXX.XXX.YYY**」および「**10.XXX.XXX.ZZZ**」を持つ2つのサーバにおいて、4つのコンテナが実行されており、それぞれのコンテナには、オーケスレータによってポートが割り充てられています。

このとき、**ロードバランサに必要なのは、コンテナが実行されているホストの IP アドレスと、コンテナとの通信がマッピングされるポートの接続情報**です。オーケストレータは有効なコンテナの接続情報を動的にロードバランサと連携し、自動的にコンテナを増減するオートスケーリングを実現します。

なお、コンテナが実行されるリソースを**データプレーン**、コンテナを管理するオーケストレータを**コントロールプレーン**と呼びます。

AWS がサポートするコンテナ関連サービス

コンテナに関する基本的な事項を押さえたら、次は AWS でコンテナアプリケーションを構築する場合の方法について考えていきます。

AWS 上でコンテナアプリケーション環境を構築する場合によく使用されるサービスの全体像を示すために、システムアーキテクチャ構成例を示します。次の図は複数のマイクロサービスをコンテナで運用し、異なるオーケストレーションサービスを組み合わせ、全体として1つのアプリケーションとして構成しています。

● コンテナでマイクロサービスを運用する場合のシステムアーキテクチャ

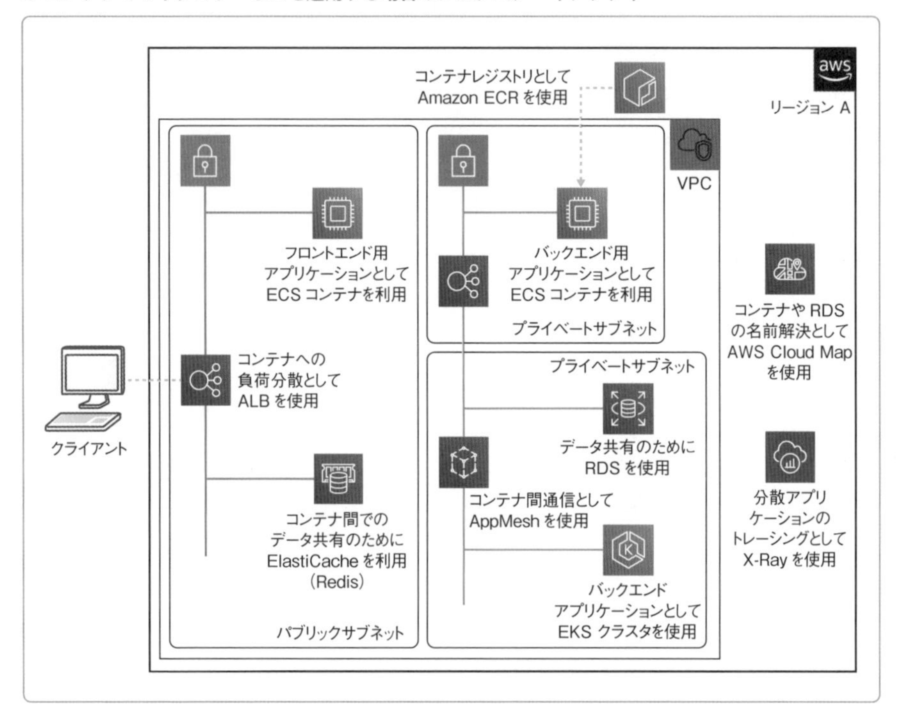

本章では、コンテナを使って構築する際によく利用する、以下の AWS サービスについて説明します。

● 本章で説明するサービス

サービス	用途
Amazon ECS	Docker コンテナを簡単に実行、停止、管理できるスケーラブルで高速なコンテナオーケストレーションサービス
Amazon ECR	Docker コンテナイメージを保存・管理する AWS マネージドレジストリサービス
Amazon EKS	コンテナオーケストレーションプラットフォーム Kubernetes を AWS 上で実行するマネージドサービス
AWS App Mesh	EKS、ECS で構築されたコンテナアプリケーション間通信を負荷分散・監視するサービスメッシュ（分散されたサービスの間の通信処理をサポートする技術）。オープンソースソフトウェア「Envoy」のコントロールプレーンとなるマネージドサービス
AWS Cloud Map	EC2、ECS、S3、SQS などの AWS リソースの IP アドレスやポート番号、リソース名を探すサービスディスカバリ（アプリやリソースへの接続をサポートするサービス）
AWS X-Ray	分散されたコンテナアプリケーションのデータを収集し、可視化・分析するサービス

02 Amazon ECS

Dockerを管理できるコンテナ管理サービス

東京リージョン 利用可能　料金タイプ 有料

Amazon ECS の概要

Amazon ECS（Elastic Container Service）は、Docker コンテナをスケーラブルかつ簡単に実行／停止／管理できるコンテナ管理サービスです。

ここがポイント

- ECS は AWS が扱うフルマネージドオーケストレーションサービス。さまざまな AWS サービスと連携しながら、多数のコンテナを、高い可用性を保ちつつ、簡単に実行できる
- クラスタを自分で運用する「EC2 起動型」と、クラスタ運用も AWS マネージドとする「Fargate」から選択できる
- コンテナを実行する際に定義する「タスク」・「サービス」の設定が重要であり、非機能要件と照らし合わせて設計する

ECS を使用すると、複数の Docker コンテナが実行されている 1 つ以上の EC2 インスタンスは「**クラスタ**」と呼ばれる単位で扱われるようになります。

Docker コンテナを単純に EC2 インスタンス上で運用する場合と比較して、**ECS ではリージョン内の複数のアベイラビリティゾーンをまたいでコンテナを実行できるため、可用性の高い運用が可能**です。

ECS は「**EC2 起動型**」と「**Fargate**」に分類できます。

EC2 起動型は、データプレーン（コンテナが実行されるリソース）として EC2 にクラスタを構築し、コンテナをプロビジョニングします。EC2 起動型は、コンテナ実行用のクラスタをユーザーが管理する必要がありますが、**Fargate** は、クラスタ自体はマネージドとして AWS が自動で管理し、コンテナだけを意識する形となります。いずれの場合も、コンテナの元となる Docker イメージは ECR や DockerHub などのレジストリから取得します（詳細は次節で解説）。

ECS では、主要な構成要素として次の 3 つが定義されています。

● ECSの主な構成要素

構成要素	説明
クラスタ	Docker コンテナを実行するためのデータプレーンの実態となる1つ以上のEC2インスタンス群。Fargateではクラスタ自体がAWSのマネージドサービスとして管理される
タスク	Docker コンテナイメージ設定と、イメージから生成されるコンテナにおけるクラスタ上の実行設定をセットにした概念
サービス	タスク定義された内容に基づき、実際に実行されるコンテナを指し示す概念

ECSを実際に使用するには、まず、ローカルの端末などでコンテナのイメージを作成し、ECRやDockerHubといったレジストリに登録しておきます。そして、マネジメントコンソールやCLIなどを使ってクラスタ起動やタスク定義を行い、サービス条件を定義して実行します。

タスク定義やサービスを実行する際には、次の項目リストのようにきめ細やかな条件が設定可能です。コンテナを用いた開発では、こうした定義内容を意識して設計する必要があるので、非機能要件と照らし合わせて検討するようにしましょう。

● ECSタスクの定義項目

設定要素	説明
タスクメモリ	コンテナに割り当てるメモリを指定
タスクCPU	コンテナに割り当てるCPUユニット数を指定
ネットワークモード	コンテナとクラスタ間のネットワーク変換の方式を指定
ボリューム	コンテナにアタッチするストレージのタイプとマウントするディレクトリを指定
タスクロール	アプリケーションの処理内容に応じて必要なIAMロールを設定
タスク実行ロール	タスク実行用のIAMロールを指定

● ECSサービスの定義項目

設定要素	説明
起動タイプ	Fargateか、EC2起動型を選択する
タスク定義	サービスとして実行するタスク定義を設定する
クラスタ	サービスを実行するクラスタを選択する
サービスタイプ	REPLICAか、DEMONを設定する。 REPLICAは、クラスタ全体で「タスクの数」として指定した数のコンテナを実行するオプション。DAEMONは、ECSクラスタ1台につき、1つのサービスを実行し、クラスターインスタンスの増減に合わせて実行コンテナのサービスを増減させるオプション
タスクの数	クラスタで実行するコンテナ数を設定する
最小ヘルス率	コンテナの最小実行数の割合を設定する
最大率	コンテナの最大実行数の割合を設定する

設定要素	説明
デプロイメントタイプ	コンテナをアップデートする場合の戦略を選択する。インスタンスを稼動状態のまま1台ずつ順番に更新する「ローリングアップデート」か、AWS CodeDeployで新しいコンテナを作成し、テスト完了後にトラフィックを新しいコンテナへ切り替える「ブルーグリーンデプロイメント」を選択可能
ヘルスチェックの猶予時間	ECSコンテナを起動してからのヘルスチェックの猶予時間を設定する
ELB	ECSコンテナに処理を分散させるロードバランサやその詳細な条件を指定する
サービス検出統合の有効化	Route53を使ったサービス検出／ディスカバリー機能を有効化するオプション
ServiceAutoScaling	AutoScaling機能を有効化する場合、オプションを設定する

第14章で解説するCodeBuildやCodePipeline、第19章で解説するSystems Manager Parameter Storeといった他のAWSマネージドサービスと簡単に連携できるのも、ECSの大きな特徴です。

CodePipelineは**継続的インテグレーション・デプロイをサポートするサービス**で、ECSを使った商用環境や商用相当のステージング環境（テスト環境）に、コンテナアプリケーションの自動デプロイを組み込むことができます。

Systems Manager Parameter Storeは**環境変数や秘匿情報をセキュアに管理するサービス**で、ECSコンテナと秘匿データを安全に連携します。

このようにECSは、Dockerをベースとしたコンテナイメージを作成して、条件を設定するだけで使用でき、各AWSサービスとの連携はマネージドサービスが実行してくれるため、非常に扱いやすいサービスとなっています。

ECSの利用料金

ECSの利用料金は次の通りです。

● ECSの利用料金

項目	内容
EC2起動型	【EC2と同等の料金体系】 ・**オンデマンド・スポット**：インスタンスタイプに応じた時間単位の従量課金 ・**リザーブド**：1年・3年ごとの固定もしくは一部分割支払い
Fargate	コンテナスペックに応じた分単位の従量課金

03

コンテナイメージを保存・バージョン管理するサービス

Amazon ECR

東京リージョン 利用可能 料金タイプ 有料

Amazon ECRの概要

Amazon ECR（Elastic Container Registry）は、AWSが提供する、Dockerコンテナレジストリで、**コンテナイメージを保存・バージョン管理するマネージドサービス**です。ローカルの開発端末で作成したコンテナイメージをプッシュしたり、ECSなどのコントロールプレーンからコンテナイメージをプルしたりして実行する場合に利用されます。

コンテナレジストリは、DockerHubをはじめとした既存のレジストリを利用したり、docker-distributionコマンドなどを用いて、オンプレミスのローカルサーバに構築したりすることもできます。ただし、**DockerHubの場合、無料で利用できるプルリクエスト数が限られており、特定ユーザに利用を絞るプライベートレポジトリは有料になります**。一方で、ローカルにレジストリを構築する場合は、バックアップなどの保全性を担保する運用が大変です。

ECRを使えば、コンテナイメージを非公開かつ、安全に保存でき、AWSネットワークからのプルリクエストは無料で利用できます。また、保存したコンテナイメージを自動的に暗号化したり、プッシュしたイメージに脆弱性スキャンを施したりする無料のオプションも提供されています。レジストリ自体はAWSが冗長化構成で構築しているため、高可用性を担保しながら運用することができます。

第14章で解説するCodeBuildやCodePipelineといった継続的インテグレーション・デプロイのためのサービスやECSなどとも簡単に連携できるのも、ECRのメリットです。ECRのレジストリに接続するには、CLI（コマンドラインインターフェース）からECRへログインするコマンドを実行します。コンテナイメージのプッシュ・プルはコマンドラインから行いますが、レジストリ上に管理されたイメージはマネジメントコンソールから確認することも可能です。

ECRの利用料金は次の通りです。

ECRの利用料金

項目	内容
ストレージ	レポジトリに保存したデータ量に応じた従量課金
データ転送量	・プライベートレポジトリ：インターネットへの転送量に応じた従量課金 ・公開レポジトリ：インターネットへの転送量に応じた従量課金 （ただし、AWSリージョン内のデータ転送は無料）

A Text Book of AWS : Chapter 12

04

Kubernetesのマネージドサービス

Amazon EKS

東京リージョン 利用可能 料金タイプ 有料

Amazon EKSの概要

Amazon EKS（Elastic Kubernetes Service）は、オープンソースのコンテナオーケストレーションプラットフォーム「Kubernetes」のマネージドサービスです。

ここがポイント

- EKSはKubernetesのコントロールプレーンに相当する「Master Node」がマネージドサービスとして提供される
- ECSと同様、データプレーンを意識しなくて済む「Fargate」がオプションとして選択できる
- EKSはKubernetesプラットフォームのエコシステムとして形成されるさまざまなOSSをフル活用したい場合に適している

Memo

Kubernetesは「クーベネティス」または「クバネティス」と呼ばれます。また、「k8s」と略記される場合もあります。

本章の冒頭でも解説した通り、コンテナを多数運用する場合、オーケストレータの導入が事実上必須となります。このオーケストレータの世界で大きなシェアを占めるのがKubernetesです。EKSではKubernetesのコントロールプレーンに相当する「Master Node」が、冗長化やバックアップといった可用性・保全性が向上したマネージドサービスとして提供されます。

AWSがサポートするKubernetesの範囲を示すために、Kubernetesの構成要素を次の図と表に示します。

● Kubernetes のコントロールプレーンとデータプレーン[1]

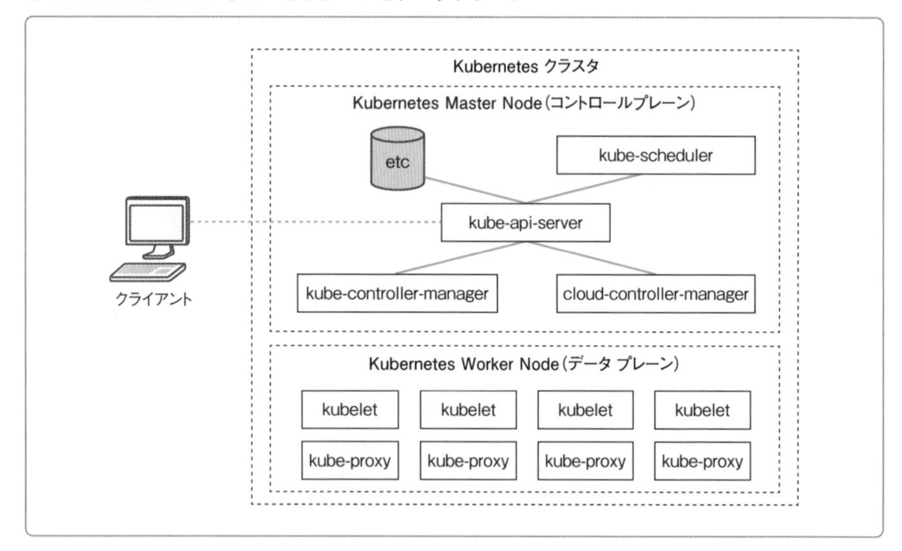

● Kubernetes コントロールプレーンの構成要素

構成要素	説明
kube-api-server	Kubernetes のコマンドラインツールである kubectl などが通信したり、相互通信の受け口となったりするサーバ。少なくとも 2 つの API サーバインスタンスが複数のアベイラビリティゾーンで構成される
kube-controller-manager	Kubernetes Worker Nodes にあるリソースを管理するコントローラを管理する。コントローラには、Nodes の稼働状況のチェックなどさまざまな種類がある
cloud-controller-manager	さまざまなクラウド固有の制御リソースや API へ対応づけして実行するプロバイダを管理する。EKS では AWS 向けのクラウドプロバイダが実行されることになる
etc	Kubernetes のリソースに関するデータが保存されるキーバリューデータストア。EKS では 3 つのアベイラビリティゾーンで 3 つの実行インスタンスで構成される
kube-scheduler	1 つ以上の実行コンテナをまとめた「Pod」をデプロイする「Woker Node」を割り当て、監視する

EKS では従来、EC2 インスタンスを「**Worker Node**」（ECS におけるデータプレーン）として使用していましたが、ECS と同様、データプレーンを意識しなくて済む「**Fargate**」が 2019 年末から提供が開始されました。Fargate の特徴でもあるデータプレーンの自動管理により Worker Node 自体のスケーリングや可用性が向上しつつも、実行される Node は気にせず「Pod」だけを意識する

オプションが選択可能です。

Worker Node に配置される Pod の概念図や、構成要素を以下に示します。

● Kubernetes の Node と Pod について [2]

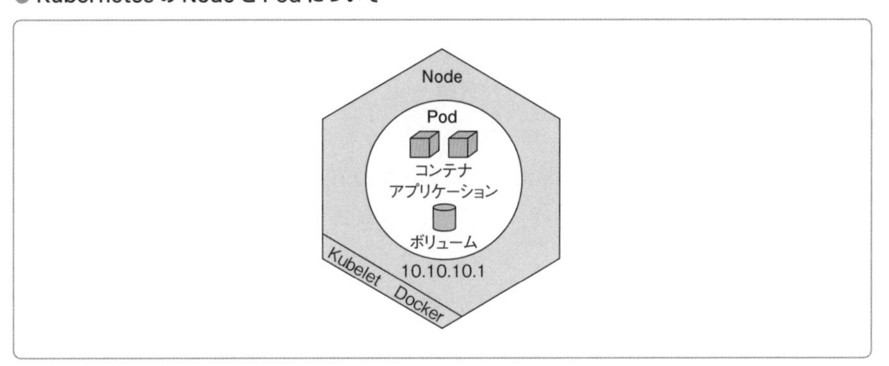

● Node と Pod の構成要素

構成要素	説明
(Worker) Node	Pod が実行される実際のインスタンス。Fargate では、Node の管理も AWS のマネージドとなる
Pod	1つ以上のコンテナを抱合する単位。Pod 内のすべてのコンテナは同一の Node にデプロイされ、IP アドレスやストレージボリュームなどのリソースを共有することが保証される
kubelet	Master Node からのリソース管理制御や Pod の割り当て要求などを制御するエージェント
Docker	コンテナの作成・削除を行うコンテナエンジン
kube-proxy	DNS ラウンドロビン（DNS の仕組みを利用して負荷分散を行う手法）の機能を持つネットワークプロキシコンポーネント。Pod へのルーティングや、実行されているコンテナへの実際のアクセスをランダムで負荷分散させる

EKS Fargate では、Deamon Set が利用できなかったり（2022 年 7 月現在）、Kubernetes の機能が一部制限されたりするデメリットもあります（詳細は https://docs.aws.amazon.com/ja_jp/eks/latest/userguide/fargate.html を参照）。

一方で、CloudWatch Container Insights など AWS のマネージドサービスへのサポートも拡充しつつあります。

Kubernetes は更新が多いプロダクトであり、AWS のサポート状況の変化も著しいので、利用を検討する際は、**公式のユーザガイド**[3]や **AWS Container Services Blackbelt**[4]などの情報を参照して、制約を確認するようにしたほうがよいでしょう。

EKSは基本的にKubernetesを運用するうえで必要なものをマネージドサービスとして提供し、Kubernetesプラットフォームのエコシステムとして形成されるさまざまなOSS（Open Source Software）を最大限AWS上で活用したいというユーザの目的に沿ったサービスを目指しています。

逆にいえば、**「Kubernetesのプラットフォームを利用する」という積極的な理由がなければ、ECS（p.247）を選ぶのが無難**です（詳細は次ページのコラムを参照）。

EKSの主要な構成要素はKubernetesのアーキテクチャに基づくものであり、本書の主題から外れるので、Kubernetesに関わる定義項目については説明を省略します。EKSを導入する際は、ECSと同じコンテナオーケストレータである以上、p.248で説明したように、実行するコンテナに割り当てるメモリやCPU、スケーリングの条件などを、非機能要件を鑑みて検討するようにしましょう。

EKSの利用料金

EKSの利用料金は以下の通りです。

● EKSの利用料金

項目	内容
EKS Master Node	時間単位の従量課金
EKS Worker Node	【EC2と同じ料金体系】 ・オンデマンド・スポット：インスタンスタイプに応じた時間単位の従量課金 ・リザーブド：1年・3年ごとの固定もしくは一部分割支払い
EKS Fargate	コンテナスペックに応じた分単位の従量課金

ECSとEKSのどちらを採用すべきか

筆者は実業務で、さまざまな産業のシステム開発プロジェクトに関わる機会があるのですが、コンテナを使ったアプリケーション開発に関する相談を受ける際、「ECSとEKSのどちらを採用すべきか」といった質問をよくいただきます。

このときに決まってお答えしているのが「**ケースバイケースだが、これまでコンテナを使った開発経験がなく、新しくはじめるのであればECS**」です。正直なところ、それぞれに一長一短あります。端的に整理すると以下の通りです。

● ECSとEKSのメリット・デメリット

	メリット	デメリット
ECS	・オーケストレータの複雑な挙動設定を隠蔽しながら、コンテナのスケールといった条件に対して十分なカスタマイズ性を持つ ・AWSのさまざまなマネージドサービスと統合されていて、設定が単純で扱いやすい ・コンテナとオーケストレータの役割が直感的で理解しやすい	・AWS独自のオーケストレータであるため、他のクラウドでは利用できない ・コンテナ起動処理の高速化といったオーケストレータの挙動をカスタマイズすることができない
EKS	・クラウドに過度に依存しない高い抽象性を持つKubernetesおよびそのエコシステムを活用できる ・別のクラウド上でKubernetesの知識が再利用できる ・オーケストレータの詳細な挙動をカスタマイズできる	・Kubernetesのアップデートや関連プロダクトの種類が多く、追随するのが大変 ・オーケストレータの設定自体を取り扱うため、ECSと比較して概念が複雑で学習コストが高い ・オープンソースであるが故に、各ミドルウェア間の動作や後方互換の保証はユーザ依存 ・エコシステム上の関連プロダクトをたくさんEC2で立ち上げると結局高コスト

EKSというよりもむしろKubernetesの採用を積極的に検討する場合は、以下のような満たすべき条件がいくつかあると筆者は考えています。

・Kubernetesを使った構築経験がある
・運用・保守後もアップデートに追随してメンテナンスできる体制が組める
・AWS以外にもAzureやGCPなどさまざまなクラウドをハイブリッドに扱う必要があり、方式を統一したい

Column

Kubernetesを利用すれば、クラウドの変更は簡単か

Kubernetesに関する主張の1つとして、「クラウドベンダのロックインを回避でき、ポータビリティ性がある」という趣旨のコメントを見ることもありますが、筆者はこの主張に対して、必ずしも正確でないと考えています。

AWSに限らず、Kubernetesを使っても結局IAMやS3などクラウドベンダに依存する部分は残ってしまい、そのままポータブルに別のクラウドに移行できるということはまずありません。加えて、Kubernetesを使用する本質的なメリットの1つには、クラウドに依存しない抽象的な環境を利用することにありますが、EKSを採用すると、どうしてもAWS依存が発生してしまうことになります。

確かにコンテナを使っていれば、イメージ化したアプリケーションはある程度そのまま移行可能なケースもありえます。それはKubernetesというよりは、コンテナの移植性によるものであり、DockerをベースとするECSでもある程度のポータビリティ性はあります。

コンテナの開発経験が乏しい要員が多い開発体制であれば、最初はECSを使ってコンテナを使った開発に慣れてもらい、開発したアプリケーションコンテナを使って、そこからEKSへ移行してみるといったアプローチも取れると思います。新しい技術をたくさん同時にはじめてしまうと、トラブルシューティングするのも大変になります。そのため、これまでコンテナを使った開発経験がなく、新しくはじめるのであれば、オーケストレータが完全にマネージド化された、直感的にわかりやすいECSを使ったほうがよいです。ECSはよくできているので、筆者の経験上、ほとんどの要件はECSで事足ります。

Column

ECS AnywhereとEKS Anywhere

ECS AnywhereとEKS Anywhereは、AWSリージョンで稼働するECS/EKSコントロールプレーンを利用して、オンプレミスなどAWS外にあるサーバをデータプレーンとして活用するためのサービスです。

ECSの場合は、データプレーンとしたいサーバにECSエージェントをインストールし、AWSコンソール上から、「**EC2**」「**Fargate**」に次ぐ新たな起動タイプ（p.247）として追加された「**EXTERNAL**」を選択します。この新たなサービスで、仮想マシンやベアメタル（物理）サーバ、Raspberry Piといったインフラストラクチャに依存せずに、コンテナの稼働状況の監視やヘルスチェック機能を提供し、AWSで一元的なコンテナオーケストレーション環境を実現することができます。

これらは、エッジコンピューティング環境でのコンテナ運用を容易にしたり、オンプレミス環境下で比較的余裕のあるサーバリソースを有効活用したりするなどの用途が期待されるサービスです。

A Text Book of AWS : Chapter 12

05

Envoyのコントロールプレーンとなるマネージドサービス

AWS App Mesh

東京リージョン 利用可能　料金タイプ 無料

AWS App Meshの概要

AWS App Meshは、オープンソースのサービスメッシュ「Envoy」のコントロールプレーンとなるマネージドサービスです。

ここがポイント

- App Meshは、分散アーキテクチャ構成のアプリケーションサービスで通信処理をサポートする、オープンソースのサービスメッシュ「Envoy」のコントロールプレーンとなるサービス
- プロキシにより通信時に一元的に処理を組み込んで、複雑な実装を避けたい場合に導入を検討する

Envoyは前節のEKSで説明したKubernetesのエコシステムとして提供されるOSSの1つです。Envoy自体を説明する前に「**サービスメッシュ**」とはどういうものかを説明します。

サービスメッシュとは、**マイクロサービスアーキテクチャなどで構成されたアプリケーションにおいて、分散されたサービス間の通信処理をサポートする技術**です。

サービス間通信には多くの**不確実性**が伴います。HTTP通信では、安定した通信が保証されておらず、アクセス遅延や接続エラーが発生することがあります。また、信頼されていないネットワーク空間の通信ではリクエストの安全性・正当性を検証したりしなければなりません。

そのため、サービス間通信を行う場合はリトライ処理や認証認可、原因特定のためのロギングやトレーシングといった処理が必要になるケースが頻繁に発生します。さらに、これらのサービスがそれぞれコンテナを使って構築されていると、動的に実行されているアプリケーションにおける有効なIPアドレスやポートなども把握しておく必要があります。

しかし、通信が発生するマイクロサービスごとにこうした処理を個々に実装するのは非効率です。そこで登場するのが**サービスメッシュ**という考え方です。具体的には「**プロキシ**」と呼ばれるコンポーネントを準備し、サービスで通信が発

生するたびにこのコンポーネントを経由して通信を行うようにします。プロキシ内に必要な処理を一元的に埋め込むことで、サービス側は特に通信にまつわる複雑な実装を意識することなく、他のサービスを呼び出せます。

● サービスメッシュで導入されるプロキシ[5]

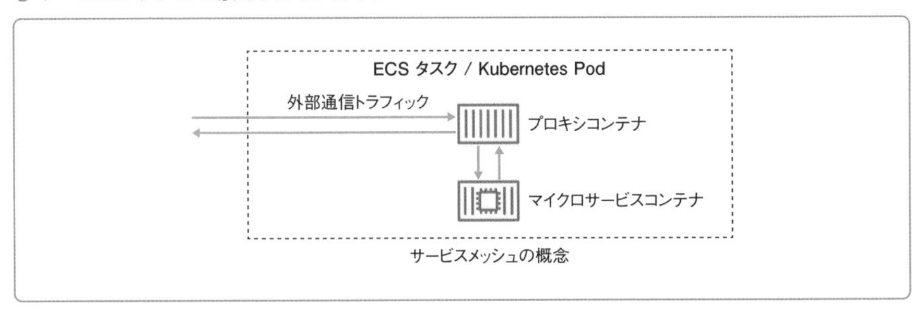

加えて、サービスメッシュが必要になる背景の1つに、p.242の「**サーバ仮想化とコンテナの違い**」で解説したように、コンテナが単一プロセスの実行を前提にしていることにあります。アプリケーションが実行されているコンテナではアプリケーション自体のプロセスが動いており、従来のサーバ環境のように、別のプロセスが稼働することは通常ありません。そのため、プロキシを別のコンテナのプロセスとして起動し、それをアプリケーションのコンテナとセットにして構成します。外部からアプリケーションコンテナへのトラフィックは、インバウンド／アウトバウンドの両方とも、プロキシのコンテナを介して通信します。

これはサイドカーパターンと呼ばれる設計におけるデザインパターンとして知られています。

● プロキシを挟んで（1）～（4）の流れで通信する構成[6]

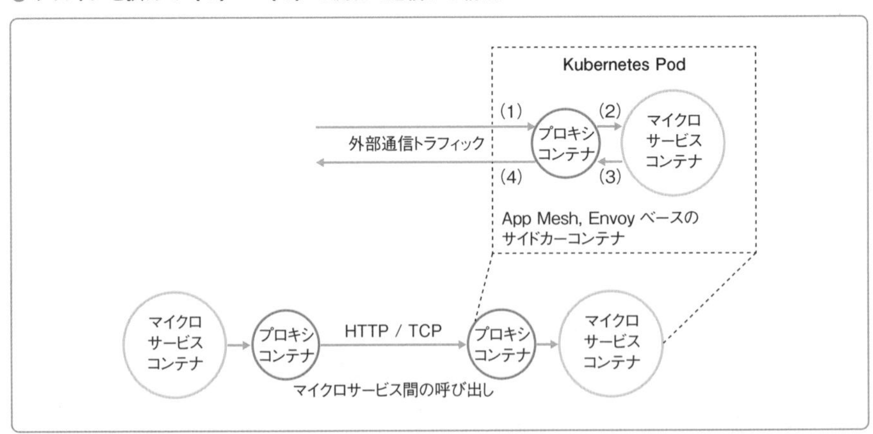

前置きが長くなりましたが、このサイドカーとして構成されるプロキシが、OSSのEnvoyです。Envoyでは以下のような機能をプロキシ内で実行できます[7]。

・ロギング
・サービスディスカバリ
・ロードバランス
・サーキットブレイカー
・ヘルスチェック
・HTTP2/gRPCサポート
・暗号化

App Meshは、上図のコンテナ配置を構成するための、コントロールプレーンとなるマネージドサービスです。App Meshでは次のようなネットワークモデルにより、コンテナ間の通信を実現します。

● App Meshを使ったコンテナ間のネットワーク通信モデル例[8]

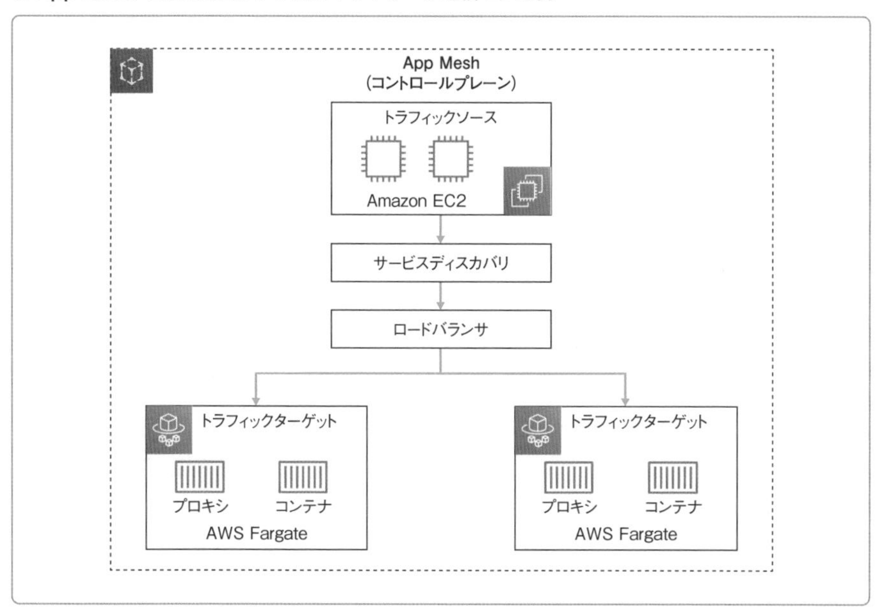

App Meshではトラフィックソースやターゲットとして、ECSやEKSをはじめ、Fargate環境での実行をサポートし、EC2自体やEC2上に構成したKubernetesでも利用可能です。

App Meshの利用料金

App Meshは無料で利用できます。ただし、デプロイされたプロキシコンテナはECSやEKSコンテナと同等に課金されるので注意してください。

A Text Book of AWS : Chapter 12

06

さまざまなリソースの名前解決を行うサービス

AWS Cloud Map

東京リージョン 利用可能　料金タイプ 有料

AWS Cloud Mapの概要

AWS Cloud Mapは、EC2やECS、EKS、Lambda、S3バケット、DynamoDB、SQSキューなど、アプリケーションで使用するさまざまなリソースの名前解決を行うサービスです。

ここがポイント

- Cloud Mapは、DNSクエリとHTTPSによるAPIコールによって、多くのリソースのIPやポート番号、URL、ARNなどさまざまな識別情報を取得できるサービス
- AWSリソースに限らず、複数のコントロールプレーンを使ったコンテナ実行環境や他ベンダのクラウドへのアクセスが必要な場合など、ハイブリッドな環境で名前解決が必要なユースケースにも適している

第3章で解説した「**Route 53**」(p.91)や、「**ALB**」(p.97)もサービスディスカバリが可能なサービスですが、**Cloud Mapでは、AWS外も含めたより多くのリソースに対して単一の名前空間を使った名前解決が可能になります。**

Cloud Mapでの名前解決の手法は、**DNSクエリ**と**HTTPS経由でのAPIコールを使ったリソース検出**の2種類に分けられます。前者ではIPアドレスやポート番号、後者では、それらに加えてURLやARN（Amazon Resource Name）を取得できます。また、DNSクエリはVPC内のプライベートなDNSクエリか、パブリックなDNSクエリをオプションとして選択可能です。Cloud Mapを利用するクライアントのネットワーク環境に応じて適切なオプションを選択するとよいでしょう。

次の図は、パブリックなDNSクエリにより、名前空間「**sample.com**」にあるサービス名「**ServiceA**」に複数のインスタンスをリソースとして登録している例です。

● パブリックDNSディスカバリモードでインスタンスと名前を関連づける例

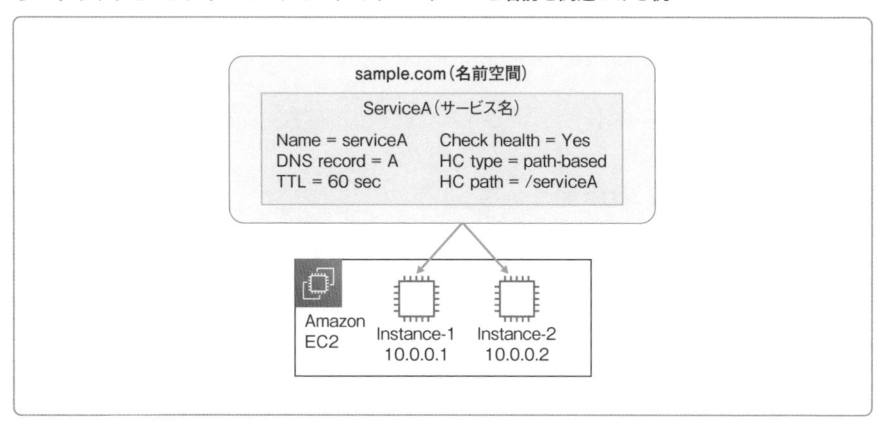

● Cloud Mapのリソース検出

検出方法	検出項目	主な検出対象
DNSクエリ	IPアドレス、ポート番号	EC2インスタンス、RDSインスタンス、ECSコンテナ
APIコール	IPアドレス、ポート番号、ARN、URL	S3バケット、Lambda、DynamoDB、SQSキュー

リソースの検出や登録はCLI（コマンドライン）やSDKから行います。Cloud Mapではリソースに対するヘルスチェックもオプションで選択でき、チェックに引っかかった異常なリソースにはルーティングされなくなります。

Cloud Mapへの各サービスの登録は手動で行うことになりますが（ECSやEKSなどで実行されたコンテナのCloud Mapへの自動登録機能はサポートされています）、単一のドメイン名で複数のリソース情報を取得したい場合などに便利なサービスです。また、Cloud MapではAWS以外のリソースも登録できます。複数のコントロールプレーンを使ったコンテナ実行環境や、他ベンダのクラウドへのアクセスが必要な場合など、ハイブリッドな環境で名前解決が必要なユースケースにも適しています。

Cloud Mapの利用料金

Cloud Mapの利用料金は以下の通りです。

● Cloud Mapの利用料金

項目	内容
Cloud Map	リソースの登録数とDNSクエリやAPIコールに応じた従量課金

A Text Book of AWS : Chapter 12

07 AWS X-Ray

メトリクスを収集・可視化・分析できるサービス

東京リージョン 利用可能 料金タイプ 有料

AWS X-Rayの概要

AWS X-Rayは、アプリケーションの処理単位でメトリクスを収集・可視化・分析できるサービスです。

ここがポイント

- X-Rayは分散アーキテクチャでの処理状況をトレーシング（追跡）し、呼び出し関係、実行成否、レスポンス時間を可視化できるサービス
- 多くのプログラミング言語で記述されたアプリケーションで、コンポーネント単位に処理をトレースできる他、DynamoDB、SQSといったさまざまなAWSリソースの呼び出しも可視化できる

次の図のようにアプリケーション内の処理の呼び出し関係、実行可否やレスポンス時間を可視化できます。

● X-Rayのメトリクスを可視化したサービスマップイメージ [9]

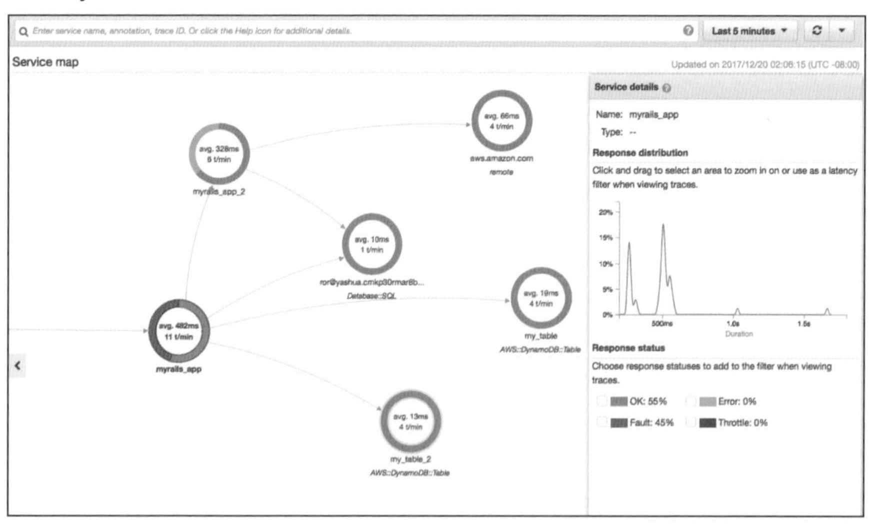

商用環境で稼働するアプリケーションのエラー監視や、性能試験などで処理の実行状況を可視化することで、アプリケーション内で発生している問題を分析できます。処理のトレースリストやアナリティクス機能も付属しており、特にコンテナを使ったアプリケーションで顕著な、処理が分散し、さまざまなサービスの通信が発生する場合の分析に適しています。

● X-Ray のトレースリストの利用イメージ [10]

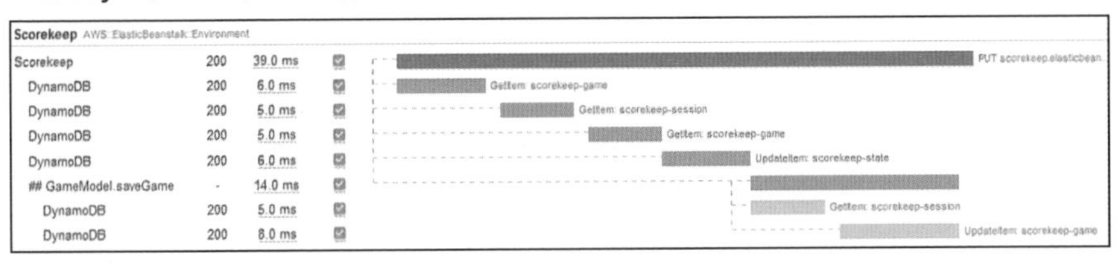

● X-Ray のアナリティクスツールの利用イメージ [10]

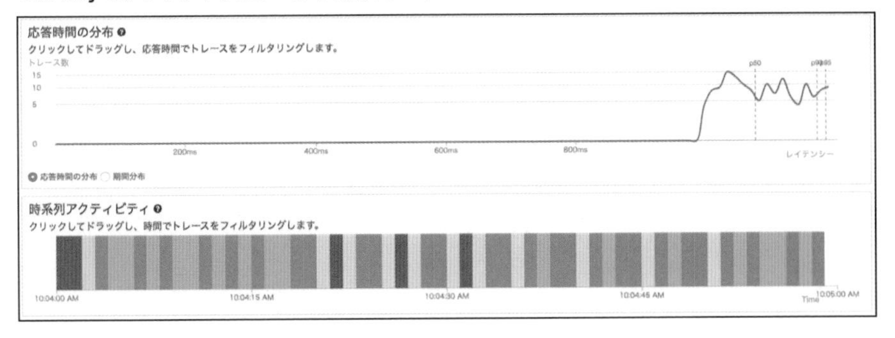

X-Ray では、メトリクス収集のための SDK ライブラリが提供されており、Java や Node.js、Python、C#、Ruby、Go の 6 言語で利用できます。アプリケーションの処理内で X-Ray SDK ライブラリの API を呼び出すことでトレースデータが収集され、このデータを、サーバやコンテナ環境にインストールした X-Ray デーモンが定期的に AWS 側へ送信します。X-Ray デーモンの実行環境は EC2 や ECS をはじめ、App Mesh、AWS Lambda、API Gateway などさまざまな AWS リソースでサポートされています。

収集したデータは CloudWatch とも統合されているので、実行ログを細かく手動で解析することも可能です。

X-Rayの利用料金

X-Rayの利用料金は次の通りです。

● X-Rayの利用料金

項目	内容
X-Ray	トレースの記録・取得・スキャンに応じた従量課金

引用・参考文献

[1] https://kubernetes.io/ja/docs/concepts/overview/components/
[2] https://kubernetes.io/ja/docs/tutorials/kubernetes-basics/explore/explore-intro/
[3] https://docs.aws.amazon.com/ja_jp/eks/latest/userguide/what-is-eks.html
[4] https://d1.awsstatic.com/webinars/jp/pdf/services/20200624_BlackBelt_container_services_update.pdf
[5] https://aws.amazon.com/jp/blogs/news/introducing-aws-app-mesh-service-mesh-for-microservices-on-aws/
[6] https://aws.amazon.com/jp/blogs/news/introducing-aws-app-mesh-service-mesh-for-microservices-on-aws/
[7] https://www.envoyproxy.io/docs/envoy/latest/
[8] https://d1.awsstatic.com/webinars/jp/pdf/services/20200721_BlackBelt_AWS_App_Mesh.pdf
[9] https://docs.aws.amazon.com/xray-sdk-for-ruby/latest/reference/
[10] https://d1.awsstatic.com/webinars/jp/pdf/services/20200526_BlackBelt_X-Ray.pdf

Chapter 13

第13章

サーバーレス関連のサービス

本章では、AWSで扱われる、以下のサーバーレスアプリケーション関連サービスについて解説します。

なお、サーバーレスアプリケーション関連サービスには他にも下記がありますが、それぞれ記載の章で解説します。

・Amazon DynamoDB　⇒第6章
・Amazon SNS　⇒第7章
・Amazon SQS　⇒第7章
・Amazon CloudWatch Events　⇒第8章
・Amazon Kinesis Family　⇒第15章

サーバーレスとは

サーバーレスの概要

サーバーレスとは、文字通りに「**サーバが存在しない（レス）**」ということではありません。「**アプリケーションを実行させるうえで、利用者が管理すべきサーバが存在しないこと**」を指します。本章の冒頭で解説するLambdaやAPI Gatewayなどのサーバーレスアプリケーション関連サービスを組み合わせて構成されたアーキテクチャを「**サーバーレスアーキテクチャ**」といいます。

サーバーレスなサービスでは、サービス提供者であるAWSが利用者に代わってサーバを管理してくれます。下図「AWSのサービス形態」の右端がサーバーレスであり、利用者は「アプリケーション開発」のみに注力すればよいことがわかります。

● AWSのサービス形態

開発者が担当
AWSが担当

オンプレミス	独自構築 on EC2	マネージドサービス	サーバーレス
アプリケーション開発	アプリケーション開発	アプリケーション開発	アプリケーション開発
スケールアウト設計	スケールアウト設計	スケールアウト設計	スケールアウト設計
定形運用設定	定形運用設定	定形運用設定	定形運用設定
ミッドウェアパッチ	ミッドウェアパッチ	ミッドウェアパッチ	ミッドウェアパッチ
ミドルウェア導入	ミドルウェア導入	ミドルウェア導入	ミドルウェア導入
OS パッチ	OS パッチ	OS パッチ	OS パッチ
OS 導入	OS 導入	OS 導入	OS 導入
HW メンテナンス	HW メンテナンス	HW メンテナンス	HW メンテナンス
ラッキング	ラッキング	ラッキング	ラッキング
電源・ネットワーク	電源・ネットワーク	電源・ネットワーク	電源・ネットワーク

ここがポイント

- サーバーレスアプリケーション関連サービスを利用すると、サーバの開発や維持管理などの「価値を生まない作業」から解放され、ビジネスの価値を生み出すアプリケーションの開発に集中できる
- その一方で、サーバーレスにはサーバーレスならではの制約が伴う。サーバーレスの効果を最大化するために、特徴やユースケースの理解が不可欠である

AWS におけるサーバーレスの代表的なサービスは「AWS Lambda」です。Lambda はアプリケーションを実行させるサーバを用意することなく、必要なときに必要な分だけアプリケーションを実行することができるサービスです。

Lambda のコンソール画面を見てみましょう。

● Lambda のコンソール画面

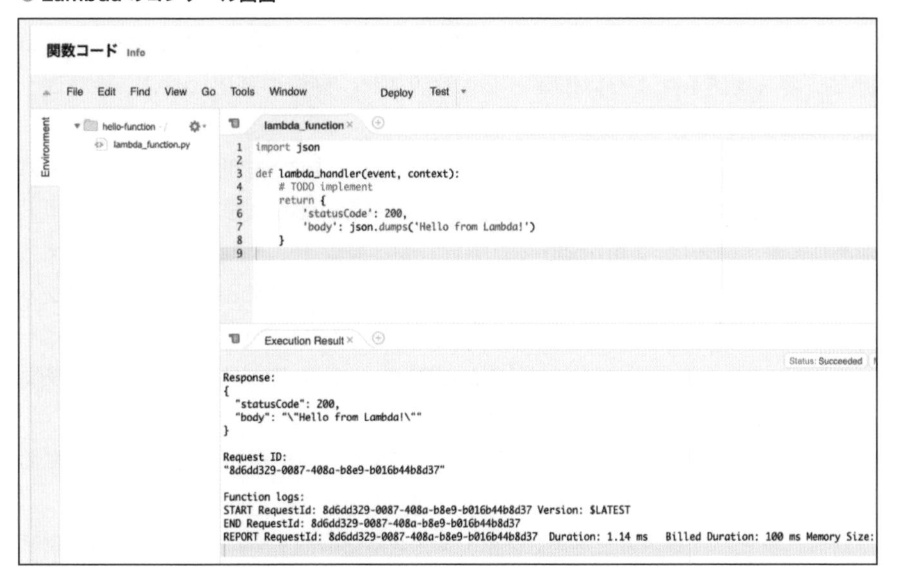

Lambda ではアプリケーションのことを「関数」と表現します。ここでは「Hello World」を出力するような簡単な関数を実行していますが、関数の作成からテスト実行まで数クリックで完了します。この際、実行環境となるサーバの設定は一切不要であり、利用者はアプリケーションの開発に注力することができます。

サーバーレスのメリットとデメリット

サーバーレスサービスを利用することで、ユーザは次のようなメリットを得ることができます。

- 下記に示すようなサーバの管理作業が不要になる
  - サーバ、ミドルウェア、ランタイムなどの初期構築作業
  - 上記のバージョンアップやセキュリティパッチの適用をはじめとする維持管理作業
  - サービスを安定して提供するための可用性設計
  - 負荷に応じたスケーリング（高負荷時のスケールアウト／負荷低減時のスケールイン）など
- アイドル時（待機状態）のリソース確保が不要

上記のメリットにより、ビジネスの迅速な立ち上げや、サーバの管理作業というビジネス価値を生まない作業[1]から解放され、価値の創出にコストや時間を充てられます。

このように、サーバーレスは利便性が高い反面、**EC2を利用して自前でサーバを用意してシステムを構築する場合よりも「自由度が低くなる」というデメリットがあります。**例えば、**Lambda**では実行時間は最大15分であり、これを超えると処理がタイムアウト（打ち切り）します。よって、Lambdaを利用してアプリケーションを構成すると処理の単位が小さくする必要があり、必然的にコンポーネント数が多くなります。また、**CloudWatch**や**X-Ray**などを利用した**モニタリングの仕組み**も導入する必要があります。

こうした制約をネガティブに捉えるのではなく、「**サーバーレスサービスにおける特徴**」と考えて設計していくことが重要です。

なお、**サーバーレスアーキテクチャでシステムを構成することは、必ずしも最善ではありません。**EC2を利用して仮想サーバを構成するアーキテクチャにもメリットがあるので、ビジネスの要件に応じて選択してください。

よく使われるサービスとユースケースパターン

ここでは、AWSが公開しているユースケースパターンのうち、よく利用されるものをいくつか紹介します[2][3]。

押さえておきたい　ユースケースパターンの読み方

ユースケースパターンの内容を暗記する必要はありません。まずはユースケースのイメージを掴むためにさっと読み、各サービスの理解が深まった後や業務で扱うことになった場合に、改めてしっかりと読むことをお勧めします。

☑【ユースケース１】動的 Web ／モバイルバックエンド

Web アプリケーションやモバイルアプリケーションにおけるサーバ側のバックエンド処理を実装して、API として公開します。

● 動的 Web/ モバイルバックエンド

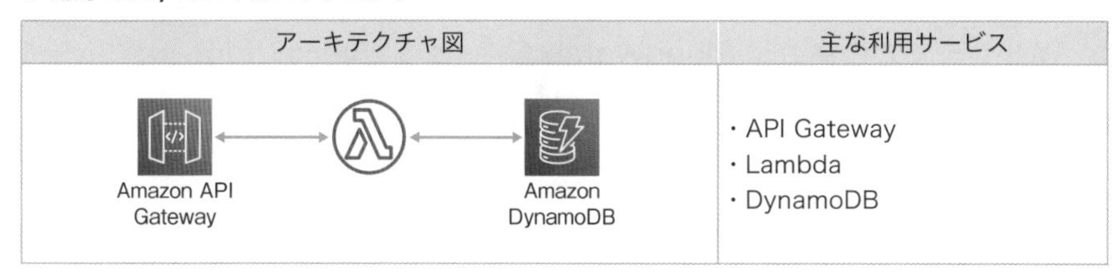

アーキテクチャ図	主な利用サービス
	・API Gateway ・Lambda ・DynamoDB

☑【ユースケース２】業務系 API ／グループ企業間 API

サーバ側のバックエンド処理を実装して API として公開するという点では上記の「動的 Web ／モバイルバックエンド」と同様です。バックエンド処理が VPC リソースとして構成されている場合は、このユースケースパターンとして構成します。

● 業務系 API/ グループ企業間 API

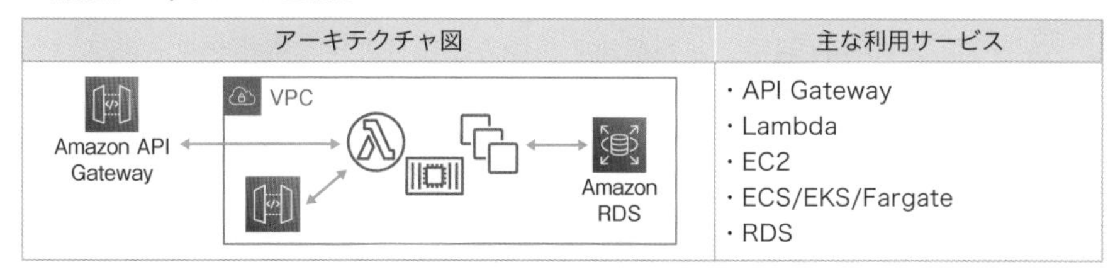

アーキテクチャ図	主な利用サービス
	・API Gateway ・Lambda ・EC2 ・ECS/EKS/Fargate ・RDS

☑【ユースケース３】イベント駆動の業務処理連携

SNS に連携された処理１の処理結果が、SQS のメッセージキューに連携されたことを契機に Lambda を起動し、処理２に連携します。SNS と SQS を組み合わせることで、スケーラブルかつ疎結合なイベント駆動型アーキテクチャを実現します。

● イベント駆動の業務処理連携

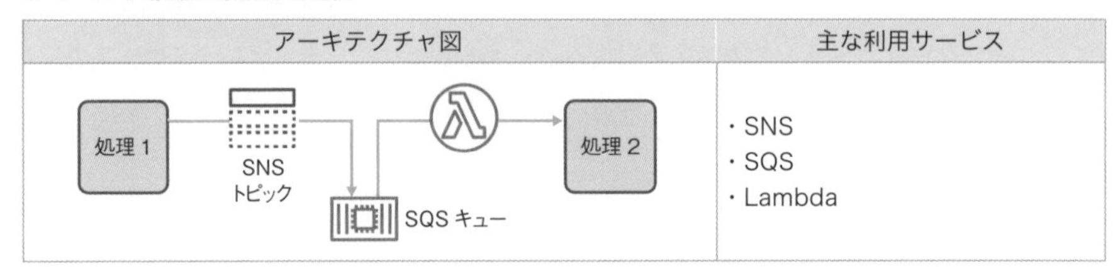

アーキテクチャ図	主な利用サービス
	・SNS ・SQS ・Lambda

☑【ユースケース4】スケジュール・ジョブ／ SaaS イベント

CloudWatch Events もしくは EventBridge を利用して、スケジュールを定義もしくは Cron 式により起動契機を定義して処理を行います。

起動契機として扱う対象が SaaS の場合は EventBridge を利用します。対象が AWS サービスの場合は CloudWatch Events と EventBridge の双方が利用可能です（EventBridge は CloudWatch Events の後継サービスの位置づけであり、機能が包含されます）。

● スケジュール・ジョブ／ SaaS イベント

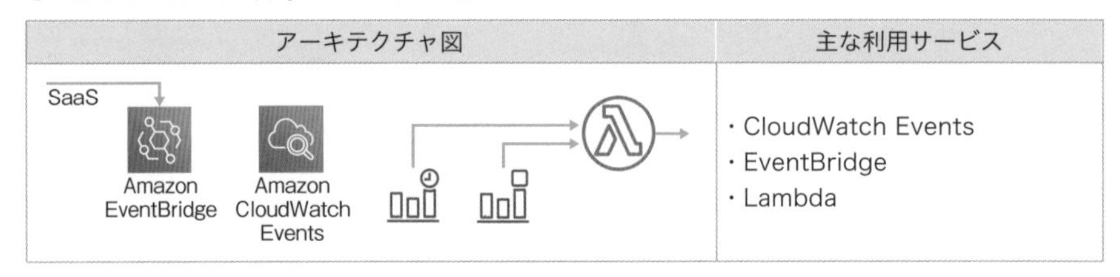

アーキテクチャ図	主な利用サービス
	・CloudWatch Events ・EventBridge ・Lambda

☑【ユースケース5】アプリケーションフロー処理

Step Functions を利用して、Lambda 関数などのサーバーレスサービスのコンポーネントの実行順序、並列処理、条件分岐などの状態遷移をワークフローとして定義して制御します。

● アプリケーションフロー処理

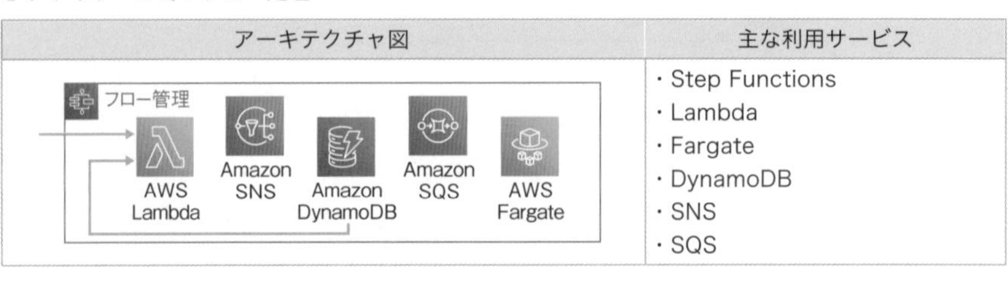

アーキテクチャ図	主な利用サービス
	・Step Functions ・Lambda ・Fargate ・DynamoDB ・SNS ・SQS

☑【ユースケース6】ログデータ収集処理

Lambda関数のログをKinesis Data Firehoseに連携し、Lambda関数を使って簡単な加工処理を行い、S3に格納します。

● ログデータ収集処理

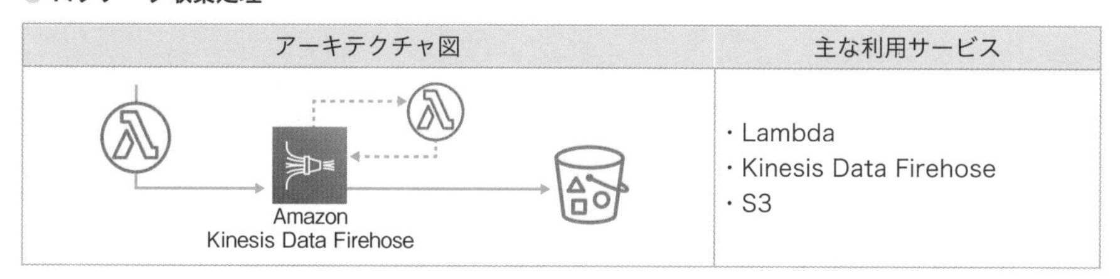

アーキテクチャ図	主な利用サービス
	・Lambda ・Kinesis Data Firehose ・S3

☑【ユースケース7】データレイク周りのデータ加工

S3に格納されたデータをLambdaもしくはGlueによるETL処理を行い、S3やRedshiftに格納します。また、Glueを用いてデータカタログを作成し、Athenaを使ってクエリを行います。

● データレイク周りのデータ加工

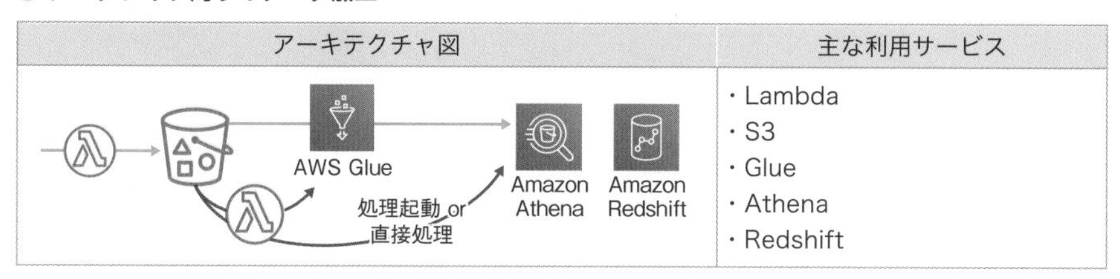

アーキテクチャ図	主な利用サービス
	・Lambda ・S3 ・Glue ・Athena ・Redshift

☑【ユースケース8】機械学習／ETLデータパイプライン

本質的には先に挙げた「【ユースケース5】アプリケーションフロー処理」と同一です。機械学習ワークフローやデータ分析におけるETL処理(抽出したデータを利用しやすいフォーマットに変換し、データベースなどに格納する処理）を対象とし、Step Functionsを用いてワークフローを定義して実行を制御します。

● 機械学習／ETLデータパイプライン

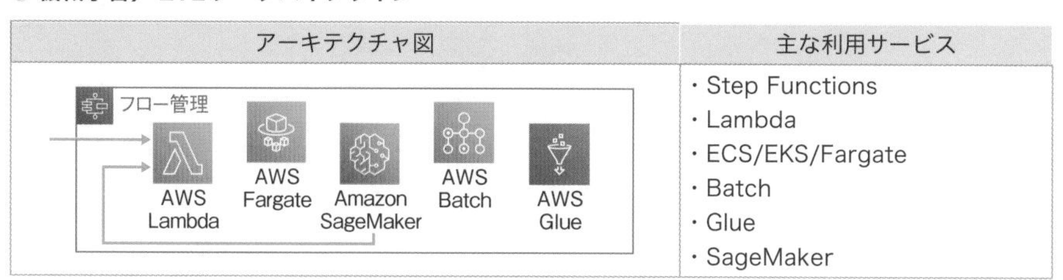

アーキテクチャ図	主な利用サービス
	・Step Functions ・Lambda ・ECS/EKS/Fargate ・Batch ・Glue ・SageMaker

ここで紹介した8つのユースケースパターンは、例えば「**動的Web/モバイルバックエンド**」だけを単独で利用することもあれば、「**ログデータ収集処理**」や「**データレイク周りのデータ加工**」など、複数のパターンを組み合わせて利用することもあります（後者の例では、生成したログの可視化や分析までサーバーレスアーキテクチャで対応します）。ビジネスの要件にしたがって、適切に選択して設計してください。

● **複数のユースケースを組み合わせたサーバーレスアーキテクチャの構成例**

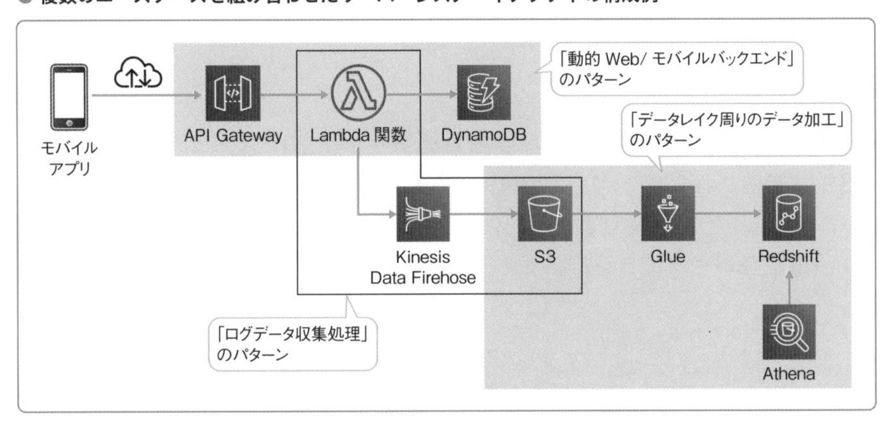

第3部 実践編

A Text Book of AWS : Chapter 13

02

サーバーレスの中核をなすサービス

AWS Lambda

東京リージョン 利用可能　料金タイプ 有料

AWS Lambdaの概要

AWS Lambdaは、必要なときに必要な分だけアプリケーションを実行できる、**サーバーレスの中核をなすサービス**です。Lambdaを利用すれば、アプリケーションの実行環境となるサーバの構築や管理といった「価値を生まない作業」をAWSに任せることができるので、開発者は本質的な価値を生み出すためのアプリケーション開発に集中できます。

ここがポイント

- Lambdaはサーバーレスの中核をなすサービス
- Lambdaで実行するアプリケーションのソースコードと、開発言語に対応したランタイムを合わせて「関数」もしくは「Lambda関数」という
- 開発者はアプリケーションのソースコードをLambda関数としてデプロイするだけでよく、アプリケーションの実行基盤となるサーバの構築や維持管理はAWSの責任範囲となる

ここでは、Lambdaを理解するうえで重要となる、以下の概念について解説します。

・Lambda関数　・ランタイム　・実行環境
・デプロイパッケージ　・トリガー　・イベント
・同時実行数　・バージョン　・エイリアス
・Layers　・Extensions

押さえておきたい　関数、トリガー、イベント

上記の概念はどれも重要ですが、その中でも基礎となる「Lambda関数」「トリガー」「イベント」の3つをまずは押さえましょう。

● Lambdaの全体像

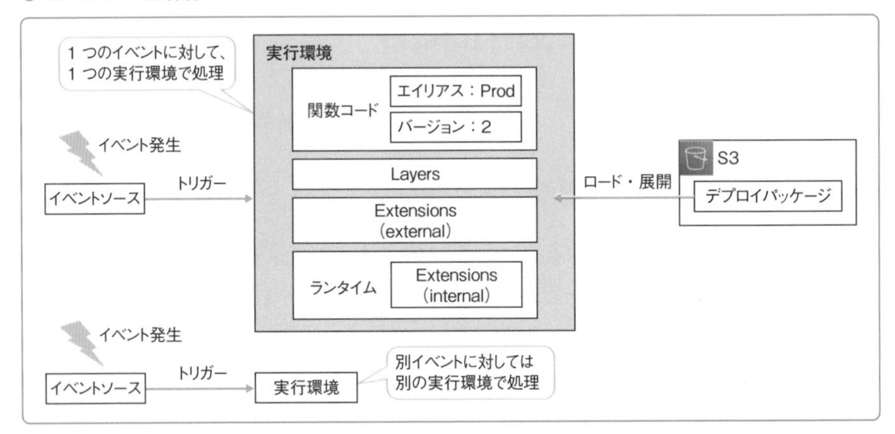

Lambda関数

Lambdaで実行するアプリケーションのソースコードと、ソースコードの開発言語に対応したランタイム（後述）の2つを合わせて「**関数**」または「**Lambda関数**」といいます。本書では「Lambda関数」と記載します。

Lambda関数の全体像は、実際にコンソール画面を見るとつかみやすいです。

☑Lambda関数のコンソール画面

Lambda関数のコンソール画面は、大きく「**デザイナー**」「**関数コード**」「**設定**」の3つの要素で構成されています。 紙幅の都合上、本書ではすべての設定項目を掲載できないので、詳細はご自身のAWSアカウントにログインして確認してみてください。

● Lambda関数のコンソール画面（デザイナー）

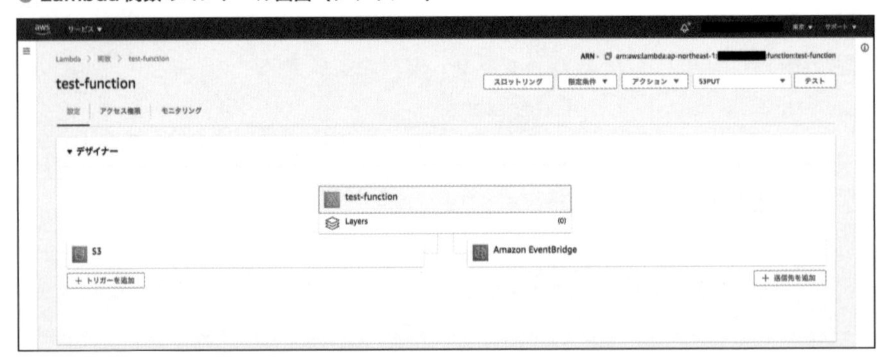

● Lambda関数のコンソール画面（関数コード）

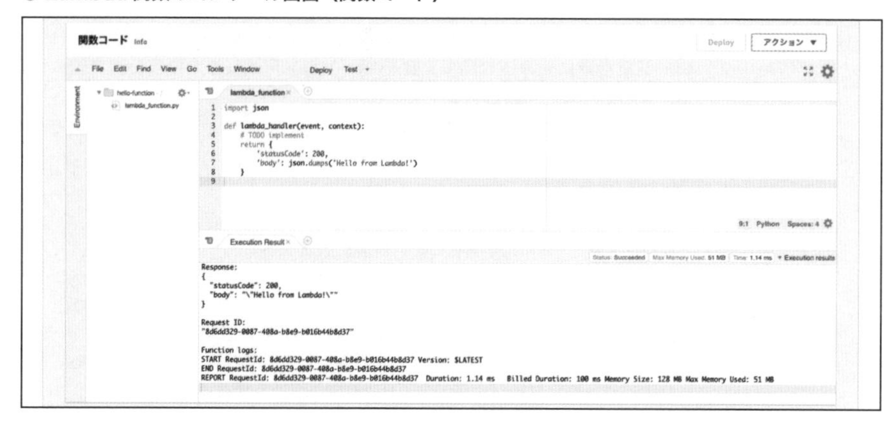

● Lambda関数のコンソール画面（設定）

Lambda関数のコンソール画面の構成要素を下表に示します。

● Lambda関数のコンソール画面の構成要素

構成要素	説明
デザイナー	・Lambda関数の呼び出し元（トリガー）と送信先を図示する
関数コード	・Lambda関数で実行するアプリケーションのソースコードを記述する（上限は3MB） ・アプリケーションの実行において必要となるライブラリなどの依存関係を追加する ・ソースコードと依存関係をビルドしてZIP形式に圧縮したファイルのアップロードやS3経由のアップロードも可能
設定	・「環境変数」以下の項目であり、Lambda関数の各種設定を行う

コンソール画面で設定可能な項目とそれぞれの説明を次の表に示します。

● Lambda関数の設定項目

設定項目	説明
環境変数	コード実行時に読み込む環境変数をKey-Value形式（設定項目と値の組み合わせによる形式）で設定する
タグ	Lambda関数に付与するタグをKey-Value形式で設定する。タグには環境名などの補足情報を設定する
基本設定	基本設定項目として、下記の項目を設定する ・**説明**：Lambda関数に関する説明を記載する ・**ランタイム**：Lambda関数の実行環境を設定する ・**ハンドラ**：Lambda関数の呼び出し時にランタイムで実行するメソッド（エントリポイント）を指定する ・**メモリ（MB）**：Lambda関数の実行時に確保するメモリを設定する。128MB～3008MBの範囲かつ64MB単位で割り当てることができる。割り当てるメモリサイズに応じてCPUの割り当ても増える ・**タイムアウト**：Lamba関数の実行が許可される時間を定義する。1秒単位で最大900秒（15分）まで設定可能である ・**実行ロール**：Lambda関数の実行時に割り当てる操作権限が定義されたIAMロールを設定する
モニタリングツール	Lambda関数の実行におけるモニタリングツールを設定する ・**ログとメトリクス**：CloudWatchによるログとメトリクスの取得を有効化する。デフォルトで有効化されている ・**アクティブトレース**：X-Rayによるデータ収集を有効化する
VPC	Lambda関数をVPC内に配置する際に設定する。RDSなどのVPCリソースへのアクセスが必要な場合に設定する
ファイルシステム	Lambda関数がEFSによるファイルシステムのマウント（データの読み込みや書き込みができる状態にすること）が必要な場合に設定する
同時実行数	Lambda関数の同時実行数を設定する。東京リージョンにおける最大値は1000に設定されており、これを超えるとスロットリングエラーが発生する（スロットリングについては、後続のAPI Gatewayを参照）
非同期呼び出し	Lambda関数の非同期呼び出し時のリトライ操作を設定する。 ・非同期呼び出しの起動契機となるイベントを、非同期イベントキューに保持する最大時間を設定する。デフォルトで最大値である6時間が設定されている ・再試行：再試行回数を設定する。デフォルトで2回実行される ・デッドレターキューサービス：Lambda関数が処理に失敗した際、そのイベントの送信先となるSQSキューもしくはSNSトピックを設定する
データベースプロキシ	Lambda関数からRDSにアクセスする際に利用するRDS Proxyを設定する。

ランタイム

ランタイムとは、アプリケーションの実行に必要なライブラリやパッケージです。本書の執筆時点では、下記の開発言語に対応するランタイムが、Lambdaの標準として用意されています。

・Node.js　・Ruby　・Go
・Python　・Java　・.NET Core

Lambdaには「**カスタムランタイム**」と呼ばれる機能が用意されています。カスタムランタイムを利用すると、標準のランタイムでサポートされていないバージョンやその他の開発言語のランタイムを作成して実行できます。

例えば、C++で実装されたアプリケーションの実行や「Python 3.8.7」といった特定バージョンで実装されたアプリケーションの実行が可能となります。

実行環境

アプリケーションを実行するための環境のことを「**実行環境**」といいます。実体はLambdaにデプロイされたアプリケーションを実行するためのコンテナ(Dockerコンテナ) です。

デプロイパッケージ

Lambda関数をビルドして作成したパッケージのことを「**デプロイパッケージ**」といいます。パッケージの形式として、「ZIP」と「Dockerコンテナイメージ」の2つがサポートされています。それぞれの形式の特徴は次のとおりです。

デプロイパッケージでサポートされる形式と特徴

サポート形式	特徴
ZIP	・従来からサポートされていた方法 ・サイズの上限は下記のとおり 　・AWS SDKやCLIによるデプロイ時：非圧縮状態で250MB 　　圧縮状態で50MB 　・マネジメントコンソールによるデプロイ時：3MB
Docker コンテナイメージ	・AWS re:Invent 2020以降にサポートされた方法 ・サイズの上限が10GB ・ECS/Fargateなどの他のコンテナベースのアプリケーションとデプロイ方法を統一できる ・機械学習のように依存関係が多くパッケージサイズが大きくなりがちなワークロードにも対応可能

トリガー

Lambda関数を呼び出すリソースまたは設定のことを「**トリガー**」といいます。Lambda関数はコンソール画面、CLI、AWS SDKから直接呼び出すことができますし、他のAWSサービスから呼び出すこともできます。

Lambda関数の呼び出し方には「**同期呼び出し**」と「**非同期呼び出し**」の2種類があります。開発者が独自に実装したアプリケーションはどちらの方法も採れますが、AWSサービスから呼び出す場合はサービスごとに呼び出し方が決まっています。

●Lambda関数の呼び出し方

呼び出し方	説明	呼び出し元となるAWSサービスの例
同期呼び出し	Lambda関数からのレスポンスの返却を待つ	・API Gateway ・DynamoDB ・SQS ・Cognito ・Kinesis Data Streams ・Kinesis Data Firehose
非同期呼び出し	Lambda関数のレスポンスの返却を待たず、リクエストの受付結果のみを受領する	・S3 ・SNS ・CloudWatch Events ・EventBridge

例えば、前述のサーバーレスのユースケースパターンで紹介した「**動的Web/モバイルバックエンド**」（p.269）において、API GatewayからLambda関数にリクエストが転送される処理は「**同期処理**」です。一方、「**データレイク周りのデータ加工**」（p.271）において、S3バケットにファイルが格納されたことを契機にGlueのETL処理を実行するのは「**非同期処理**」です。

イベント

Lambda関数の呼び出し元から連携されるJSON形式のドキュメントのことを「**イベント**」といいます。次のドキュメントは、デプロイパッケージをS3にアップロードした際にLambda関数に連携されるイベントの例です[4]。

List　Lambda 関数に連携されるイベントの例

```
{
  "Records": [
    {
      "eventVersion": "2.1",
      "eventSource": "aws:s3",
      "awsRegion": "us-east-2",
      "eventTime": "2022-09-03T19:37:27.192Z",
      "eventName": "ObjectCreated:Put",
      "userIdentity": {
        "principalId": "AWS:AIDAINPONIXQXHT3IKHL2"
      },
      "requestParameters": {
        "sourceIPAddress": "205.255.255.255"
      },
      "responseElements": {
        "x-amz-request-id": "D82B88E5F771F645",
         "x-amz-id-2": "vlR7PnpV2Ce81l0PRw6jlUpck7Jo5ZsQjryTjKlc5aL
WGVHPZLj5NeC6qMa0emYBDXOo6QBU0Wo="
      },
      "s3": {
        "s3SchemaVersion": "1.0",
        "configurationId": "828aa6fc-f7b5-4305-8584-487c791949c1",
        "bucket": {
          "name": "lambda-artifacts-deafc19498e3f2df",
          "ownerIdentity": {
            "principalId": "A3I5XTEXAMAI3E"
          },
          "arn": "arn:aws:s3:::lambda-artifacts-deafc19498e3f2df"
        },
        "object": {
          "key": "b21b84d653bb07b05b1e6b33684dc11b",
          "size": 1305107,
          "eTag": "b21b84d653bb07b05b1e6b33684dc11b",
          "sequencer": "0C0F6F405D6ED209E1"
        }
      }
    }
  ]
}
```

このドキュメントからは、次のようなイベント情報を読み取れます。Lambda 関数と SNS を組み合わせれば、イベントの発生をトリガーとして、こうした情報をリアルタイムでメールやチャットに通知できます。

・eventSource（イベントソース）：「S3」で
・eventTime（イベントの発生時刻）：「2022 年 9 月 3 日 19:37:27.192」に
・eventName（イベント名）：「オブジェクトがアップロードされた」

連携されるイベントドキュメントは呼び出しサービスごとに異なるため、Lambda の開発者ガイドで調べる必要があります。詳細は「**他のサービスで AWS Lambda を使用する**」[5] を参照してください。

同時実行数

ある時点における、実行中の Lambda 関数の数のことを「**同時実行数**」といいます。Lambda では、リクエストとコンテナの関係が、必ず 1 対 1 となります。リクエストが 100 個来た場合は、100 個のコンテナで処理されます。

Lambda 関数の同時実行数には「**上限値（クォータ）**」が設定されています。上限値はリージョンによって異なり、東京リージョンの最大値は 1000 に設定されています。これを超えて実行したい場合は、AWS サポートに上限緩和申請を行う必要があります。

Lambda 関数の実行環境の実体は、Amazon Linux もしくは Amazon Linux 2 をベースとする Docker コンテナです。Lambda 関数は、次に示すライフサイクルにより管理されています [6]。

● Lambda 関数のライフサイクル

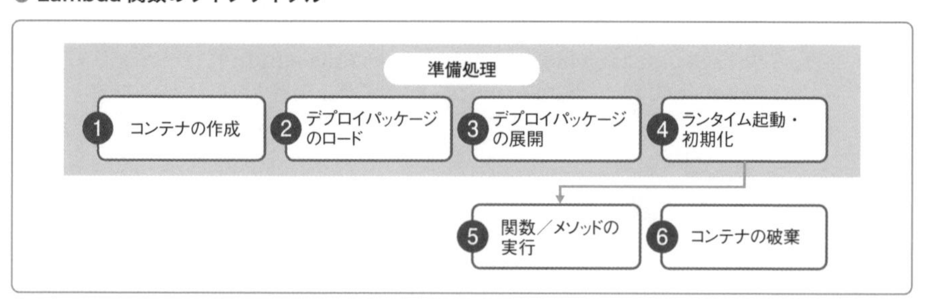

Lambda 関数に対するリクエストが継続的に発生する場合、コンテナは再利用されるため、1 ～ 4 に示す Lambda 関数の準備処理が割愛されます。これを「**ウォームスタート**」と呼びます。

しかし、コンテナが不要と判断されると破棄されて、次回Lambda関数を実行する場合にゼロから準備をやり直します。これを「**コールドスタート**」と呼びます。ウォームスタートと比較すると、1〜4に示す処理が余計にかかるため、場合によっては性能上の問題となることがあります。

性能要件が厳しい箇所でLambda関数を利用する場合は「**Provisioned Concurrency**」を利用すると、Lambda関数を事前にプロビジョニング（インフラストラクチャの構築）して、Lambda関数をウォームスタートさせることができます。

押さえておきたい Lambda関数のライフサイクル

Lambda関数のライフサイクルはやや発展的な内容となります。このような仕組みを知らなくても利用できるようにサービスは設計されています。ただし、上記のように性能要件が厳しいシステムでは問題になることもあります。そのようなシステムで利用する場合や問題・課題となった場合に読んで仕組みを理解すればよいでしょう。

バージョン

バージョンは、**Lambda関数のバージョニング機能**です。バージョンには下記のコンポーネントが含まれます。

- 関数コードとすべての依存関係
- ランタイム
- 環境変数を含むすべての関数設定

Lambda関数の最新バージョンは「**$LATEST**」です。バージョンは数字で表現され、新しいバージョンを公開すると、1，2，…のように加算（インクリメント）されていきます。各バージョンには一意の**ARN**（Amazon Resource Name）が付与されるため、ARNを用いて対象を識別することができます。例えば、hello-world関数のバージョン3は、下記のARNで表されます。

```
arn:aws:lambda:ap-northeast-1:123456789012:function:hello-world:3
```

バージョンとして公開されたLambda関数は編集できません。ある一時点のスナップショットのような役割を果たします。例えば、新しく公開したLambda関数の挙動に問題があったときに前のバージョンへの切り戻しを行うといったような形で、Lambda関数のデプロイメントを管理できます。

エイリアス

エイリアスは、**Lambda関数の別名**です。Lambda関数の特定のバージョンを指し示すポインタのような役割をします。 例えば、サービス提供用に公開されたバージョンを「**Prod**」、開発中の$LATESTバージョンを「**Dev**」というエイリアスに設定するなどの利用方法が考えられます。「Prod」と「Dev」はそれぞれ「Production」と「Development」の略であり、「本番環境」と「開発環境」を意味する略称としてよく利用されます。

エイリアスはいつでも付け替え可能です。新しいバージョンを公開した際に付け替えることも、もちろんできます。

また、**エイリアスは最大で2つのバージョンを指し示す**ことができます。エイリアスのルーティング設定を利用すると、2つのバージョンに重みを付けてリクエストを振り分けることができます。例えば、新しいバージョンは5%、既存バージョンは95%といったように、新旧バージョンの比率を分けるカナリアリリースのようなデプロイを実現できます。

次の図に、バージョンとエイリアスの関係を示します。

● Lambdaの全体像

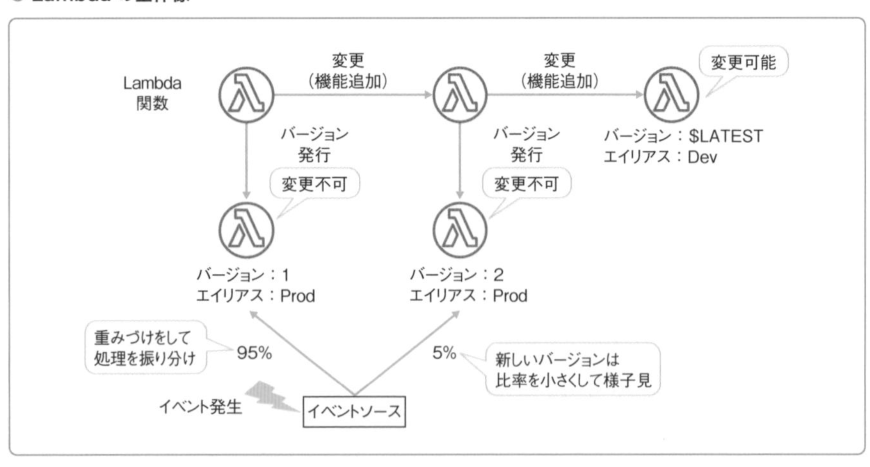

第3部 実践編

> **押さえておきたい バージョンとエイリアス**
>
> バージョンとエイリアスは便利な機能ですが、必ず使わなければならない機能ではありません。上記で紹介したユースケースとシステム要件が合致する場合などに利用するとよいでしょう。

Layers

Layers（Lambda Layers）は、**複数のLambda関数が共通で利用するライブラリ、カスタムランタイム、依存関係をZIPファイルで切り出して共有する機能**です。それぞれのLambda関数からは必要なコンポーネントを参照すればよく、コーディング量が減るため、Lambda関数のサイズを小さくすることができます。

なお、Layersは、1つのLambda関数から最大で5つまで利用可能です。

Extensions

Extensions（Lambda Extentions）は、**Layersを利用したLambdaの拡張機能**です。任意のモニタリング、オブザーバビリティ（可観測性）、セキュリティ、ガバナンス用ツールを利用できるようにLambdaの機能を拡張することができます。

例えば、EC2インスタンスでモニタリングツールを利用する場合、EC2インスタンスにログを収集・送信するためのエージェントなどのツールをインストールするケースが多いですが、**Lambdaの場合は実行環境へのログインが許可されていないため、こうしたツールをインストールできません**。ツールの開発元が提供するライブラリなど利用して、関数コードに情報を収集・送信する仕組みを実装する必要があります。

Extensionsはこうした実装の手間を省力化してくれます。Extensionsを利用すると、モニタリングツールのクライアント機能をLayersとして実装して、モニタリングツール用に情報を収集・送信できます。

Extensionsは独自に構築することができますが、パートナー企業から提供されているものを利用することも可能です。執筆時点では、DataDogをはじめとした人気の高いツールのExtensionが提供されています。

Lambdaの利用料金

Lambdaの料金体系は以下の通りです。関数とデータ転送量に対して従量課金が発生します。Provisioned Concurrencyを有効化した場合には、設定を有効化してから無効化するまでの時間に対して従量課金が発生します。

● Lambdaの利用料金

項目	内容
関数	リクエスト数とメモリサイズに応じた実行時間（1ミリ秒単位）に応じた従量課金
Provisioned Concurrency	設定を有効化してから無効化するまでの時間（1ミリ秒単位）に応じた従量課金
データ転送料 （インバウンド通信）	無料
データ転送料 （アウトバウンド通信）	データ転送量に応じた従量課金

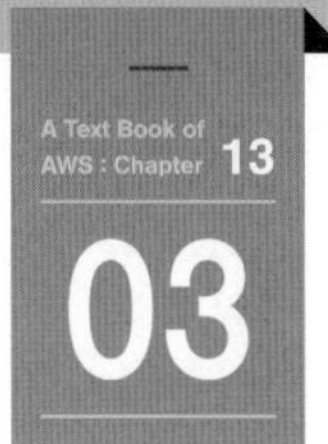

Web APIの作成・公開・管理を行うサービス

Amazon API Gateway

東京リージョン 利用可能 料金タイプ 有料

Amazon API Gateway の概要

Amazon API Gateway を使うと、さまざまな規模に応じた「Web API」の作成や公開、管理を簡単に行えます。フルマネージド型サービスとして提供されており、API を稼働させるためのインフラ管理が不要となるため、利用者はサービスの開発に集中することができます。

ここがポイント

- API Gateway を利用すると、REST アーキテクチャスタイルにしたがった Web API を作成、公開、管理できる
- API の実行基盤となるサーバの構築や維持管理は AWS の責任範囲となるため、開発者は API の開発に集中できる

API は「Application Programming Interface」の略です。サービスの提供者は、構築したサービスを API として外部に公開し、利用者に使ってもらいます。 API にはインターフェース（ルール・仕様）が定義されており、利用者はそれにしたがって API を利用します。

API Gateway は、サーバーレスでよく使われるサービスとユースケースパターンのうち、下記のパターンで利用されます。

- 動的 Web/ モバイルバックエンド ⇒ p.269
- 業務系 API/ グループ企業間 API ⇒ p.269

API Gateway では多数の機能が提供されているため、ここでは代表的な機能や設定項目を中心に解説していきます。

REST アーキテクチャスタイル

API Gateway を理解するうえで重要なキーワードとなるのが「REST アーキテクチャスタイル」[7] です。

押さえておきたい RESTアーキテクチャスタイル

RESTアーキテクチャスタイルはAPI Gatewayを理解するうえで重要な概念ですが、難しいと感じる場合はいったん読み飛ばしてもよいでしょう。API Gatewayの理解が進んだら、改めて読んで理解に努めてください。

RESTアーキテクチャスタイルとは、Roy Fieldingの「Architectural Styles and the Design of Network-based Software Architectures」[8]という論文で提唱された、下記の6つの制約にしたがうソフトウェアアーキテクチャのことです。RESTアーキテクチャスタイルにしたがうソフトウェアアーキテクチャは「RESTful」であるといわれ、この制約にしたがうAPIを「REST API」もしくは「RESTful API」と呼びます。

● RESTアーキテクチャスタイルでしたがうべき制約

制約	説明
クライアントとサーバの分離	クライアント（ユーザーインターフェース）とサーバを分離し、複数のプラットフォームにわたるユーザーインターフェースの移植性や拡張性を向上させる
ステートレス性	リクエストの実行に必要なすべての情報がリクエストに含まれていなければならない。セッション情報はサーバ側ではなく、すべてクライアント側に保存する
キャッシュ	ネットワーク効率を高めるためにリクエストに対するレスポンスをキャッシュとして格納して再利用する。キャッシュの可否を暗黙的もしくは明示的に指定し、格納可能な場合はその期間を指定する
統一インタフェース	すべてのやり取りを識別されたリソース（例：パス）にしたがって行う。それらのリソースは、リソースの状態（state）と標準メソッドからなる表現（representarion）（例：HTTPメソッド）を転送（transfer）する
階層化されたシステム	クライアントがサーバとやり取りする際に認識するのはそのサーバだけであり、その背後になるインフラストラクチャは認識しない（例：クライアントが意識するのはAPIサーバだけであり、その背後のDBサーバなどを意識しない）
コードオンデマンド	サーバは実行な可能コードをクライアントに転送してクライアントの機能を拡張できる。ただし、この制約はオプションである

API Gatewayが提供するAPIの種類

API Gatewayでは「REST API」「HTTP API」「WebSocket API」の3種類のAPIを作成できます。APIの種類によってリクエストを転送できるバックエンドのサービスが異なります。それぞれの特徴とともに次の表に示します。

● **APIの種類と特徴**

APIの種類	APIの特徴
REST API	・Lambda、HTTPエンドポイント、Mock（メソッドの呼び出しをテストするためのモジュール）、AWSサービス、VPCリンクにリクエストを転送できる ・REST APIをVPC内に構成する「プライベートAPI」も作成できる ・OpenAPI（Swagger）v2.0/3.0に準拠した定義ファイルからの作成や既存APIのクローンによる作成も可能 ・ステートレス通信（それまでの処理や通信の内容などのシステムの状態を記憶しない通信）を行う
HTTP API	・Lambda、HTTPエンドポイント、AWSサービス、VPCリンクにリクエストを転送できる ・REST APIよりも軽量な実装となっており、性能および費用対効果が高い ・ステートレス通信を行う
WebSocket API	・Lambda、HTTPエンドポイント、Mock、AWSサービス、VPCリンクにリクエストを転送できる ・WebSocketプロトコルを利用して、チャットやダッシュボードといった双方向通信を扱う際に利用する ・ステートフル通信（それまでの処理や通信の内容などのシステムの状態を記憶する通信）を行う

● **API Gatewayの全体像**

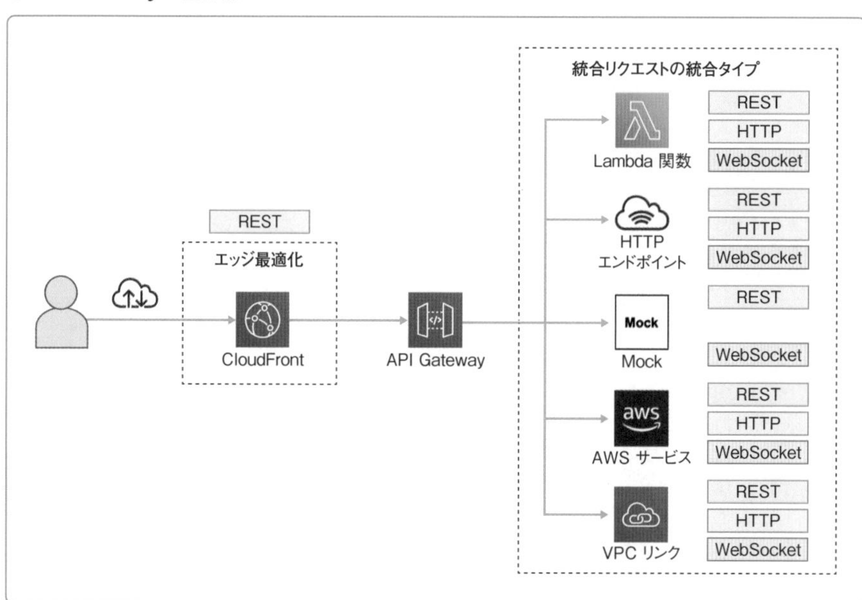

「REST API」と「HTTP API」の違いがわかりづらいですが、ともにRESTfulなAPIを提供します。**HTTP APIはREST APIと比較すると軽量な実装となって**

おり、低レイテンシー（遅延時間）かつ低コストでRESTful APIを作成できます。

HTTP APIはREST APIよりも提供される機能が少ないですが、OpenID Connect/OAuth 2.0認証をサポートするなどREST APIではサポートされていない機能を一部サポートしています。どちらがより要件を充たすか比較し、HTTP APIもしくはREST APIを選択してください。

REST APIとHTTP APIの提供機能の違い

次の表に「REST API」と「HTTP API」の提供機能の違いをまとめます。ただし、下表のすべての項目を覚える必要はありません。HTTP APIとREST APIの選定時における判断材料としてください。また、頻繁に機能追加がされているので、最新情報は開発者ガイド[10]を参照してください。

●HTTP APIとREST APIの提供機能の違い

カテゴリ	項目	HTTP API	REST API
オーソライザ	IAMアクセス権限	○	○
	Lambdaオーソライザ	○	○
	Cognitoオーソライザ	○	○
	JWTオーソライザ	○	−
統合リクエストの統合タイプ	Lambda	○	○
	HTTPエンドポイント	○	○
	Mock	−	○
	AWSサービス	○	○
	VPCリンク（Applicaion Load Balancerとのプライベート統合）	○	−
	VPCリンク（Network Load Balancerとのプライベート統合）	○	○
	VPCリンク（Cloud Mapとのプライベート統合）	○	−
APIの管理	使用量プラン	−	○
	APIキー	−	○
	カスタムドメイン名	○	○

カテゴリ	項目	HTTP API	REST API
開発	API キャッシュ	–	○
	リクエストパラメータ変換	○	○
	リクエストボディ変換	–	○
	リクエスト／レスポンスの検証	–	○
	テスト呼び出し	–	○
	CORS の設定	○	○
	自動デプロイ	○	–
	デフォルトステージ	○	–
	デフォルトルート	○	–
	カスタムゲートウェイレスポンス	–	○
	カナリアリリースデプロイ	–	○
セキュリティ	相互 TLS 認証	○	○
	バックエンド認証用の証明書	–	○
	AWS WAF	–	○
	リソースポリシー	–	○
API のエンドポイントタイプ	エッジ最適化	–	○
	リージョン	○	○
	プライベート	–	○
監視	CloudWatch Logs へのアクセスログ	○	○
	Kinesis Data Firehose へのアクセスログ	–	○
	実行ログ	–	○
	CloudWatch メトリクス	○	○
	X-Ray	–	○

API のエンドポイントタイプ

API のエンドポイントタイプには次のとおり 3 つの種類が用意されています。ただし、**この 3 種類すべてを選択できるのは REST API のみ**です。HTTP API と WebSocket API には「リージョン API エンドポイント」しか用意されていません。

API のエンドポイントタイプ

API のタイプ	説明
エッジ最適化 API エンドポイント	CloudFront のエッジロケーションを使用して、クライアントを最寄りの接続ポイント（POP）にルーティングする
プライベート API エンドポイント	パブリックなインターネットから分離して、アクセス権限を持った VPC エンドポイントからのアクセスに限定する
リージョン API エンドポイント	指定したリージョンにデプロイし、同一リージョン内のクライアントにサービスを提供する。HTTP API と WebSocket API は自動でこれが選択される

API のステージ

API は「**ステージ**」という**論理的な環境**にデプロイできます。API をデプロイすると次の形式のエンドポイント URL が払い出され、クライアントからの呼び出しが可能となります。

```
https://{api-id}.execute-api.{region}.amazonaws.com/{stageName}/…
```

なお、{api-id} は API ID、{stageName} は設定したステージ名を表します。{region} は API をデプロイしたリージョンにしたがって設定されます。

例えば、ステージは prod（本番環境）、staging（ステージング環境）、dev（開発環境）のように定義できます。API を東京リージョンで prod にデプロイした場合は、次の形式のエンドポイント URL が払い出されます。

```
https://api-id.execute-api.ap-northeast-1.amazonaws.com/prod/…
```

スロットリング

API Gateway には「**スロットリング**」と呼ばれる、**トークンバケットアルゴリズムに基づく流量制御の仕組み**があります。

トークンバケットアルゴリズムでは、1 リクエストを処理するたびにバケット内に保持されている「**トークン**」を 1 つ消費します。トークンの補充速度のことを「**定常レート**」と呼び、バケット内に格納するトークンの最大サイズのことを「**バースト**」と呼びます。

● トークンバケットアルゴリズム

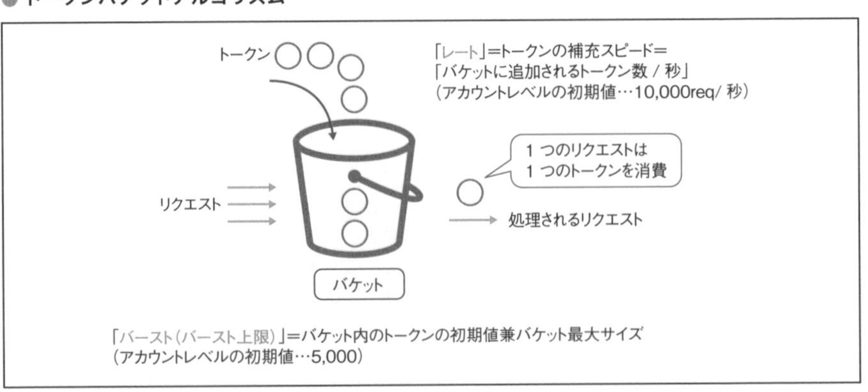

サーバ側とクライアント側の両方に下記の制限が設定されていますが、利用者の要件にしたがって設定値の変更もできます。

- **サーバ側のスロットリング**：すべてのクライアントに適用し、過多なリクエストからバックエンドを守るために設定する
- **クライアントあたりのスロットリング**：クライアントごとに「使用量プラン」を設定して制限を行う

各スロットリングには、それぞれ次の制限が設けられており、クライアントに近いものから順番に適用されます。

● **API Gatewayのスロットリング**

種類	レベル	説明
サーバ側のスロットリング	AWSアカウントレベル	デフォルトで、定常レートおよびバーストに下記が設定されている ・**定常レート**：10,000リクエスト/秒 ・**バースト**：5,000リクエスト **制限の適用順序** 第4位
	ステージまたはメソッドレベル	特定のステージもしくはAPIの個別のメソッドに対して、AWSアカウントレベルの制限値を上限としてオーバーライド（上書き）することが可能 **制限の適用順序** 第3位
クライアントあたりのスロットリング	メソッドレベル	クライアントの使用量プランに基づき、GETやPOSTといったメソッドレベルでスロットリングを設定できる **制限の適用順序** 第2位
	ステージレベル	クライアントの使用量プランに基づき、prod（本番環境）やdev（開発環境）といったステージレベルでスロットリングを設定できる **制限の適用順序** 第1位

これらの制限を超えると、API Gatewayはクライアントにスロットリングエラーの HTTPステータスコード「**429 Too Many Requests**」を返します。

クライアントあたりのスロットリングに登場する「**使用量プラン**」とは、クライアントのAPI Gatewayの利用に対してスロットリングや制限を設け、制約をかけるものです。クライアントごとに「**APIキー**」を作成し、使用量プランと紐づけをします。

押さえておきたい **APIキーの役割とバッドプラクティス**

「APIキー」という単語から「認証」を連想しがちですが、AWSにおけるAPIキーはクライアントと使用量プランの紐づけに利用するものです。APIキーを認証目的で利用することはバッドプラクティスとされています。認証・認可を行いたい場合は、Lambdaオーソライザなど API Gatewayでサポートされているオーソライザの仕組みを利用して実装します。

認証・認可

API Gatewayで認証や認可の仕組み（オーソライザ）を実装する場合は、下記の4つの方法から選択できます。各方法の詳細については後述します。

● **API Gatewayで提供される認証・認可の機能**

オーソライザ	HTTP API	REST API	WebSocket API
IAMアクセス権限	○	○	○
Lambdaオーソライザ	○	○	○
Cognitoオーソライザ	−	○	○
JWTオーソライザ	○	−	−

押さえておきたい **API Gatewayの認証方式**

API Gatewayの認証方式は、利用するAPIの種類や認証プロバイダとの接続性（システム同士をつなげられるか）などを考慮しながら選択するとよいでしょう。反対に、認証方式が制約条件となって利用するAPIの種類が決まることがあります。要件とAPI Gatewayの提供機能を突き合わせ、考慮漏れがないように注意してください。

☑IAMアクセス権限

IAMアクセス権限では、AWS署名バージョン4を利用した認証・認可を行います。AWS署名バージョン4は、IAMユーザのアクセスキー（アクセスキーIDとシークレットアクセスキー）を基に作成したハッシュ値です。クライアントは、このハッシュ値をHTTPリクエストヘッダにセットして、API Gatewayにリクエストを送信します。API Gatewayでハッシュ値の検証を行い、問題がなければAPIの呼び出しが許可されます。

☑Lambda オーソライザ

Lambda オーソライザでは、Lambda 関数を利用した認証・認可を行います。

クライアントは、API Gateway に対して Bearer トークンもしくは HTTP リクエストヘッダのパラメータに認証情報を付与したリクエストを送付します。

Lambda 関数がトークンの検証を行い、認証に成功すると Lambda 関数から IAM ポリシーとプリンシパル ID を含むオブジェクトを返却します。API Gateway が IAM ポリシーの評価を行い、問題がなければ API の呼び出しが許可されます。

オーソライザの設定でキャッシュが有効となっている場合は、ポリシーがキャッシュされ、次回アクセス時は Lambda オーソライザを介することなく API が呼び出されます。

● API Gateway の Lambda オーソライザ

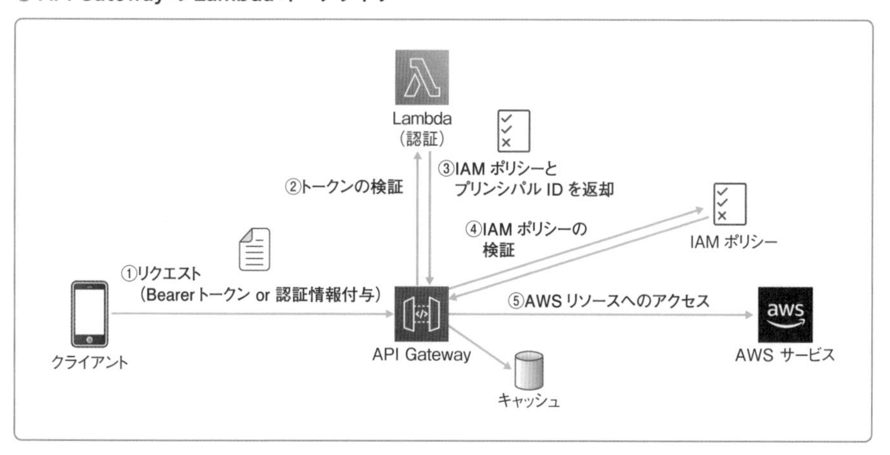

Memo

Bearer トークンは、トークンを所有していることで認証・認可が行われる仕組みで、リクエストの送信元を確認しません。何らかの方法で第三者に Bearer トークンが渡ってしまった場合も認証と認可ができてしまうので、Bearer トークンの取り扱いには十分注意してください。

☑Cognito オーソライザ

Cognito オーソライザでは、Cognito のユーザープール（p.296）を利用した認証を行います。

クライアントは、Cognito のユーザープールで認証を行ってトークン（JWT）を取得し、HTTP リクエストヘッダにトークンをセットして、API Gateway にリクエストを送信します。API Gateway は、Cognito を参照してトークンを検証し、問題がなければ API の呼び出しが許可されます。

● API Gateway の Cognito オーソライザ

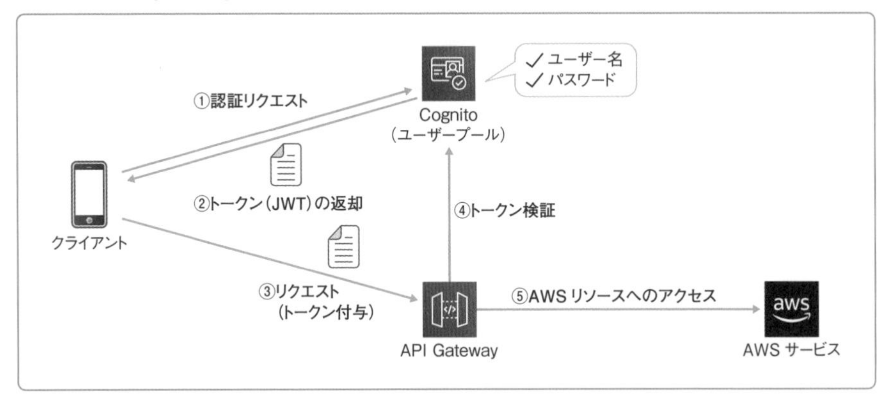

☑JWT オーソライザ

JWT(JSON Web Token)オーソライザでは、**OpenID Connect または OAuth 2.0 を利用した認証**を行います。従来、これらの認証を行うには Lambda オーソライザでの開発が必要でしたが、JWT オーソライザの登場により簡単に認証を実装できるようになりました。本書の執筆時点では、**HTTP API でのみ利用できます。**

クライアントは、OpenID Connect または OAuth 2.0 で認証を行ってトークン(JWT)を取得し、HTTP リクエストヘッダに付与して、API Gateway にリクエストを送信します。

API Gateway は、OpenID Connect(OIDC)または OAuth 2.0 の ID プロバイダにアクセスしてトークンを検証し、問題がなければ API を呼び出しが許可されます。

第3部 実践編

● API Gateway の JWT(JSON Web Token)オーソライザ

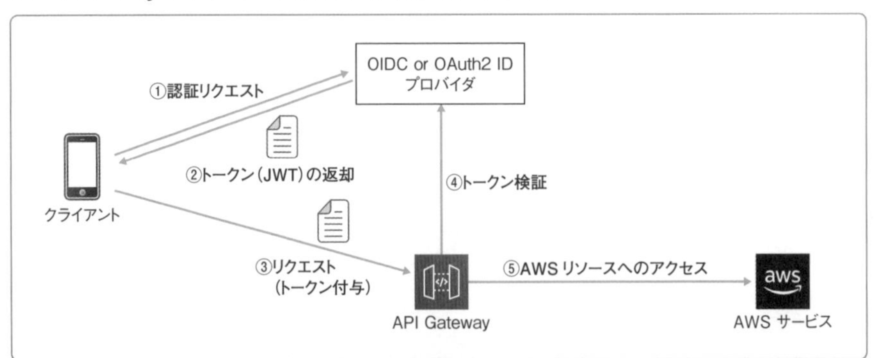

☑相互 TLS 認証

API Gateway は、オーソライザの他に、証明書による認証もサポートしています。

通常の TLS 通信では、クライアントがサーバに対してサーバ証明書を要求して検証を行うことで、接続先のサーバの正しさを確認します。すなわち、片方のみの認証です。

API Gateway は、**相互 TLS（mTLS）認証**をサポートします。相互 TLS 認証では、サーバがクライアントにクライアント証明書を要求して検証を行い、接続元のクライアントの正しさも確認するため、クライアントとサーバの双方向の認証がサポートされます。クライアントおよびサーバの双方の正しさを確認できるため、よりセキュアに API Gateway を利用できます。

相互 TLS 認証により、オープンバンキングのセキュリティ要件の準拠や、AWS IoT におけるクライアント認証に対応することも可能となります。**相互 TLS 認証は、REST API と HTTP API で利用できます。**

API Gateway の利用料金

API Gateway の利用料金は以下の通りです。

API Gateway の利用料金

項目	内容
REST API	・受信した API コール数に対する従量課金 ・キャッシュ機能を利用時：キャッシュサイズとキャッシュ時間に対する従量課金 ・プライベート API を利用時：PrivateLink の利用料金
HTTP API	受信した API コール数に対する従量課金
WebSocket API	送受信したメッセージ数と接続時間に対する従量課金
データ転送料（インバウンド通信）	無料
データ転送料（アウトバウンド通信）	データ転送量に応じた従量課金

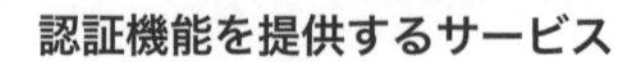

A Text Book of AWS : Chapter 13

04

認証機能を提供するサービス

Amazon Cognito

東京リージョン 利用可能　料金タイプ 有料

Amazon Cognito の概要

Amazon Cognito は、API ベースで実装されている Web アプリケーションやモバイルアプリケーションに認証機能を提供するサービスです。利用者は、独自のユーザディレクトリによるユーザ名・パスワードの認証だけでなく、Facebook、Amazon、Google、Apple などのサードパーティの ID プロバイダを利用した認証を実装できます。

また、Cognito は HIPAA、PCI DSS、SOC、ISO 27001 などの複数のセキュリティおよびコンプライアンス要件に対応しています。

ここがポイント

- Cognito は、API Gateway をはじめとする API ベースの Web アプリケーションやモバイルアプリケーションに認証機能を提供する
- 独自のユーザディレクトリだけでなく、サードパーティの ID プロバイダを利用した認証も実現できる

Cognito の構成要素

Cognito の構成要素は「ユーザープール」と「ID プール」です。

Memo

モバイルアプリケーションにおけるデバイス間のデータ同期を行う機能として「Cognito Sync」が提供されていますが、本書では扱いません。同様の機能を含め、より高度な機能が「AppSync」で提供されています。新規で利用する際は、AppSync の利用が推奨されています [11]。

☑ユーザープール

ユーザープールでは、ユーザー名、パスワード、メールアドレスなどを管理するユーザーディレクトリサービスが提供されます。独自のユーザーディレクトリだけでなく、Google、Facebook、Amazon、Apple などの外部 ID プロバイダ、Open ID Connect や SAML ベースの ID プロバイダと連携することもできます。

ユーザーの認証に成功すると、**Cognito** からJSON形式のトークン（JSON Web Token：JWT）が発行されて、Webアプリケーションやモバイルアプリケーションにアクセスできます。API GatewayのCognitoオーソライザは、ユーザープールを利用した認証機能の例ともいえます（p.294の図を参照）。

その他、ユーザープールでは下記の機能が提供されています。

- ユーザーディレクトリとユーザープロファイルの管理
- サインアップ、サインイン
- 外部IDプロバイダとの連携
- パスワードポリシーの設定
- 多要素認証（MFA）
- 電話番号やEメールアドレスの有効性の検証
- Lambdaトリガーによるサインインなどのワークフローのカスタマイズ

☑ID プール

IDプールでは、ユーザープールや外部IDプロバイダで認証したユーザーに対して、**AWSサービスへのアクセスを認可する機能**を提供します[12]。

ユーザープールは、ユーザーの管理や認証に関わる機能を提供します。**IDプールは、ユーザープールで特定されたユーザーに対して、AWSサービスへの適切なアクセス権限を与える認可の役割**を担います。両者の役割は混同しがちなので注意しましょう。

IDプールでは、次のIDプロバイダとの連携がサポートされています。

- ユーザープール
- パブリックプロバイダ（Amazon、Facebook、Google、Apple）
- Open ID Connectプロバイダ
- SAML IDプロバイダ
- 開発者が認証したID（独自のIDプロバイダ）

上記のIDプロバイダへの認証に成功するとトークンが発行されます。クライアントは、IDプールに対して認証情報を渡して、IDプールはトークンの有効性を確認します。問題がなければ、**AWS STS** がIDプールに紐づいたIAMロールの権限に基づき、一時的なAWS認証情報を払い出し、クライアントはAWSリソースにアクセスできるようになります。

● Cognito のユーザープールおよび ID プールを利用した認証の全体像

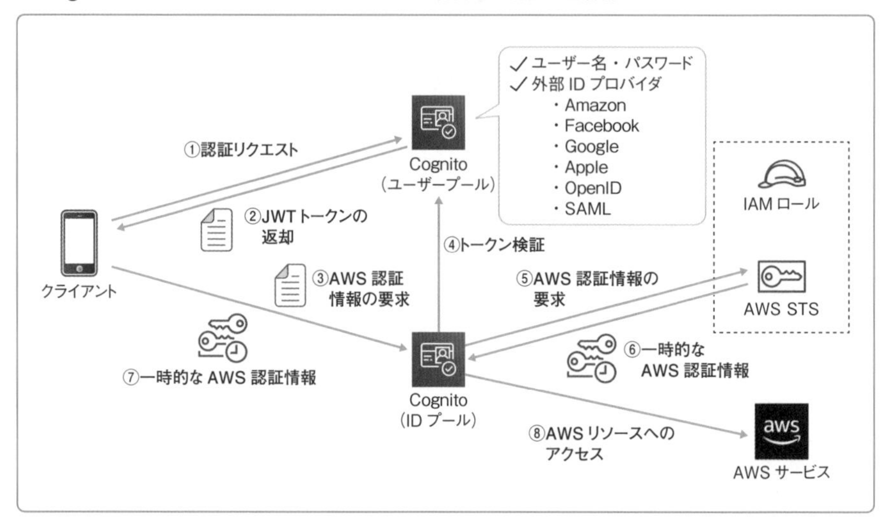

Cognito の利用料金

Cognito の利用料金は次の通りです。

● Cognito の利用料金

項目	内容
ユーザープール	・月間アクティブユーザー（MAU）数に対する従量課金 ・SAML または OIDC フェデレーション利用時：MAU 数に対する従量課金（追加料金）
ID プール	無料
データ転送料（インバウンド通信）	無料
データ転送料（アウトバウンド通信）	データ転送量に応じた従量課金

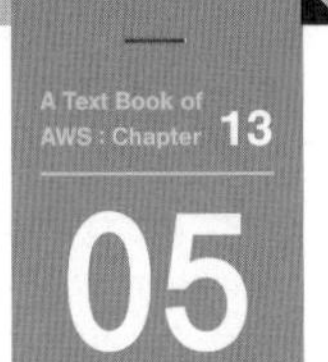

分散アプリケーションとマイクロサービスを制御する

AWS Step Functions

東京リージョン 利用可能 料金タイプ 有料

AWS Step Functionsの概要

AWS Step Functionsは、「ステートマシン」と呼ばれるワークフローを使って、**分散アプリケーションとマイクロサービスを制御（オーケストレーション）・可視化するサービス**です。Lambdaをはじめとする他のAWSサービスを呼び出すことができ、処理の順序の定義や並列実行、条件分岐、失敗時のリトライや例外・エラー処理など、さまざまな制御を行うワークフローシステムを、サーバーレスで実現できます。

そのため、Step Functionsは前節で紹介したユースケースパターンのうち、「アプリケーションフロー処理」（p.270）や「機械学習／ETLデータパイプライン」（p.271）で利用されます。

ここがポイント

- Step Functionsは、「ステートマシン」と呼ばれるワークフローを提供する
- Lambdaなど、他のAWSサービスと統合でき、処理の順序性の考慮や条件分岐、並列実行、失敗時のリトライ処理を実装できる
- 開発者はステートマシンの実行基盤となるサーバの構築や維持管理が不要であり、AWSの責任範囲となる

ステートマシン

ステートマシンは「ステート（状態）」と呼ばれる要素で構成されます。また、ステートの状態遷移は、**ASL**（Amazon States Language）と呼ばれるJSON形式の独自言語を使って定義します。

例として、簡単な機械学習ワークフローを実行するステートマシンを次の図に示します。この図において、小さな破線で囲まれたオブジェクトがステートです。「Preprocess Training data」からはじまる3つのTaskと、「Preprocess Inference data」の1つのTaskを、Parallelで実行（並列実行）するように定義しています。また、これらの処理が完了した後に「Batch Transform」と「Postprocess」の2つのTaskを直列で実行するように定義しています。

● ステートマシンの例（機械学習ワークフロー）

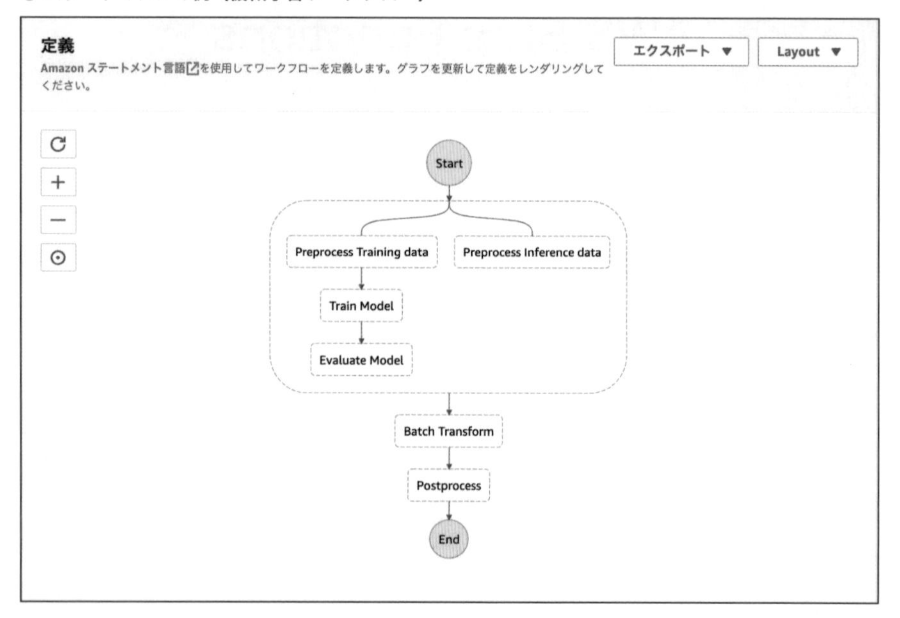

☑ステートマシンの種類

ステートマシンには「**標準ワークフロー**」と「**Express ワークフロー**」の２種類があります。

標準ワークフローは、**最大実行時間が１年**と長いため、さまざまな種類のワークフローを実装できます。例えば、ユースケースパターンとして紹介した「**アプリケーションフロー処理**」(p.270) や「**機械学習／ETL データパイプライン**」(p.271) の実装などに利用できます。

Express ワークフローは、**最大実行時間が５分**と短い反面、１秒あたりに起動できるステートマシン数（実行開始レート）が多く、１秒あたりの状態遷移できる数（状態遷移レート）がほぼ無制限に設定されているワークフローです。IoT データの取り込みやストリーミングデータの処理や変換などの短時間に大量のデータを処理するようなワークロードに向いています。

Express ワークフローにはさらに「**同期 Express ワークフロー**」と「**非同期 Express ワークフロー**」の２種類が用意されています。標準ワークフローと Express ワークフローの主な違いは、次の表のとおりです。ただし、下表のすべての項目を覚える必要はありません。標準ワークフローと Express ワークフローの選定時に１つの判断材料として利用してください。

● 標準ワークフローとExpressワークフローの主な違い

項目	標準ワークフロー	Expressワークフロー
最大実行時間	1年	5分
実行開始レート	毎秒2,000以上	毎秒100,000以上
状態遷移レート	1アカウントあたり4,000以上	ほぼ無制限
料金	状態遷移ごとの従量課金	実行回数、実行時間、消費されたメモリに対する従量課金
実行履歴	・Step Functions API ・AWSマネジメントコンソール ・CloudWatch Logs	・CloudWatch Logs
実行セマンティクス	1回だけ実行	最低1回実行
サービス統合	すべてのサービス統合とパターンをサポート	すべてのサービス統合をサポート。ジョブ実行（.sync）パターンまたはコールバック（.waitForTaskToken）パターンはサポートしない
Activityのサポート	あり	なし

ステートマシンで扱うワークロードが短時間に大量のデータを処理するような場合はExpressワークフローを選択し、それ以外の場合は標準ワークフローを選択することを目安にするとよいでしょう。本書の執筆時点では、Step Functionsのステートマシンは、次のAWSサービスと統合されています。

- Lambda
- Batch
- API Gateway
- DynamoDB
- ECS/Fargate
- EKS
- SNS
- SQS
- Glue
- Glue DataBrew
- SageMaker
- EMR
- Athena
- CodeBuild
- Step Functions

統合（呼び出し）のパターンには「**リクエストレスポンス**」「**ジョブの実行（.sync）**」「**コールバックまで待機（.waitForTaskToken）**」の3種類があります。ワークフローの種類によってサポートされる統合パターンに違いがあるので、詳細は開発者ガイドを確認してください[13]。

押さえておきたい Step Functionsに統合されていないAWSサービスの呼び出し

上記にないAWSサービスでも、LambdaやECS/Fargateを使って独自に実装することで、ワークフローから呼び出せるようになります。

ASLによるステートマシンとステートの定義

ステートマシンは、ASLと呼ばれるJSON形式の独自言語で定義します。下記にASLの例を示します。

List ASLの例

```
{
  "Comment": "An example of the Amazon States Language for
notification on an AWS Fargate task completion",
  "StartAt": "Run Fargate Task",
  "TimeoutSeconds": 3600,
  "States": {
    "Run Fargate Task": {
      "Type": "Task",
      "Resource": "arn:aws:states:::ecs:runTask.sync",
      "Parameters": {
        "LaunchType": "FARGATE",
        "Cluster": "arn:aws:ecs:ap-northeast-
1:123456789012:cluster/FargateTaskNotification-ECSCluster-
VHLR20IF9IMP",
        "TaskDefinition": "arn:aws:ecs:ap-northeast-
1:123456789012:task-definition/FargateTaskNotification-
ECSTaskDefinition-13YOJT8Z2LY5Q:1",
        "NetworkConfiguration": {
          "AwsvpcConfiguration": {
            "Subnets": [
              "subnet-07e1ad3abcfce6758",
              "subnet-04782e7f34ae3efdb"
            ],
            "AssignPublicIp": "ENABLED"
          }
        }
      },
      "Next": "Notify Success",
      "Catch": [
          {
            "ErrorEquals": [ "States.ALL" ],
            "Next": "Notify Failure"
          }
      ]
    },
    "Notify Success": {
      "Type": "Task",
      "Resource": "arn:aws:states:::sns:publish",
```

```
      "Parameters": {
        "Message": "AWS Fargate Task started by Step Functions
succeeded",
        "TopicArn": "arn:aws:sns:ap-northeast-1:123456789012:Farga
teTaskNotification-SNSTopic-1XYW5YD5VOM7C"
      },
      "End": true
    },
    "Notify Failure": {
      "Type": "Task",
      "Resource": "arn:aws:states:::sns:publish",
      "Parameters": {
        "Message": "AWS Fargate Task started by Step Functions
failed",
        "TopicArn": "arn:aws:sns:ap-northeast-1:123456789012:Farga
teTaskNotification-SNSTopic-1XYW5YD5VOM7C"
      },
      "End": true
    }
  }
}
```


このASLから、ECSタスクをFargate上で実行し、処理の成否をSNSで通知するステートマシンが作成されます[14]。

● ステートマシンの例（ECSタスクの実行結果の成否をSNSで通知するステートマシン）

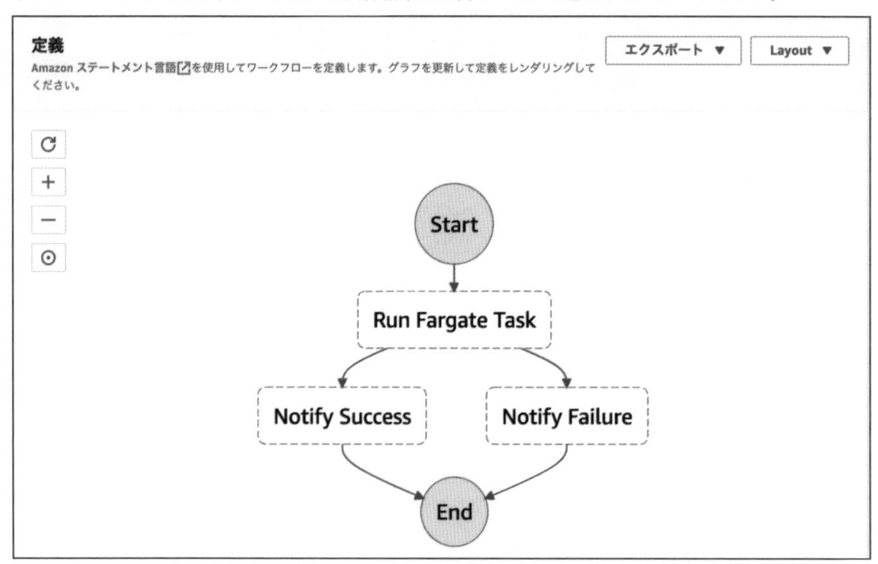

☑ステートマシンの定義

ステートマシン全体の構造は、下記のフィールドを使って定義します。なお、フィールドには**必須**と**オプション**の2種類があります。

● ステートマシン全体の構造を定義するフィールド

フィールド名	種類	役割
Comment	オプション	・ステートマシンの説明を記載する
StartAt	必須	・最初に実行するステートを指定する
TimeoutSeconds	オプション	・ステートマシンを実行できる最大時間を秒単位で指定する ・設定値を超えるとステートマシンの実行がタイムアウトし、States.Timeout エラーが発生する
Version	オプション	・ステートマシンで使用する ASL のバージョンを設定する ・デフォルトでは「1.0」が設定される
States	必須	・ステートマシンで実行するステートを設定する ・複数のステートが設定できる

☑ステートタイプ

ステートには、下記に示す8種類のタイプが用意されています。

● ステートタイプ

ステートタイプ	役割
Task	・ステートマシンによって実行する作業を定義する ・Lambda 関数、Activity、AWS サービスを指定できる
Choice	・ステートマシンに条件分岐を設定する
Fail	・ステートマシンの実行を失敗で停止させる
Succeed	・ステートマシンの実行を成功で正常停止させる
Pass	・何の処理もせずに入力を出力に渡す
Wait	・指定された時間だけ待機して、Next フィールドに指定したステートに遷移する
Parallel	・ステートを並列に実行する
Map	・入力配列の要素ごとに反復処理や並列処理を実行する ・Parallel は同じ入力を使って並列に処理を実行するが、Map の入力は配列となるので、配列の要素に応じて入力を変えて実行できる

※各ステートタイプには設定できるフィールドが存在します。詳細は開発者ガイド[15]を参照。

Memo

Task に指定できる「Activity」とは、**利用者が EC2 や ECS などに独自に実装したアプリケーションと、Step Functions のステートを関連付けて実行できる機能**です。
ステートマシンのステートが Activity の状態になると、独自アプリケーションで稼働する「ワーカー」からのポーリングを待機します。ポーリングとは、他のシステムに対し一定間隔で問い合わせを行う方式のことで、ここではワーカーがステートマシンへ定期的に問い合わせをしています。ポーリングに対する応答がステートマシンから返されると、アプリケーション側で処理を実行します。処理結果をステートマシンに渡して、後続のステートに遷移してステートマシンの処理を継続します。

● Activityの仕組み

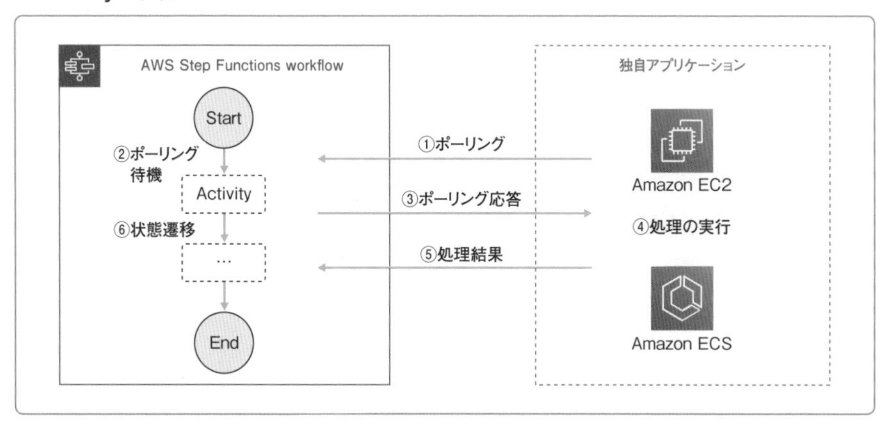

データの入出力

ステートのデータの受け渡しは**JSON形式**のデータで行われます。ASLで下記のフィールドを指定すれば、データの入出力をJSONPath構文で定義できます[16]。

● ステートマシン全体の構造を定義するフィールド

フィールド名	役割
InputPath	・Inputとして受け取ったデータのうち、ステートの処理で使うものを選択する ・InputPathを指定しない場合は、受け取ったデータをすべて渡す
Parameters	・InputPathで指定されたデータを受け取ってKey-Value形式のコレクションを作成して、ステートの処理のパラメータとして渡す ・Parametersを指定しない場合は、受け取ったデータをすべて渡す
ResultSelector	・「ステートでの処理結果」を受け取ってResultPathに渡すデータを選択し、Key-Value形式のコレクションを作成してResultPathに渡す ・ResultSelectorは下記のステートタイプで利用可能である Task／Parallel／Map
ResultPath	・「ステートに渡されたInputデータ」と「ステートでの処理結果」を受け取り、OutputPathに渡すデータを指定する ・ResultPathを指定しない場合は、「ステートでの処理結果」を渡す ・ResultPathは下記のステートタイプで利用できる Task／Pass／Parallel
OutputPath	・「ステートの処理結果」として次のステートに渡すデータを指定する ・ResultPathを指定しない場合は、ResultPath以前のデータを出力として渡す

ステートにおけるデータの入出力を可視化すると次の図のようになります。

● ステートのデータ入出力[17]

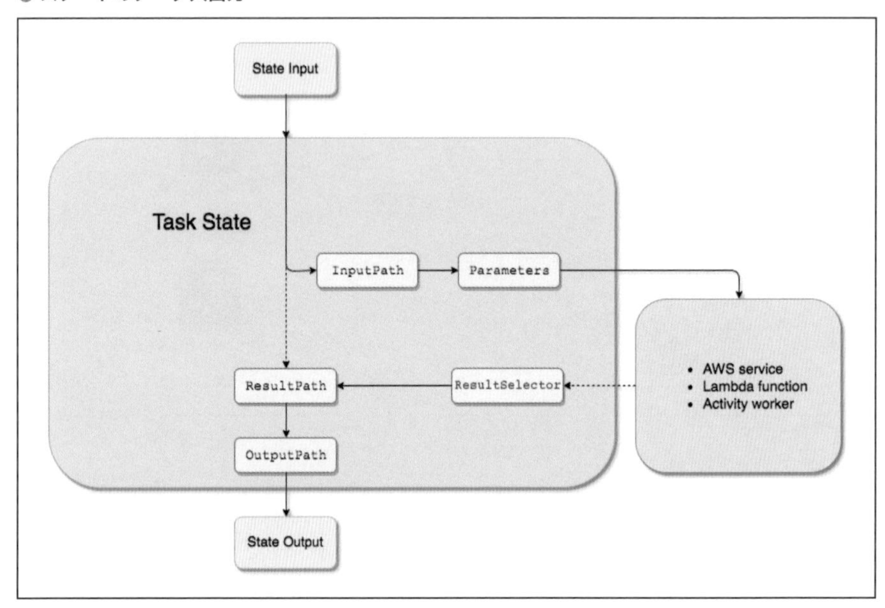

Step Functionsの利用料金

Step Functionsの利用料金は以下の通りです。

● Step Functionsの利用料金

項目	内容
標準ワークフロー	状態遷移回数に対する従量課金
Expressワークフロー	実行回数、実行時間、消費されたメモリに対する従量課金
データ転送料（インバウンド通信）	無料
データ転送料（アウトバウンド通信）	データ転送量に応じた従量課金

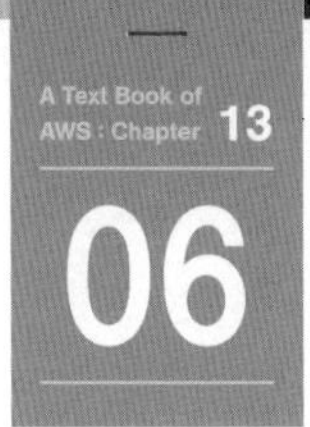

CloudFormationの拡張機能

AWS Serverless Application Model

東京リージョン 利用可能 料金タイプ 無料

AWS Serverless Application Modelの概要

AWS Serverless Application Model（SAM）は、CloudFormationの拡張機能で、**サーバーレスアプリケーションを稼働させるための基盤構築とアプリケーションのデプロイを自動化するためのサービス**です。

CloudFormationと同様に、**JSON形式やYAML形式**で記述されたテンプレートファイルからリソースをデプロイできます。Lambda、API Gateway、DynamoDBなどのサーバーレス関連のリソースはCloudFormationでも構築できますが、SAMを利用するとテンプレートの記述が少なくて済み、より簡潔なリソースの定義が可能になります。

SAMでは、**SAM Command Line Interface（SAM CLI）**と呼ばれるコマンドラインツールを利用してサーバーレスアプリケーションの構築を行います。

ここがポイント

- SAMは、サーバーレスアプリケーション向けのCloudFormationの拡張機能
- SAMを利用すると、CloudFormationよりも簡潔にサーバーレスアプリケーションのリソースの定義が可能

SAMテンプレート

SAMは、冒頭に述べたようにCloudFormationの拡張機能であるため、テンプレートの基本的な構成はCloudFormationと同じです。

ただし、冒頭に「**Transform: 'AWS::Serverless-2016-10-31'**」[18]を宣言する必要があります。「Transform」の記述通り、リソースのデプロイ時に背後で行われる処理で、CloudFormation本来のテンプレートに変換されます。

SAMテンプレートの例を次ページに示します。このテンプレートは、SAMの開発者ガイドで紹介されているサンプルアプリケーションから引用したものです[19]。S3を使ったイベント駆動のサーバーレスアプリケーションであり、S3バケット、Lambda関数、DynamoDBテーブルがデプロイされます。SAMテンプレートにはS3バケットのようなサーバーレス以外のリソースも定義できます。

List SAMテンプレートの例

```
AWSTemplateFormatVersion: '2010-09-09'
Transform: 'AWS::Serverless-2016-10-31'

Description: SAM app that uses Rekognition APIs to detect text in
S3 Objects and stores labels in DynamoDB.

Resources:
  DetectTextInImage:
    Type: 'AWS::Serverless::Function'
    Properties:
      Handler: src/app.lambda_handler
      Runtime: python3.6
      CodeUri: .
      Description: Uses Rekognition APIs to detect text in S3
Objects and stores the text and labels in DynamoDB.
      MemorySize: 512
      Timeout: 30
      Environment:
        Variables:
          TABLE_NAME:
            Ref: ResultsTable
      Policies:
        - Version: '2012-10-17'
          Statement:
            - Effect: Allow
              Action:
                - 's3:GetObject'
              Resource: 'arn:aws:s3:::*'
            - Effect: Allow
              Action:
                - 'rekognition:DetectText'
                - 'rekognition:DetectLabels'
              Resource: '*'
            - Effect: Allow
              Action:
                - 'dynamodb:GetItem'
                - 'dynamodb:PutItem'
                - 'dynamodb:Scan'
                - 'dynamodb:UpdateItem'
              Resource:
                'Fn::Join':
                  - ''
                  - - 'arn:aws:dynamodb:'
                    - Ref: 'AWS::Region'
                    - ':'
```

```
                    - Ref: 'AWS::AccountId'
                    - ':table/'
                    - Ref: ResultsTable
      Events:
        BucketEvent1:
          Type: S3
          Properties:
            Bucket:
              Ref: SourceImageBucket
            Events:
              - 's3:ObjectCreated:*'

  SourceImageBucket:
    Type: 'AWS::S3::Bucket'

  ResultsTable:
    Type: AWS::Serverless::SimpleTable
```


☑SAMで定義できるリソース

サーバーレスのリソースとして、ResourcesのTypeに下記の7種類を定義できます。それぞれのTypeで指定可能なプロパティはSAMの開発者ガイド[20]を確認してください。

● SAMのResourcesのType一覧

Type	デプロイされるリソース
AWS::Serverless::Function	LambdaのLambda関数
AWS::Serverless::LayerVersion	LambdaのLambda Layers
AWS::Serverless::Api	API GatewayのREST API
AWS::Serverless::HttpApi	API GatewayのHTTP API
AWS::Serverless::SimpleTable	DynamoDBのテーブル
AWS::Serverless::Appication	Serverless Application Repositoryの公開アプリケーション
AWS::Serverless::StateMachine	Step Functionsのステートマシン

Memo

前ページの表に登場する「Serverless Application Repository」は、サーバーレスアプリケーションのマネージドリポジトリです。自身が作成したサーバーレスアプリケーションを登録して公開したり、他者が作成したサーバーレスアプリケーションを検索して利用したりすることができます。
公開範囲はパブリック、プライベートともに設定可能です。Lambdaの説明では触れませんでしたが、Lambda関数の作成時にServerless Application Repositoryで公開されているアプリケーションを選択することも可能です。

☑Globals セクション

Globalsセクションを利用すると、**各リソースに共通する設定値を一括で定義できます**。例えば、Lambda関数（AWS::Serverless::Function）を複数作成するときに、すべてのLambda関数に同じランタイムやタイムアウト値を設定したい場合があります。この場合、Globalsセクションにランタイムとタイムアウト値を設定すれば、すべてのLambda関数に同じ値が設定されますので、同じ定義を何度も書かずに済みます。

下表にGlobalsセクションを利用できるリソースと代表的なプロパティの一覧をまとめます。詳細はSAMの開発者ガイド[21]を参照してください。

● Globals セクションのリソースと代表的なプロパティの一覧

Type	プロパティ	説明
AWS::Serverless::Function	Runtime	Lambda 関数のランタイム
	Handler	Lambda 関数のハンドラ（実行を開始するために呼び出されるコードないの関数）
	Environment	Lambda 関数に設定する環境変数
	MemorySize	Lambda 関数に割り当てるメモリサイズ
	Timeout	Lambda 関数のタイムアウト値（最大実行時間）
AWS::Serverless::Api	Auth	REST API へのアクセスを制御するための認証
	EndpointConfiguration	REST API のエンドポイントタイプ
	Cors	REST API の CORS（Cross Origin Resource Sharing）を許可するドメイン
	Domain	REST API に設定するカスタムドメイン
AWS::Serverless::HttpApi	Auth	HTTP API へのアクセスを制御するための認証
	StageVariables	HTTP API のステージ変数
AWS::Serverless::SimpleTable	SSESpecification	DynamoDB テーブルの SSE（Server Side Encription; サーバ側の暗号化）の設定

AWS SAM Command Line Interface（SAM CLI）

AWS SAM Command Line Interface（SAM CLI）は、**サーバーレスアプリケーションの開発、SAM テンプレートの検証、デプロイなどの各種操作を実行できるコマンドラインツール**です。SAM CLI は、Linux、Windows、macOS の各環境で利用できます。

サーバーレスアプリケーションの開発でよく利用するコマンドを下記に示します。表のコマンドは上から開発の工程順に記載しています。

● SAM CLI でよく利用するコマンド

コマンド	役割
sam init	初期化処理として、SAM テンプレートやサンプルの Lambda 関数を生成する
sam validate	SAM テンプレートの検証を行い、文法誤り等の問題の検出を行う
sam build	SAM テンプレートを基にして、アプリケーションのビルドを行う
sam package	アプリケーションのパッケージ（ソースコードと依存関係の ZIP ファイル）を作成し、S3 バケットにアップロードを行う
sam deploy	CloudFormation へのデプロイを行う

上記以外にもコマンドが用意されていますので、詳細は SAM の開発者ガイドの「AWS SAM CLI コマンドリファレンス」[22] を参照してください。

SAMの利用料金

SAMは無料で利用できます。ただし、SAMによって作成したリソースは課金対象になるので注意してください。

引用・参考文献

[1] AWSでは「Undifferentiated Heavy Lifting（価値を生まない重労働）」と呼んでいます。
[2] https://aws.amazon.com/jp/serverless/patterns/serverless-pattern/
[3] ユースケース名やここで利用した画像は https://aws.amazon.com/jp/serverless/patterns/serverless-pattern/ より引用
[4] https://docs.aws.amazon.com/ja_jp/lambda/latest/dg/with-s3.html より引用
[5] https://docs.aws.amazon.com/ja_jp/lambda/latest/dg/lambda-services.html
[6]「AWS Lambdaの裏側をなるだけ詳しく解説してみる」https://www.keisuke69.net/entry/2020/09/29/131203
[7] RESTは「REpresentational State Transfer」の略
[8] https://www.ics.uci.edu/~fielding/pubs/dissertation/top.htm
[9] https://docs.aws.amazon.com/ja_jp/apigateway/latest/developerguide/api-ref.html
[10] https://docs.aws.amazon.com/ja_jp/apigateway/latest/developerguide/http-api-vs-rest.html
[11] https://docs.aws.amazon.com/ja_jp/cognito/latest/developerguide/cognito-sync.html
[12] IDプールは「フェデレーテッドアイデンティティ」とも呼ばれており、こちらの名称のほうが機能を想像しやすいかもしれません。
[13] https://docs.aws.amazon.com/ja_jp/step-functions/latest/dg/concepts-service-integrations.html
[14] AWS Step Functionsの開発者ガイド（https://docs.aws.amazon.com/ja_jp/AmazonECS/latest/userguide/task_definitions.html）より引用。
[15]「状態」https://docs.aws.amazon.com/ja_jp/step-functions/latest/dg/concepts-states.html
[16] JSONPath構文については次のドキュメントを参照してください。 https://github.com/json-path/JsonPath
[17] https://docs.aws.amazon.com/ja_jp/step-functions/latest/dg/concepts-input-output-filtering.html より引用
[18] 設定値はSAMテンプレートのバージョンです。本書の執筆時点ではここに示したバージョンのみが許容されます。
[19]「Amazon S3イベントを処理する」https://docs.aws.amazon.com/ja_jp/serverless-application-model/latest/developerguide/serverless-example-s3.html
[20]「AWS SAM リソースおよびプロパティのリファレンス」https://docs.aws.amazon.com/ja_jp/serverless-application-model/latest/developerguide/sam-specification-resources-and-properties.html
[21] https://docs.aws.amazon.com/ja_jp/serverless-application-model/latest/developerguide/sam-specification-template-anatomy-globals.html
[22] https://docs.aws.amazon.com/ja_jp/serverless-application-model/latest/developerguide/serverless-sam-cli-command-reference.html

Chapter 14

第14章 DevOps関連のサービス

本章では、AWS で扱われる、以下の DevOps 関連サービスについて解説します。

A Text Book of AWS : Chapter 14

01 DevOpsとは

DevOps の概要

DevOps は「開発（Development）」と「運用（Operations）」を組み合わせた造語ですが、とても抽象的な言葉・概念であり、聞く人によって想像するイメージが異なることが多いです。そこで本章では、DevOps がなぜ、「開発」と「運用」という単語を組み合わせる形で呼ばれるようになったのかについて、おさらいするところから解説をはじめます。

ここがポイント

- 伝統的なウォーターフォール型の開発では、開発と運用を明確に分離した体制で進められてきた
- 競争が著しい分野では、DevOps の普及が進んでいる
- AWS において、DevOps の重要な要素として位置づけられるのが継続的インテグレーションと継続的デリバリーである

伝統的なウォーターフォール型の開発では「開発」と「運用」は異なるフェーズで定義されていますが、IT サービスを提供するうえで開発と運用は切っても切れない関係にあります。アプリケーションを開発してリリースした後も機能追加や仕様変更、定期的なメンテナンスなどでアプリケーションをアップデートする必要が度々生じます。

一方で過去、悪意のある開発者による、バックドアなどの意図的に不正アクセスを許す実装により、個人情報を含む商用データが参照・改ざんされる事件が発生したこともあって、**開発と運用を明確に分離した体制でのサービス提供が求められるようになりました**。こうした開発体制は特に、換金性の高いデータを扱う金融セクターで重視されており、現在でも日本版 SOX 法（現・金融商品取引法）の規定では開発と運用を明確に分離しています。

しかしながら、近年のビジネス環境の変化や、熾烈な競争下にある分野においては、開発と運用を分離した従来型の開発体制では対応スピードに課題があり、高い競争性を維持するのが困難になりつつあります。

そこで、適切な権限管理や人手を介さない環境構築・運用の自動化、不正防止のための監査を行う仕組みを導入したうえで開発と運用を一体化して進める手法である「**DevOps**」の普及が進んでいます。

AWSでもDevOpsを支援するためのサービスや情報を多数提供しています。AWSはDevOpsを「**従来型のソフトウェア開発やインフラストラクチャ管理プロセスよりも速いペースで製品の進歩と向上を達成し、企業がアプリケーションやサービスを高速で配信できるように、文化的な基本方針、プラクティス、ツールが組み合わせる手法**」と定義しています[1]。

AWSが言及するDevOpsのベストプラクティスと、それをサポートするAWSのサービスを以下に列挙します。

DevOpsのベストプラクティスとAWSがサポートするサービス

ベストプラクティス	説明	サポートするサービス
継続的インテグレーション	継続的インテグレーション(Continuous Integration:CI)はリポジトリに蓄積されたコードの変更を検知し、開発環境での静的な解析やテスト、ビルドを実行し、バグを早期に発見してソフトウェアの品質を高める手法	・AWS CodeCommit ・AWS CodePipeline ・AWS CodeBuild ・AWS CodeGuru ・AWS DevOps Guru
継続的デリバリー	継続的デリバリー(Continuous Delivery:CD)は、CIのプロセスを経て、商用環境とほぼ同等のステージング環境へのデプロイならびに、上位のテストを行い、最終的に商用環境へとデプロイされるデリバリープロセスを自動化する仕組みや手法	・AWS CodeDeploy ・AWS CodePipeline ・AWS ElasticBeanstalk
マイクロサービス	マイクロサービスは1つのアプリケーションを小さなサービスとして分割し、開発のアジリティ(スピード・迅速性)向上や、影響範囲の極小化を図る設計手法。各マイクロサービスは独自のプロセスで実行され、軽量のメカニズムで明確に定義されたインターフェースによって他のサービスと通信する。通常はHTTPベースのアプリケーションプログラミングインターフェース(API)を使用する	・Amazon ECS ・Amazon EKS ・AWS Lambda ・Amazon API Gateway
Infrastructure as Code	基盤自動化をコードとして作成して実現する。基盤自動化とはアプリケーションおよびその実行基盤であるシステム環境を自動構築すること。また、構築後の設定管理やリソース設定を、テンプレートやルールを用いて自動的にチェックすることも可能	・AWS CloudFormation ・AWS CDK ・AWS Opsworks ・AWS Systems Manager ・AWS Config
モニタリングとロギング	アプリケーションや実行されているシステム基盤のさまざまなメトリクスやリソースに対する操作をモニタリング、ロギング(記録)する。これらのデータはアプリケーション環境構成の動的な変更や監査に使用される	・Amazon CloudWatch ・AWS CloudTrail ・AWS X-Ray

マイクロサービスやInfrastructure as Code、モニタリングとロギングで扱われているサービスは別章（第8章、第12章、第13章および第18章）で解説しているため、本章では、**継続的インテグレーション（CI）と継続的デリバリー（CD）**の関連サービスにフォーカスして解説します。自身が携わる開発でDevOpsのコンセプトを取り入れる場合は、CI/CDだけでなく他のベストプラクティスをサポートするサービスの導入も検討してください。

Column

Amazon DevOps Guru

Amazon DevOps Guruは、機械学習を組み合わせて、レイテンシーの増加につながるアプリケーションの振る舞いや、データベースのIO性能の不足、サービス停止につながる可能性のあるクリティカルな問題のある箇所を検知するサービスです。

「Amazon CodeGuru」という、似た名称のサービス（ソースコードの静的解析を行う、機械学習サービスの1つ）[2]もありますが、DevOps Guruでは、CloudFormationやAmazon CloudWatch、AWS Config、CloudTrail、X-Rayといったサービスから収集した情報をもとに、DevOpsの中で問題となる異常な振る舞いを検知します。

検知したデータはAmazon SNSなどのサービスと組み合わせてシステム管理者やオペレーションセンターへ通知することが可能です。

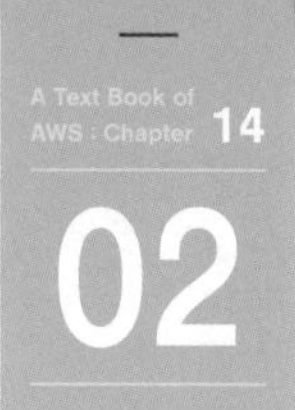

AWSで実現する継続的インテグレーション

継続的インテグレーションの概要

AWSで継続的インテグレーション（CI）を実現する場合の方法について考えてみましょう。

ここがポイント

- 継続的インテグレーションは、静的解析や自動ビルド・テストを組み合わせてバグを早期に発見し、ソフトウェアの品質を高める手法

継続的インテグレーションは前節の表中でも説明した通り、リポジトリに蓄積されたコードの変更を検知し、開発環境での静的な解析やテスト、ビルドを実行し、バグを早期に発見してソフトウェアの品質を高める手法です。AWS上で継続的インテグレーション環境を構築する際のアーキテクチャ構成を例示します。

● AWS環境における継続的インテグレーションの構成例

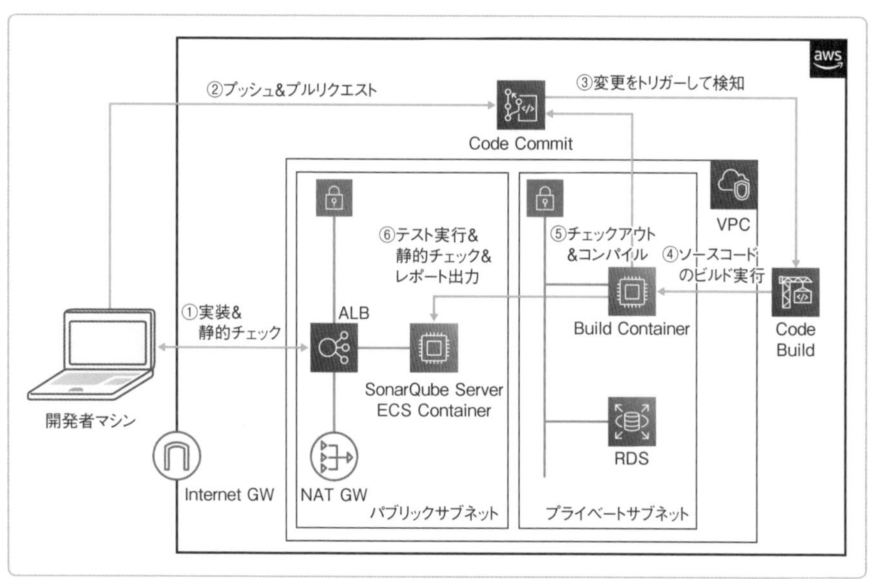

この図は、静的解析ツールのSonarQubeをAWS上に構築し、**①ソースコードの実装と静的チェック、②リポジトリへのプッシュを契機としたテストとアプリケーションのビルド、③実行レポートを作成**……といった継続的インテグレーションの一連の流れを示しています。各フローの詳細は以下の通りです。

● **継続的インテグレーションのフロー**

No	フロー	説明
(1)	ソースコードの実装・静的チェック	開発者は自身の端末でソースコードを実装し、SonarQubeを使って静的解析を実装する。なお、SonarQubeサーバはECSで実行され、チェックルールやレポート結果はRDSに保存する構成としている
(2)	ソースコードのプッシュ・プルリクエスト	開発者はある程度実装が終わった段階で、リポジトリにソースコードをプッシュしたり、コードオーナーへマージ要求のためのプルリクエストを発行したりする。リポジトリにはAWS CodeCommitを使用している。CodeCommitの特徴は次節で解説
(3)	トリガー	リポジトリへの変更や要求を検知して、AWSの完全マネージド型ビルドサービス「CodeBuild」へ連携する。こちらも次節でその特徴を解説する
(4)	ジョブ実行	CodeBuildがビルド仕様（buildspec）に基づき、ビルドジョブを実行する。ここで、ジョブはコンテナを使用したコマンドラインスクリプト処理として、指定されたVPCのサブネット内で実行するように設定している
(5)	ソースコードチェックアウト・コンパイル	実行されているジョブはリポジトリであるCodeCommitからチェックアウトし、ソースコードをコンパイルする
(6)	テスト・チェック・レポート	実行されているジョブがユニットテストを実行し、再び静的チェックを行い、静的解析ツールへレポートする。ここで、静的解析ツールで定めているルールを満たしているかチェックする。すべてパスすればビルド成功、1つでも失敗すればビルド失敗といコードオーナーへ結果が通知されて、リポジトリ上で変更を承認・否認するかが決定される

次節以降では、AWSのマネージドサービスとして提供されているリポジトリサービス「CodeCommit」と、ビルドサービス「CodeBuild」の特徴を見ていきましょう。

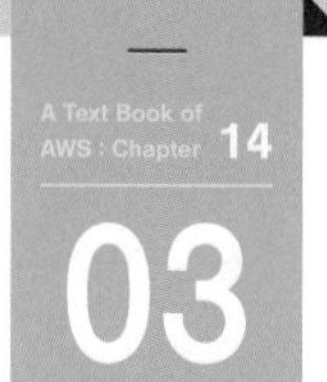

Gitベースのソースコードリポジトリサービス

AWS CodeCommit

東京リージョン 利用可能 料金タイプ 有料

AWS CodeCommit の概要

AWS CodeCommit は、高い可用性を備えるGit ベースのソースコードリポジトリサービスです。コミット履歴の表示やグラフの参照の他、AWS CLI をはじめとした各マネージドサービスとシームレスに連携できることが大きな特徴です。

ここがポイント

- CodeCommit は、さまざまな AWS マネージドサービスと連携できる Git リポジトリサービス
- 可用性やバックアップなどの保全性が保証されている
- 閉塞的なネットワーク内で資材を管理したい場合など、プライベートリポジトリとして利用するのも有用

● CodeCommit と連携できる AWS サービス（代表例）

サービス	説明
CloudFormation	CodeCommit のリポジトリを含む AWS リソースを、CloudFormation のテンプレートに記述することで作成できる
CloudTrail	CodeCommit に対して実行された API コールや Git コマンドのイベントを記録し、ログを S3 へ保存する
CloudWatch Event	リポジトリをモニタリングし、イベントが発生すると、SQS や Kinesis、Lambda などで処理を実行できる
CodeGuru Reviewer	CodeGuru Reviewr は、機械学習を使用してソースコードの分析とコードレビューを行うサービス（p.411）。Reviewer に CodeCommit のリポジトリを関連付けることで、プルリクエスト対象のコードを分析する
AWS KMS	KMS は、データを暗号化するためのサービス（p.513）。リポジトリの暗号化に使用される
AWS Lambda	リポジトリに発生したイベントをトリガーとして、Lambda 関数を実行できる
Amazon SNS	リポジトリに発生したイベントを、トリガーを作成して通知できる

CodeCommit は、AWS の可用性・保全性が担保された環境に構築されているので、サーバがダウンしたり、データが失われたりしないようユーザが管理する必

要はありません。また、セキュリティ上の理由で、AWSネットワークからインターネットへのアクセスを許可しない閉塞的な開発環境が必要な場合にも、プライベートリポジトリとしての利用を検討するとよいでしょう。

CodeCommitの利用料金

CodeCommitの利用料金は、**ユーザ数やストレージ、Gitリポジトリに対するリクエスト数**などに応じた従量課金です。

押さえておきたい **CodeCommitのワークフロー**

CodeCommitでは、以下のワークフローのようにリポジトリの作成やソースコード管理を行います。一般的なGitリポジトリを利用する場合のフローと大きな違いはありません。ただし、通常のGitコマンド以外に、AWS CLIを使ったリポジトリ操作も可能です。

● **CodeCommitのワークフロー** [3]

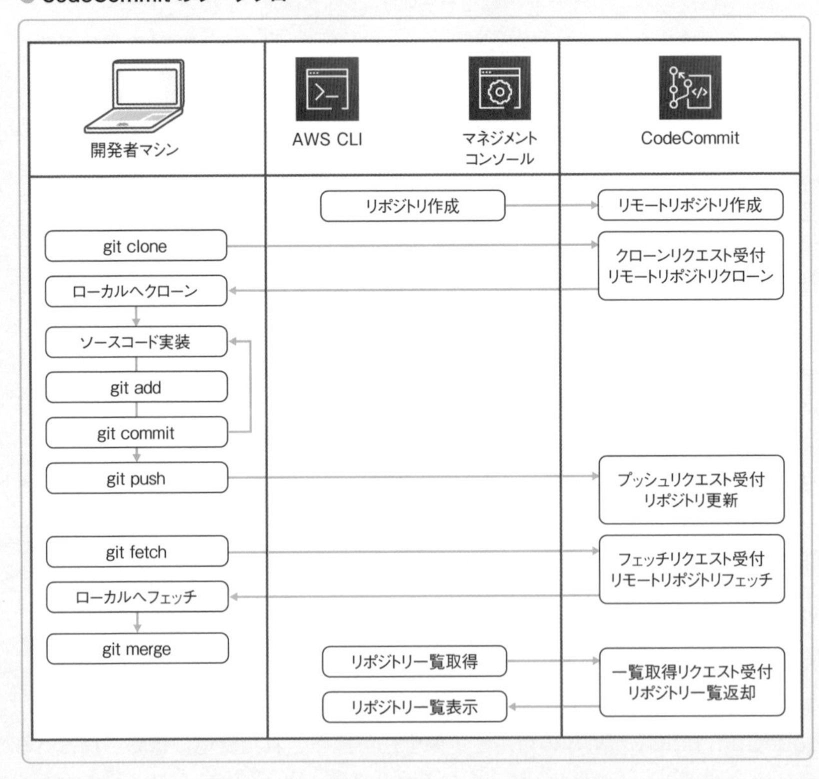

第3部 実践編

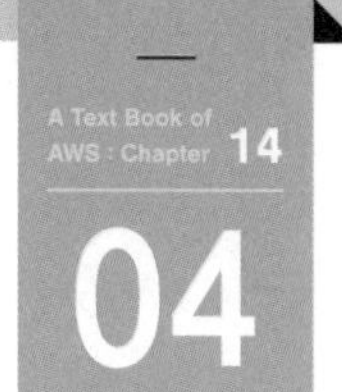

継続的インテグレーションの中核をなす要素

AWS CodeBuild

東京リージョン 利用可能 料金タイプ 有料

AWS CodeBuild の概要

AWS CodeBuild は、継続的インテグレーションの中核をなす要素です。ソースコードの変更を検知して、静的チェック・コンパイル・ユニットテストを実行し、不正を検知するために実行されます。

ここがポイント

- CodeBuild では、静的チェック、コンパイル、テストといった処理をジョブとして設定・実行する
- ジョブは Docker コンテナイメージを用いて、クラウド環境上で実行される。サーバソースキャパシティを気にせずに実行できるのが大きなメリット
- ジョブの実行内容は buildspec.yml という名前のファイルに記述して、アプリケーションのソースコードプロジェクトのディレクトリに保存しておく

CodeBuild では、「プロジェクト」と呼ばれる単位で一連のビルドジョブを作成・実行します。ビルドの対象として指定できるのは、Amazon S3 に保存したソースコードの他に、AWS CodeCommit、GitHub、BitBucket などの各 Git ベースのバージョン管理システムで扱うソースコードをサポートします。

CodeBuild の特徴としては、以下のような点が挙げられます。

- AWS クラウド環境を使ってサーバリソースの制約を考えずビルド処理を実行できる
- ビルド処理は Docker コンテナイメージを使ったコマンドライン処理として実行され、ビルドに使うコンテナイメージを任意に指定できる
- 前節で解説した CodeCommit や、次節で解説する CodePipeline とシームレスに連携し、簡単にビルドプロジェクトを構築できる
- オープンソースの CI/CD ソフトウェア・Jenkins とのプラグインを使って CodeBuild と連携できる

・CloudWatch Logsへログを出力でき、ソースコードからビルドしたアプリケーションをアーティファクトと呼ばれるアーカイブファイルとしてS3へ出力できる
・機密データを管理するSystems Manager Parameter Storeと連携し、パラメータを環境変数経由で取得できる

CodeBuildを利用する際は、ビルド処理を「**buildspec.yml**」というファイルに記述して、アプリケーションのソースコードプロジェクトのルートディレクトリに保存しておきます。buildspec.ymlには、**環境変数やビルドに必要な環境のインストール処理、実際のビルド処理や生成するアプリケーションの出力などを定義**します。

なお、AWSはbuildspec.ymlの挙動をローカル端末で確認できる「**CodeBuild Local**」を提供しており、buildspec.ymlを簡単に検証できます。

CodeBuildの利用料金

CodeBuildの利用料金は、ビルドを実行するコンテナの**インスタンスタイプ**、および**実行時間**に応じた従量課金です。

第3部 実践編

AWSで実現する継続的デリバリー

継続的デリバリーの概要

ここからは、AWSで継続的デリバリー（CD）を実現する方法を説明します。継続的デリバリーとは、**継続的インテグレーションの開発プロセスから商用リリースまでの一連の流れを迅速かつ頻繁に実行可能にし、アプリケーションを随時・確実にリリースできるようにすること**です。

ここがポイント

- 継続的デリバリーは、継続的インテグレーションで品質が最低保証されたアプリケーションを、ステージごとに段階的にテストして、最終的に商用環境へデプロイしていく自動化プロセスを指す
- プロセスの流れはパイプラインに例えられるが、どのようなプロセスやステップで構成されるかは、システムアーキテクチャやアプリケーション特性、試験方針、利用ツールなど開発要件に依存する

前節で解説した「**継続的インテグレーション**」が組み込まれた開発プロセスを採用することで、「**ソースコードからアプリケーションがエラーなくビルドできること**」が保証できるようになります。

続いては、商用環境とほぼ同等のステージング環境へビルドされたアプリケーションをデプロイし、統合テストやユーザテスト、セキュリティを担保するペネトレーションテストなど複数の試験を行います。こうした試験をクリアして品質を保証した上で、実際の商用環境へのデプロイを行います。

継続的デリバリーには、最終的なデプロイに至るいくつかステップがあり、いくつかのプロセスは自動化されて実行されます。こうした一連の流れは、「**パイプライン**」とも表現されます。

● 継続的デリバリーのパイプラインの例

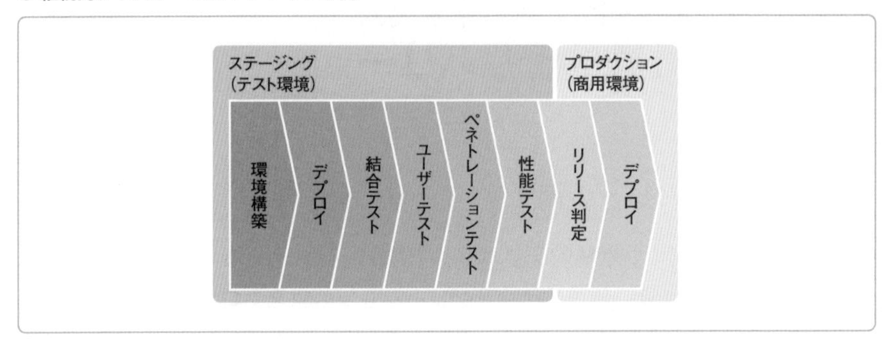

パイプラインで実行する内容はシステムアーキテクチャやアプリケーション特性、試験方針など開発プロジェクトによって異なります。またパイプライン中で実行するプロセスはさまざまなツールやサービスによって自動化されます。以下に、ステージング環境を例に継続的デリバリーが実行される例を示します。

● AWS 環境における継続的デリバリーの構成例（1）

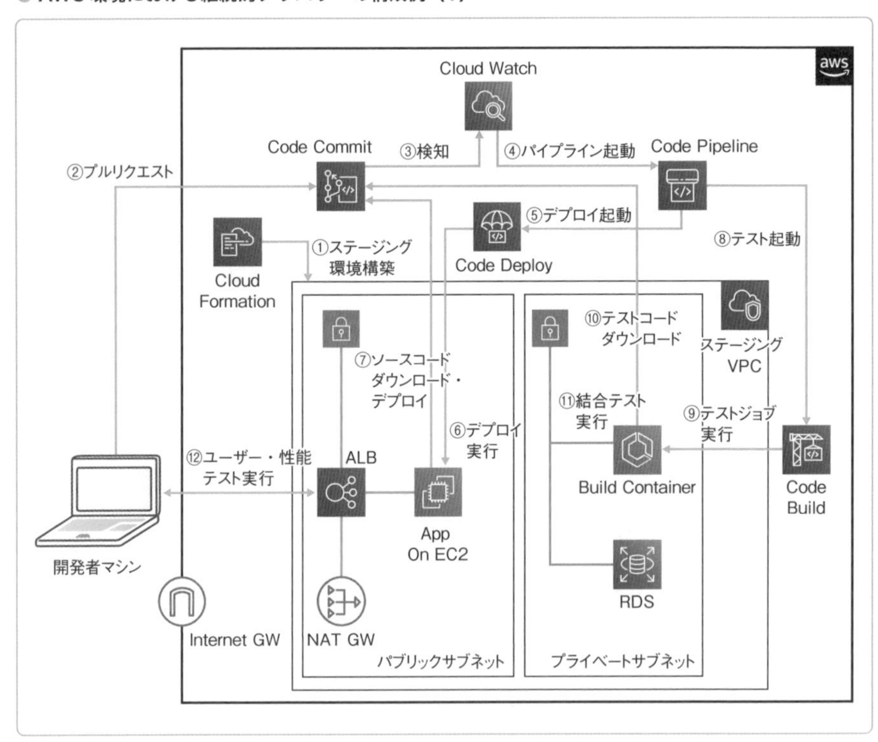

上記の図では、商用環境とほぼ同等構成のステージング環境をオンデマンドに構築し、リポジトリへのプルリクエストを契機として、アプリケーションをデプロイしてさまざまなテストを実行する一連の流れを示しています。継続的デリバリーを構成する一連のパイプラインの詳細は次の通りです。

● 継続的デリバリーのフロー

No	フロー	説明
①	ステージング環境構築	開発者は基盤自動化サービスであるCloudFormationを使用して、ステージング環境を構築する。必要なときに環境構築することでコストを最適化することができる
②	プルリクエスト	開発者は、継続的インテグレーションのプロセスに組み込まれて開発されたアプリケーションを、あるタイミングでリリースしたいと考える。リリース用のリポジトリのブランチにソースコードをプッシュしたり、コードオーナーへマージ要求のためのプルリクエストを発行したりする。リポジトリにはAWS CodeCommitを使用している
③	検知	リポジトリへの変更や要求を検知して、AWSの継続デリバリーサービス「CodePipeline」(p.327)へ連携する
④	パイプライン起動	パイプラインとして定義された⑤以降の処理を開始する
⑤	デプロイ起動	CodePipelineがアプリケーションデプロイサービス「CodeDeploy」(p.330)にデプロイを指示する
⑥	デプロイ実行	CodeDeployがデプロイを実行する。実際はデプロイ対象のサーバにインストールされたCodeDeployエージェントがデプロイ指示を検知して実行する
⑦	ソースコード ダウンロード・デプロイ	CodeDeployがCodeCommitからソースコードをダウンロードし、アプリケーション仕様(appspec)に基づいて、アプリケーションをデプロイする
⑧	テスト起動	CodePipelineがビルドサービス「CodeBuild」へテスト実行を指示する
⑨	テストジョブ実行	CodeBuildがビルド仕様(buildspec)に基づき、テストジョブを実行する。ジョブは、コンテナを使用したコマンドラインスクリプト処理として、指定されたVPCのサブネット内で実行するように設定している
⑩	テストコードダウンロード	実行されているジョブはリポジトリであるCodeCommitからテストコードをチェックアウトする
⑪	結合テスト実行	チェックアウトした結合テストコードを実行する
⑫	ユーザー・性能テスト実行	クライアントから本番を想定したユーザテストや、性能テストなどを手動もしくは自動化した手順で実行する

上記の構成は次の図のように、CloudFormationとCodeDeployの部分をElastic Beanstalkを使うことでもほぼ同様に実現できます。下記の例では大きな違いはありませんが、アプリケーションのプログラミング言語や利用するマ

ネージドサービス、デプロイポリシー、対象のアーキテクチャによって、実装のしやすさやとり得るオプションが少々変わってきます。どちらかに大きなメリットや優位性があるというわけではありませんが、開発要件によっては制約の有無に影響する場合もあるので、配置するアーキテクチャや使用するマネージドサービス、各デプロイサービスの特徴などを把握したうえでより最適な構成を検討してください。

● AWS 環境における継続的デリバリーの構成例（2）

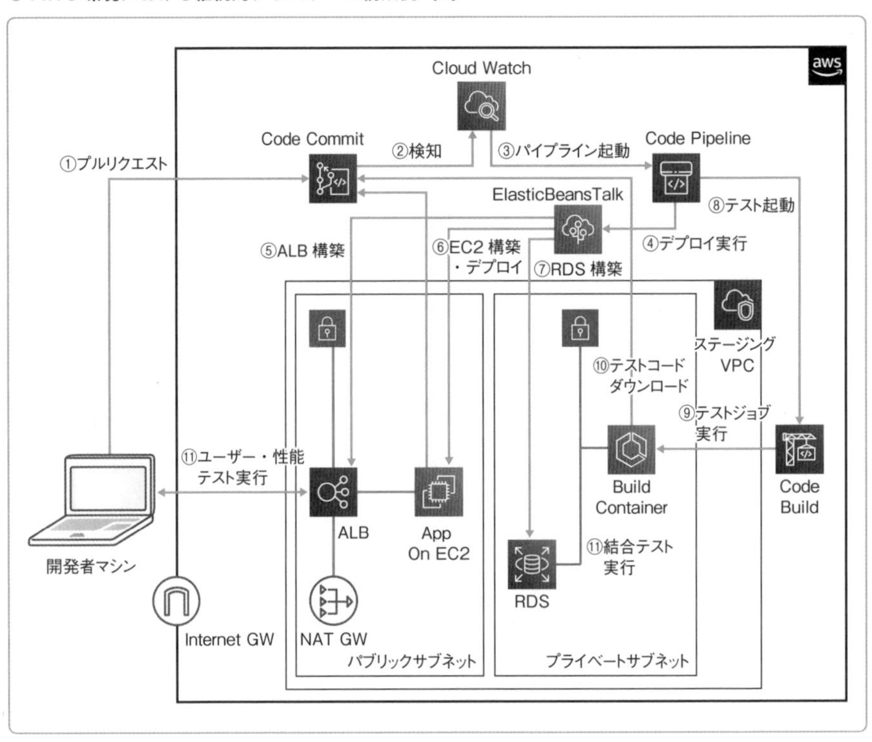

次節以降では、AWS のマネージドサービスとして提供されている継続的デリバリーサービス「CodePipeline」と、デプロイサービス「CodeDeploy」、定番となるアーキテクチャ構成の構築・アプリケーションデプロイサービス「ElasticBeanstalk」の特徴を解説します。

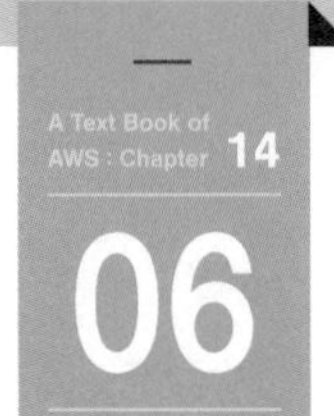

ソフトウェアリリースプロセスを自動化・可視化するサービス

AWS CodePipeline

東京リージョン 利用可能　料金タイプ 有料

AWS CodePipeline の概要

AWS CodePipeline は、以下のような一連のソフトウェアリリースプロセスを自動化・可視化し、継続的デリバリーを実現するサービスです。

・ソースコードのコミット／プッシュやプルリクエスト
・テスト／ビルド
・ステージング／プロダクション環境へのデプロイ

ここがポイント

- CodePipeline では、継続的デリバリーのプロセスを、自動的に連続実行するパイプライン形式で定義する
- パイプラインは複数の「ステージ」によって成り立っており、「ステージ」は「アクション」で構成される
- 複数のアクションを逐次・並列実行することも可能。ステージの実行状況はリアルタイムで可視化できる
- ステージはさまざまなプロバイダ（ツールやサービス）からサポートされている

CodePipeline の主な特徴やメリットとして、次のような点が挙げられます。

・AWS のさまざまなサービスと統合し、リリースプロセスを構築できる
・アプリケーション実行環境へのデプロイをシームレスに行える
・GitHub や Jenkins などの主要なサードパーティリポジトリや CI ツールとの連携もシームレスに実行できる

CodePipeline では、「**ステージ**」と呼ばれる単位で、それぞれ実行するアクションを定義してパイプラインを構築します。**アクションはステージ内で逐次・並列に複数実行することも可能**です。各アクションには、それぞれ実行環境や入出力のアーティファクトなど必要な要素を定義します。

● CodePipelineにおけるステージ・アクションの設定

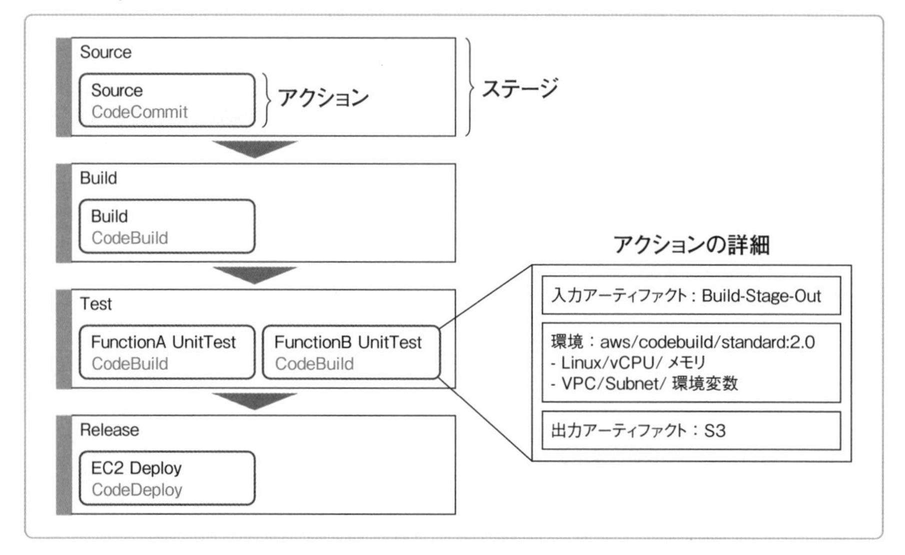

指定した条件でパイプラインが起動されると、各ステージの進行状況やアクションごとの実行履歴をコンソールでも確認できます。

AWSコンソールでは、次の図のように自動化されたリリースまでのパイプラインのステータスをリアルタイムに確認できます。トラブル発生時は状況に応じて素早く対応アクションをとることもできます。

● CodePipelineのAWSコンソール上のイメージ

CodePipelineでは、各ステージで以下のようなマネージドサービス、オープンソースツールやサードパーティを含むプロバイダとの連携をサポートしています。

● CodePipelineがサポートするプロバイダ[4]

ステージ	説明	サポートするプロバイダ	
Source	ソースコード・コンテナイメージを格納するリポジトリ	・AWS CodeCommit ・Amazon ECR ・Amazon S3	・GitHub ・GitHub Enterprise ・BitBucket
Build	ビルドジョブを実行するためのツール・サービス	・AWS CodeBuild ・CloudBees	・Jenkins ・TeamCity
Test	テストジョブを実行するためのツール・サービス	・AWS CodeBuild ・AWS Device Farm ・BlazeMeter ・GhostInspector	・Jenkins ・MicroFocus StormRunner ・Nouvola ・Runscope
Deploy	デプロイを実行するためのツール・サービス	・Amazon S3 ・AWS CloudFormation ・CodeDeploy ・Amazon ECS ・ElasticBeanstalk	・AWS AppConfig ・AWS OpsWorks ・AWS Service Catalog ・Amazon Alexa ・XebiaLabs
Approval	承認を実行するための実行対象	・Amazon SNS	
Invoke	カスタム実行アクション	・AWS Lambda ・AWS Step Functions	

CodePipelineの利用料金

CodePipelineの利用料金は、以下の通りです。

・パイプライン数に応じた従量課金
・パイプラインに接続するその他のAWSおよびサードパーティのサービスからアクションをトリガーする場合、各サービスの利用に応じた料金が発生する
　【例】パイプラインのアーティファクト（成果物）をAmazon S3に保存してアクセスする場合、S3の料金が発生する

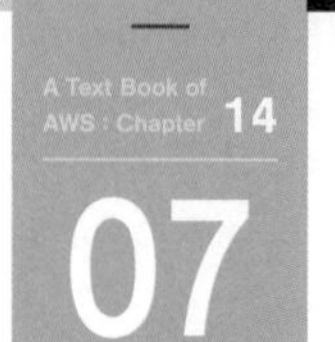

アプリケーションのデプロイに特化したサービス

AWS CodeDeploy

東京リージョン 利用可能 料金タイプ 一部有料

AWS CodeDeploy の概要

AWS CodeDeploy は、アプリケーションのデプロイに特化したサービスです。

CodeDeploy では、デプロイ対象となるインスタンス、もしくはコンテナ（ノード）に新しいアプリケーションを置き換えていく「**In-Place デプロイメント**」、または、新しいアプリケーションのノード群を作成し、テスト完了後にトラフィックを新しいノード群へ切り替える「**Blue/Green デプロイメント**」を選択できます。

また、指定した複数のノードへ同時にデプロイを実行することも可能です。

ここがポイント

- CodeDeploy は、In-Place デプロイメントと Blue/Green デプロイなど、さまざまなデプロイオプションを選択できる
- エージェントをインストールしておけば、オンプレミス環境でも CodeDeploy を実行できる
- デプロイ仕様を記述した appspec.yml というファイルを作成してソースコードのプロジェクト配下に配置しておく

CodeDeploy では「**デプロイメントグループ**」というグループ単位で、デプロイ先のノードを扱います。

デプロイメントグループは、**特定のタグを指定した EC2 インスタンス**もしくは **AutoScaling グループ**から構成されます。デプロイメントグループに含まれる各ノードには、事前にエージェントをインストールしておく必要があります。

CodeDeploy に対して、変更検知などを契機にしてデプロイ指示が行われると、エージェントがこれを検知してソースコードやアプリケーションアーカイブを取得してデプロイ操作を実行します。そのため、サーバにエージェントをインストールしておけば、オンプレミス環境でも CodeDeploy を使用することが可能です。

● CodeDeploy の実行イメージ

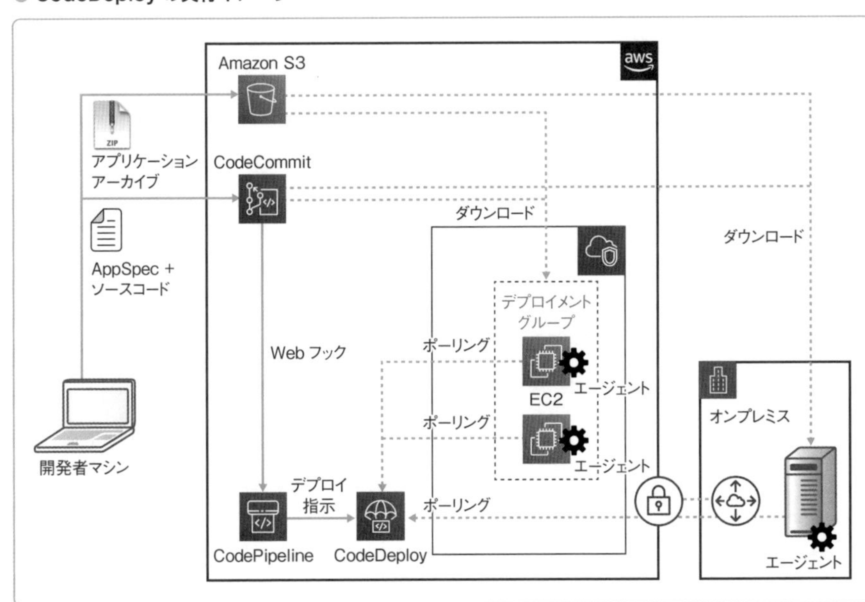

エージェントがデプロイを行うためには、ソースコードのプロジェクトの配下に appspec.yml というファイルを配置しておく必要があります。appspec.yml **はデプロイの仕様を定義したファイルで、ファイルの配置先や、デプロイのライフサイクルで実行するスクリプトなどを指定します。**

なお、CodeDeploy は EC2 やオンプレミスなどのサーバ環境でのデプロイ用途に適しています。コンテナイメージ化したアプリケーションは、前節の「表：CodePipeline がサポートするプロバイダ」(p.329) に記載の Deploy ステージにも示したとおり、CodePipeline で ECR などのコンテナリポジトリから直接 ECS へデプロイするオプションが選択できるので、CodeDeploy を使用する必要はありません。

CodeDeploy の利用料金

CodeDeploy の利用料金は、次の通りです。

- Amazon EC2 および AWS Lambda へのデプロイは無料
- オンプレミスサーバでの利用はインスタンスあたりの従量課金

自動的にアプリケーション環境を構築するサービス

AWS Elastic Beanstalk

東京リージョン 利用可能 料金タイプ 無料

AWS Elastic Beanstalk の概要

AWS Elastic Beanstalk は、典型的なシステム構成やインフラストラクチャ設定を自動化するサービスです。**ウィザード形式でオプションの中から選択するだけで、アプリケーション環境を構築**できるようになります。俗にいう PaaS (Platform as a Service) を実現するサービスであり、インフラを最小限の設定でまとめて構築できるので、利用者はアプリケーション開発に注力できます。

ここがポイント

- Elasitc Beanstalk は、よくある典型的なアーキテクチャ・インフラストラクチャ構成を選択して、アプリケーション環境を構築するサービス
- 環境構築する場合は、コンソールからウィザード形式で選択できる他、さまざまなサードパーティプラグインも提供されている
- 環境の設定は細かくオプションで選択できる。オプションにないものは、カスタマイズして導入することもできる

● Elastic Beanstalk で Web アプリケーション環境構築する実行イメージ

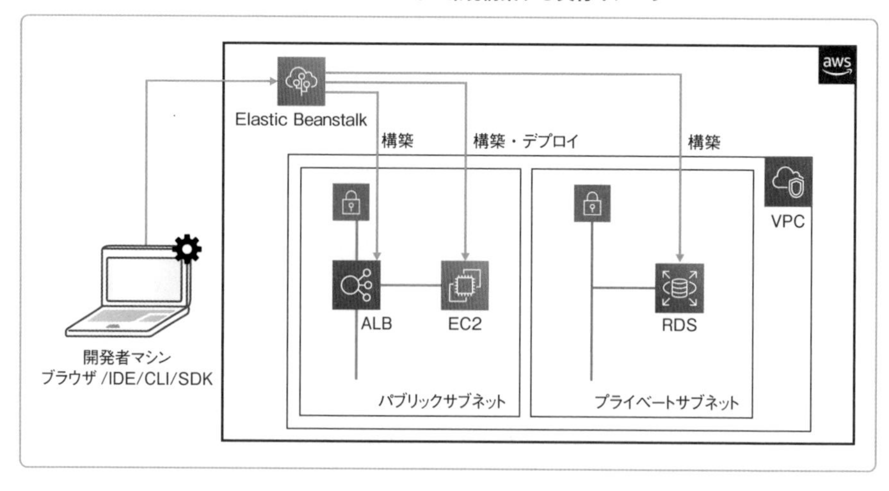

第3部 実践編

Elastic Beanstalk は AWS マネジメントコンソールの他、Eclipse や Visual Studio といったサードパーティの統合開発環境のプラグインからでも利用できます。AWS CLI や SDK の他、固有の CLI（Elastic Beanstalk CLI）や CodePipeline を経由しての操作で環境構築が可能です。

Elastic Beanstalk では、以下のオプションを組み合わせてアプリケーション環境を構築できます。

● Elastic Beanstalk の構成・プラットフォームオプション

項目	説明
プラットフォーム	アプリケーションの言語や実行環境を選択する
環境	アプリケーションの種別を選択する
インスタンス構成	アプリケーションを配置するインスタンスの構成を選択できる
ソフトウェア設定	組み合わせて使用するソフトウェアを選択する
オートスケーリング設定	インスタンスのオートスケーリングを設定する
ロードバランサー構成	（Web サーバ環境で高可用性構成時のみ）ロードバランサーの種類やリスナー・ルーティングルールを設定する
デプロイ ポリシー設定	アプリケーションをデプロイする際のポリシーを設定する
モニタリング 設定	アプリケーションの実行インスタンスメトリクスやロードバランサーのモニタリングを設定する
メンテナンス ウィンドウ設定	プラットフォームの自動アップデートを設定する
ネットワーク設定	Elaatic Beanstalk が展開するインスタンスのネットワーク設定を行う
データベース設定	アプリケーションがアクセスするデータベースの環境設定を行う
ワーカー設定	（ワーカー環境選択時のみ）主にバッチ処理を想定して、ワーカーデーモンやバッチ起動の契機となる SQS キュー環境設定を行う

設定項目・オプションとして用意されていないマネージドサービスを利用したり、カスタマイズを加えたりすることも可能です。アプリケーションのソースコードのルートディレクトリに「.ebextensions」フォルダを作成し、設定ファイルを追加することで対応します。EC2 へのサードパーティ製のソフトウェアのインストールの他、DynamoDB や ElastiCache、SNS の設定などが可能です。

ただし、上記表内の「環境」項目で選択する「Web サーバ」「ワーカー」の標準構成と大きく変わるようなアプリケーション構成にするのであれば、CloudFormation などを活用して環境構築を行う必要があります。

Elastic Beanstalk の利用料金

Elastic Beanstalk は無料で利用できます。ただし、Elastic Beanstalk を使用して構築した AWS リソースに対しては課金されます。

引用・参考文献

[1] https://aws.amazon.com/jp/devops/what-is-devops/
[2] https://aws.amazon.com/jp/codeguru/
[3] https://docs.aws.amazon.com/ja_jp/codecommit/latest/userguide/welcome.html
[4] https://docs.aws.amazon.com/ja_jp/codepipeline/latest/userguide/reference-pipeline-structure.html

Chapter 15

第15章

データアナリティクス関連のサービス

本章では、データアナリティクスを支える技術と、AWSが提供する以下のデータアナリティクスサービスについて解説します。データアナリティクスのそれぞれの技術概要とサービスを紐づけて覚えるようにしましょう。

データアナリティクスとは

ビジネスにおけるデータアナリティクス

データアナリティクスとは、**大量のデータを分析し、事業の改善・提案や、売り上げの改善につながる情報を探し出す技術分野**です。データはさまざまな分析手法やソフトウェアのアルゴリズムで分析されます。そこから、何らかの傾向やパターンを見い出し、現状発生している現象やその理由、課題の発見、未来のトレンドの予測などを行い、ビジネスの意思決定に役立てます。

例えば、回転寿司チェーンの**株式会社あきんどスシロー**では、客席を回るお皿の1つひとつにICタグを取り付けています[1]。ICタグを用いて回転しているお皿が取られた時間や種類、席の位置、寿司の新鮮さなどを収集し、各店舗の需要を予測します。予測結果に基づいて需要と供給のバランスを取ることで、商品廃棄率を75%削減することに成功しています。

● スシローにおけるデータアナリティクス

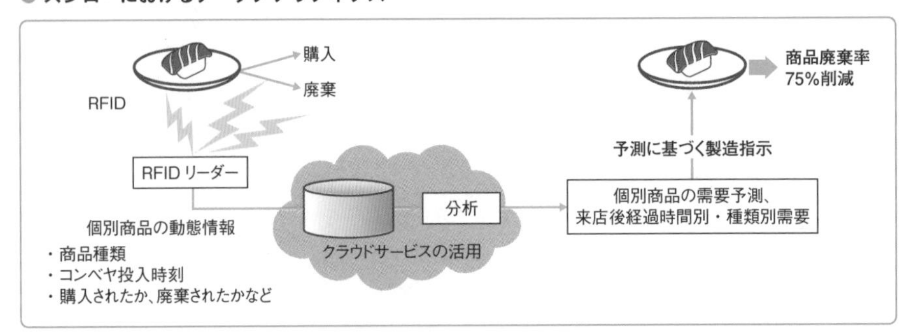

[出所] 総務省「データの高度な利活用による業務・サービス革新が我が国経済および社会に与える波及効果に係る調査研究」(平成26年)

ビジネスだけでなく、**災害分野**でもデータアナリティクスの技術が活用されています。2020年に発生した九州の集中豪雨では、独自の流動人口データを提供するAgoopが人流データを基に避難所への集まり具合などの避難状況を解析したデータを公開し、熊本赤十字病院がそれらのデータを災害対応の初期意思決定に活用しました[2]。このようにデータ活用の裾野が広がり、さまざまな分野での利用が報告されています。

データアナリティクスアーキテクチャ

データアナリティクスは以下の４つのプロセスで構成されます。

● データアナリティクスのプロセス

プロセス	概要
収集	各所で生成されたデータを収集する
蓄積	収集したデータを変換し、ストレージやデータベースに蓄積する
分析	蓄積されたデータを分析し、結果を出力する
可視化（活用）	分析結果を可視化し、ビジネスに役立てる

これらを実現するためには、大量のデータや複雑な処理を扱う専用のビッグデータ分析システムが必要です。このようなシステムのアーキテクチャは「ビッグデータアーキテクチャ」と呼ばれ、次の図の要素で構成されます。

● データ分析のプロセスとビッグデータアーキテクチャの構成要素

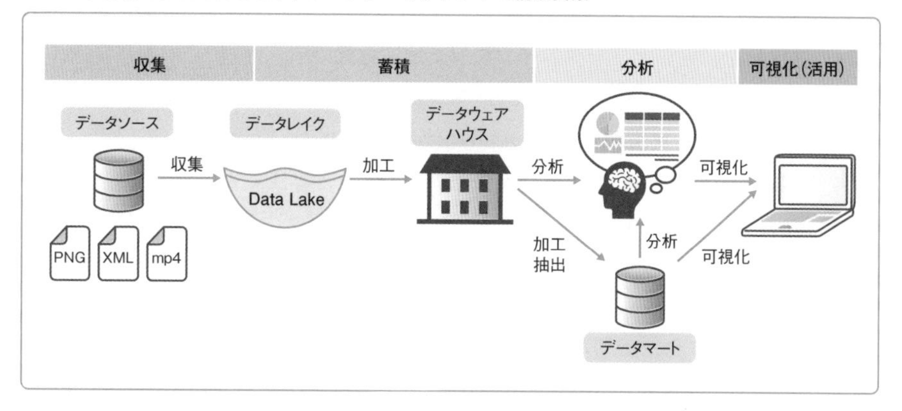

ここがポイント

- 分析するデータの収集元となる場所は「データソース」と呼ばれる
- データの収集方式には、一定期間ごとにデータを取得する「バッチデータ収集」、またはデータを継続的に収集する「ストリーミングデータ収集」のいずれかがよく用いられる
- 収集したデータは「データレイク」に蓄積される
- データレイクに蓄積されたデータは加工され、「データウェアハウス」や「データマート」に保存し、分析を行う

データソース

データソースとは、**分析するデータの収集元**です。会社が保持するシステムのデータベースに保存されている情報や、Webシステムの操作イベントそのものなど、多様な形式を取りえます。

また、社内や自社システム以外から提供される情報を利用することもあります。総務省統計局をはじめとした政府や自治体といった行政機関や企業などが公開するデータを「**オープンデータソース**」といい、データソースとして採用することもあります。

データソースにあるデータは収集され、「**データレイク**」に蓄積されます。収集の仕方にはいくつかの形式が存在します。ここでは、代表的な2つの方式を紹介します。

☑バッチデータ収集

バッチデータ収集は、**データソースに格納されたデータを一定の期間ごとに読み込み、抽出し、変換してデータレイクに書き出す方式**です。

データソースからのデータの読み込み、抽出、変換を行ってデータレイクに出力する処理のことを**ETL**（Extract-Transform-Load）処理と呼び、バッチでETL処理を行うツールのことを**バッチETLツール**と呼びます。

バッチデータ収集によるデータロードは、通常のバッチアプリケーションのようにスケジュール実行をすればよいため、実装が比較的容易な反面、**リアルタイム性に欠ける**というデメリットを持っています。

また、他のシステムで利用されているデータベースなどをデータソースとして利用する際は、関連システムに影響を与えないよう、システムの利用時間外でのデータ収集が求められることもあります。このようなケースで大量のデータを収集する場合には、ETLツールには高いパフォーマンスとスケーラビリティが必要となります。

☑ストリーミングデータ収集

ストリーミングデータ収集は、**データソースが継続的に生成するデータを即時収集する方式**です。リアルタイム性が求められるユースケースに向き、データレイクに格納せずにそのまま分析処理に利用されるケースもあります。ECサイトのレコメンド機能が代表的な例といえるでしょう。

レコメンデーションにタイムラグがあると、利用者の購買意欲がそがれてしまい、企業にとってはチャンスを逃すことになってしまいます。ストリーミングデータ収集によりユーザーのアクセス情報を即座に収集、分析し、それを元にタイムリーなレコメンデーション情報をユーザーに提供することで、ユーザーの購買意欲を刺激し、売り上げの向上を見込めます。

このようにストリーミングデータ収集は、リアルタイム性が求められるシステムに向きますが、**リアルタイム処理はバッチデータ収集に比べて実装が複雑**です。また、ECサイトのユーザーの増加のように、一度に処理するデータが急激に増加するケースもあるため、スケーラブルかつハイパフォーマンスなインフラストラクチャーが求められます。

● 収集の仕方の違い

収集の仕方	バッチデータ収集	ストリーミングデータ収集
データ収集範囲	データソース内のデータ全体、または一部分	直近生成されたデータ
データサイズ	大規模データ	比較的小規模なデータ
リアルタイム性	低	高
用途	複雑なデータ分析	リアルタイム性が求められ軽微な分析

データレイク

データレイクとは、**単一、または複数のデータソースから収集したデータを蓄積する場所**です。データレイクには多種多様なデータが集約されるため、どのような形式でも扱え、かつビジネスの成長に伴うデータ量の増加にも耐えうるスケーラブルなストレージが求められます。

また、データレイクにはさまざまな形式、構造、時刻、容量のデータが格納されるため、1つひとつのデータの状態･状況を管理する必要があります。例えば、情報の鮮度を表すファイル更新やファイルの形式などはデータ分析において重要な情報です。

このようなデータ自体を説明するための情報を「**メタデータ**」と呼び、バッチデータ処理やストリーミングデータ処理において生成されます。後続の処理では、生成されたメタデータを管理しながら、分析を行う必要があります。

データウェアハウス

データレイクには、さまざまな種類のデータがさまざまな形式、構造、容量で格納されるため、**画一的にデータを読み出し、分析することができません。**

そこでデータウェアハウスでは、これらのデータを分析に適した一定の形式に変換した状態で管理します。また、データ分析に必要なインターフェースが提供され、分析者はデータウェアハウスからデータを参照・抽出（クエリ）して分析を行います。分析時に大量のクエリを受け付ける必要があるため、データウェアハウスにはスケーラビリティとパフォーマンスが重要となります。

データウェアハウスに格納されたデータでよりよい分析を行うには、良質なデータが必要です。そのためにデータ分析前にデータはさまざまな形式に加工されます。これは前処理と呼ばれ、データ分析におけるもっとも重要な作業の1つです。

データマート

データマートは、データウェアハウスのデータを用途ごとに抽出・加工したデータベースです。

データウェアハウスには膨大なデータが保存されます。例えば、大企業では各事業部､人事､財務などさまざまなデータが格納されることになります。こういったデータウェアハウスに対して各事業部がデータ分析を行うと、他組織のデータが混じっているがゆえにデータ利用までの処理が複雑化したり、必要な情報だけを参照する際にコストが増大したりするなどの問題が発生します。

特定の事業部だけなど、データマートであらかじめ必要なデータを切り出しておくことで、処理を簡素化するとともに、データを管理するストレージなどのコスト増加を防止できます。

データアナリティクスを支える技術

ビッグデータアーキテクチャの技術要素

ビッグデータアーキテクチャにはさまざまな技術が導入され、大量かつ複雑なデータ分析を実現しています。ここでは、それらの技術要素について解説します。

● データアナリティクスを支える技術

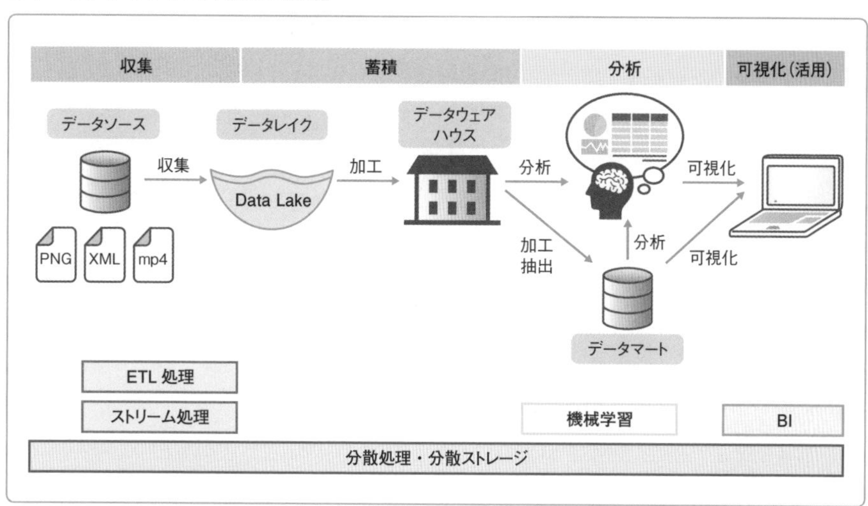

分散処理と分散ストレージ

大規模データを高速に処理するためのアプローチは2つあります。1つは、**データあたりの処理時間を短くするアプローチ**。もう1つは、**データを並列で処理するアプローチ**です。

前者の処理時間を短くするアプローチでは、プログラムの処理の速度を高めたり、マシンの処理が遅くなっている場合は、使用しているマシンのスペック（CPU／メモリ／ディスク／ネットワークなど）を高いものに変更したりすることでパフォーマンスを向上させます。直感的な方式ではありますが、最終的には利用しているマシンのスペックに限界がきた時点でパフォーマンスが頭打ちになってしまいます。

後者のデータを並列で処理するアプローチには「**単一のマシンで処理を並列化して処理する方式**」と「**複数のマシンで処理を分割し、並列で処理する方式**」があります。

近年CPUのマルチコア化は当たり前で、並列処理が得意なGPUも著しく発展しています。またOpenMPやCUDAなど、並列処理を行うためのライブラリも開発されており、並列処理は一般的になりつつあります。しかし、こちらもマシンのスペックの限界がパフォーマンスの限界であるため、単一のマシンでの並列処理では、ビジネスの急激な成長に伴うデータ処理の増加に対応できないリスクがあります。

こうした状況に対して、**データアナリティクスでは複数のマシンでデータを分散して処理する「分散処理」が一般的に利用されています。**

あわせて検討が必要になるのがストレージです。大規模なデータに対する大量のデータアクセスを処理するには、ストレージの性能を上げるだけでは追いつかない場合があります。そのため分散処理と同じように、**ストレージもデータを分散して保存する形式が一般的**です。このようなストレージを「**分散ストレージ**」といいます。

このような分散処理と分散ストレージ機能を提供している代表的なソフトウェアに「**Hadoop**[3]」があります。Hadoopは分散処理や分散ストレージ機能等を提供するコンポーネントの総称です。

● **Hadoopを構成するコンポーネント**

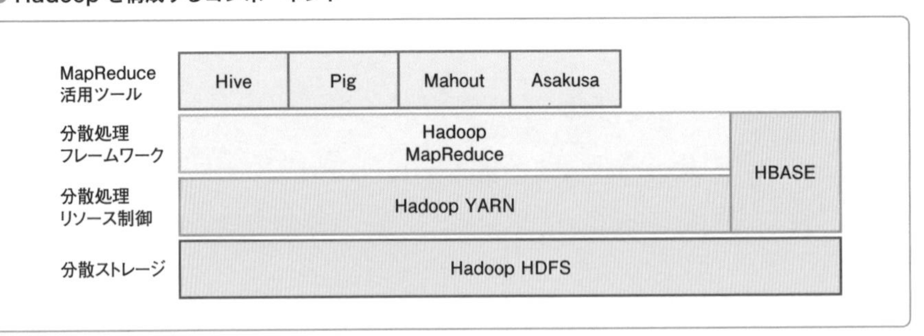

● Hadoopを構成するコンポーネント

コンポーネント	概要
HDFS	分散ストレージを使ったファイルシステムを提供する
YARN	分散処理のリソース制御機能を提供する
MapReduce	バッチ処理ベースの分散処理フレームワーク
Hive	MapReduceをSQLベースで実行するフレームワーク
Pig	独自言語でデータの流れを記述し、MapReduceを実行するフレームワーク
Mahout	機械学習を支援するフレームワーク
Asakusa	独自言語で記述するバッチ処理ベースの分散処理フレームワーク
HBASE	HDFSを使ったキーバリューストア（データ管理方式の一種）を提供する

Hadoopのコンポーネントを組み合わせたサーバの集合体は「**Hadoopクラスター**」と呼ばれます。ここでは、Hadoopの主要コンポーネントである**HDFS**（Hadoop Distributed File System）　と**MapReduce**、**YARN**（Yet Another Resource Negotiator）について解説します。

ここがポイント

- Hadoopは、分散処理と分散ストレージ機能を提供している代表的なOSS
- Hadoopが提供する分散ファイルシステムはHDFSと呼ばれる
- Hadoopにおける分散処理のバッチフレームワークとして、MapReduceがある
- YARNは分散処理を行う際のリソース管理を行う機能で、MapReduce以外のフレームワークを組み合わせて使用可能

HDFS

HDFS（Hadoop Distributed File System）は、**Hadoopが提供する分散ファイルシステム**です。複数のサーバ（ノード）にアタッチされたストレージを、1つのストレージのように扱うことができます。 耐障害性の高さもHDFSの特徴です。HDFSはファイルを分割し、ブロックという単位でデータノードに格納します。このとき、ブロックは複製されて複数のノードで管理され、データノードが故障した場合でも、データが消失しないようになっています。

HDFSは、自身の構造やブロックの位置情報をメタデータとして管理する**ネームノード（マスター）**と、実際にデータを保存する**データノード（スレーブ）**で構成されます。

● HDFSの仕組み

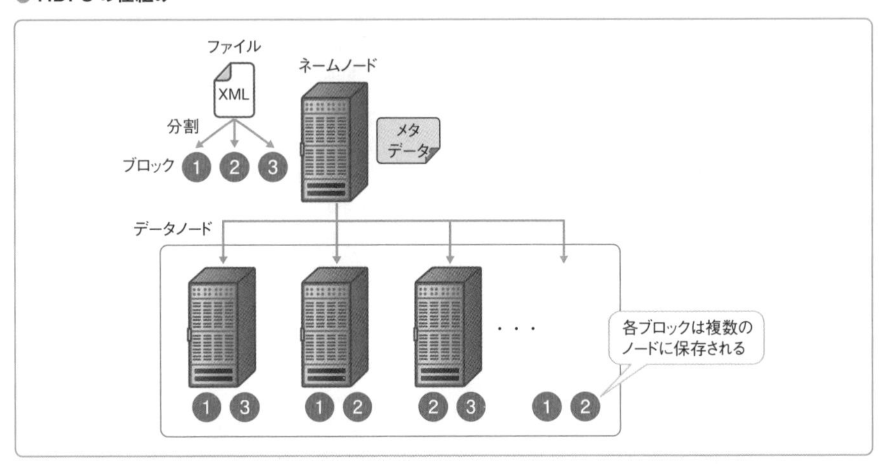

MapReduce

MapReduceは、Hadoopによって提供されている、**分散処理を実現するバッチ処理フレームワーク**です。MapReduceはデータ処理を**Map処理**と**Reduce処理**に分割します。

Map処理では、入力されたデータからキーとバリューを生成します。Reduce処理では、Map処理で付与されたキー情報を元にデータを分類し、キーごとの処理を実行します。よく使われる例として、**文字列データ内に出現するキーワードをカウントする処理**があります。HDFSに格納された文字列データはMap処理で分割し、Reduce処理で分解された文字列データを集約し、最終的な結果を出力します。

● MapReduceの仕組み

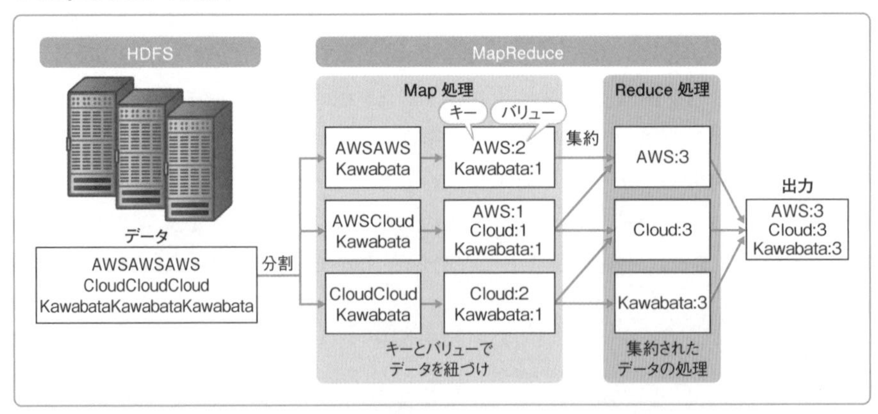

データからキーとバリューを生成するための方法や入出力の設定、多重度(データを処理するためのプロセス数）などのパラメータは「**ジョブ定義**」と呼ばれ、ユーザーが定義します。前に紹介したPigやHiveのように、MapReduceを使いやすくするためのOSS（オープンソースソフトウェア）も多数開発されています。

YARN

YARN（Yet-Another-Resource-Negotiator）は、**分散処理を行う際、Hadoopクラスター内のリソースを制御する機能**です。もともとは、MapReduce自体がリソース制御の役割を担っていたのですが、Hadoopのアップデートに伴い、分散処理フレームワークとリソース制御機能が分離しました。

> **Memo**
> リソース制御機能であるYARNはもともとバッチ処理フレームワークのMapReduceと統合されていました。そのため、バッチ処理のユースケース以外には対応できませんでした。
> しかし、リソース制御機能がYARNとして独立したことで、Apache Spark（インメモリ分散処理）やStorm（ストリーム処理）のようなバッチ処理以外の分散処理フレームワークとともに利用できるようになりました。

YARNは、ResourceManagerノードとNodeManagerノードをHadoopクラスター内に構築します。それぞれのノードで以下の3種類のプロセスが動作します。

● YARNの動作プロセス

動作ノード	プロセス	概要
ResourceManager	ResourceManager	NodeManagerの管理とアプリケーションを動作させるコンテナのアサイン
NodeManager	NodeManager	リソース使用状況のモニタリングとコンテナリソースの確保
	ApplicationMaster	コンテナ起動要求とアプリケーションの管理

ストリーム処理

ストリーム処理とは、**連続的かつ無限に流れてくるデータ（ストリームデータ）をリアルタイムで処理する仕組み**です。ストリーム処理は次のようなシステム構成を取ります。

● ストリーム処理のシステム構成要素

コンポーネント	概要	代表例
メッセージバス	異なるシステム同士がインターフェースを経由して通信するための仕組み	・Kafka ・Kinesis
ストリーム処理エンジン	メッセージバスからデータを取得し、処理する仕組み	・Kafka Streams ・Apache Spark ・Apache Flink ・Apache Storm ・Kinesis Data Streams

ストリーム処理のメッセージバスの機能を提供するソフトウェアはいくつかありますが、中でも代表的な存在といえるのがKafka[4]です。Kafkaはデータをメッセージとして取り扱い、以下のようなアーキテクチャで動作します。

● Kafkaのアーキテクチャ

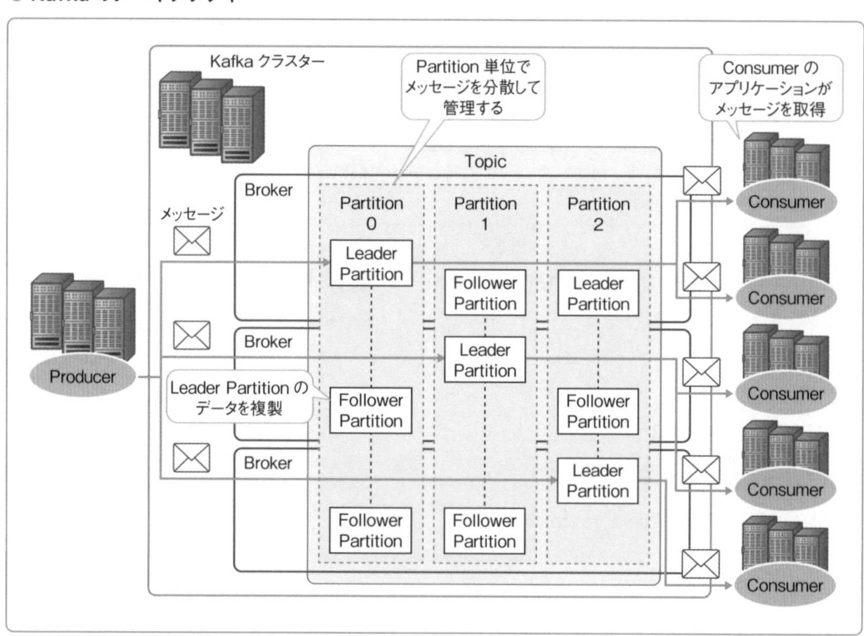

● Kafka の構成要素

コンポーネント	概要
Producer	Broker にデータを書き込むアプリケーションとライブラリ
Kafka クラスター	メッセージバスを実現するサーバ群
Broker	Kafka クラスターを構成するノード（サーバ）。メッセージを受信し、配信する機能を提供
Consumer	Broker のメッセージを読み出すためのアプリケーションとライブラリ
Topic	Broker 内のメッセージを管理するメッセージの入れもの
Partition	Topic 内のメッセージの分割単位。Partition は Leader Partition と Follower Partition で構成される
Leader Partition	Partition のマスター。Consumer/Producer とのメッセージのやり取りは Leader Partition で行われる
Follower Partition	Partition の複製。Leader Partition で異常が発生した場合には Leader Partition となり処理が継続される

Kafka 内では、次の流れでメッセージバスの仕組みを実現しています。

1. Producer は、Topic 内のいずれかの Leader Partition にメッセージを送信
2. Leader Partition のメッセージが Follower Partition に複製される
3. Consumer は、Leader Partition からメッセージを取得

Kafka では、上記のようなメッセージバス機能に加え **Kafka Data Streams** というストリーム処理エンジンを提供しており、これによりデータのストリーミング配信を実現しています。

☑BI ツール

データソースから複数の処理を経てデータウェアハウスにデータを蓄積できたら、いよいよそのデータを使って分析を行います。分析結果はさまざまな人へ共有し、意思決定の材料とする必要があります。このとき、意思決定者が必ずしもデータアナリティクスに明るい人物とは限りません。そのため、分析とともに分析結果の可視化が重要となります。

このような機能を持ったツールを **BI（Business Intelligence）ツール**と呼びます。代表的な BI ツールとしては **Tableau** の他、OSS では、可視化機能を提供する **Kibana** と、分析機能を提供する **Elasticsearch** が挙げられます。

☑機械学習

機械学習とは、AIの技術領域の1つで、大量のデータを分析してパターンを識別するための技術です。一般的にはデータマート、データウェアハウスに蓄積されたデータを利用して、分析を行います。機械学習については第16章で解説します。

AWSにおけるデータアナリティクス

データアナリティクスに耐えうるハイパフォーマンスなインフラストラクチャーを一から構築するにはかなりの時間を要します。また、ビジネスの成長に合わせて処理量は増加するため、ビジネスが成長すればするほどサーバをその都度調達し、システムを構築する必要があり、管理コストもどんどん大きくなります。

AWSでは、データアナリティクスに必要な機能をマネージドサービスとして提供しています。これらを適切に組み合わせることで、迅速かつ管理コストを最小限にしながら、データアナリティクスのインフラストラクチャーを構築できます。

● AWSにおけるデータアナリティクス

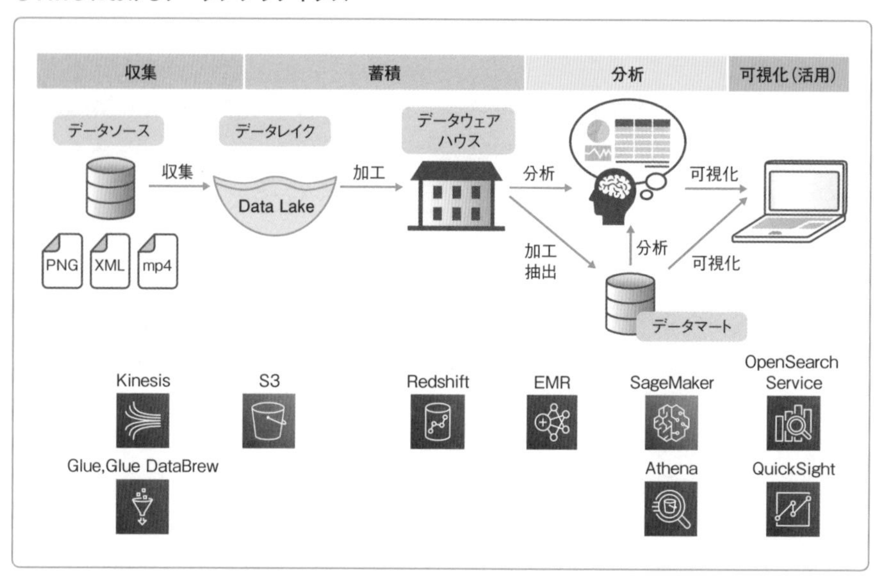

データアナリティクス関連の AWS のサービス

サービス	用途
Amazon Kinesis	ストリームデータの処理を行うマネージドサービス
AWS Glue	S3 や Aurora、RDS、Redshift などから ETL 処理を行うマネージドサービス
AWS Glue DataBrew	データの前処理を迅速かつ容易に行える GUI を提供するサービス
Amazon EMR	分散処理を実行できるインフラストラクチャーを提供するマネージドサービス
Amazon Redshift	ビッグデータ解析用データウェアハウス
Amazon Athena	データソースに保存されたデータに対して SQL を発行してデータを取得・分析できるサービス
Amazon OpenSearch Service	OpenSearch と Kibana と呼ばれるソフトウェアを使った分析と可視化機能を提供するマネージドサービス
Amazon QuickSight	さまざまなデータストアの可視化が可能なフルマネージド BI（Business Intelligence：ビジネス分析）サービス

Memo

S3 については第 5 章、SageMaker については第 16 章で解説しているため、本章では解説していません。

ストリーミングデータの配信機能を提供するマネージドサービス

Amazon Kinesis

東京リージョン 利用可能　料金タイプ 有料

Amazon Kinesis の概要

Amazon Kinesis は、ストリーミングデータの配信機能を提供するマネージドサービスです。Kinesis を動かすサーバは AWS によって管理されており、データ量に応じて利用料金が請求されます。マネージドサービスのため、ユーザーはストリームデータの処理そのものに集中できます。

ここがポイント

- Kinesis では「Kinesis Data Streams」「Kinesis Data Firehose」「Kinesis Data Analytics」「Kinesis Video Streams」の4つのサービスを利用できる

Kinesis では、以下の4つのサービスを利用できます。

● Amazon Kinesis のサービス群

サービス名	説明
Kinesis Data Streams	コンピューティングサービスをはじめとした各種 AWS サービスにストリームデータをリアルタイムで配信する
Kinesis Data Firehose	送信されたストリームデータを準リアルタイムでデータレイクや分析ツールに直接ロードさせる
Kinesis Data Analytics	Kinesis Data Streams/Firehose に配信されたストリームデータをリアルタイムで分析、変換する
Kinesis Video Streams	動画をストリームデータとして AWS に取り込み、各種 AWS サービスやデバイスに配信する

Kiensis Data Streams

Kinesis Data Streams は、異なるシステムのサーバや、デバイスなどから送信されるストリームデータを受け取り、各種 AWS サービスにリアルタイムで配信するサービスです。Lambda や EC2、EMR といった AWS サービスと連携することでリアルタイム処理を実現します。

Kinesis Data Streams は、次の図に挙げたコンポーネントで構成されます。

同じストリーミング処理を実現する**Kafka**のコンポーネントと対応づけながら理解していきましょう。

● Kinesis Data Streams

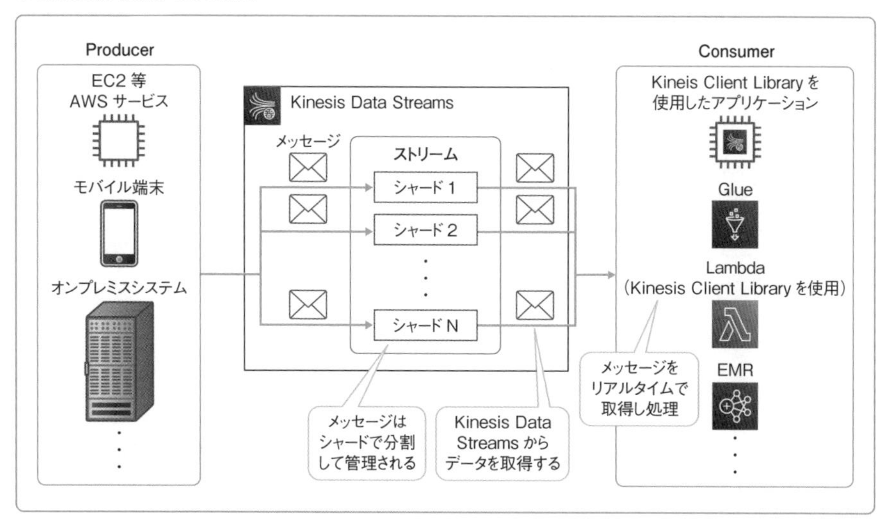

● Kinesis Data Streams のコンポーネントと Kafka との対応関係

名前	役割	Kafka との対応
Producer	Kinesis にデータを書き込むライブラリ	Producer
Consumer	Kinesis のデータを読み出すためのライブラリ	Consumer
ストリーム	ストリーム処理の単位	Topic
シャード	ストリームの分割単位。データはシャード単位で分割される	Partition

AWSでは、Kinesis専用のProducer／Consumerのライブラリとして、**Kinesis Producer Library**と**Kinesis Client Library**を提供しています。ストリームデータを処理するアプリケーションでこれらのライブラリを使うことで、容易にKinesisのProducer、Consumerの機能を実装できます。

☑Kineiss Data Streamsのユースケース

Kinesis Data Streamsのユースケースとして、**オンラインモバイルゲームにおけるスコア集計の事例**を紹介します。オンラインゲームでは、世界中のプレイヤーのプレイスコアを集計し、各プレイヤーのランキングをリアルタイムに算出することが求められます。このような機能はKinesis Data Stereamsを使うことで容易に実現できます。

● スコア集計のアーキテクチャ

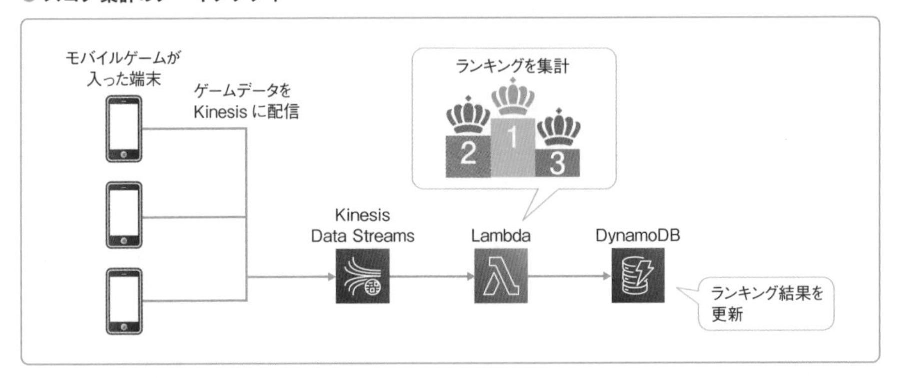

Kinesis Data Firehose

Kinesis Data Firehoseは、S3、Redshift、OpenSearchなどのストレージサービスやデータベースサービスにストリームデータをロード（読み込み）させるサービスです。Kinesis Data FirehoseはLambdaと統合されており、受信したデータに変換を施して配信できます。また、配信先によらず、オリジナルのデータはS3にバックアップできるため、何らかのエラーで処理や配信が失敗してもデータロスのリスクを低減できます。

Kinesis Data StreamsとKinesis Data Firehoseは、ともにAWSサービスにデータを連携する機能を提供しますが、この２つは用途が異なります。

Kinesis Data Streamsに保存されたストリームデータを取得するには、Consumerアプリケーションの実装が必要です。

一方、Kinesis Data FirehoseはストリームデータをS3やRedShiftなどに送信できるため、アプリケーションの実装は必要ありません。ただし、EMRやEC2といったコンピューティングサービスには配信できず、一度データをS3やRedShiftなどに格納することになります。また、S3やRedshiftの格納にも60秒程度のラグがあり、準リアルタイムな機能であるといえます。

ストリームデータのリアルタイム分析が必要な場合はKinesis Data Streams、ストリームデータのデータの蓄積が必要な場合にはKinesis Data Firehoseを利用するといった使い分けが有効です。

● Kinesis Data Firehose

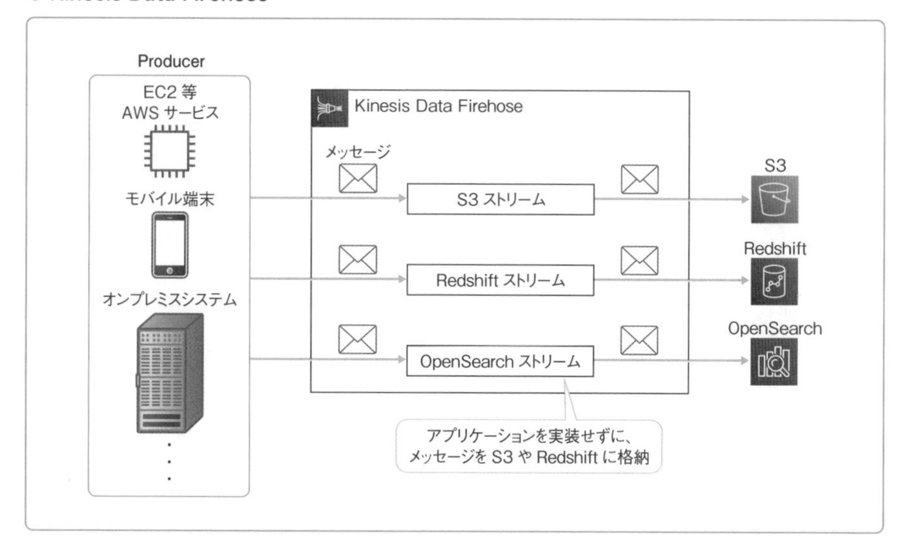

Kinesis Data Analytics

Kinesis Data Analytics は、Kinesis Data Streams と Kinesis Data Firehose に格納されたストリームデータに対して、分析機能を提供するサービスです。ユーザーは SQL や Apache Flink（Java ベースの OSS）を利用して、リアルタイムでデータ分析を行えます。また、Kinesis Data Analytics は Lambda と統合されており、分析前に Lambda でデータ形式の変換などの処理を加えることも可能です。

Kinesis Data Analytics で処理が完了したデータは、Kinesis Data Firehose へ出力することで結果をデータレイクなどに蓄積できます。また、Kinesis Data Streams へ出力することで、より高度なリアルタイム分析を実現できます。

● Kinesis Data Analytics

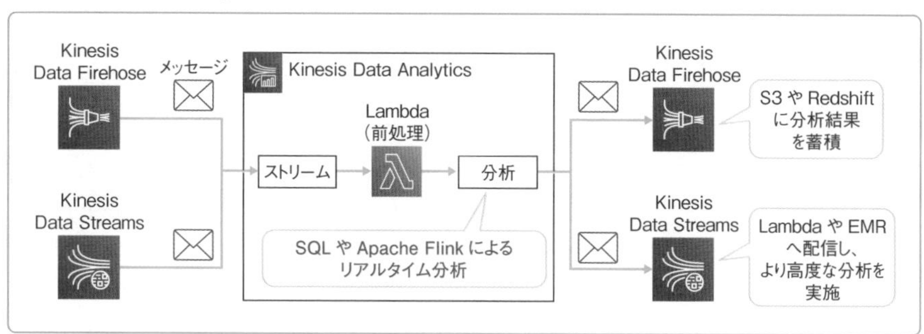

Kinesis Data Analytics と同様の処理は、Kinesis Data Streams でも実現できます。**Kinesis Data Analytics のメリットは、Consumer アプリケーションの実装が不要で、ストリームデータに対して直接 SQL クエリを発行できる点にあります。**ただし、SQL や Java を使わないユースケースでは利用できません。

Kinesis Video Streams

Kinesis Video Streams は、ビデオカメラなどのデバイスから送られてくるデータ動画をストリームデータとして AWS に取り込み、データを転送（ストリーミングと呼ばれます）するサービスです。データ分析に生かしたり、デバイスで再生したりするといった用途で活用されています。

ユーザーはデバイスに AWS が提供する SDK（Software Developers Kit）をインストールすることで、Kinesis Video Streams にデータを送信できます。

Kinesis Video Streams では、メディアデータの収集に加え、**WebRTC**（以下の Memo 参照）に対応しています。 これによりレイテンシー（遅延時間）を短くし、オンライン会議のような双方向での配信が実現できます。

一方で Kinesis Video Streams ではメディアデータとは異なるアーキテクチャで WebRTC を取り扱うことになります[5]。また、メディアデータのように WebRTC でやり取りされているデータをクラウド上に蓄積できません。

> **Memo**
> WebRTC とは、「Web Real-Time Communication」の略称です。Web ブラウザを経由して音声や動画をリアルタイムでやり取りするための OSS プロジェクトです。

Kinesis の利用料金

Kinesis の利用料金は次の通りです。

Kinesis の利用料金

項目	内容
Kinesis Data Streams	データ量、およびシャード数に応じた従量課金
Kinesis Data Firehose	データ量に応じた従量課金
Kinesis Data Analytics	データ量、およびシャード数に応じた従量課金
Kinesis Video Streams	・Kinesis Video Streams：取り込まれたデータ量と出力されたデータ量に応じた従量課金 ・WebRTC：アクティブなチャネルの数と送受信されたメッセージの数、ストリーミング時間に応じた従量課金

ETL処理を実行できるフルマネージドサービス

AWS Glue

東京リージョン 利用可能 料金タイプ 有料

AWS Glue の概要

AWS Glue は、ETL 処理を実行できるフルマネージドな AWS サービスです。AWS 内のリソースからデータを抽出し、別のリソースにデータを保存する機能を持つことから、リソースとリソースをつなぐ「のり（Glue）」の役割を果たすといえます。これが、Glue のサービスの語源となっています。

Glue の機能を実現するサーバは AWS によって管理されおり、高い可用性とスケーラビリティを有しているため、ユーザーは ETL 処理の作成に注力できます。また、処理したデータ量に応じて利用料金が請求されるため、EC2 などで ETL を構築するよりも利用料金が安価になる傾向があります。

ここがポイント

- Glue は ETL 処理の実行機能を提供するマネージドサービス
- Glue では、データカタログ、クローラー、サーバーレスエンジン、トリガーが主要機能として提供されている
- データカタログは、クローラーで生成されたデータソースのメタデータを管理する
- ユーザーは ETL ジョブを記述し、サーバーレスエンジンで実行する
- トリガーを使うことで、スケジュールやイベントドリブンで ELT ジョブが実行できる

Glue の構成要素

Glue は、以下の要素で構成されます。

● Glue の構成要素

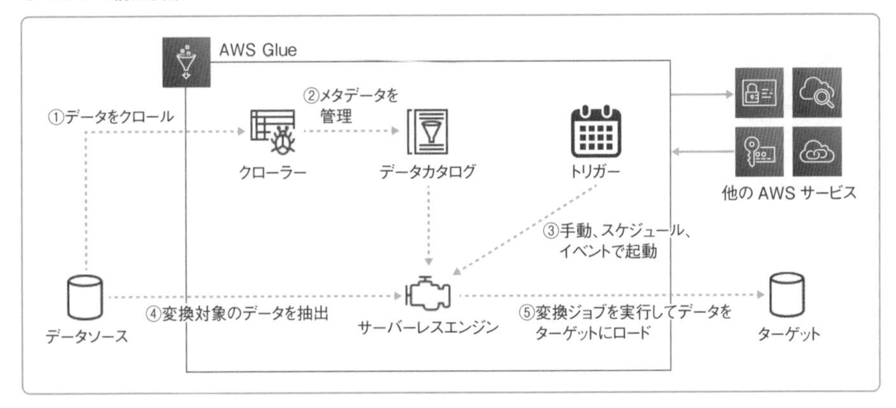

☑データカタログ

データカタログは、データソースのメタデータ（データそのものを説明するためのデータ。例えばデータの更新日や更新者名、データサイズなど）を管理します。メタデータの生成は、先ほど紹介したEMRや後述のAthena、Redshift Spectrum、クローラーなどで、データソースの情報を抽出したうえで生成されます。

データカタログは他のAWSサービスと連携可能です。例えば、格納されたメタデータはGlueやEMR、Hiveを使ったアプリケーション、後述するAthena、Redshift Spectrumなどで利用できます。

☑クローラー

クローラーは、メタデータを生成し、データカタログに格納する機能です。クローラーは「分類子」という機能を有しており、分類子がデータのスキーマ（構造）を検出します。

☑サーバーレスエンジン

サーバーレスエンジンは、**ETL処理を実行する仕組み**です。Glueにおいて、ETL処理は「**ETLジョブ**」と呼ばれます。サーバーレスエンジンを動作させるサーバはAWSによって管理されるため、ユーザーはETLジョブの作成と実行結果に集中できます。Glueでは、ETLジョブの形式として、PythonとSparkを提供しています。SparkはApache Sparkを使ったデータの分散処理を実現するOSSです。Sparkにより、Kinesis Data Streamsをデータソースとして連携が可能です。

● Sparkによる ETL ジョブの実行

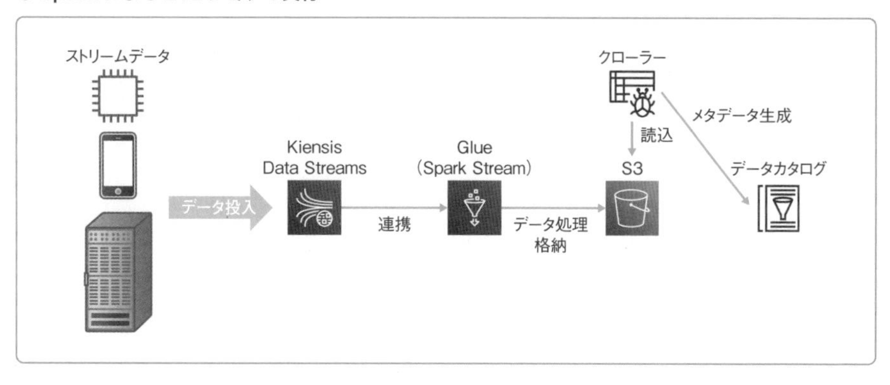

☑トリガー

トリガーは、ジョブの実行タイミングを制御する機能です。日時の実行や、ジョブ間で前後関係を組むことができます。

Glueを使ったデータアナリティクスインフラストラクチャー

Glueを使ったデータ分析基盤の実行例を解説します。Glueジョブを実行すると、データは**RDS**から抽出され、GlueのETLジョブを通じて**S3**にロードされます。S3にロードされたデータは、**Athena**での分析や、**QuickSight**のデータ可視化に利用できます。これらのサービスはすべてマネージドサービスであり、ユーザが一切サーバを管理しないサーバーレスなアーキテクチャとなっています。

● Glueを用いたデータアナリティクスアーキテクチャ

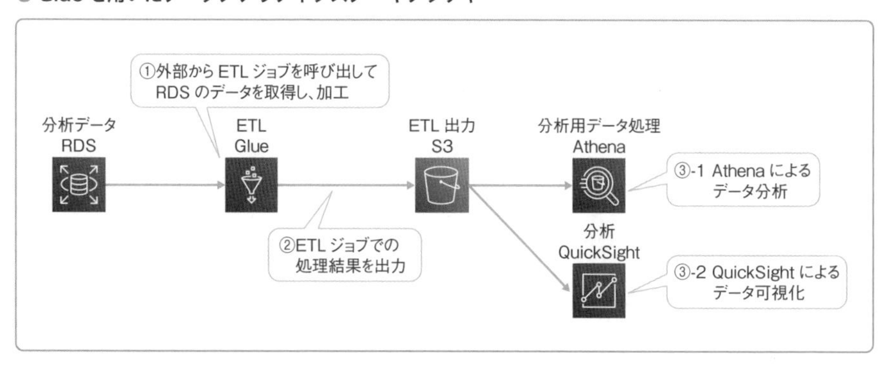

AWS Glue Studio

AWS Glue Studioは、ETLジョブをGUIベースで作成および実行できる**マネージドサービス**です。ユーザーはワークフローをGUIで視覚的に組み立てることでETLジョブの処理を記述できます。

また、作成したジョブはコードに変換されるため、コードの再利用が可能です。作成したETLジョブの結果もAWS Glue Studioで管理できます。

AWS Glue ElasticViews

AWS Glue ElasticViewsは、DynamoDBやS3、Redshift、OpenSearchなど複数のデータソースのデータを統合し、マテリアライズドビュー（条件に基づいて抽出したデータをデータベーステーブルとして保存したもの）として他のデータソースへ複製・移動する機能を提供します。本書執筆時点ではパブリックプレビューとなっており、利用するには事前登録が必要です。

Glueの利用料金

Glueの利用料金は以下の通りです。なお、Glue Studioのみ、無料で利用できます。

● Glueの利用料金

項目	内容
ジョブ、クローラー	実行時に使用したリソース量と時間に応じた請求
データカタログ	データ量およびアクセス量に応じた請求
Glue ElasticViews	・マテリアライズドビューの処理：データの処理時間に応じた請求 ・ストレージ：処理に伴いAWS Glue ElasticViewsが管理するストレージに格納されたデータ量に応じた請求

データの前処理を行うサービス

AWS Glue DataBrew

東京リージョン 利用可能　料金タイプ 有料

AWS Glue DataBrew の概要

AWS Glue DataBrew は、データ分析に用いるデータの前処理を迅速かつ容易に行える GUI を提供するサービスです。RDS や S3 などのデータソースからデータを読み込み、内容を確認できる機能も備えています。データの可視化はプロジェクトと呼ばれる単位で管理され、1 プロジェクトで 1 つのデータソースを確認できます。

● AWS Glue DataBrew によるデータソース可視化

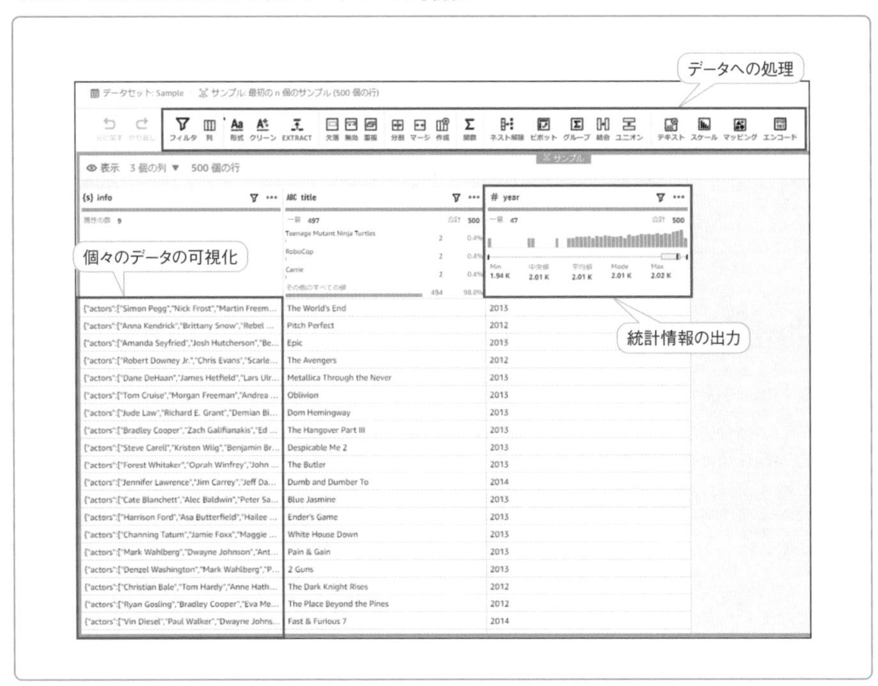

読み込まれたデータは、Glue DataBrew で**プロファイリング**（データの構造や冗長性、欠損、パターンなどを確認し、データの品質を評価する）を行えます。

また Glue DataBrew は、読み込まれたデータを加工し、加工結果を S3 に出力する「**ジョブ**」という機能を持っています。加工のプロセスは「**レシピ**」という単位で管理され、レシピはGUI上で結果を確認しながら作成できます。

作成したレシピとデータソースを用いて、Glue DataBrew上でジョブを定義および実行できます。作成したジョブはフローが可視化されるため、どのような処理が行われるかを直感的に理解できます。

● ジョブの可視化

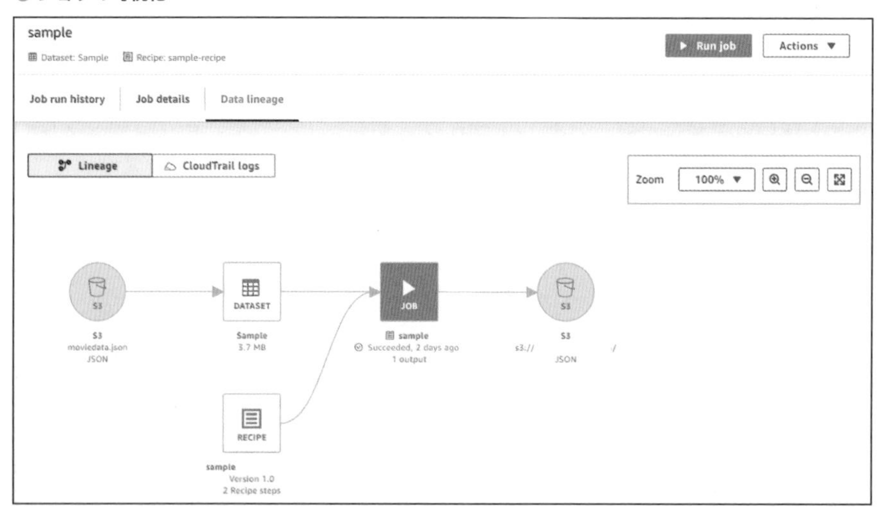

Glue DataBrewの利用料金

Glue DataBrewの利用料金は次の通りです。

● Glue DataBrewの利用料金

項目	内容
プロジェクト	GUIの接続セッション数に応じた請求
ジョブ	ジョブの実行時間に応じた請求

第3部 実践編

分散処理用のインフラストラクチャーを提供するマネージドサービス

Amazon EMR

東京リージョン 利用可能　料金タイプ 有料

Amazon EMRの概要

Amazon EMR (Elastic MapReduce) は、**分散処理用のインフラストラクチャーを提供するマネージドサービス**です。これまで解説したMapReduceやSparkなどを利用した分散処理が実行できます。

ここがポイント

- EMRは、分散処理用のインフラストラクチャーを提供するマネージドサービス
- EMRは、HadoopのMapReduce、Sparkを利用した分散処理を行うEMRクラスターを提供
- EMRクラスターは、マスターノード、コアノード、タスクノードで構成される

EMRによって提供されるEMRクラスターのノードはEC2で構成されます。また、EMRの処理を含めたすべてのコンテナは、EKSで横断的に管理できます。

● EMRの構成要素

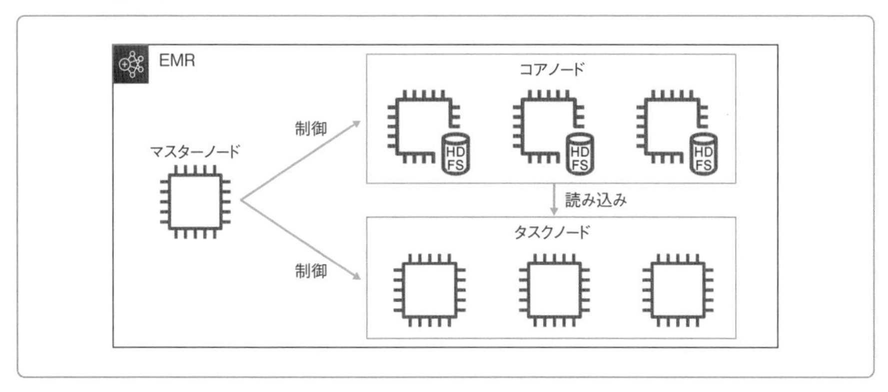

● EMR を構成するノード名と役割

ノード名	役割
マスターノード	YARN における ResourceManager ノードに相当する
コアノード	YARN における NodeManager ノードに相当。HDFS がノードに含まれている
タスクノード	YARN における NodeManager ノードに相当。コアノードの HDFS または S3 からデータを読み取って処理を行う

● EMR と AWS サービスの連携

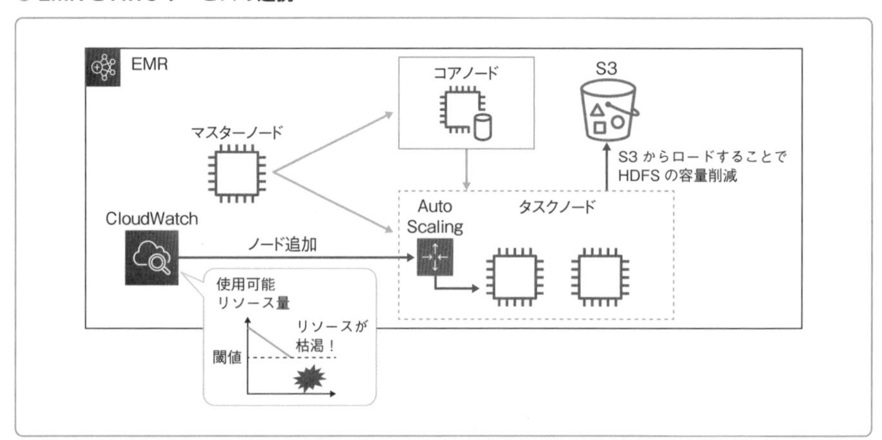

EMR の利用料金

EMR の利用料金は次の通りです。

● EMR の利用料金

項目	内容
サービス利用	EMR の利用時間に応じた時間単位の従量課金
インスタンス	・インスタンス（EMR on EC2 の場合） 　- オンデマンド：インスタンスタイプに応じた時間単位の従量課金 　- リザーブド：１年・３年ごとの固定もしくは一部分割支払い ・コンピュートリソース（EMR on EKS の場合）：メモリと vCPU に応じた従量課金 ・ストレージ：プロビジョニングされた容量に応じた請求

データウェアハウスを提供するマネージドサービス

Amazon Redshift

東京リージョン 利用可能　料金タイプ 有料

Amazon Redshift の概要

Amazon Redshift は、データウェアハウスを提供するマネージドサービスです。ユーザーは Redshift のリソースを作成するだけで、データウェアハウスを構築できます。Redshift は、これまで紹介したマネージドサービスと同じようにスケーラブルであり、簡単にスケールアウト／スケールアップを行え、ペタバイト級のデータを扱うことも可能です。

ここがポイント

- Redshift はデータウェアハウスを提供する列指向型のデータベースサービス
- 列指向型のデータベースとは、データ分析に有効なデータを列単位で取るデータベースを指す
- Redshift に格納されたデータは JDBC で接続することでアクセス可能
- Redshift Spectrum を使うことで、S3 に格納されたデータに直接クエリを発行可能

Redshift の構成要素

Redshift の構成要素は次の通りです。

● Redshift の構成要素

コンポーネント	役割
リーダーノード	コンピュートノードの制御、コンピュートノードでの並列 SQL 処理の実行
コンピュートノード	クエリの実行、S3 からのデータロード

● Redshift の構成要素

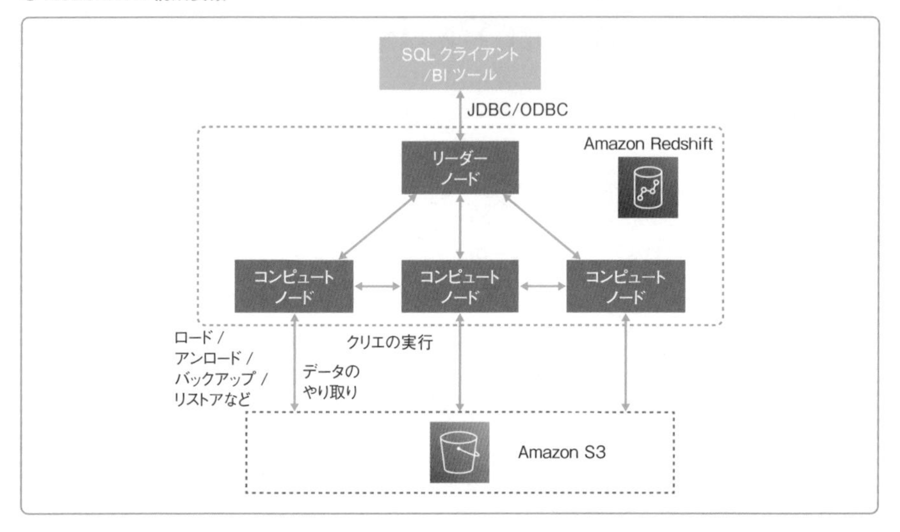

Redshift は、データを S3 などのデータレイクからコンピュートノードにロードします。ユーザーは SQL クライアントや BI ツールで JDBC/ODBC（DB に操作するための標準的な API）を介して Redshift に接続し、SQL で分析を行います。

SQL はリーダーノードによって制御され、各コンピュートノードで分散して実行されます。Redshift は大量のデータの分析に特化したデータベースであり、一般的なデータベースとは異なる性質を持っています。

列指向データベース

Redshift は、**RDS** と同じくリレーショナルデータベースの一種です。ただし、RDS は「行」を読み取る**行指向データベース**なのに対して、Redshift は「列」を読み取る**列指向データベース**と呼ばれます。

両者の違いを理解するために、EC サイトのデータベースを例に考えてみましょう。このデータベースには、ユーザー名、購入日、商品名、価格の 4 つのデータが格納されています。

あなたは、今後の仕入れ戦略（高級志向にすべきか安価な商品を多く取り扱うべきか）を決めるため、購入された全商品の価格分布を分析することとしました。この分析を行うには行指向データベースと列指向データベースどちらで実施すべきでしょうか。

行指向データベースでは一度すべての行、つまりすべてのデータを探索し、それぞれの価格を抽出する必要があります。すべてのデータを扱う都合上、処理が重くなってしまいます。

一方、列指向データベースは価格を一括で抽出するだけでデータの取得が完了します。データ量が少ない場合は大きな差はありませんが、ビッグデータアナリティクスのようなケースでは、行指向データベースは非効率で処理に多大な時間を要します。今回の例のような、膨大なデータ量の分析処理には列指向データベースが適しているといえます。

●行指向と列指向との違い

（行指向：1行目の行を囲む／列指向：「価格」列を囲む）

顧客の名前	購入日	商品名	価格
川畑	11/22	ノートPC	¥200,000
菊地	12/24	高性能デスクトップ	¥500,000
真中	1/1	中古PC	¥30,000
岡本	7/6	ノートPC	¥250,000
澤田	5/2	高性能デスクトップ	¥600,000
⋮	⋮	⋮	⋮

ただし、ECサイトの購入処理など、顧客の名前、購入日、商品名、価格のすべての情報を利用する必要がある場合は、列指向は不向きです。行指向データベースのほうが適しています。データベース内のすべてのデータを読み取る必要がない場合であっても、行指向データベースのほうが適しているケースもあります。ユースケースに応じて行指向、列指向を使い分けることが重要です。

SharedNothing ／ Massive Parallel Processing

Redshiftでは、コンピュートノード間でデータを複製せず、データを分割して格納しています。これを「SharedNothing」といいます。

また、Massive Parallel Processing（MPP）という様式で、複数のコンピュートノードで1つの分析を分割して実施するため、高速処理を実現できます。

Redshift Spectrum

通常のRedshiftはデータウェアハウスとして、決まったフォーマットのデータをS3からコンピュートノードへロードして分析を行います。

一方、**Redshift Spectrum**は、S3に格納されているさまざまなフォーマットのデータに対して直接クエリを発行できます。処理頻度が高いデータはRedshift内部にロードし、アクセス頻度が低いデータはRedshift Spectrumを使うことで、処理の分散とRedshift内部へのデータ格納量が抑えられ、コスト削減につながります。

● Redshift Spectrum

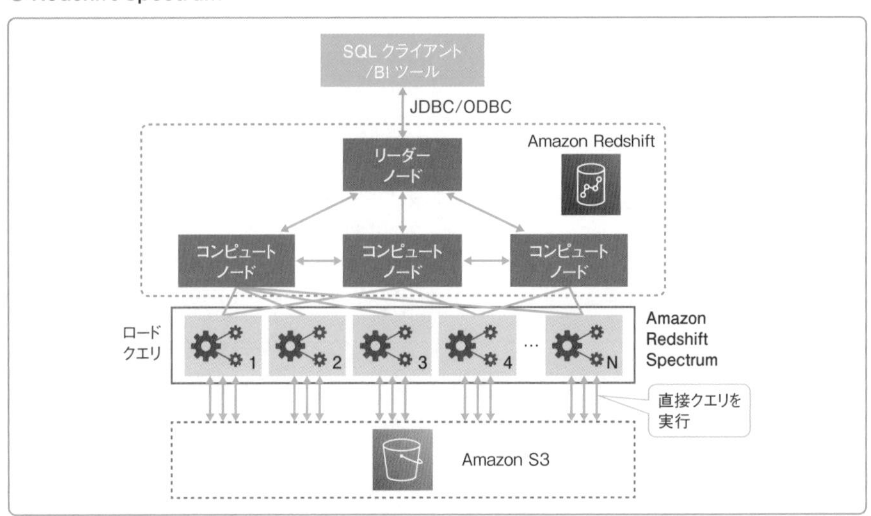

Redshiftの利用料金

Redshiftの利用料金は次の通りです。

● Redshiftの利用料金

項目	内容
インスタンスとストレージ	・インスタンス 　-オンデマンド：インスタンスタイプに応じた時間単位の従量課金 　-リザーブド：1年・3年ごとの固定もしくは一部分割支払い ・ストレージ：プロビジョニングされた容量に応じた請求
Redshift Spectrum	スキャンされたデータ量あたりに応じた従量課金

S3に格納されているデータを分析できるマネージドサービス

Amazon Athena

東京リージョン 利用可能 料金タイプ 有料

Amazon Athenaの概要

Amazon Athenaは、S3に格納されているさまざまなフォーマットのデータに対して直接SQLを発行して分析を行えるマネージドサービスです。SQLを処理するサーバはAWSによって管理されるため、ユーザーは分析に集中できます。

ここがポイント

- S3などのデータが格納されたストレージに対して直接SQLを実行し、データを分析できるサービス
- EC2インスタンスなどのサーバを管理する必要がなく、比較的小規模なデータの分析に向く

● Athenaの全体像

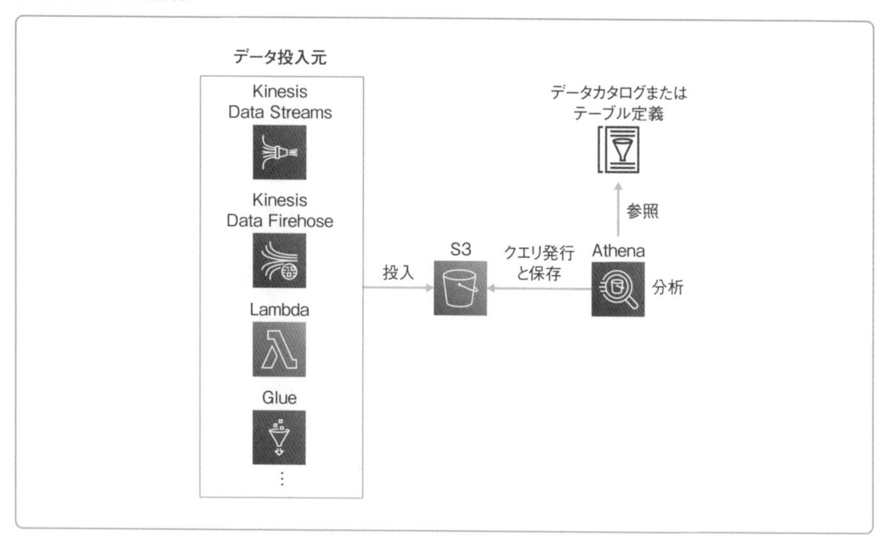

クエリを実行する際は、**Glueのデータカタログ**、または**テーブル定義**を設定し、事前に分析する対象の構造を明らかにする必要があります。

Athenaでの分析結果は、**S3**に格納されます。Redshift Spectrumと機能が

第15章 データアナリティクス関連のサービス

似ていますが、Redshift Spectrum はリーダーノードやコンピュートノードといった、リソースもあわせて作成する必要があるため、データウェアハウスの用途に適しているといえます。

一方、Athena はクラスター等を作成する必要がないため、小規模なデータ分析や、分析するデータ対象を頻繁に変えるようなケースに向いています。

Federated クエリ

Federated クエリは、Athena と Lambda を連携することで、RDS や Redshift、DynamoDB などさまざまなデータソースへのクエリを実現する機能です。従来の Athena では、クエリを実行できるデータソースは S3 だけでしたが、Federated で分析対象が広がったことにより、さまざまなユースケースで Athena が利用できるようになりました。

● Federated クエリ

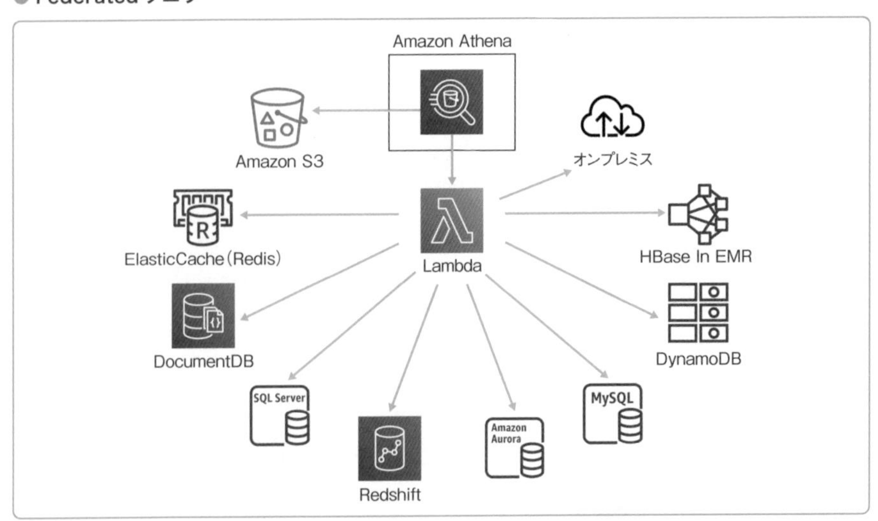

Athena の利用料金

Athena の利用料金は以下のとおりです。

● Athena の利用料金

項目	内容
Athena	スキャンされたデータ量あたりの請求

09

分析機能と可視化機能を有するマネージドサービス

Amazon OpenSearch Service

東京リージョン 利用可能　料金タイプ 有料

Amazon OpenSearch Service の概要

Amazon OpenSearch Service はログなどのデータを分析 / 可視化できる全文検索エンジン（データを横断的に探索し、特定の文字列を特定する技術）を提供するマネージドサービスです。全文検索エンジンは EC2 インスタンスのクラスター（処理を実現するために使用される複数のサーバ群）で動作しており、クラスターは AWS によって管理されるため、ユーザーは分析業務に集中できます。

ここがポイント

- OpenSearch Service はデータを分析可視化できる全文検索エンジンを提供するマネージドサービス
- エンジンを動作させるクラスターはマスターノードとデータノードに分かれ、それぞれ AWS によって管理される
- 処理するデータ量や用途に応じてクラスターがまたがる AZ の数やサーバ数を柔軟に設定可能
- エンジンは Elastic 社の Elasticsearch と AWS が開発を主導する OpenSerarch の 2 種類から選択可能

OpenSearch Service では、クラスターとクラスターの設定をひとかたまりでドメインとして管理します。OpenSearch Service のクラスターはクラスター全体の管理を行う「マスターノード」と、データを保存して分析結果を返却する「データノード」で構成されます。マスターノード、データノード共に AZ をまたがって複数配置することができるため、複数の AZ に配備することにより、AZ 単位で障害が発生したとしても分析を継続できます。一方、複数 AZ にまたがることで配備するサーバの数は増えることになるためコストは割高になります。技術検証は 1 つの AZ の 1 つのサーバでクラスターを構築し、本番環境では 3 つの AZ で 6 つのサーバーからクラスターを構築するなど用途によってクラスターの構成を使い分けましょう。

データはデータノードに分割されて保存されます。分析を行う際には各データノードにおいて並列で処理が実行されるため、数が多ければ多いほど分析速度を早められます。OpenSearch Serviceでは、データノードはデータを分割して保存するPrimary（プライマリー）とPrimaryに紐づいてデータを複製して保存するReplica（レプリカ）という2つの役割を持っています。プライマリーとレプリカは異なるデータノードで動作しており、万が一プライマリーが動くデータノードで障害が発生した場合でもレプリカがプライマリーに昇格し、処理を継続できます。また、データの読み込みなどはレプリカから読み込みを行うことで処理を分散できる効果もあります。

● OpenSearch Serviceのクラスター構成

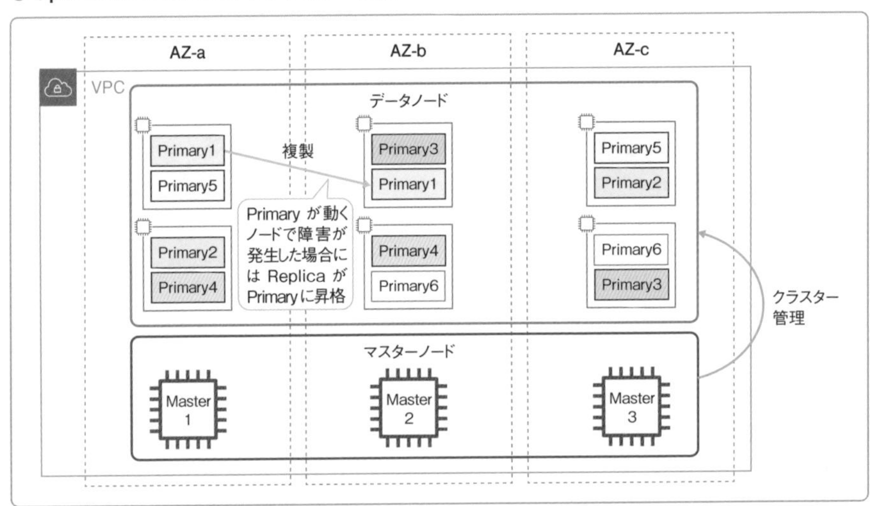

OpenSearch Serviceでは全文検索エンジンをElasticsearchとOpenSearchの2種類から選択できます。

Elasticsearchは Elastic社が提供するエンジンで、OpenSearchはElasticsearchをフォーク（派生）させたAWS主導で開発が進められているエンジンです。OpenSearchはAWSの認証機能との連動など、Elasticsearchでは対応されていない機能が実装されており、今後も機能拡張が進められていくと思われます。

OpenSearch Serviceへのデータ投入は、データ収集エンジンのLogstashやAWSサービス間の連携機能などさまざまな方法が利用できます。収集したデータはOpenSearch Serviceで可視化・分析できます。

● OpenSearch Service へのデータ投入

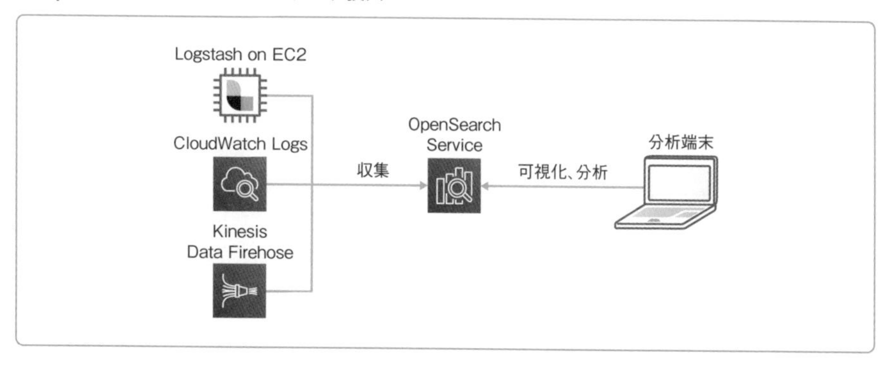

次の図はOpenSearch Serviceのサンプルデータとして提供されている洋服のe-コマースサイトの営業成績を可視化したものです。1日の取引量や購入者の性別や平均購入金額、購入場所などさまざまな手段でデータを可視化できます。

● OpenSearch Service によるデータの可視化

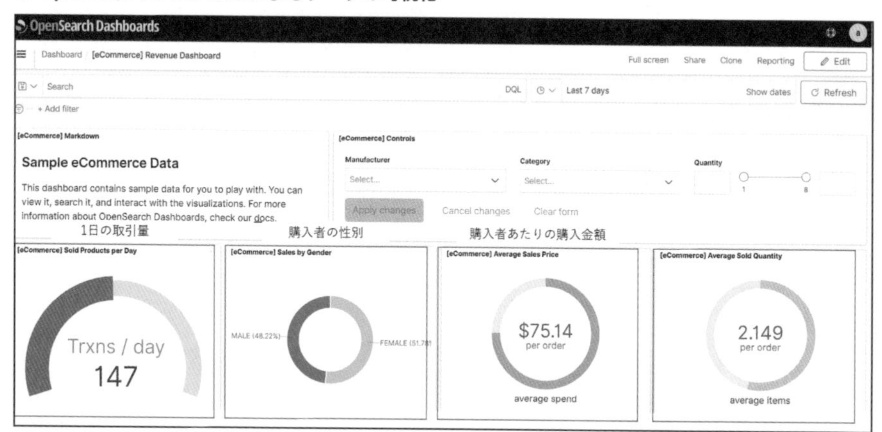

OpenSearch Service の利用料金

OpenSearch Serviceの利用料金は以下の通りです。

● OpenSearch Service の利用料金

項目	内容
インスタンスとストレージ	・インスタンス 　-オンデマンド：インスタンスタイプに応じた時間単位の従量課金 　-リザーブド：1年・3年ごとの固定もしくは一部分割支払い ・ストレージ：プロビジョニングされた容量に応じた請求

データを可視化・分析するための機能を提供するBIサービス

Amazon QuickSight

東京リージョン 利用可能　料金タイプ 有料

Amazon QuickSightの概要

Amazon QuickSightは、S3やAthena、Redshiftなどに蓄積されたデータを可視化し、分析するための機能を提供するBIサービスです。

ここがポイント

- QuickSightはAWS内外のデータを分析し、可視化できるBIツール
- データはSPICEと呼ばれる領域に取り込むことで高度な分析が可能
- AWSサービスの場合SPICEを利用しなくても直接分析ができる

QuickSightへのソフトウェアのインストールなどは不要で、すぐにBIツールを利用できます。スマートフォンにも対応しており、多様な環境でBIツールを利用できるのもQuickSightの特徴です。また、Twitterなどの外部サービスもデータソースとして扱えるため、広い範囲での利用が期待できます。

● QuickSightの全体像

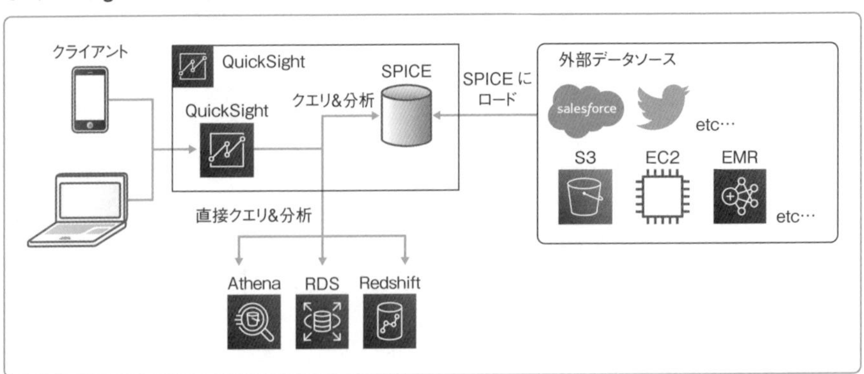

QuickSightは、**Super-fast、Parallel、In-memory、Calculation Engine** (SPICE) という領域を持っており、SPICEにデータソースのデータの一部を取り込むことで高速な分析を行えます。RedshiftとRDS、Athenaに限り、SPICEを経由せずに直接分析することも可能です。

分析されたデータは、QuickSightのUIで可視化できます。以下のデータは、re:Invent（毎年開催されるAWS主催のイベント）開催時間帯に、Twitterで「re:Invent」というキーワードを含むツイートを100件抽出し、ツイートが行われた国を可視化したものです。

この結果から、比較的欧米、ヨーロッパからre:Inventへの関心が強まっていることが確認できます。一方で、日本などの米国との時差が大きい国々では、re:Inventへの関心は低いことがわかります。

● Twitterのツイートを使ったデータ分析

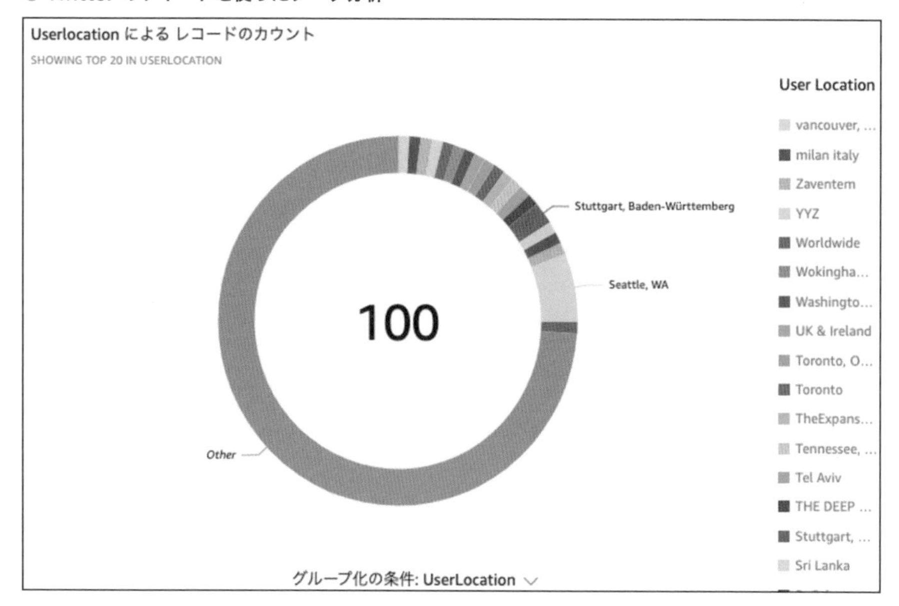

QuickSightの利用料金

QuickSightの利用料金は以下の通りです。

● QuickSightの利用料金

項目	内容
ユーザー	・Enterprise Edition：作成したユーザーあたりの請求 ・Standard Edition：作成したユーザーあたりまたは利用時間（セッション）あたりの請求
SPICE	SPICEの購入容量あたりの請求

引用・参考文献

[1] https://www.soumu.go.jp/johotsusintokei/whitepaper/ja/h26/html/nc131120.html
[2] https://www.agoop.co.jp/2020/08/06/7941/
[3] https://hadoop.apache.org/
[4] https://kafka.apache.org/
[5] https://docs.aws.amazon.com/kinesisvideostreams-webrtc-dg/latest/devguide/what-is-kvswebrtc.html

Chapter 16

第16章 機械学習関連のサービス

本章では、人工知能（Artificial Intelligence：AI）や機械学習（Machine Learning：ML）に関連するAWSサービスについて解説します。

AI・機械学習で用いられるAWSサービス

ビジネスにおけるAI・機械学習の利用

「AI（人工知能）」や「機械学習」という言葉は、日常生活でも耳にするくらい一般的な用語となりました。書店では関連書籍が平積みされていますし、私たちが利用するサービスやスマートフォン向けのアプリなどにも利用されており、これらの技術が日常生活にかなり浸透してきています。

総務省が発行する「令和３年度版情報通信白書」[1]によると、調査対象の企業約2,300社のうち、２割程度の企業がビジネスにIoT・AIを導入している、または導入予定と回答しています。導入目的は「効率化・業務改善」がもっとも高く、次いで「顧客サービス向上」が高いことがわかります。

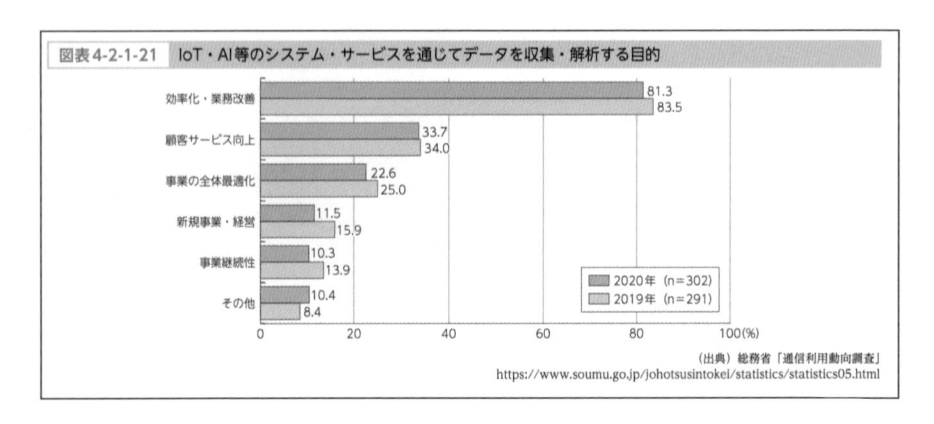

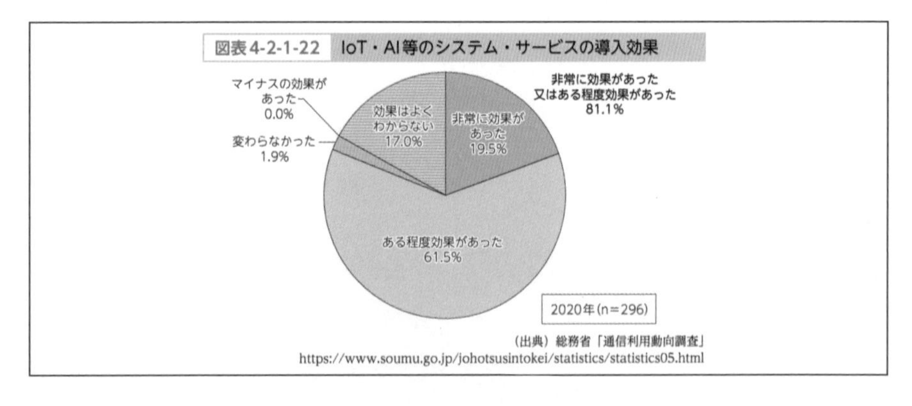

そして、「非常に効果があった」または「ある程度効果があった」と回答した企業は81.1%であり、IoT・AIをビジネスに利用して成功を収める企業が増えてきていることがわかります。

機械学習ワークフロー

機械学習モデルを構築してビジネスに導入するには、次の「機械学習ワークフロー」[2]に示されるプロセスを上から順に実行していく必要があります。

☑（1）データの収集

学習に利用するデータを収集します。機械学習モデルの推論精度を高めるためには量・質ともに必要です。一般的には「**量が多いほどよい**」とされていますが、どの程度の量を確保すべきかは扱う対象によって異なるので、学習モデルを構築し、精度の評価を行わないと判断できません。

また、**教師あり学習**の場合は、正解データのラベリングも行う必要があります。

例 画像の被写体が「イヌ」か「イヌでないか」の二値分類を行うためにラベリングをする

☑（2）データの前処理（クレンジング、変換）

収集したデータを加工します。学習に利用する機械学習アルゴリズムを見据えて、適した形式になるように加工する必要があります。準備したデータは、学習に使う「**学習データ**」と、精度の評価を行うための「**テストデータ**」に分割します。

例 不要データの除去や欠損値保管を行う（クレンジングの例）
例 データのスケールをそろえる。次元削減を行う（変換の例）

☑（3）モデルの構築

機械学習アルゴリズムの選定をして、学習・推論を行うコードを開発します。

例 Random Cut Forestによる時系列データの異常検知を行う
例 深層学習アルゴリズムであるResNetを利用して画像分類を行う

☑（4）モデルの学習

前の工程で準備した学習データと機械学習アルゴリズムが実装されたソースコードを使って学習を行い、機械学習モデルを構築します。また、ハイパーパラメータもチューニングし、機械学習モデルの精度をさらに高めます。

Memo

ハイパーパラメータは、機械学習アルゴリズムや学習の設定であり、設定値が機械学習モデルの精度に直結します。ハイパーパラメータのチューニングは「ハイパーパラメータの最適化（Hyperprameter Optimization：HPO）」とも呼ばれます。

☑（5）モデルの評価

テストデータを用いて、機械学習モデルの精度の評価を行います。精度の要件を満たせていない場合は、原因の分析を行い、前の工程に戻ってやり直します。

☑（6）モデルのデプロイ

機械学習モデルを本番環境にデプロイします。アプリケーションから接続するためのエンドポイントの構築なども行います。

☑（7）モデルの監視

本番環境にデプロイした機械学習モデルの精度を継続的に監視します。品質の劣化が発生もしくは発生する前に、再学習を行うなど品質の維持に努めます。

なお、**何の問題も発生することなく上記のプロセスが完了することはまずありません**。例えば、「**（5）モデルの評価**」にて精度の要件を満たせないことが想定されます。こうした問題が発生した場合、まずは原因を分析する必要があります。

その結果、「**（4）モデルの学習**」に戻って学習の条件を変えて再度実行する場合もありますし、学習データの品質が悪いことが判明した場合は「**（1）データの収集**」まで戻ることすらあります。

このように、AI・機械学習をビジネスに導入するためには「データ分析」や「機械学習」のスキルが欠かせません。

また、機械学習ワークフローのプロセスは一度実行して終わりではありません。AI・機械学習がビジネス価値を生み出すのは**運用が開始されてから**であり、機械学習モデルの品質（精度）を保つためには、継続的に機械学習ワークフローを繰り返していく必要があります。つまり、**AI・機械学習は多くの場合、導入だけでなく運用においてもコストがかかります**。

AI・機械学習の導入が目的になってしまうと、導入効果が見えない・最大化できないばかりか、コストや手間に目が行ってプロジェクトが頓挫する恐れがあります。だからこそ、ビジネスにおける問題・課題を明確化して、AI・機械学習の導入が最善の解決策であると確認することが重要です。

本章で扱うサービス

AI・機械学習関連のサービスは、以下の3つのレイヤーで提供されています。

なお、多くのサービスが**マネージドサービス**として提供されており、利用者の導入負荷や運用負荷を軽減する仕組みが実現されています。

・AI サービス
・ML サービス
・ML フレームワークとインフラストラクチャ

● **AWS の機械学習スタック**

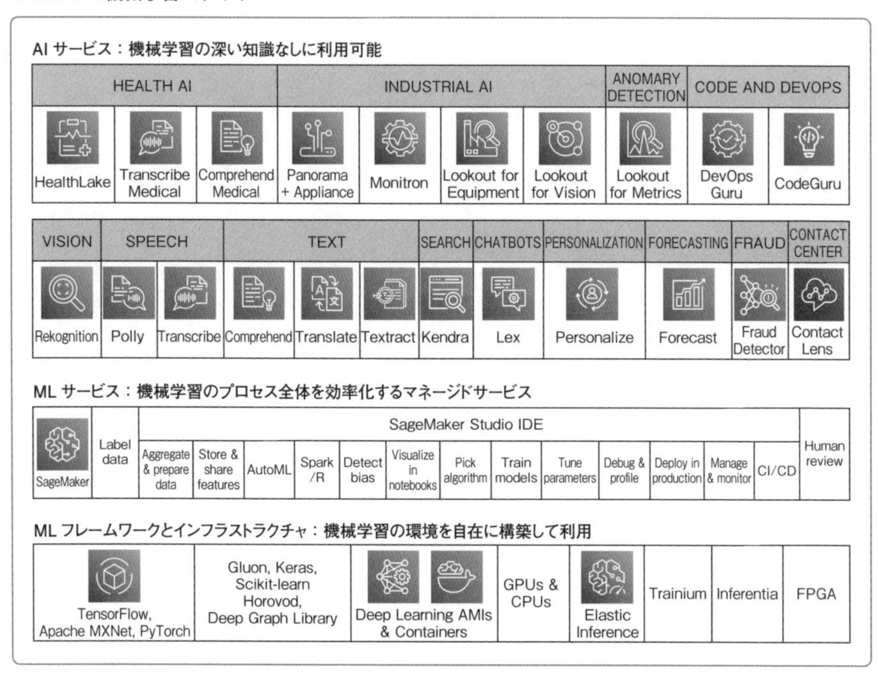

ここがポイント

- AI・機械学習関連の AWS サービスは、3 つのレイヤーでサービスが提供されている
- AI・機械学習のエキスパートだけでなく、深い知識を持っていない初心者でも扱えるサービスが多数提供されている

利用者に機械学習のスキルがなくてもデータを用意するだけで気軽に機械学習を導入できる「**AI サービス**」に加えて、開発者やデータサイエンティスト向けに機械学習モデルの開発・学習・推論を効率的に行うためのプラットフォームを提供する「**ML サービス**」も用意されています。

また、利用者のさまざまなワークロードに対応する Amazon EC2 や Amazon SageMaker のインスタンスタイプ、および、TensorFlow や Apache MXNet などの人気の機械学習・深層学習フレームワークがプリインストールされた AMI や Docker コンテナイメージが「**ML フレームワークとインフラストラクチャ**」として提供されているので、これらを利用して、独自の機械学習環境を迅速に構築することもできます。

このように、サービスのラインナップを見てみても、AWS がさまざまな背景を持つ利用者に向けてサービスを提供していることがわかります。

Memo

クラウド上の深層学習プロジェクトの 81%、TensorFlow プロジェクトの 85%が AWS で実行されているといわれています [3]。

ここから「AWS の機械学習スタック」のレイヤーごとにサービスの概要を見ていきます。本章では、冒頭に述べたように「**どのようなサービスがあるのか**」「**それらを使ってどんな問題・課題を解決できるのか**」といった観点で解説していきます。

なお、本章に記載されている情報は本書執筆時点の情報になります。最新情報は各サービスの製品ページや開発者ガイド、リージョン表 [4] などの公式情報で確認してください。

押さえておきたい AI・機械学習関連の AWS サービス

AI・機械学習関連のサービスは非常に多いので、どこから手をつけてよいか迷うかもしれません。その場合、まずは AI サービスのラインナップから押さえましょう。AI サービスはユースケースごとに提供されているため、「何に利用するサービスか」を意識しながら AWS の機械学習スタックの図や解説を読むとよいでしょう。

02 AIサービス

AWSで利用できるAIサービス

AIサービスは、AWSが3つのレイヤーで提供する機械学習サービスのうち**最上位**に位置するサービスです。**利用者の機械学習の知識レベルを問わず、ビジネスへの迅速な導入が可能**です。

ここがポイント

- AIサービスは、「AWSが事前に学習した機械学習モデル」もしくは「利用者の用意したデータを使って機械学習モデルを構築する仕組み（AutoML）」が提供される
- 画像・動画像処理（Vision）や音声認識（Speech）などのユースケースごとにサービスが提供されており、利用者の機械学習の知識レベルを問わずに利用が可能である

AIサービスの例として、**Amazon Translate**（テキストの翻訳機能を提供するサービス。以降、Translateと表記）を見てみましょう。

昨今ではビジネスをグローバルに展開する企業も増えていますが、その際に障害の1つとなり得るのが「言語」です。グルーバルなビジネスの現場では英語を利用する機会が多いと思いますが、英語に苦手意識を持つ人も少なくないでしょう。訓練によって能力を伸ばすこともできますが、母語のほうが得られる情報量が多く、スピードも速いことはいうまでもありません。

そこで活躍するのがTranslateです。Translateは「**ニューラル機械翻訳**」(Neaural Machine Translation) と呼ばれる深層学習 (Deep Learning) をベースとする手法を用いて構築されています。従来のルールベースや統計ベースの手法と比較して自然な翻訳を生成できる手法として注目されています。

本書執筆時点で55言語に対応しており、英語、中国語（簡体字・繁体字）、スペイン語などの主要な言語に加えて日本語にも対応しています[5]。

Translateでは「**AWSが事前に学習した機械学習モデル**」が提供されており、APIを使って利用します。例えば､下記のようなシチュエーションで利用できます。

・コミュニケーションツールとして利用しているチャットを開発者の母語に翻訳する
・システムの設計書などのドキュメントを開発者の母語に翻訳する
・企業のWebページなどの各種コンテンツを多言語対応する

下図はTranslateの「**リアルタイム翻訳**」機能を使って、英語版の開発者ガイド[6]の冒頭のテキストを日本語に翻訳したものです。

● **Translateでのリアルタイム翻訳の例**

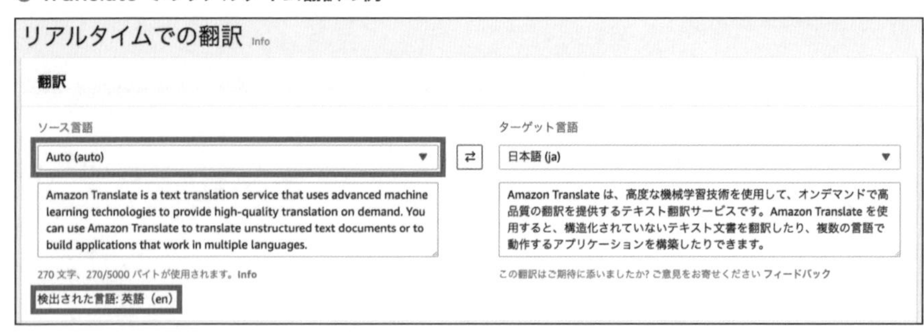

ここではソース言語を「**auto**」として言語の自動検出をさせていますが、正しく「**英語（en）**」を検出しています[7]。「ドキュメントが何語で書かれているかわからない」といったシチュエーションにも対応することができます。

上記の例では自然な翻訳を生成できましたが、翻訳対象の文書に「組織固有の単語」が含まれると失敗することが予想されます。例えば、「Amazon Translate」が「アマゾン翻訳」のように翻訳されてしまう場合です。Translateでは「カスタム用語」機能で独自に用語定義ができるので、これを使って翻訳の精度を向上させることができます。

Translateの基本的な使い方を見てきましたが、ここで注目すべきは「**言語が障害となり得る**」というビジネス上の課題に対して、「**利用者は、テキストを翻訳するための機械学習モデルの構築も、深層学習をはじめとする機械学習の知識も必要ない**」ということです。

翻訳ツールを提供する企業でもない限りは、ビジネスの本業は「翻訳」以外のものとなるはずです。本業に関係ない部分にコストや時間をかけるべきではありません[8]し、簡便に済ませて本業に専念可能であるという点でTranslate、ひいてはAIサービスは利用する価値があると考えられます。

AutoMLとは

一部のAIサービスには、利用者が用意したデータを使って機械学習モデルを自動で構築できる「**AutoML**」と呼ばれる機能が提供されています（下表を参照）。AutoMLとは、「Automated Machine Learning」の略であり、「自動化された機械学習」を意味します。AutoMLを使うと、**利用者のデータに即した機械学習モデルを構築できる**ため、より信頼性の高い推論ができると考えられます。これを自動で簡単にできることがAutoMLのメリットです。

● AIサービスで提供されるAutoML機能

サービス名	機能名	機能の説明
Amazon Rekognition	カスタムラベル	ユーザ独自のラベルを定義して画像から検出できる 例 利用者のペットの犬をラベルに定義して、画像から検出する
Amazon Comprehend	カスタムエンティティ	ユーザ独自のエンティティ（人、組織、場所など）を定義し、テキストから抽出できる 例 組織に固有なポリシー番号などを定義してテキストから抽出する
	カスタム分類子	ユーザ独自のラベルを定義し、テキストを分類するモデルを作成できる 例 顧客からのメール問い合わせの内容から担当部署に振り分ける
Amazon Personalize	レコメンドモデルの自動構築	最適なレコメンドアルゴリズムを自動選択して、ユーザ独自のモデルを構築できる
Amazon Forecast	時系列予測モデルの自動構築	最適な時系列予測アルゴリズムを自動選択して、ユーザ独自のモデルを構築できる

Memo

AIサービスの中には、製品ページや開発者ガイドに「AutoML」との記載がないものの、Amazon Fraud Detector、Amazon Transcribeのカスタム言語モデル、Amazon Lookout for VisionなどAutoMLと同等の機能を有するサービスや機能が次々と登場しています。

時系列予測サービスである**Amazon Forecast**を例に、AutoMLが機械学習ワークフローのどの範囲を自動化するのかを下図に示します。ここでは、比較のためにAutoML機能を持たないAIサービス（Amazon Translate）とMLサービス（Amazon SageMaker）がカバーする範囲も記載しています。

Memo

AutoMLがどの範囲を自動化するかは、サービスや機能によって異なります。次の図はあくまでAmazon Forecastの場合です。

● 機械学習ワークフローにおけるカバー範囲の比較

<table>
<tr><th>サービス</th><th>データの収集</th><th>データの前処理（クレンジング、変換）</th><th>モデルの構築</th><th>モデルの学習</th><th>モデルの評価</th><th>モデルのデプロイ</th><th>モデルの監視</th></tr>
<tr><td>AI サービス（AutoML なし）
（例：Amazon Translate）</td><td colspan="2">利用者が自分で実施</td><td colspan="4">AWS が実施</td><td>利用者が自分で実施</td></tr>
<tr><td>AI サービス（AutoML あり）
（例：Amazon Forecast）</td><td colspan="2">利用者が自分で実施</td><td colspan="3">利用者が AutoML で実施</td><td colspan="2">利用者が自分で実施</td></tr>
<tr><td>ML サービス
（Amazon SageMaker）</td><td colspan="7">利用者が Amazon SageMaker の各種機能を使って自分で実施</td></tr>
</table>

Amazon Forecast では、マネジメントコンソールで利用者独自のデータをアップロードして、時系列予測アルゴリズムの選択画面で「Automatic（AutoML）」を選択するだけで、「モデルの構築」「モデルの学習」「モデルの評価」の範囲のすべての作業を自動で実行してくれます。

● Amazon Forecast のアルゴリズム選択

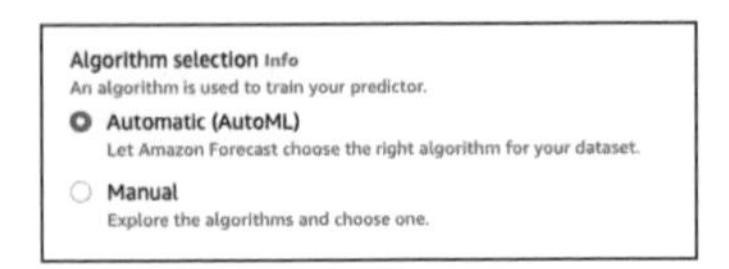

AutoML が最も精度のよい時系列予測モデルを提示してくれるので、後は利用者が問題の有無を確認してデプロイするだけです。

● Amazon Forecast のアルゴリズムの選択で DeepAR+ が選択された例

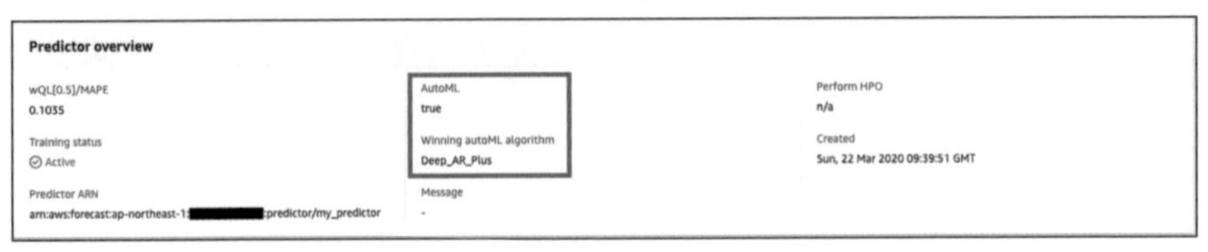

本来は時系列予測に関する専門知識が必要ですが、次の表の作業を AutoML が肩代わりして実行してくれるので、利用者は Amazon Forecast の仕組みと使い方を知るだけで時系列予測をビジネスに導入できます。

● Amazon Forecast の AutoML が実施する作業

プロセス	Amazon Forecast の AutoML が実施する作業
モデルの構築	下記 5 つの時系列予測アルゴリズムを使って学習を行う仕組みがすでに用意されている ・ARIMA（自己回帰和分移動平均） ・DeepAR+ ・ETS（指数平滑法） ・NPTS（ノンパラメトリック時系列） ・Prophet
モデルの学習	・利用者がアップロードした学習データを使って、学習を行う ・上記の時系列アルゴリズムを使ってそれぞれ学習を行い、機械学習モデルを構築する
モデルの評価	・機械学習モデルの精度を評価し、最も精度のよかった機械学習モデルを利用者に提示する ・構築した全機械学習モデルの精度などのメトリクスを利用者に提示する

● Amazon Forecast から提供されるメトリクスの例（上：DeepAR+、下：NPTS）

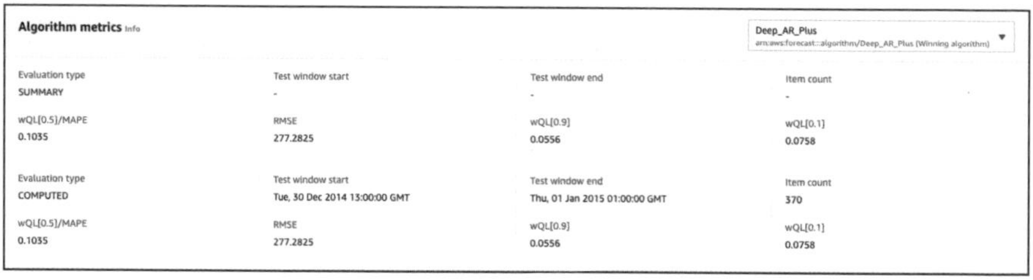

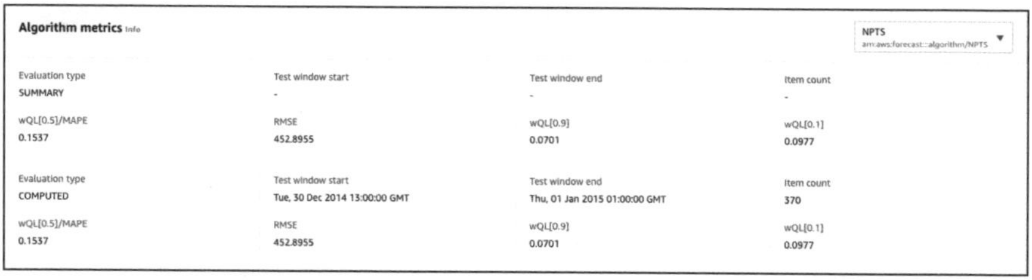

Algorithm metrics Info

Deep_AR_Plus
arn:aws:forecast::algorithm/Deep_AR_Plus (Winning algorithm)

Evaluation type	Test window start	Test window end	Item count
SUMMARY	-	-	-
wQL[0.5]/MAPE	RMSE	wQL[0.9]	wQL[0.1]
0.1035	277.2825	0.0556	0.0758
Evaluation type	Test window start	Test window end	Item count
COMPUTED	Tue, 30 Dec 2014 13:00:00 GMT	Thu, 01 Jan 2015 01:00:00 GMT	370
wQL[0.5]/MAPE	RMSE	wQL[0.9]	wQL[0.1]
0.1035	277.2825	0.0556	0.0758

Algorithm metrics Info

NPTS
arn:aws:forecast::algorithm/NPTS

Evaluation type	Test window start	Test window end	Item count
SUMMARY	-	-	-
wQL[0.5]/MAPE	RMSE	wQL[0.9]	wQL[0.1]
0.1537	452.8955	0.0701	0.0977
Evaluation type	Test window start	Test window end	Item count
COMPUTED	Tue, 30 Dec 2014 13:00:00 GMT	Thu, 01 Jan 2015 01:00:00 GMT	370
wQL[0.5]/MAPE	RMSE	wQL[0.9]	wQL[0.1]
0.1537	452.8955	0.0701	0.0977

押さえておきたい AI サービス

AIサービスでは、機械学習に関する深い知識は必要ありません。その代わりに、各サービスの概要とユースケース（そのサービスを使って何ができるのか）を把握しておくことが重要です。

次項以降では、AI サービスのカテゴリごとにサービスのラインナップや概要、ユースケースを簡潔に示していきます。また、東京リージョンの対応状況については、リージョン表[9]を参考にして、対象サービスが利用可能である場合に「利用可能」と考えます。サービスによってはたくさんの機能が提供されており、その中に非対応機能が含まれる場合がありますが、その場合は「利用可能」と考えて、非対応機能を記載することとします。

03 Visionカテゴリ

Visionカテゴリのサービス

Visionとは「Computer Vision」のことです。Visionカテゴリでは、**画像・動画像解析を行うサービス**が提供されます。ここでは、Computer Visionにおいてさまざまなユースケースに対応できるAmazon Rekognitionについて解説を行います。

● **Visionカテゴリで提供されるサービス**

サービス名	概要
Amazon Rekognition	画像・動画像解析を行えるサービス

Amazon Rekognition

東京リージョン 利用可能
料金タイプ 有料

Amazon Rekognitionは、**画像・動画像解析を行えるサービス**です。画像・動画像解析は、Deep Learning（深層学習）の登場により推論の精度が大幅に向上しました。RekognitionでもDeep Learningが利用されています。

Rekognitionでは、次の3種類のサービスが提供されています。

● **Rekognitionで提供されるサービス**

サービス名	概要
Rekognition Image	画像解析 ・物体やシーンの検出 ・人物の顔認識・顔分析・顔の比較 ・有名人の認識 ・有害な画像の検出（コンテンツモデレーション） ・テキストの検出 ・PPE（個人用保護機器）の検出
Rekognition Video	動画像解析 ・物体やシーン、アクティビティの検出 ・人物の顔検出と分析・顔の検索 ・人物の動線の検出 ・有名人の認識 ・有害な動画の検出（コンテンツモデレーション） ・テキストの検出 ・ライブストリーミングビデオ分析
Rekognition Custom Labels	カスタムラベルの検出 ・カスタムラベル（AutoML）による独自定義したラベルの検出 ・Amazon SageMaker Ground TruthやAmazon Augmented AIを利用したラベリングも可能

Rekognition ImageとRekognition Videoは、AWSによって構築された機械学習モデルを元に推論を行いますが、Rekognition Custom Labelsでは、**利用者が独自定義したラベルを検出できます。**

例えば､社員の顔画像を学習データとして準備して独自の学習モデルを構築し、オフィスの入り口に設置されたカメラで社員を特定して扉を解錠するなどの利用方法が考えられます。

AWSマネジメントコンソールにて、Rekognition ImageとRekognition Videoのデモが提供されており、下記にその一例を示します。

● Rekognition Imageによる物体やシーンの検出の例

● Rekognition Imageによる有害な画像の検出例

Memo

動画像に暴力やポルノなどの表現を含む動画像は、ユーザに不快感を与える可能性があります。有害な動画像を検出して見えづらい加工を施したり、場合によっては削除したりすることを「コンテンツモデレーション」といいます。

● Rekognition Image による顔分析の例

● Rekognition Image によるテキストの検出例

☑Rekognitionの利用料金

Rekognitionの課金体系は、Rekognition Image、Rekognition Video、Rekognition Custom Labelsで異なります。

Rekognition Imageは、**分析した画像枚数**に対して費用がかかります。顔検索を有効化した場合は、顔のメタデータ（境界ボックス、境界ボックスに顔が含まれる信頼度など）を保存するストレージ容量に対して追加料金が発生します。

● **Rekognition Imageの利用料金**

項目	内容
画像分析	分析した画像枚数に応じた従量課金
ストレージ容量	顔検索を有効化した場合、顔のメタデータのストレージ容量に応じた従量課金

Rekognition Videoは、**動画の分析時間**に対して費用がかかります。顔検索を有効化した場合は、顔のメタデータを保存するストレージ容量に対して追加料金が発生します。

● **Rekognition Videoの利用料金**

項目	内容
動画分析	動画の解析時間に対する従量課金
ストレージ容量	顔検索を有効化した場合、顔のメタストレージの使用容量に対する従量課金

Rekognition Custom Labelsは、**カスタムモデルの学習時間**と**カスタムモデルをホスティングするインスタンスの稼働時間**に対して費用がかかります。

● **Rekognition Custom Labelsの利用料金**

項目	内容
学習時間	カスタムモデルの学習時間に応じた従量課金
推論時間	カスタムモデルをホスティングするインスタンスの稼働時間に応じた従量課金

Speechカテゴリ

Speech カテゴリのサービス

Speech カテゴリでは主に音声や会話を扱うサービスが提供されています。

● Speech カテゴリで提供されるサービス

サービス名	概要
Amazon Polly	テキストの読み上げを行うサービス。日本語にも対応（NTTS は非対応） ・標準のテキスト読み上げ（Text-to-Speech: TTS） ・ニューラルテキスト読み上げ（Neural Text-to-Speech：NTTS） ・レキシコン（カスタム辞書）、SSML（Speech Synthesis Markup Language）による音声のカスタマイズ ・音声のメタデータ出力（スピーチマーク）
Amazon Transcrbe	音声の文字起こしを行うサービス。日本語にも対応（カスタム言語モデルは非対応） ・音声ファイルの文字起こし ・複数の話者（10 名以下）が存在する音声ファイルの文字起こし ・複数チャネルを持つ音声ファイルからのチャネル識別とチャネルごとの文字起こし ・個人情報等の重要情報の自動コンテンツリダクション（マスキング） ・単語のフィルタリング ・言語の識別 ・ストリーミング音声のリアルタイム文字起こし ・カスタム言語モデルの構築（AutoML）

Amazon Polly

東京リージョン 利用可能
料金タイプ 有料

Amazon Polly は、**テキストの読み上げ（Text-to-Speech：TTS）を行うサービス**です。日本語を含む英語、スペイン語、中国語などの多数の言語に対応しています[10]。また、英語（米・英・豪）、スペイン語（米）、ポルトガル語（ブラジル）では、「**ニューラルテキスト読み上げ**（Neural TTS：NTTS）」と呼ばれる深層学習を利用したテキストの読み上げ機能も提供されています[11]。

Polly では、SSML（Speech Synthesis Markup Language）と呼ばれる XML 形式のドキュメントを使って、言い回しや強調、イントネーションなどを定義できます。組織の固有単語などがある場合は「レキシコン（カスタム辞書）」を使って読み方を定義することも可能です。テキストから生成した音声は、MP3、Ogg

第3部 実践編

Vorbisなどのファイル形式で出力できます。

また、「**スピーチマーク**」と呼ばれる音声のメタデータを出力する機能も備えています。このメタデータを利用することで、動画に登場する人物の口の動きと音声を合わせるリップシンクを実現できます。

Pollyでは、任意のテキストから音声を合成できますので、Webサイトなどの文書コンテンツやコンタクトセンター（「Contact Lens for Amazon Connect」を参照）業務の定型文章の読み上げなどへの活用も見込めます。

Memo

執筆時点では、NTTSは東京リージョンに対応していますが、日本語には対応していません。

Pollyの利用料金

Pollyの利用料金は次の通りです。

● Pollyの利用料金

項目	内容
テキストの文字数	音声またはスピーチマークのメタデータに変換したテキストの文字数に対する従量課金

Amazon Transcribe

東京リージョン 利用可能
料金タイプ 有料

Amazon Transcribeは、**音声の文字起こし（Speech-to-Text）を行うサービス**です。日本語をはじめ、英語、スペイン語、中国語など多数の言語の「**音声ファイルの文字起こし**」と「**ストリーミング音声のリアルタイム文字起こし**」に対応しています。音声ファイルの形式はFLAC、MP3、MP4、WAVのいずれかであり、録音時間が4時間未満もしくはファイルサイズが2GB未満とする必要があります。

「話者識別（10名以下）」「チャネル識別（複数チャネルを持つ音声ファイルからのチャネル識別）」「自動コンテンツリダクション（マスキング）」「単語のフィルタリング」「言語の識別」といった多数の機能が提供されており、文字起こしにまつわるさまざまなニーズに対応します。

例えば、コンタクトセンターでの顧客との会話履歴を音声ファイルとして録音しておき、Transcribeを使って文字起こしをするなどの利用方法が考えられます。テキスト化した通話記録に対しComprehendで「キーワード抽出」や「感情分析」を行い、自社サービスの品質向上に役立てることができます。

ドメインに固有な単語を「カスタム語彙」に登録して文字起こしの精度をチューニングできる他、「カスタム言語モデル」ではドメイン（事業領域）に固有なテキストデータからAutoMLにより独自の言語モデルを構築することで、さらに精度の高い音声の文字起こしを実現できます。

医療ドメインに特化したサービスとして「Amazon Transcribe Medical」が提供されていますが、カスタム言語モデルを利用すれば、医療以外のドメインの言語モデルを構築することもできます。

> **Memo**
> 本書執筆時点では、カスタム言語モデルは東京リージョンに対応していますが、日本語には対応していません（英語にのみ対応）。また、Amazon Transcribe Medicalも東京リージョンに対応していますが、日本語には対応していません。

☑Polly と Transcribe の関係

Polly と Transcribe は、それぞれ「テキストの読み上げ」と「音声の文字起こし」を機能として提供します。提供する機能が逆の関係にあるといえます。

● Polly と Transcribe の関係

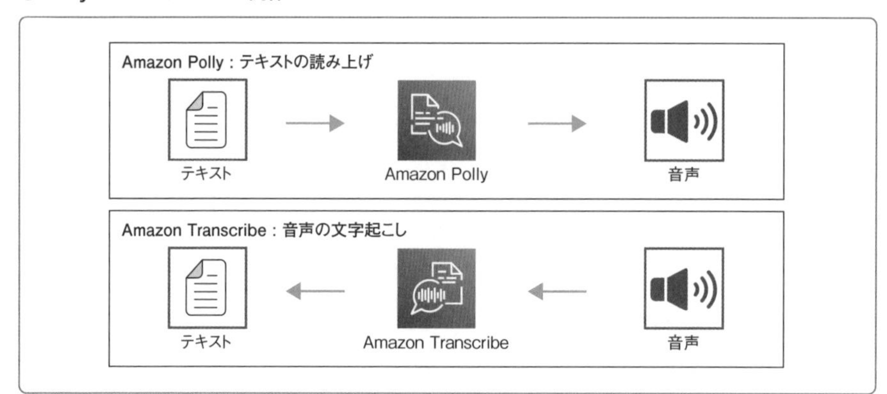

☑Transcribe の利用料金

Transcribeの利用料金は以下の通りです。

● Transcribe の利用料金

項目	内容
音声の時間	文字起こしを行った音声の時間に対する従量課金
自動コンテンツリダクション	自動コンテンツリダクションを有効化した場合、文字起こしの時間に対する従量課金
カスタム言語モデル	カスタム言語モデルを有効化した場合、文字起こしの時間に対する従量課金

Textカテゴリ

Text カテゴリのサービス

Text カテゴリでは、**自然言語から情報の抽出や分析を行うサービス**が提供されています。

Text カテゴリで提供されるサービス

サービス名	概要
Amazon Comprehend	自然言語処理を用いて、テキストを分析するためのサービス。日本語にも対応（Custom は未対応） ・テキストのキーフレーズ抽出、感情分析、構文解析、エンティティ認識、言語検出、トピック分類 ・カスタムエンティティ（AutoML）によるドメインに固有のエンティティ（人、組織、場所など）の認識 ・カスタム分類子（AutoML）によるユーザ独自のラベルによるテキストの分類
Amazon Translate	テキストを翻訳できるサービス。日本語にも対応（バッチ翻訳は未対応） ・大量テキスト（業務マニュアルなど）のバッチ翻訳（一括翻訳） ・テキストのリアルタイム翻訳
Amazon Textract	スキャンした文書などの非構造化データからテキストや構造化データを抽出できるサービス。日本語には未対応 ・PNG、JPEG、PDF形式の画像からのテキスト、手書き文字、フォーム（Key-Valueペア）、テーブルの抽出 ・抽出したデータの S3、DynamoDB、OpenSearch Service、Comprehend への格納

Memo

「自然言語」とは人間が日常生活で扱う言語のことです。コンピュータ言語やプログラミング言語などの「形式言語」や、エスペラント語をはじめとする「人工言語」と区別するために「自然言語」と称されています。

Amazon Comprehend

東京リージョン　利用可能
料金タイプ　有料

Amazon Comprehend は、テキストを分析するためのさまざまな機能を提供するサービスです。Comprehend を利用すると、テキストの「キーフレーズ抽出」「感情分析」「構文解析」「エンティティ認識」「言語検出」「トピック分類」などビジネスに役立つ有益な情報を抽出・分析できます。

Eメール、SNS、顧客アンケートだけでなく、前述のTranscribeを用いて作成した顧客との会話履歴のテキスト、Translateで翻訳したテキストや、Textractにより抽出したテキストなど、他のAWSサービスと連携した分析も行えます。これらを入力データとしてComprehendを使うと、自社サービスに対する顧客の評価などを可視化し、ビジネス価値向上のための有益な情報を得ることができます。

● Comprehendの利用例

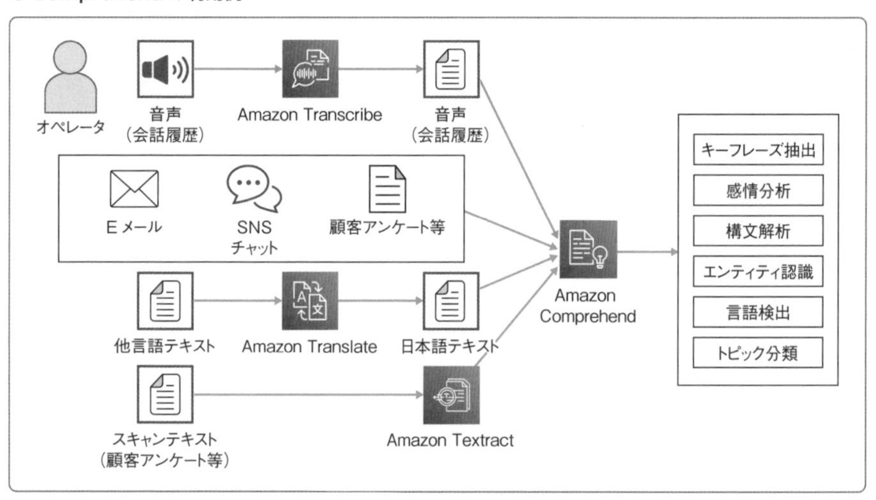

Comprehendでは、AutoMLを用いてユーザ独自のモデルを構築する機能が提供されており、これらを総称して「Amazon Comprehend Cumstom」と呼びます。

同サービスでは、医療に特化した「Amazon Comprehend Medical」が提供されていますが、Comprehend Cumstomを利用すれば医療以外のドメインのエンティティ認識、テキスト分類モデルを構築できます。

Memo

本書執筆時点では、カスタムエンティティ（ドメインに固有のエンティティの識別）とカスタム分類子（ユーザ独自のラベルによるテキストの分類）は、東京リージョンに対応していますが、日本語には対応していません。また、Comprehend Medicalは東京リージョン、日本語の双方に対応していません。

☑Comprehendの利用料金

Comprehendの利用料金は以下の通りです。Comprehendは、自然言語処理の各機能、トピック分類、Custom Comprehendで課金体系が異なります。

● Comprehendの利用料金

項目	内容
自然言語処理	処理対象のテキストの文字数に応じた従量課金
トピック分類	ジョブが処理するテキストのサイズとジョブ数に応じた従量課金
Comprehend Custom	下記の課金要素に応じた従量課金 ・カスタムモデルの学習時間 ・推論エンドポイントで処理したテキストの文字数と稼働時間 ・モデル管理（モデル格納用のストレージ）

Amazon Translate

東京リージョン 利用可能
料金タイプ 有料

Amazon Translateは、**テキストを翻訳するサービス**です。日本語を含む英語、スペイン語、中国語などの多数の言語に対応しています[12]。Translateの代表的な機能として、AIサービスの例として紹介した「**リアルタイム翻訳**」機能が提供されています（p.382）。

本書の執筆時点では日本語に対応していませんが、S3バケットに保管したWord、Excel、PowerPoint、HTML形式の文書を翻訳する「バッチ翻訳」が提供されています。

また、「カスタム用語」機能が提供されており、翻訳対象のテキストに固有名詞などを含む場合は、単語を登録することで翻訳の精度を向上させることができます。

☑Translateの利用料金

Translateの利用料金は次の通りです。

● Translateの利用料金

項目	内容
テキストの文字数	翻訳したテキストの文字数に応じた従量課金

Amazon Textract

東京リージョン　利用不可
料金タイプ　有料

Amazon Textractは、**スキャンした文書などの非構造化データから、テキストや構造化データを抽出できるサービス**です。手書き文字を含む「**テキスト抽出**」だけでなく、Key-Valueペアを抽出する「**フォーム抽出**」や、文書中の表形式データを抽出する「**テーブル抽出**」といった多彩な機能が提供されています。

Textractを利用することで、紙ベースの顧客アンケートや申込書等をスキャンした画像データから情報を抽出でき、人手によるデータの転記作業を自動化することができます。特に手書き文章を扱う際には文字認識の精度が問題になる場合がありますが、Amazon Augmented AIを利用することで、作業ワークフローに人間によるチェックを組み込むことも可能です。

Textractで抽出したデータは、他のAWSサービス（S3、DynamoDB、OpenSearch Service、Comprehendなど）と連携できます。

なお、本書の執筆時点では、Textractは東京リージョン、および日本語に対応していません。

押さえておきたい　構造化データと非構造化データ

構造化データとは、リレーショナルデータベースのように、ある規則にしたがってコンピュータが解釈しやすいように整理されたデータのことです。一方、非構造化データとは、画像・動画像、WordやPDFの文章のように、特定の規則にしたがって整理されていないデータです。非構造化データを活用するためには、非構造化データを構造化データに変換する必要があります。

☑Textractの利用料金

Textractの利用料金は以下の通りです。

● Textractの利用料金

項目	内容
文書のページ数	処理対象の文書のページ数に応じた従量課金

Searchカテゴリ

Search カテゴリのサービス

Search カテゴリでは、**テキスト検索サービス**が提供されています。

● Search カテゴリで提供されるサービス

サービス名	概要
Amazon Kendra	テキストの検索を行うサービス。日本語には未対応 ・さまざまなデータソースに対する検索機能の一元化 ・自然言語（文章）による検索機能

Amazon Kendra

東京リージョン 利用不可
料金タイプ 有料

Amazon Kendra は、**テキストの検索を行うサービス**です。企業内のデータは、ファイルサーバ、SharePoint、S3、データベースなどさまざまな場所に散在しています。Kendra ではこれらの場所をデータソースとして登録し、一元的に情報を検索できます。HTML、Word、Excel、PowerPoint、PDF などのファイル形式に対応しています。

● Kendra の利用例

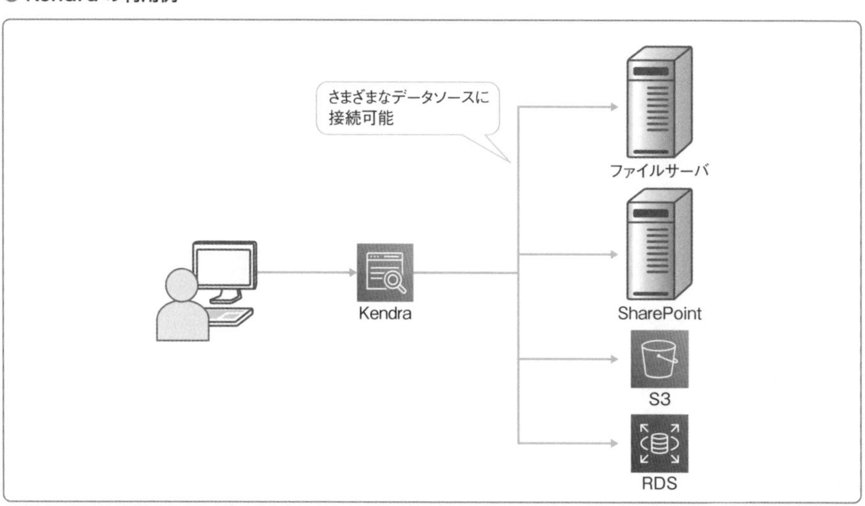

また、一般的に情報検索はキーワードで行いますが、Kendraでは自然言語（文章）で検索できます。下図は「**ITサポートデスクの場所**」を検索しようとしている例です。下左図は従来のキーワード検索結果であり、「ITサポートデスクの場所」とは関係ない検索結果が並んでいます。Kendraでは文章で検索ができます。「**Where is the it support desk?**」と検索して、ズバリ「**1st Floor**」という結果が得られています。

● **Kendraでの情報検索の例**[13]

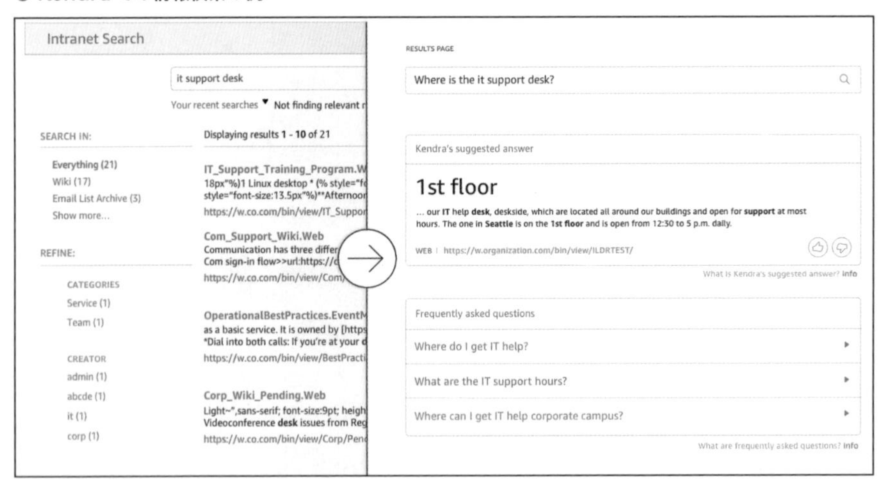

☑Kendraの利用料金

Kendraの利用料金は以下の通りです。Kendraはテキストの検索を行うためにプロビジョニングしたリソースに対して費用がかかります。開発用途の「Developer Edition」と本番用途の「Enterprise Edition」が用意されており、課金単位が異なります。また、Enterprise Editionでは、クエリとストレージ容量のキャパシティを追加できます。

● **Kendraの利用料金**

項目	内容
リソースのプロビジョニング	Kendraのリソースをプロビジョニングした時間に応じた従量課金。Editionにより課金単位が異なる
追加キャパシティ（クエリ）	Enterprise Editionのみ。追加したクエリのキャパシティに応じた従量課金
追加キャパシティ（ストレージ容量）	Enterprise Editionのみ。追加したストレージ容量のキャパシティに応じた従量課金

Chatbotsカテゴリ

Chatbots カテゴリのサービス

Chatbots カテゴリでは、**チャットボットを扱うサービス**が提供されています。

● Chatbots カテゴリで提供されるサービス

サービス名	概要
Amazon Lex	音声・テキストによるチャットボット機能を提供するサービス

Amazon Lex

東京リージョン　利用可能
料金タイプ　有料

Amazon Lex は、**音声・テキストによるチャットボット機能を提供するサービス**です。Amazon.com から「Amazon Echo」というスマートスピーカーが発売されており、利用者との対話は「Alexa」という音声サービスで実現されています。Lex は Alexa と同じ技術が採用されています。

Amazon Echo は音声による対話となりますが、Lex では音声に加えて、テキストによる対話にも対応します。Amazon Chime、Facebook Messenger、Slack、Twilio SMS などのアプリに組み込んで利用することも可能です。

下記に Lex のサンプルとして提供されている BookTrip（旅行予約）の利用例を示します。

● Lex を使った旅行予約ボットの例

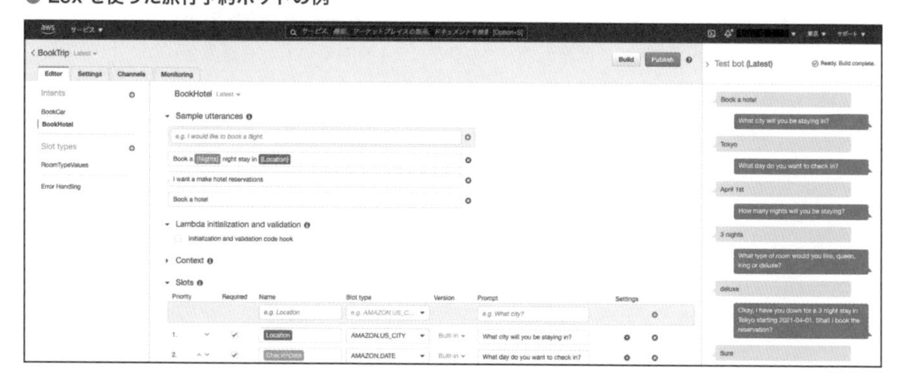

Lexの基本的な概念を下記にまとめます。

● Lexの基本的な概念

サービス名	説明
ボット	ユーザとの対話でタスクを自動で実行する仕組み。1つ以上のインテントで構成 例 BookTrip（旅行の予約）
インテント(Intent)	ユーザが実行したいアクション 例 BookHotel（ホテルの予約）、BookCar（車の予約）
発話(Utterance)	インテントを呼び出すために発話あるいはタイプされるフレーズ 例 "Book a hotel"
スロット(Slot)	インテントを実現するために必要な入力データ 例 Location（場所）、CheckInDate（チェックイン日）、Nights（宿泊数）、RoomType（部屋のタイプ）
プロンプト(Prompt)	ユーザから入力データを引き出すための質問 例 "What city will you be staying in?"（Locationを引き出す質問）
フルフィルメント(Fullfillment)	インテントを実現するためのビジネスロジック。Lambda関数による実装もしくはクライアントへのパラメータの返却が選択可能

Lexは、例えば、上記のサンプルのような「**予約や注文処理**」の他に、「**コンタクトセンターにおけるFAQや定型的な問い合わせ対応**」や「**自動車の運転中など手が離せない状況での、音声によるデバイスの操作**」といった利用方法が考えられます。

☑Lexの利用料金

Lexの利用料金は次の通りです。Lexは、音声もしくはテキストでリクエストを行った回数に対して費用がかかります。

● Lexの利用料金

項目	内容
リクエスト回数	音声もしくはテキストでのリクエスト回数に応じた従量課金

Personalizationカテゴリ

Personalization カテゴリのサービス

「Personalization」とは、顧客の行動履歴や属性情報、好みなどに合わせて顧客ごとに提示する情報を変えることです。顧客に特化（パーソナライズ）したレコメンド情報を予測するサービスとして、Amazon Personalizeが提供されています。

● **Personalization カテゴリで提供されるサービス**

サービス名	概要
Amazon Personalize	顧客に特化したレコメンドを行う機械学習モデルを構築するサービス ・顧客の購買履歴や購買行動に基づいた商品や類似商品のレコメンド ・おすすめ順（ランキング）への並べ替え ・顧客に特化したレコメンド予測モデルの自動構築（AutoML）

Amazon Personalize

東京リージョン　利用可能
料金タイプ　有料

Amazon Personalizeを利用すると、Amazon.comと同様の技術を使って、顧客に特化したおすすめ情報を生成できます。

● **Amazon.co.jp での商品のおすすめの例**

Personalizeでは、下記に示す「**データセット**」と呼ばれる学習データから、顧客に特化したレコメンドを生成する機械学習モデルを生成します。

・Users：顧客の属性情報（例：年齢、性別、会員種別）
・Items：おすすめしたいアイテムの属性情報（例：アイテムの価格やジャンル）
・Interactions：顧客と商品を関連づけるデータ（例：購買履歴や閲覧履歴）

Personalizeには「**レシピ**」と呼ばれる3つのユースケースが用意されており、これらの予測が行えます。

・USER_PERSONALIZATION：顧客に特化したおすすめのアイテムリストを予測する
・PERSONALIZED_RANKING：アイテムのリストを顧客の嗜好に合った順序に並べ替える
・RELATED_ITEMS：顧客が興味を持ちそうな関連アイテムを予測する

また、Personalizeでは**AutoML機能**が提供されているので、最適な機械学習アルゴリズムを使った機械学習モデルを、AutoMLに自動で選択させることができます。

> **Memo**
> レコメンド予測アルゴリズムとして、HRNN（階層的再帰型ニューラルネットワーク）、HRNN-Metadata、HRNN-Coldstart、Popularity-Countが利用可能です。AutoMLではPopularity-Count以外のアルゴリズムの中から最も精度がよいものが選択されます[14]。

☑Personalizeの利用料金

Personalizeの利用料金は以下の通りです。Personalizeはレコメンデーションモデルを構築するための学習時間と学習時に処理したデータ量、レコメンデーションモデルで推論した処理量に対して費用がかかります。

● Personalizeの利用料金

項目	内容
処理したデータ量	レコメンデーションモデルの学習時に処理したデータ量に応じた従量課金
学習時間	レコメンデーションモデルの学習時間に応じた従量課金
推論（リアルタイム）	レコメンデーションモデルが1秒あたりに処理したトランザクション量（TPS）に応じた従量課金
推論（バッチ）	レコメンデーションモデルが処理した件数に応じた従量課金

Forecastingカテゴリ

Forecasting カテゴリで提供されているサービス

Forecasting カテゴリでは、**時系列予測を行うサービス**が提供されます。

● **Forecasting カテゴリで提供されるサービス**

サービス名	概要
Amazon Forecast	時系列予測を行う機械学習モデルを構築するサービス。（下記に示すユースケースの予測） ・小売の需要予測 ・サプライチェーンとインベントリ（在庫）の計画 ・従業員の要員計画 ・今後の Web トラフィックの見積もり ・収益およびキャッシュフローなどの予測メトリクス ・その他の時系列データの予測 ・時系列予測モデルの自動構築（AutoML）

Amazon Forecast

東京リージョン　利用不可
料金タイプ　有料

時々刻々と変化する一連の値を「**時系列データ**」（例：日次の商品の在庫量）と呼び、過去の時系列データから将来の値の予測を行うことを「**時系列予測**」といいます。

AWS では**時系列予測を行うサービス**として、Amazon Forecast が提供されています。Forecast には、Amazon.com と同様の技術が使われています。

Forecast では、下記に示す「**データセット**」と呼ばれる学習データから、時系列予測を行う機械学習モデルを生成します。なお、「TARGET_TIME_SERIES」のみ必須となります。

● **Forecast で提供されているデータセット**

データセット	説明
TARGET_TIME_SERIES	予測対象の過去の時系列データ（例：過去の売上データ）
RELATED_TIME_SERIES	予測対象に関連する補助的なデータ （例：価格、キャンペーン情報、天気）
ITEM_METADATA	予測対象の属性情報（例：商品のカテゴリ、色、サイズ）

また、Forecastには「**ドメイン**」と呼ばれる時系列予測のユースケースが事前定義されています（下記参照）。事前定義されたドメインでは、学習データとして用意すべき時系列データが定義されているので、利用者はそれにしたがって準備をするだけで、時系列予測が利用できるようになります。

● Forecastで定義されているドメイン

ドメイン名	説明
RETAIL	小売の需要予測
INVENTORY_PLANNING	サプライチェーンとインベントリの計画
EC2 CAPACITY	EC2キャパシティの予測
WORK_FORCE	従業員の計画
WEB_TRAFFIC	今後のWebトラフィックの見積もり
METRICS	収益およびキャッシュフローなどの予測メトリクス
CUSTOM	その他すべての時系列予測のタイプ。上記の事前定義されているユースケースが当てはまらない場合は、このドメインを用いて、利用者が独自に定義することが可能

また、ForecastではAutoML機能が提供されています。AutoMLを利用することで、最適な機械学習アルゴリズムを使った機械学習モデルを自動で選択させることも可能です。

Memo

Forecastで選択できる時系列予測アルゴリズムは、ARIMA（自己回帰和分移動平均）、DeepAR+、ETS（指数平滑法）、NPTS（ノンパラメトリック時系列）、Prophetの5種類です[15]。

☑Forecastの利用料金

Forecastの利用料金は次の通りです。

● Forecastの利用料金

項目	内容
学習時間	時系列予測モデルの学習時間に応じた従量課金
ストレージ容量	時系列予測モデルの学習に利用するストレージの容量に応じた従量課金
予測の生成	時系列予測モデルで予測した回数に応じた従量課金

Fraudカテゴリ

Fraud カテゴリで提供されているサービス

Fraud カテゴリでは、**不正検知を行うサービス**が提供されます。

● Fraud カテゴリで提供されるサービス

サービス名	概要
Amazon Fraud Detector	オンラインでの不正予測を行う機械学習モデルを構築するサービス ・過去の履歴データを基にした、ユーザ独自の不正予測モデルの自動構築（AutoML） ・リアルタイムの不正予測 ・不正のスコア化とルールに基づく不正の判断

Amazon Fraud Detector

東京リージョン　利用不可
料金タイプ　有料

Amazon Fraud Detector は、**不正予測の機械学習モデルを構築するサービス**です。Amazon.com で培った不正検知のノウハウと深層学習が使われています。

Fraud Detector には、オンラインの不正を検知するユースケースが事前定義されています（下記参照）。

・新しいアカウントの詐欺：リスクの高い顧客のアカウント登録を検出する
・オンライン決済の詐欺：疑わしいオンライン決済処理を検出する
・ゲストチェックアウトの詐欺：取引実績のない顧客の不正行為を検出する
・フェイクレビューの乱用：レビューの投稿前にフェイクレビューを検出する

利用者は学習データとなる過去の履歴データを準備すれば、後はマネジメントコンソールから数ステップで不正予測モデルを構築できます。開発者ガイドなどには「AutoML」と明記されていませんが、AutoML と同等の機能が提供されており、利用者が自身でモデルを実装する必要はありません。

● Fraud Detector の利用例

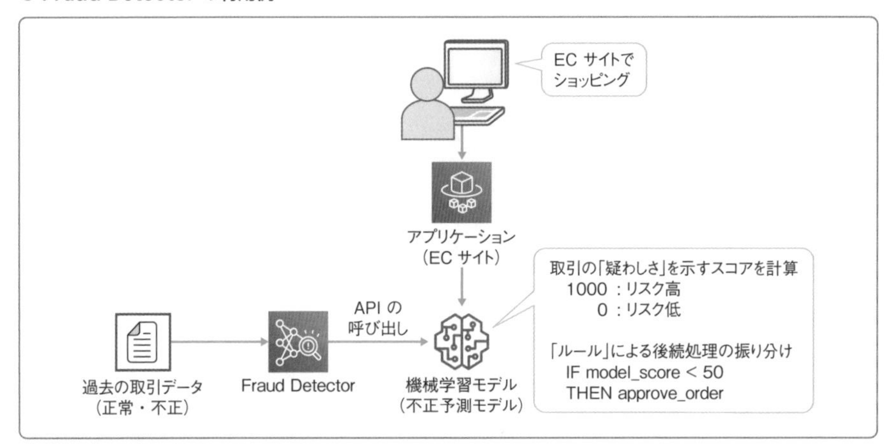

利用者のアプリケーションから Fraud Detector の API を呼び出せば、リアルタイムで不正予測ができ、疑わしさを示すスコアを 0 から 1,000 の範囲で返します。数値が大きいほどリスクが高いことを示します。また、予測したスコアを利用した「ルール」を定義して後続処理を振り分けることができます。

例えば、スコアの値によって決済処理を継続するか否かを決定するルールを定義したり、利用者のアカウント情報や取引の発生元の IP アドレスなどを条件とするルールを定義したりすることが可能です。

☑Fraud Detector の利用料金

Fraud Detector の利用料金は以下の通りです。

● Fraud Detector の利用料金

項目	内容
学習時間	不正予測モデルの学習時間に応じた従量課金
ホスティング時間	不正予測モデルをホスティングするインスタンスの稼働時間に応じた従量課金
不正予測	不正予測モデルで予測した回数に応じた従量課金

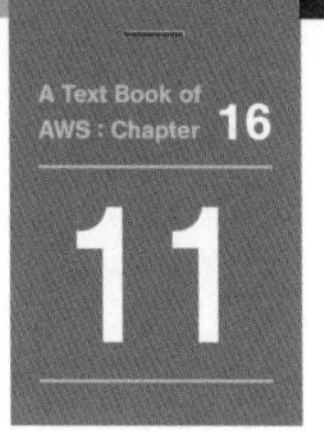

Contact Centersカテゴリ

Contact Centers カテゴリで提供されるサービス

顧客と企業とのチャネルは、かつて電話がメインであり、企業は「**コールセンター**」を設けていました。しかし、昨今では電話・メール・SNS・チャットボットなどとオムニチャネル化し、「**コンタクトセンター**」と呼ばれるようになりました。

AWSではオムニチャネルのクラウドコンタクトセンターを実現するためのサービスとして「**Amazon Connect**」を提供しています。

Amazon Connectに組み込まれた機械学習の機能群として「**Contact Lens for Amazon Connect**」が提供されています。

● Contact Centers カテゴリで提供されるサービス

サービス名	概要
Contact Lens for Amazon Connect	Amazon Connect によるコンタクトセンターの分析を行うサービス ・顧客との通話記録（文字起こし）の生成 ・通話記録からのキーワード抽出や感情分析、リアルタイムのアラート ・顧客ごとの通話記録、感情推移や内訳、中断、非通話時間などの詳細情報（Contact Trace Record）の提示 ・顧客の連絡先ページで通話記録を全文検索できる ・通話記録内の重要情報の自動マスキング（リダクション） ・顧客の連絡先の自動分類

Contact Lens for Amazon Connect

東京リージョン 利用不可
料金タイプ 有料

Amazon Connectを利用してコンタクトセンターを運用していると、**各チャネルを通じて顧客とのやり取りがテキストや音声データとして蓄積**していきます。

Contact Lens for Amazon Connect（Contact Lens）を利用すると、**音声の文字起こしや自然言語処理などを行って顧客とのやり取りを分析**できます。背後では、**Transcribe**や**Comprehend**をはじめとするAWSの各種サービスと連携して分析を行っています。

分析結果を基にして、営業活動や製品の開発計画にフィードバックし、ビジネスの成功の可能性を高められます。

Contact Lens は、リアルタイム分析と通話後の分析の両方を行えます。

Memo

本書の執筆時点では、Contact Lens は東京リージョンに対応しているものの、日本語には対応していません。

☑Contact Lens の利用料金

Contact Lens の利用料金は以下の通りです。Contact Lens は分析した通話時間に対して費用が発生します。

● Contact Lens の利用料金

項目	内容
分析対象の通話時間	Contact Lens で分析した通話時間に応じた従量課金

Health AI／Industrial AIカテゴリ

Health AI ／ Industrial AI カテゴリのサービス

Health AIカテゴリでは、**医療に関連するサービス**が提供されています。ただし、多くのサービスが東京リージョンや日本語に対応していないため、ここでは概要の紹介にとどめます。

● Health AI カテゴリで提供されるサービス

サービス名	概要
Amazon HealthLake	医療提供者、健康保険会社、製薬企業が、ペタバイト規模の医療データを保存、変換、クエリ、分析できるようにするサービス
Amazon Comprehend Medical	自然言語処理を用いて、医療に特化したテキストを分析するためのサービス
Amazon Transcrbe Medical	医療に特化した音声の文字起こしをするためのサービス

また、**Industrial AI カテゴリ**では、**製造業の現場で活用できるサービス**が提供されます。ただし、製造業の現場での利用に限定されることに加えて、多くのサービスが東京リージョンに非対応であるため、ここでは概要の紹介にとどめます。

● Industrial カテゴリで提供されるサービス

サービス名	概要
AWS Panorama	AWS Panorama Appliance と AWS Panorama Appliance Developer Kit を用いて、Computer Vision により従来目視で実施していた監視や検査を自動化できるサービス
Amazon Monitron	産業機器の異常動作をエンドツーエンドで検出することができるサービス
Amazon Lookout for Equipment	産業機器のデータを使用して、異常動作を自動的に検出できるサービス
Amazon Lookout for Vision	Computer Vision を使用して、製品の欠陥や異常を発見するサービス

Anomaly Detection カテゴリ

Anomaly Detection カテゴリのサービス

Anomaly Detection カテゴリでは、**異常検知を行うサービス**が提供されます。

先述の Fraud Detector（p.405）の目的は「**不正検知**」であり、悪意を持った者から利用者を守る技術です。一方、Anomaly Detection は、**システムの異常をいち早く把握する技術**であり、用途がまったく異なるサービスです。

● **Anomaly Detection カテゴリで提供されるサービス**

サービス名	概要
Amazon Lookout for Metrics	メトリクスの異常検知と根本原因を特定するサービス ・さまざまなデータソースのメトリクス（システムのパフォーマンスを示す時系列のデータポイント）の異常検知とアラートの送信 ・関連イベントのグループ化と異常の重要度順でのランキング付け ・検出結果に対するフィードバック

Amazon Lookout for Metrics

東京リージョン　利用可能
料金タイプ　有料

Amazon Lookout for Metrics は、**機械学習を用いてメトリクスの異常検知を行うサービス**です。Lookout for Metrics では、S3、Redshift、RDS、CloudWatch をはじめとする AWS サービスの他に、Salesforce や ServiceNow などのサードパーティを監視対象に加えることができます。関連するイベントのグループ化や、異常を重要度順に並べ替えてランキング表示もしてくれるため、根本原因の特定も効率的に行えます。

Lookout for Metrics が異常を検出した際、Amazon SNS や Lambda などの AWS サービスと連携してアラートをカスタマイズできます。**Amazon AppFlow** を利用すれば、Salesforce、ServiceNow などのサードパーティ製品と簡単に連携することも可能です。また、異常の検出結果に対するフィードバック機能を利用して、異常の検出精度を改善することもできます。

☑Lookout for Metrics の利用料金

Lookout for Metrics の利用料金は、分析対象とするメトリクス数に応じた従量課金です。分析の頻度は関係ありません。

Code and DevOpsカテゴリ

Code and DevOps カテゴリのサービス

Code and DevOps カテゴリでは、アプリケーションの開発や本番環境へのデプロイ後の運用を補助するサービスが提供されます。ここでは、Amazon CodeGuru について解説します。

● Code and DevOps カテゴリで提供されるサービス

サービス名	概要
Amazon CodeGuru	アプリケーションのソースコードレビューの自動化と、アプリケーションのパフォーマンスを監視して性能のボトルネックの特定と改善点を提供するサービス
Amazon DevOps Guru	アプリケーションの運用パフォーマンスや可用性を監視して、故障時間の短縮に貢献するサービス。アプリケーションに異常が発生した場合、異常の概要や考えられる原因、問題が発生した時期や場所に関する情報を自動で提示する

Amazon CodeGuru

東京リージョン 利用可能
料金タイプ 有料

Amazon CodeGuru は、機械学習を利用して、アプリケーション開発におけるソースコード品質とパフォーマンスを改善するための補助情報を提供するサービスです。以下の２つの機能から構成されますが、これらは互いに独立しており、両方もしくは一方のみの利用も可能です。

・CodeGuru Reviewer：ソースコードの品質を改善するための情報を提供
・CodeGuru Profiler：アプリケーションのパフォーマンスを改善するための補助情報を提供

☑CodeGuru Reviewer

CodeGuru Reviewer は、アプリケーション開発で利用する Git リポジトリの Pull Request と連携して動作します。ソースコードを解析して、品質を向上させるために下記の観点に関する推奨事項を提供します。

・AWS のベストプラクティス（AWS の API の利用方法）
・並列処理

・メモリ等のリソースリークの防止
・機密データの漏洩防止
・一般的なコーディングのベストプラクティス
・リファクタリング
・インプットバリデーション（入力形式の確認）

本書の執筆時点では、次の Git リポジトリと開発言語に対応しています。

● CodeGuru Reviewer がサポートする環境 [16]

分類	サポート対象
Git リポジトリ	・CodeCommit ・GitHub ・GitHub Enterprise Cloud ・GitHub Enterprise Server ・Bitbucket Cloud
開発言語	・Java ・Python

☑CodeGuru Profiler

CodeGuru Profiler は、実行中のアプリケーションプロファイルからパフォーマンス情報を継続的に収集して、ソースコードにおける実行コストが高い箇所を特定します。CodeGuru Profiler では、収集したパフォーマンス情報の可視化や、CPU 使用効率を向上させるための改善方法などの推奨事項を提供します。また、異常検知機能が備わっており、過去のプロファイルデータと比較して、CPU 使用率や実行時間（wall clock time）の異常を検知し、Amazon SNS に通知することができます。下記の開発言語に対応しています。

・Java および JVM 言語
・Python

● CodeGuru Profiler がサポートする機能 [17]

機能	Java	Python
CPU プロファイリング	○	○
Lambda、EC2/ECS/EKS、Fargate のサポート	○	○
異常検知と推奨事項の提示	○	○
スレッド状態の可視化	○	○
ヒープサマリ（ヒープメモリの使用状況）の可視化	○	×

※ Java および JVM 言語

● CodeGuru Profilerでヒープサマリを可視化した例

☑CodeGuruの利用料金

CodeGuruの利用料金は以下の通りです。CodeGuru ReviewerとCodeGuru Profilerで課金体系が異なるため、別表で記載します。

CodeGuru Reviewerは、レビュー対象のGitリポジトリに格納されたソースコードの行数に応じた固定の月額料金となります。Gitリポジトリごとに1カ月あたり最大2回までのフルリポジトリスキャンを実行できますが、これを超える場合は追加料金が発生します。

● CodeGuru Reviewerの利用料金

項目	内容
CodeGuru Reviewer	Gitリポジトリごとに、ソースコードの行数に応じた月額料金（固定）
追加フルリポジトリスキャン	2回を超えて実行した場合、ソースコードの行数に応じた従量課金

CodeGuru Profilerは、アプリケーションのプロファイルのサンプリング時間に対して費用が発生します。 アプリケーションの実行環境が、EC2・ECS・EKS・Fargateの場合と、Lambdaの場合で課金体系が異なります。

● CodeGuru Profilerの利用料金

項目	内容
CodeGuru Profiler	アプリケーションのプロファイルのサンプリング時間に対する従量課金

ML サービス

ML サービスとは

ML サービスは、AWS が提供する機械学習サービスの中位に位置するサービスであり（p.379）、「Amazon SageMaker」を中心とする、複数の機能の集合体です。

ここがポイント

- Amazon SageMaker を中心として、機械学習ワークフローの全体にわたってサービス・機能が提供されている
- 全面的に利用することも、利用者の環境に不足するサービス・機能に絞って利用することも可能であり、さまざまなユースケースに対応できる

ML サービスは、AI サービスと比較すると機械学習ワークフローの中で利用者の実施範囲が増えるため、機械学習に関する知識が求められます。しかし、有識者にとっては迅速かつ効率的に開発ができ、初学者にとっても簡単に開発ができるようにさまざまな機能が提供されています。

● 機械学習ワークフローにおけるカバー範囲の比較（再掲）

サービス	データの収集	データの前処理（クレンジング、変換）	モデルの構築	モデルの学習	モデルの評価	モデルのデプロイ	モデルの監視
AI サービス（AutoML なし）（例：Amazon Translate）	利用者が自分で実施		AWS が実施				利用者が自分で実施
AI サービス（AutoML あり）（例：Amazon Forecast）	利用者が自分で実施		利用者が AutoML で実施			利用者が自分で実施	
ML サービス（Amazon SageMaker）	利用者が Amazon SageMaker の各種機能を使って自分で実施						

Amazon SageMaker

東京リージョン 利用可能
料金タイプ 有料

Amazon SageMaker は、データサイエンティストや開発者向けのマネージドサービスです。機械学習ワークフローの全体にわたって多数の機能が提供されています。SageMaker を使って機械学習ワークフローを実現する場合、大きく下記の 2 つの利用方法があります。

- ノートブックインスタンスを中心とする利用方法[18]
- SageMaker Studio を中心とする利用方法

● SageMaker Studio の利用例

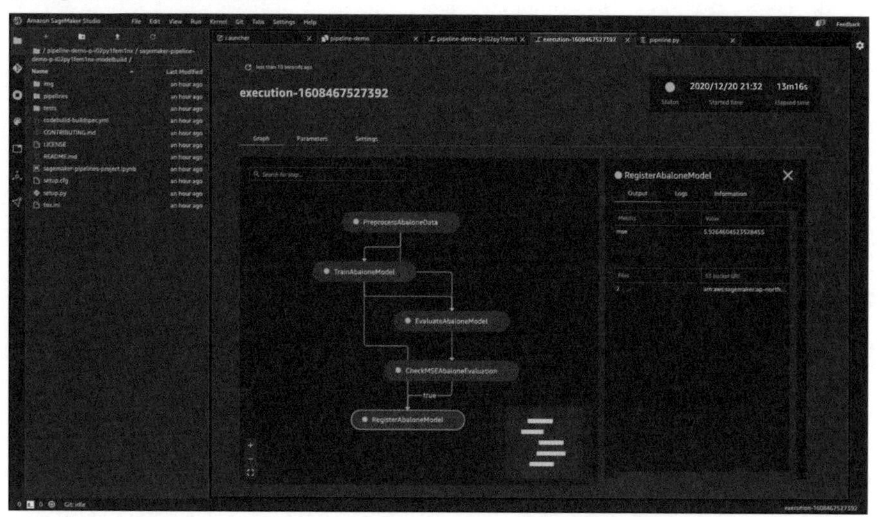

☑ ノートブックインスタンスと SageMaker Studio の使い分け

結論として、これから開発をはじめる場合は、SageMaker Studio を利用するとよいでしょう。SageMaker Studio を採用したほうが、メリットは大きいと考えられるからです。

SageMaker Studio を利用する場合のメリットは以下のとおりです。

- SageMaker Studio がリリースされて以降、SageMaker の新機能は、SageMaker Studio との統合を意識して設計されている
- フルマネージド型の SageMaker Notebooks と統合されているため、利用者が明示的にノートブックインスタンスを管理する必要がない
- ワークロード（対象）に合わせてインスタンスタイプ（汎用／コンピューティ

ング最適化／高速コンピューティング）を選択できる。インスタンスタイプの変更も数クリックで可能
・「高速起動タイプ（Fast Launch）」と呼ばれるインスタンスタイプが用意されており、通常は２分以内に起動するよう設計されている
・永続的な記憶領域としてEFSが利用されており、ノートブックをシャットダウンしてもほかのユーザやサービスからファイルにアクセスできる

一方、SageMaker Studioには以下のデメリットがあります。

・永続的な記憶領域として利用されているEFSは、MLストレージ（EBSボリュームに相当）と比較してコスト高である
・「ローカルモード」での実行がサポートされていないため、学習や推論をノートブックインスタンス上でテストできない。すなわち、テストのために学習用インスタンスや推論用インスタンスを作成する必要があるので、コスト高となる

このように、**デメリットは主にコストに関連します**。しかし、便利な機能群を用いてシームレスに開発が行えることに加えて、ノートブックインスタンスの管理というビジネス上の価値を生まない作業から解放されることを考えれば、導入価値は十分にあると考えられます。

SageMakerの基本的な使い方

利用方法は２つあるものの、前者の「**ノートブックインスタンスを中心とする利用方法**」がSageMakerの基本的な利用方法であり、仕組みを理解するうえで重要なので、詳しく解説していきます。 なお、SageMaker Studioも同様の仕組みで稼働しているため、基本的な使い方に大きな違いはありません。

ここでは機械学習ワークフローを簡略化して「**開発**」「**学習**」「**推論**」の３つのフローで考えてみましょう。

SageMakerはサービス・機能が充実している反面、コンポーネント数が多くて初学者には全体像が把握しづらい面もあります。コンポーネントの種類や役割、背後で行われている処理などに着目しながら解説を進めていきます。

「開発」「学習」「推論」において登場する主要なコンポーネントを図示すると、下図のようになります。

● SageMaker の主要なコンポーネント

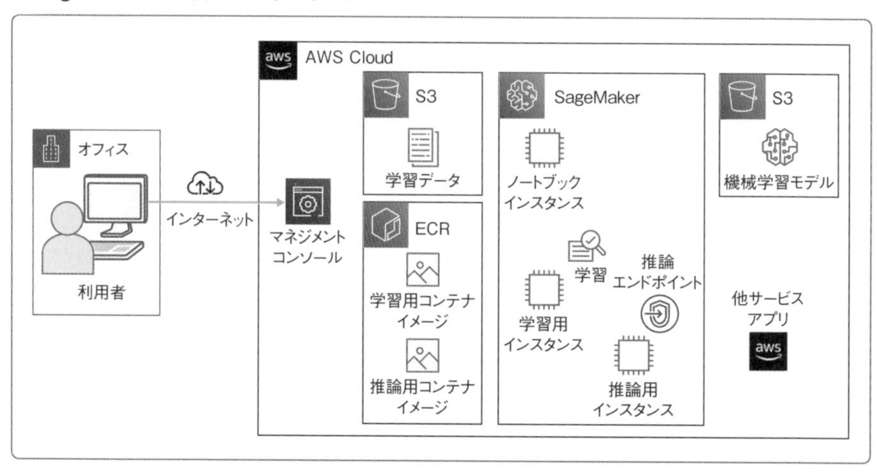

それぞれのコンポーネントの役割を下記にまとめます。

● 各コンポーネントの役割

コンポーネント名	役割
S3	学習のインプットとなる学習データやアウトプットとなる機械学習モデルの格納に利用するオブジェクトストレージ
ECR（Elastic Container Registry）	学習用・推論用の Docker コンテナイメージを格納するためのレジストリ。SageMaker では、学習と推論に Docker コンテナを利用する。 学習・推論に必要なソースコードやライブラリを Docker コンテナイメージとして準備し、それぞれ Docker コンテナとして実行する
ノートブック インスタンス	学習・推論用のソースコードを開発するためのインスタンス。機械学習のソースコード開発によく使われる Jupyter Notebook/JupyterLab、Python の各種ライブラリ･SDK などがプリインストールされており、カスタマイズも可能。ノートブックインスタンスから学習ジョブの起動や機械学習モデルのデプロイを実施できる
学習用 インスタンス	学習用の Docker コンテナを稼働させるためのインスタンス。学習ジョブの開始を契機に学習用インスタンスを自動で作成し、S3 と ECR から学習データとコンテナイメージをそれぞれダウンロードして、学習用コンテナを起動する。 学習の完了後に、学習済みの機械学習モデルを S3 に格納し、学習用インスタンスが自動で削除されるため、余計なコストがかからない仕組みになっている
推論用 インスタンス	推論用の Docker コンテナを稼働させるためのインスタンス。デプロイ操作を契機に推論用インスタンスを作成し、S3 と ECR から学習済みの機械学習モデルと推論用コンテナイメージをダウンロードして、推論用コンテナを起動する。 推論用エンドポイント（API）が作成され、これを経由してアプリなど外部からのリクエストを受け付けて推論結果を返す

Memo

Jupyter Notebook、JupyterLab は、「Project Jupyter」と呼ばれる非営利の OSS プロジェクトにより管理されているプログラミングのツールです [19]。Python の開発環境が特に充実していますが、R や Spark などさまざまな言語で利用できます。

これらを踏まえて、「開発」「学習」「推論」の流れを追ってみましょう。

● 開発

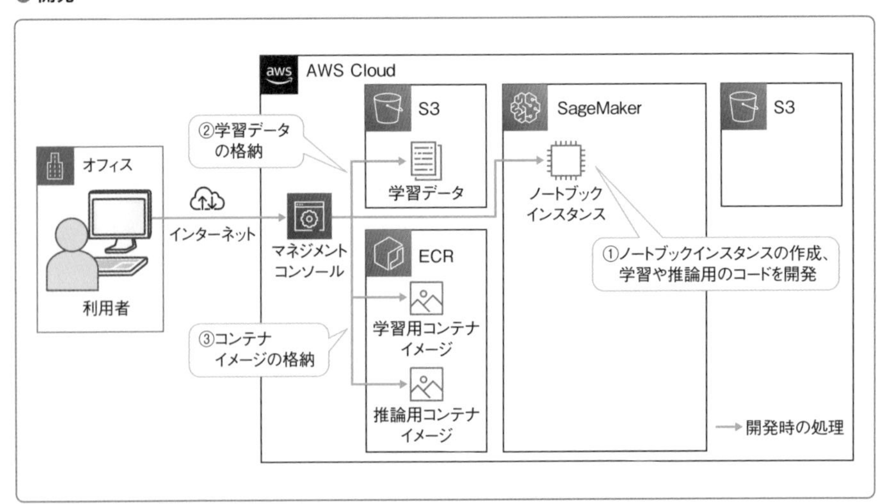

● 開発

項番	処理内容
1	ノートブックインスタンスを作成し、Jupyter Notebook もしくは JupyterLab を使って学習・推論用のコードを開発する
2	機械学習向けに収集したデータのラベリング（正解データの付与）や前処理を行い、S3 に学習データを格納する。例えば、下記の手段がある。 ・SageMaker Ground Truth によるラベリングを行う ・Pandas などの Python のライブラリを利用する ・EMR や Glue をはじめとするデータ分析サービスを利用する（大規模データの場合）
3	学習・推論用のコンテナイメージ（機械学習アルゴリズムやそれを稼働させるためのライブラリなどの依存関係を含む）を作成して格納する。よく利用される機械学習アルゴリズムは「ビルドインアルゴリズム」として、AWS があらかじめコンテナイメージを準備している。これを利用する場合は作成が不要となる

Memo

SageMaker には、ビルトインアルゴリズムとして機械学習アルゴリズムや深層学習アルゴリズムが多数用意されています。ラインナップや詳細を知りたい方は、SageMaker の開発者ガイド [20] を参照してください。

● 学習

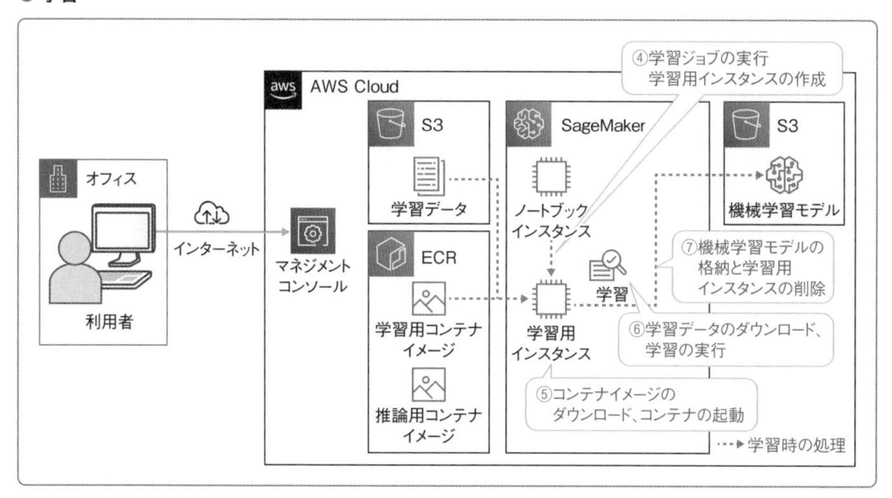

● 学習

項番	処理内容
4	ノートブックインスタンスから学習ジョブを実行する。それを契機として、学習用インスタンスが自動的に作成される
5	ECR から学習用コンテナイメージをダウンロードして、学習用インスタンス上で学習用コンテナを起動する
6	S3 から学習データをダウンロードして、学習を実行する
7	学習が完了したら、学習により構築した機械学習モデルを S3 に格納して、学習用インスタンスを自動的に削除する

● 推論

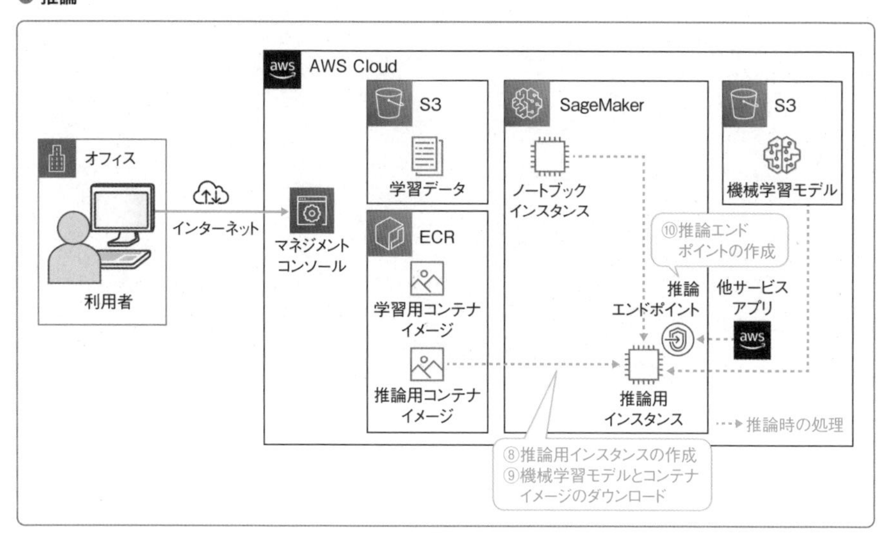

第16章 機械学習関連のサービス

● 推論

項番	処理内容
8	ノートブックインスタンスから機械学習モデルのデプロイを実行する。それを契機として、推論用インスタンスが自動的に作成される
9	ECR からコンテナイメージを、S3 から機械学習モデルをダウンロードして推論用コンテナを起動する
10	推論エンドポイントを作成し、他の AWS のサービスや既存アプリなどからアクセスする[21]。

Memo

上記は推論エンドポイントを常時稼働させておく「リアルタイム推論」を想定して記載しています。場合によっては、常時稼働させておく必要がなく、推論結果が 1 回だけ得られればよいこともあります。このようなケースでは「バッチ推論」と呼ばれる機能を利用します。推論のリクエスト時に推論エンドポイントを作成し、推論結果の返却後に自動で推論エンドポイントを削除することができます。

Memo

本書では具体的な実装は取り扱いませんが、「機械学習モデルの構築およびトレーニング、デプロイ with Amazon SageMaker[22]」というチュートリアルが公開されています。実際に SageMaker を動作させてみることでより理解が深まると思いますので、興味のある方は試してみてください。

SageMaker が提供する機能

SageMaker が提供する機能の全体像を下図に示します。

● SageMaker が提供する機能の全体像[23]

押さえておきたい SageMakerの提供機能

SageMakerは機械学習ワークフローの全体にわたってたくさんの機能が提供されていますが、すべての機能を覚える必要はありません。まずは、SageMakerにおいて開発の中心となる「SageMaker Studio」を押さえましょう。初心者でも簡単に扱える「SageMaker JumpStart」や「SageMaker Autopilot」を使ってみるとよいでしょう。

SageMakerの主要機能の概要を下表にまとめます。

● SageMakerが提供する主要機能

機能名	サービス・機能の概要
SageMaker Studio	WebブラウザベースのIDE統合開発環境（IDE）。以下に記載するSageMakerの各機能とシームレスに連携しており、機械学習ワークフローの多くの作業がIDE内で完結する
SageMaker Ground Truth	学習データのラベリングが実行できる機能。画像・動画像・テキストなどへのラベリングが可能。自動ラベリング機能が提供されており、自社のリソースやAmazon A2Iによるチェックや手動ラベリングも可能
SageMaker Data Wrangler	SageMaker Feature Storeを含むさまざまなデータソースと連携して、機械学習に用いるデータの選択・加工・視覚化などを簡単に準備できる機能。SageMaker Studioに統合されており、SageMaker Pipelinesとの連携も可能
SageMaker Feature Store	機械学習で利用する特徴量の保存・更新・取得・共有をするためのフルマネージド型のリポジトリ。SageMaker Studioに統合されており、SageMaker Pipelinesとの連携も可能
SageMaker Clarify	機械学習モデルと学習データのバイアスを検出する機能。以下のサービスと統合されている。 ・SageMaker Studio ・SageMaker Data Wrangler ・SageMaker Experiments ・SageMaker Model Monitor
SageMaker Notebooks	SageMaker Studioに統合されたフルマネージドなJupyter Notebookを提供する機能。SageMaker Studioでは、利用者がJupyter Notebookの実行環境となるノートブックインスタンスを構築することなく、Jupyter Notebookを使った開発ができる。利用者は従来行っていたノートブックインスタンスの構築や維持・運用から解放されて、開発に集中できる
SageMaker Autopilot	AutoML機能による機械学習モデルの自動構築が実行できる機能。表形式[24]のデータをインプットとし、簡単なデータの前処理・モデルの構築・モデルの学習・モデルの評価を自動で実行する。Autopilotが実行を検討・判断した前処理と機械学習アルゴリズムの内容をノートブックで出力できるため、ブラックボックス化を防げる。回帰・分類問題に適用でき、AIサービスよりも適用範囲が広い
SageMaker JumpStart	機械学習の一般的なユースケースから選択して、事前学習済みの機械学習モデルを簡単にデプロイできる機能。Computer Vision、需要予測、顧客の離反予測などさまざまなユースケースが用意されている

機能名	サービス・機能の概要
SageMaker Experiments	学習ジョブの実行履歴や設定、結果の一元管理を可能とする機能。機械学習では学習データ・機械学習アルゴリズム・ハイパーパラメータなどさまざまな条件の下に試行を繰り返すが、試行の条件やその結果の追跡性が問題・課題になることが多い。SageMaker Experiments を使うとこれらを一元管理することができる
SageMaker Debugger	学習の内容を可視化し、監視・記録・分析と異常の検知を行う機能。「テンソル」と呼ばれる機械学習モデルの重みや勾配、損失などのメトリクスを学習の進行中に取得して可視化できる。テンソルを可視化することで、機械学習モデルの判断を分析でき、推論結果の理由を説明しやすくなる。学習の内容が明らかになるので、問題があった場合に異常を通知することも可能となる
SageMaker Model Monitor	本番環境にデプロイした推論エンドポイントの継続的な監視が実行できる機能。これにより、推論の精度などモデルの品質に関する問題を早期かつプロアクティブに検出できる。
SageMaker Pipelines	MLOps を実現する CI/CD（継続的インテグレーション / 継続的デリバリー：p.317、p.323 を参照）の仕組みを簡単に構築できる機能。SageMaker Studio と統合されており、CodeCommit、CodeBuild、CodePipeline、ECR などのサービスが組み合わせて実現されている
SageMaker Edge Manager	エッジデバイスでのモデルの管理やモニタリングを行う機能
SageMaker Neo	"Train Your Machine Learning Models Once, Run Them Anywhere" を実現する機能[25][26]。SageMaker で学習したモデルを、エッジデバイスを含むさまざまなプラットフォームで稼働させることが可能となる

押さえておきたい MLOps

MLOps は「Machine Learning（機械学習）」と「Operation（運用）」を組み合わせた用語です。機械学習モデルの開発から運用までのライフサイクル全体に渡って CI/CD などの DevOps のプラクティスを適用し、継続的な改善を可能とする枠組みを提供します。

機械学習や DevOps は、それぞれビジネスのデジタルトランスフォーメーションを実現するうえで重要な技術領域でしたが、それらの組み合わせである MLOps は 2018 年頃から注目を集めはじめた比較的新しい分野です。

機械学習モデルは一度構築・デプロイして終わるわけではなく、ビジネスを展開している期間にわたって精度の維持や改善が必要です。手作業ではコストや時間が無視できなくなるばかりか、顧客への価値のデリバリスピードが低下してビジネスの競争力が低下する恐れがあります。

このような課題に対処する枠組みとして MLOps が注目されており、DevOps の具体的な実現方法である CI/CD や監視（モニタリング）の仕組みを導入して対応します。

押さえておきたい Amazon Augmented AI

Amazon Augmented AI（A2I）は、信頼性の低い推論結果に対して、人間による確認・修正のフェーズを追加できるサービスです。自社のリソースを活用することも、Amazon Mechanical Turk[27] を活用してアウトソーシングすることも可能です。

例えば、SageMaker Ground Truth によるラベリング、Textract によるテキストの分析結果の確認や修正などに利用できます。残念ながら本書の執筆時点では東京リージョンに対応していませんが、将来的に対応する可能性があります。

☑SageMaker の利用料金

SageMaker の利用料金は次の通りです。SageMaker の機能の多くではインスタンスを利用しますが、稼働時間と割り当てたストレージ容量に対して費用が発生します。対象が多いため、次の表ではまとめて「SageMaker」と表記します。

多くの機能を追加料金なしに利用できますが、SageMaker Feature Store、SageMaker Ground Truth、SageMaker Edge Manager を利用する場合は、追加料金が発生します。

● SageMaker の利用料金

項目	内容
SageMaker	各機能で稼働させたインスタンスの稼働時間、ストレージ容量に応じた従量課金
SageMaker Feature Store	読み取り・書き込みリクエスト件数とストレージ容量に応じた従量課金
SageMaker Ground Truth	ラベル付けを行った対象数に対する従量課金
SageMaker Edge Manager	管理するデバイス数やモデル数に対する登録料および月額のサブスクリプション費用
データ転送料（インバウンド通信）	無料
データ転送料（アウトバウンド通信）	データ転送量に応じた従量課金

MLフレームワークとインフラストラクチャ

MLフレームワークとインフラストラクチャとは

MLフレームワークとインフラストラクチャは、3つのレイヤーで提供される機械学習サービスの最下層に位置するサービスです（p.379）。

AIサービスやMLサービスの多くのサービスがここに記載されているサービスを使って実現されていると考えられます。AWSのAI・機械学習サービスを下支えするサービス群です。

ここがポイント

- MLフレームワークとインフラストラクチャで提供されるサービスや機能を利用して、柔軟に機械学習環境を構築できる

SageMakerはマネージドサービスとして提供されており、リソースの運用などの利用者の運用負荷が軽減されます。その反面、SageMakerの仕様による制約を受けるため、これによってビジネスの要件を満たせないなどの不都合が生じるケースが少なからずあります。そのような場合には、**MLフレームワークとインフラストラクチャ**で提供されるサービスや機能を利用して、柔軟に機械学習環境を構築することを検討してください。

MLフレームワークとインフラストラクチャは最下層に存在するため、**MLサービスでの利用に制約されず、他のAWSサービスで利用することも可能**です。例えば、「**AWS Deep Learning Containers**」では、Deep Learningフレームワークがプリインストールされた Dockerコンテナイメージが提供されます。これをベースにして、「**最新版のTensorFlowにアップデートして利用する**」「**独自ライブラリをインストールする**」などのカスタマイズができ、独自のDockerコンテナを迅速に構築することが可能です。カスタマイズしたDockerコンテナは実行環境の制約を受けないので、EC2で独自に構築したKubernetesクラスタ上で学習するといった利用方法も採れます。

次の表にMLフレームワークとインフラストラクチャで提供されるサービスと概要をまとめます。

● MLフレームワークとインフラストラクチャで提供されるサービス

サービス名	概要
AWS Deep Learning AMIs	一般的なDeep Learningフレームワークとインターフェイスが事前インストールされたAMI
AWS Deep Learning Containers	一般的なDeep Learningフレームワークとインターフェイスが事前インストールされたDockerコンテナ
Amazon EC2インスタンス	GPUやCPUが利用できる多彩なインスタンスタイプ

押さえておきたい MLフレームワークとインフラストラクチャ

MLフレームワークとインフラストラクチャで提供されるサービスや機能は、機械学習のエキスパート向けです。初級もしくは中級の読者は読み飛ばしてもよいでしょう。AIサービスやMLサービスの制約により業務要件を満たせない場合などに読んで採用を検討してください。

AWS Deep Learning AMIs

東京リージョン 利用可能
料金タイプ 無料

AWS Deep Learning AMIsは、Deep Learningフレームワークがプリインストールされた AMI（Amazon Machine Image）です。

「Conda AMI」と「Base AMI」の大きく2種類のAMIが提供されています。

● Deep Learning AMIs

AMIの種類	説明
Conda AMI	TensorFlow、PyTorch、Apache MXNet、Chainer、Gluon、Horovod、KerasなどのフレームワークがプリインストールされているAMI。各Deep Learningフレームワークが Anacondaの仮想環境として提供されており、自由に切り替えられる
Base AMI	GPUを利用するためのNVIDIA CUDAとその依存関係にあるコンポーネントのみがインストールされているAMI。Deep Learningフレームワークはインストールされておらず、利用者がインストールしてカスタマイズすることができる

☑Deep Learning AMIsの利用料金

Deep Learning AMIsは無料で利用できます。

AWS Deep Learning Containers

東京リージョン 利用可能
料金タイプ 無料

AWS Deep Learning Containersは、Deep LearningフレームワークがプリインストールされたDockerコンテナイメージです。

Deep Learning フレームワークとして、TensorFlow、PyTorch、Apache MXNet がサポートされており、SageMaker だけでなく、ECS、EKS、EC2 に独自構築した Kubernetes などで利用可能です。Deep Learning Containers の Docker コンテナイメージは、ECR にて提供されています。

☑Deep Learning Containers の利用料金

Deep Learning Containers は無料で利用できます。

Amazon EC2 インスタンス

東京リージョン　利用可能（一部未対応）
料金タイプ　有料

本書の p.102 で解説したとおり、**EC2 インスタンスはさまざまなワークロードに対応できるように多彩なインスタンスが提供されています。**

特に機械学習には力を入れており、AWS では、機械学習の学習・推論に最適化されたチップ（演算処理を行う部分で CPU や GPU に相当する箇所）を独自に開発しています。これらを採用したインスタンスは、従来の EC2 インスタンスと比較して、ハイパフォーマンスかつ低コストで機械学習に活用できます。

- AWS Trainium：機械学習モデルの学習に最適化されたチップ
- AWS Inferentia：機械学習モデルの推論に最適化されたチップ

AWS Trainium、AWS Inferentia ともに「**AWS Neuron**」と呼ばれる SDK を用いて開発します。AWS Neuron SDK は、TensorFlow、PyTorch、Apache MXNet などの主要な Deep Learning フレームワークと統合されており、最小限のコードの変更で利用できるよう設計されています。

機械学習やハイパフォーマンスコンピューティング（HPC）などにおいて利用される計算技術に「Accelerated Computing」があります。例えば、Deep Learning における画像処理を CPU から GPU や FPGA に渡して、計算の高速化を図ります。

AWS では、こうしたコンピューティング技術に対する、機械学習向けの EC2 インスタンスファミリー「**高速コンピューティング（Accelerated Computing）**」が提供されています。

Memo

FPGAは、Field Programmable Gate Arrayの略であり、カスタムハードウェアアクセラレーションを実現する技術です。ワークロードに合わせてハードウェアを書き変えて計算の高速化を図ります。

機械学習向けもしくは機械学習でよく利用されるEC2インスタンスを次の表にまとめます。

機械学習において利用されるEC2インスタンス

インスタンスファミリー	種別	説明
M5	汎用	CPUとメモリをバランスよく必要とするワークロード向けのインスタンスファミリー。主に、機械学習（非Deep Leaning）において利用される
C5	コンピューティング最適化	メモリよりもCPUを必要とするワークロード向けのインスタンスファミリー。汎用と同様に、機械学習（非Deep Leaning）において利用されることが多い
P4、P3、G4	高速コンピューティング	Intel製のCPUに加えて、NVIDIA製のGPUを搭載したインスタンスファミリー。Deep Learningにおいて利用される ・P4：NVIDIA A100 Tensor Core GPUを搭載 ・P3：NVIDIA V100 Tensor Core GPUを搭載 ・G4：NVIDIA T4 Tensor Core GPUを搭載
Inf1		Intel製のCPUに加えて、AWS Inferentiaチップを搭載したDeep Learningの推論に最適化されたインスタンスファミリー
F1		Intel製のCPUに加えて、FPGAを搭載したインスタンスファミリー。Deep Learningにおいて利用される

AWSではこの他に、Deep Learningにおける推論を高速化するためのサービスとして「Amazon Elastic Inference」が提供されています。Elastic Inferenceは、EC2インスタンスにGPUリソースをアタッチして、Deep Learningによる推論を効率化する機能です。

上表のとおり、Deep Learning向けにGPUが搭載されたインスタンスファミリーが提供されていますが、これらを推論用インスタンスとして稼働させるにはサイズが大きく、コスト高になることがあります。推論用インスタンスとしてCPUベースのインスタンスタイプを作成し、Elastic Inferenceにより適切な量のGPUをアタッチすることで高性能かつ低コストで推論が行えます。

☑EC2インスタンスの利用料金

EC2インスタンスの利用料金については、p.111を参照してください。

引用・参考文献

[1] https://www.soumu.go.jp/johotsusintokei/whitepaper/ja/r02/pdf/01honpen.pdf
[2] https://aws.amazon.com/jp/builders-flash/202003/awsgeek-sagemaker/ を参考に作成
[3] https://aws.amazon.com/jp/machine-learning/
[4] https://aws.amazon.com/jp/about-aws/global-infrastructure/regional-product-services/
[5] 最新情報は開発者ガイドを参照してください。 https://docs.aws.amazon.com/ja_jp/translate/latest/dg/what-is.html
[6] https://docs.aws.amazon.com/translate/latest/dg/what-is.html
[7] Translate の背後の処理で Comprehend を呼び出して言語検出を行っています。https://docs.aws.amazon.com/ja_jp/translate/latest/dg/how-it-works.html
[8] AWS ではこれを「Undifferentiated Heavy Lifting（差別化を生まない重労働）」と呼んでいます。
[9] https://aws.amazon.com/about-aws/global-infrastructure/regional-product-services/?nc1=h_ls
[10] https://docs.aws.amazon.com/ja_jp/polly/latest/dg/SupportedLanguage.html
[11] https://docs.aws.amazon.com/ja_jp/polly/latest/dg/ntts-voices-main.html
[12] https://docs.aws.amazon.com/ja_jp/translate/latest/dg/what-is.html
[13] https://aws.amazon.com/jp/kendra/ より引用
[14] https://docs.aws.amazon.com/ja_jp/personalize/latest/dg/working-with-predefined-recipes.html
[15] https://docs.aws.amazon.com/ja_jp/forecast/latest/dg/aws-forecast-choosing-recipes.html
[16] https://docs.aws.amazon.com/codeguru/latest/reviewer-ug/welcome.html
[17] https://docs.aws.amazon.com/codeguru/latest/profiler-ug/what-is-codeguru-profiler.html
[18] https://github.com/aws-samples/amazon-sagemaker-examples-jp/tree/master/autopilot にて公開されているノートブックを利用
[19] https://jupyter.org/index.html
[20] https://docs.aws.amazon.com/ja_jp/sagemaker/latest/dg/algos.html
[21] AWS の機械学習スタックで「Model Hosting」と記載されている機能です。
[22] https://aws.amazon.com/jp/getting-started/hands-on/build-train-deploy-machine-learning-model-sagemaker/
[23] https://aws.amazon.com/jp/sagemaker/ より引用
[24] 本書の執筆時点では CSV 形式のファイルに対応しています。
[25] AWS New Blog のタイトルより引用。「Amazon SageMaker Neo – Train Your Machine Learning Models Once, Run Them Anywhere」(https://aws.amazon.com/jp/blogs/aws/amazon-sagemaker-neo-train-your-machine-learning-models-once-run-them-anywhere/)
[26] Java の "Write Once, Run Anywhere" を意識したタイトルと思われますが、同様の思想の下に考案されたサービスと考えられます。
[27] Amazon 社が提供するクラウドソーシングサービス。https://www.mturk.com/

Chapter 17

第17章

IoT関連のサービス

本章では、前半でIoTの概要について解説し、後半で、IoTに関連するAWSサービスについて解説します。

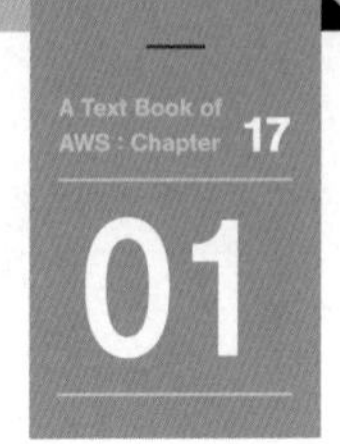

IoTとは

IoT の概要

IoT（Internet of Things）とは、さまざまなThings（モノ）をインターネットに接続し、情報を交換する仕組みです。モノをインターネットに接続することで、モノの遠隔操作、モノの状態の監視、モノ同士の相互通信を実現します。Amazon AlexaやGoogle Homeなどを使ったスマートホームはIoTの身近な事例であるといえます。

IoTがわれわれの生活において身近となっている一方で、企業におけるIoTはどのように活用されているでしょうか。多くの企業では、自社が保有するセンサー機器やモーターなどの装置、電子機器などのデバイスを、ネットワークを介してIoTシステムと接続し、得られるデータを収集、分析し、遠隔制御や業務改善のオペレーションに役立てています。

● 企業におけるIoTの利用例

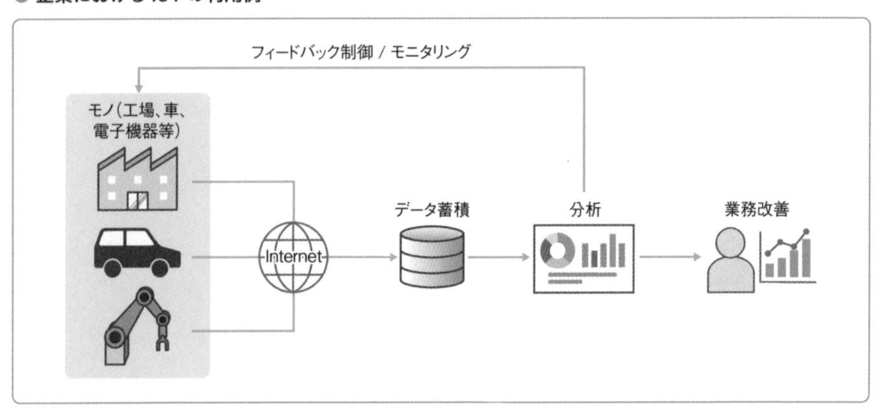

IoTはさまざまな産業で普及が進んでおり、今後成長が見込める技術領域です。特に医療や産業用途（工場・インフラ・物流）、自動車や輸送機器での成長が見込まれています。

なお、IoTは主に4つの要素で構成されています（次ページの図を参照）。どれか1つでも欠けてしまっては、IoTは実現できません。

● 産業別の IoT デバイスの導入数 [1]

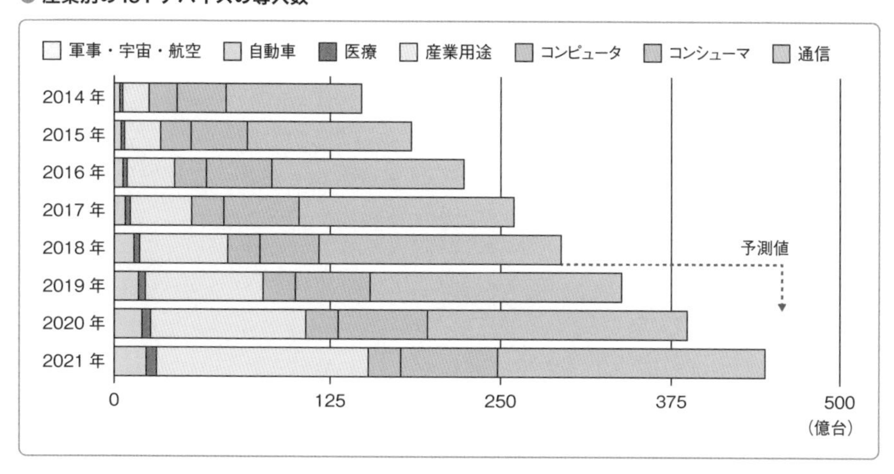

● IoT の 4 つの要素と各要素を支える技術

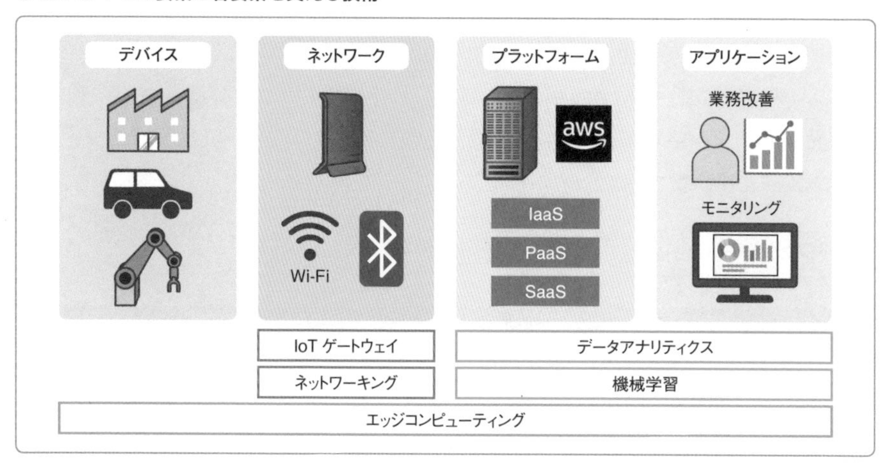

● IoT の構成要素

要素名	概要
デバイス	「モノ」に該当する要素。デバイスには、温度や圧力などの情報を計測できるセンサーが付けられ、通信機器と接続される
ネットワーク	センサーから得たデータを後述するプラットフォームへ送り届けるレイヤー。デバイスとネットワークは有線接続だけでなく、Wi-Fi や Bluetooth などさまざまな方法で接続される
プラットフォーム	ネットワークを経由してデバイスから送られてくるデータを収集し、加工 / 分析 / 可視化するレイヤー。加えてデバイスの制御や IoT システムを構築する際に必要な開発環境もプラットフォームに分類される
アプリケーション	デバイスから収集したデータを活用するためのアプリケーションを指す。アプリケーションは、工場の運転状況のモニタリングや業務改善など産業や業務内容に合わせてさまざまな用途で利用されている

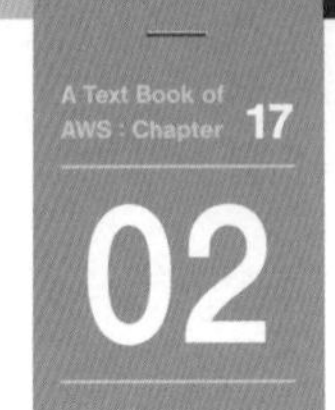

IoTを支える技術

前述のとおり、IoTは4つの要素によって構成されており、それぞれの要素を支える技術があります。IoTを支える代表的な技術を紹介します。

エッジコンピューティング

従来のIoTでは、デバイスで生成されたデータがネットワークを経由してプラットフォームに送信され、処理や分析が行われていました。この方式ではデータ量が増えたときのプラットフォームの負荷が大きいことに加え、一度データをプラットフォーム上に送信するため、その分レイテンシーが大きくなります。リアルタイム性が求められるケースでは、可能な限りレイテンシー（通信遅延）を低くする必要があります。

このような課題に対して、デバイスの近くでデータ処理や分析を行い、負荷分散と低レイテンシーを実現する方式が考案されました。これを「**エッジコンピューティング**」と呼びます。

● エッジコンピューティング

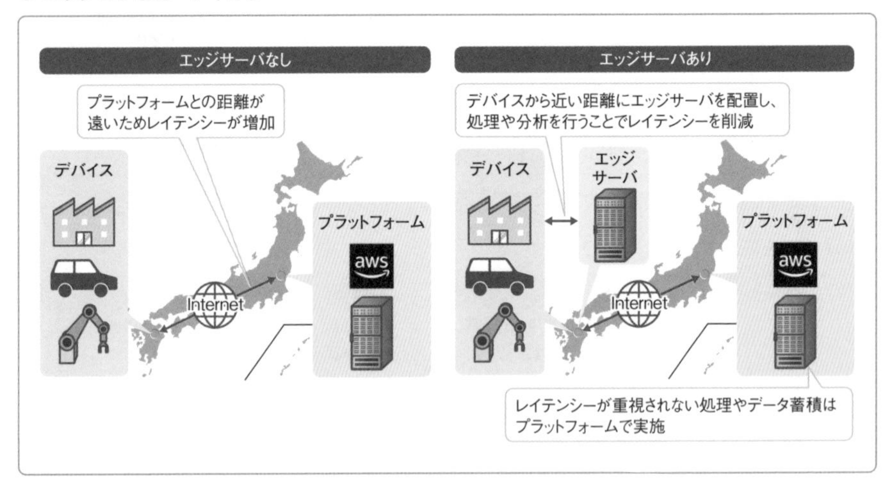

エッジ（Edge）は、縁や端という意味を持ちます。IoTにおけるエッジは、IoTシステムの末端、つまり端末の情報を集約し、システムに送るポイントを指

します。デバイスがネットワークに直接接続されていれば、そのデバイスを「**エッジデバイス**」と呼びます。また、端末の情報がネットワークに接続されたサーバがあれば、そのサーバを「**エッジサーバ**」と呼びます。

IoT ゲートウェイ

IoT ゲートウェイは、プラットフォームとエッジデバイスがデータをやり取りするための装置です。例えば、プラットフォームがクラウド上に存在する場合、エッジデバイスがデータをやりとりするには、インターネット通信を行う必要があります。しかし、エッジデバイスにインターネット通信機能を持たせるとコストがかかってしまいます。

そこで、IoT ゲートウェイでエッジデバイスのデータを集約し、データをプラットフォームに送信することでエッジデバイスがインターネット通信を行う必要がなくなり、コスト削減につながります。

また、IoT ゲートウェイは、接続されたエッジデバイスを管理、制御できます。リモートから IoT ゲートウェイに接続することで、エッジデバイスの運用と保守をリモートで行えます。

● IoT ゲートウェイ

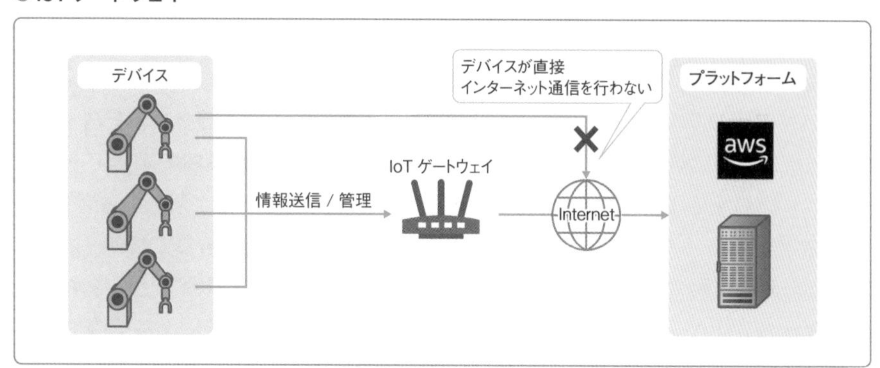

ネットワーキング

エッジデバイスはデータを無線で送信するケースが多いです。このとき、デバイス間の通信には、さまざまな通信技術が使われます。IoT で使われる通信技術は次のようにトレードオフの関係があり、用途に応じて適切な通信技術を利用する必要があります。

● 各通信技術の特徴 [2]

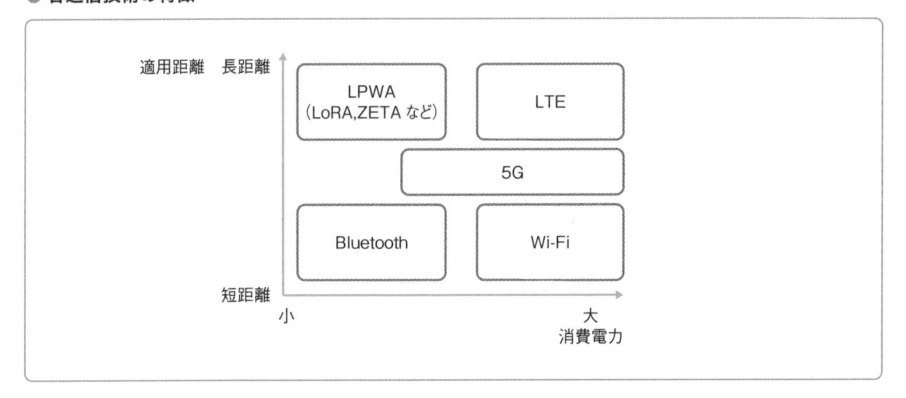

Memo

5G は、IoT の分野でも注目されている技術です。5G 端末を使ったエッジコンピューティングは ETSI（欧州電気通信標準化機構）によって Multi-access Edge Computing（MEC）として標準化されています。MEC は当初は 5G 向けに標準化されましたが、Wi-Fi や LTE も考慮されることとなりました。総務省では、地域企業などが独自に 5G ネットワークを構築できるローカル 5G と呼ばれる帯域の利用制度を整備しています。このローカル 5G も IoT の活用に期待されています [3]。

データアナリティクスと機械学習

デバイスから得られた情報は、ただ蓄積するだけでは意味がありません。データから何らかの傾向を分析し、有用な知見を得る必要があります。

データアナリティクスは、**デバイスから取得されたデータを分析し、デバイスのモニタリングや制御、ビジネス投資へのインプットを行う技術領域**です。データアナリティクスもさまざまな技術の集合体です。詳細は第 15 章で解説します。

機械学習とは、AI の技術領域の 1 つで、**大量のデータを分析してパターンを識別するための技術**です。特に IoT における機械学習は、機械学習モデルをエッジに組み込むことで、レイテンシーを最小限にしつつ、機械学習による予測や制御を行えます。機械学習については第 16 章で解説します。

A Text Book of AWS : Chapter 17

03

モノとデバイスの相互連携を実現するサービス

AWS IoT Core

東京リージョン 利用可能 料金タイプ 有料

AWS IoT Coreの概要

前述のとおり、IoTはさまざまな技術によって構成されます。また、IoTデバイスから送られるデータ量やデバイスそのものの数の増加に伴い、プラットフォームもスケールできる必要があります。

自由にスケールできる点で、クラウドはIoTにとても適したプラットフォームといえます。そのため、AWSをIoTのプラットフォームとして採用するケースは国内外で多く見られます。AWSでは、IoTをより効率的に実現するためにさまざまなサービスを提供しています。

ここからはそのうちの1つ「**AWS IoT Core**」について解説します。

AWS IoT Coreは、モノをAWSに接続し、アプリケーションやインターネットに接続されたデバイスとの相互連携を実現するサービスです。AWS IoT Coreでは、MQTT、HTTPS、WebSocketsなどのプロトコル（データをやり取りする際の通信形式）に対応しています。

ここがポイント

- AWS IoT Coreはデバイスなどの「モノ」をAWSに接続し、AWS上のさまざまな機能と連動可能にするサービス
- デバイスゲートウェイはデバイスがAWS IoT Coreとやりとりするための入り口
- メッセージブローカーはデバイスから送られる大量のデータ（メッセージ）を授受するための仕組み
- ルールエンジンはメッセージブローカーの機能を後続のAWSサービスに振り分ける機能
- レジストリはモノの状態の情報を管理する機能

IoT Coreのアーキテクチャと主要機能

IoT Coreのアーキテクチャと主要機能は以下です。なお、各種機能はCloud Watchと連携しており、メトリクスの取得や各種動作のログを取得できます。

● IoT Core のアーキテクチャ

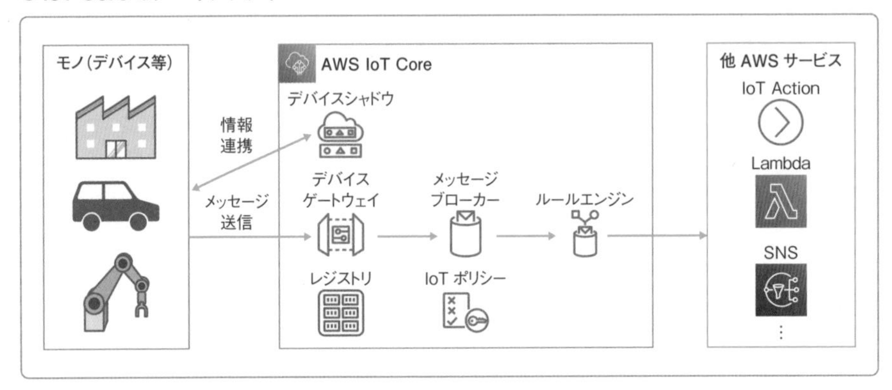

● IoT Core の主要機能

機能名	概要
デバイスゲートウェイ	デバイスがクラウド上にある AWS IoT Core とデータをやり取りするための IoT ゲートウェイ
メッセージブローカー	デバイスとアプリケーションの連携を目的とした pub/sub モデルのメッセージ送受信機能
ルールエンジン	メッセージブローカー内のメッセージをフィルタし、各種 AWS サービスに振り分ける機能
認証／プロビジョニングサービス	デバイスの接続に利用する証明書の管理とプロビジョニングを行う機能
デバイスシャドウ	デバイスの変化をモニタリングする機能
レジストリ	モノ自体の情報（製品の性質や生産工場の名前等）を JSON 形式で管理する機能
デバイスの認可	IAM と統合された、デバイスの AWS サービスへのアクセス制御機能

☑デバイスゲートウェイ

デバイスゲートウェイとは、**デバイスが AWS IoT Core と通信するためのゲートウェイ**です。リソースの管理が不要で、10 億以上のモノと通信が行えます。MQTT（IoT で使用されるプロトコル）、WebSocket、HTTP がサポートされています。デバイスゲートウェイに接続されたデバイスはモノとして管理されます。

☑メッセージブローカー

AWS IoT Core は、**Kafka**(p.346)と同様の pub/sub モデルの**メッセージブローカー**を提供しています。**メッセージブローカーによって、IoT デバイスとアプリケーションを相互連携させることが可能**です。メッセージブローカーは Topic（メッセージの入れもの）を 8 階層まで保持できます。

● メッセージブローカー

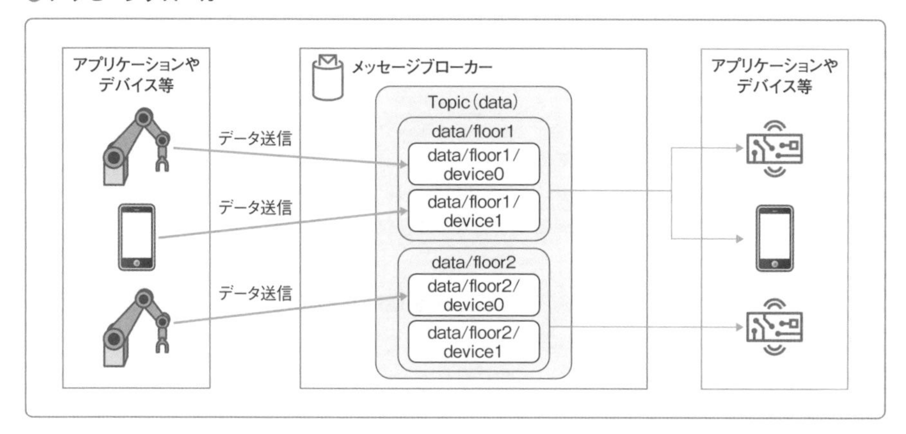

☑ルールエンジン

ルールエンジンは、メッセージブローカー内のトピックに対して、SQL のような文法でメッセージをフィルタし、AWS サービスにメッセージを連携できるサービスです。例えば、Kinesis Data Streams と連携することで、リアルタイム処理を行ったり、OpenSearch Service と連携することで、データ可視化を行ったりさまざまなユースケースが考えられます。

● ルールエンジンによるデータ連携

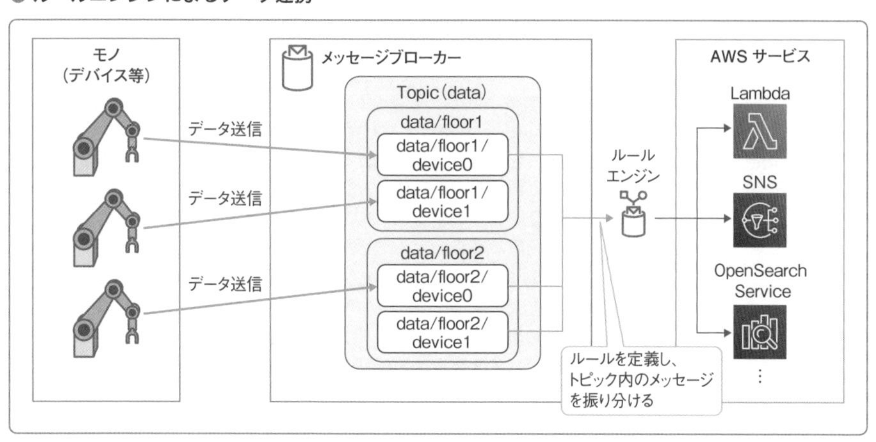

☑認証／プロビジョニングサービス

IoT では、モノ自体が適切なデバイスであるかを識別することが必要ですが、これは AWS IoT Core も例外ではありません。AWS では、デバイスの認証として以下の方式を利用できます。

● **認証サービス**

サービス	概要
Cognito	スマートフォンなどを対象として、ID/Password 形式でデバイスを認証する
IAM	IAM からセキュリティトークンを取得し、IAM ポリシーに基づいて操作権限を付与する
X.509 クライアント証明書	証明書を AWS IoT に登録し、デバイスを認証する
カスタム認証	Lambda を連携させてオリジナルの認証を実装する

一般的に、**IoT システムにおいてデバイスを接続するには、デバイスのプロビジョニング（IoT システムで利用可能な状態にすること）が必要**です。AWS IoT では、AWS IoT または自前で発行した証明書を登録することでプロビジョニングを行えます。しかし、デバイスの数が数千、数万を超えるとデバイスのプロビジョニングの負担が大きくなります。AWS では、デバイスが接続されたときにデバイスを AWS IoT Core に自動登録するプロビジョニングサービスを提供しています。

● **プロビジョニングサービス**

サービス名	概要
Just in Time Provisioning	AWS IoT Core よって提供されるプロビジョニングテンプレートを使って、デバイスの登録を実施する **メリット** デバイスの製造時に AWS IoT へ接続する必要がなくなり、プロビジョニングテンプレートを使うことで、複雑な処理を記述することなくデバイス登録が可能 **デメリット** 証明書や秘密鍵の AWS IoT への登録を製造ラインに組み込む必要がある
Just in Time Registration	デバイス証明書をデバイス製造時に生成し、AWS IoT に登録する。デバイス接続時に Lambda を使ってデバイスの登録を行う **メリット** Lambda と統合されているため、独自の処理を実行可能なことに加え、生産時に AWS IoT へ接続する必要がない **デメリット** 証明書や秘密鍵の AWS IoT への登録を生産ラインに組み込む必要がある
フリート プロビジョニング	デバイスに登録する証明書を、AWS IoT Core に申請を行えるデバイス共通の証明書としてあらかじめ AWS IoT Core に登録する方法。デバイスがデバイス共通の証明書を使って証明書を申請／登録する **メリット** デバイス製造時に個別の秘密鍵や証明書を組み込む必要がないので、大量のデバイス登録に向く **デメリット** 共通の証明書が流出した場合、不正アクセスが発生する恐れがある

☑デバイスシャドウ

デバイスシャドウは、**モノの状態を管理するサービス**です。デバイスシャドウは「デバイスドキュメント」と呼ばれる JSON フォーマットで記述され、デバイスの設定を、reported（デバイスシャドウで記録されている状態）、desired（変更後の状態)、delta（変更前後の差分）のいずれかで管理します。

● デバイスシャドウによる状態管理

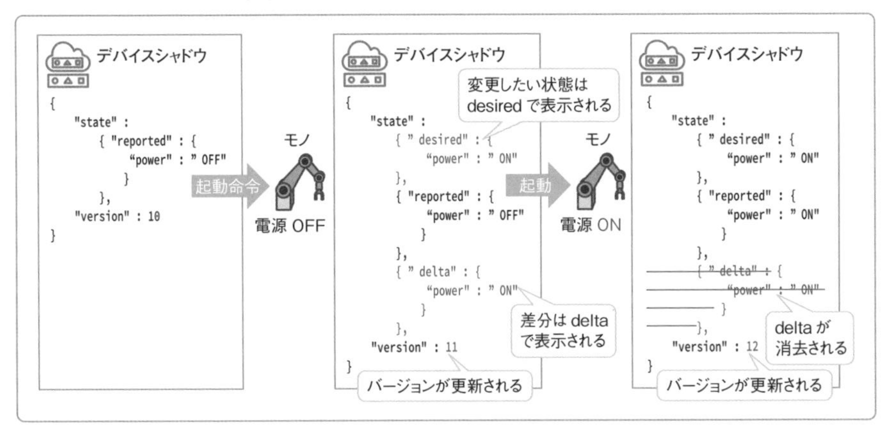

☑レジストリ

先ほど、デバイスの「状態」がデバイスシャドウで管理されることを解説しました。一方、**デバイスという「モノ」の情報はレジストリで管理されます。**

「モノ」の情報とは、モノの名前やデバイスの個体番号など「状態」によらない静的な情報を指します。レジストリではモノの情報は JSON 形式で保存されています。それぞれのデバイスには「Thing Type」と呼ばれるカテゴリを 1 つ付与できます。例えば、モノが冷蔵庫なのか、電子レンジなのか、といった製品の性質や、生産された工場の名前など製品のロケーションに関する情報など、さまざまな情報を付与できます。

● Thing Type

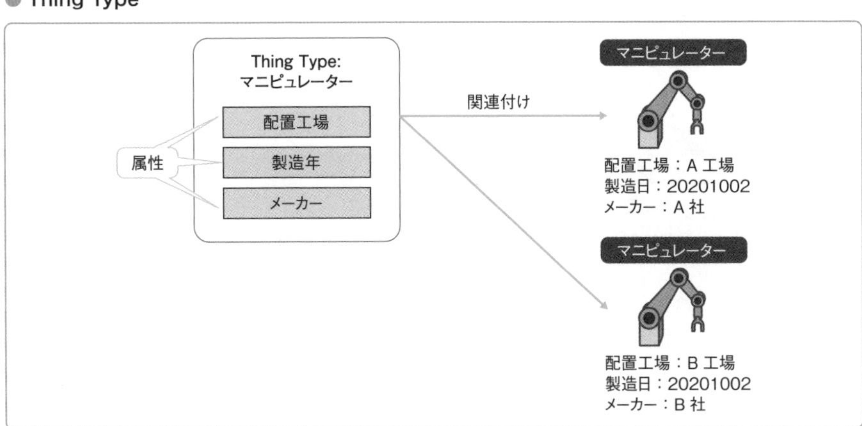

また、それぞれのThing Typeには属性を付与できます。例えばマニピュレーターというThing Typeには配置工場や製造年、メーカーなどの属性を付与することで、マニピュレーターそのものの情報を一定のフォーマットで管理できます。

☑デバイスの認可

AWS IoT Coreでは、**個々のデバイスのアクセス権限を、デバイスが使用する証明書や後述のグループ単位で制御**できます。制御のルールは「**IoTポリシー**」と呼ばれ、IAMのようにJSON形式で記述されます。

● デバイスの認可

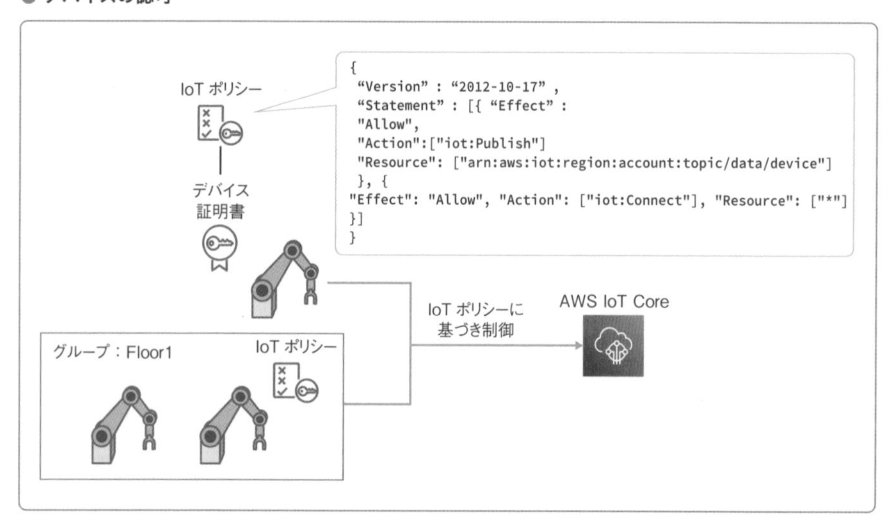

IoT Coreの利用料金

IoT Coreの利用料金は、以下の通りです。

● IoT Coreの利用料金

項目	内容
デバイスゲートウェイ	接続数と接続時間に応じた従量課金
メッセージブローカー	メッセージサイズとメッセージ数に応じた従量課金
デバイスシャドウとレジストリ	アクセス回数に応じた従量課金
ルールエンジン	トリガーされた回数とアクションを実行した回数に応じた従量課金

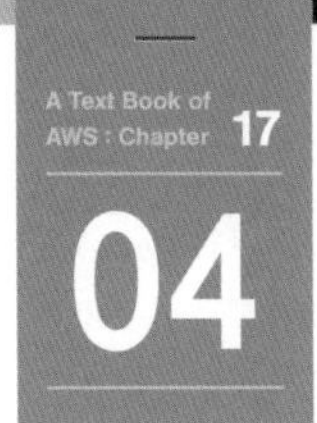

IoTデバイスの管理を容易にするサービス

AWS IoT Device Management

東京リージョン 利用可能 料金タイプ 有料

AWS IoT Device Managementの概要

AWS IoT Device Managementは、AWS IoT Coreと連携し、**IoTデバイスの管理を容易にするサービス**です。現在もアップデートが頻繁に行われているサービスであり、大きな注目を集めています。

ここがポイント

- IoT Device ManagementはIoTデバイスの管理をサポートするサービス
- デバイスをユーザーが定義、あるいはデバイスの情報をベースにグルーピングする
- フリートインデックスにより、レジストリやデバイスシャドウのデータに対してクエリを発行し、異常検知等特定の状況下にあるデバイスを検出できる
- AWS IoT Coreで管理されたデバイスに対してジョブを実行できる
- セキュアトンネリングによりIoT Device Management経由でのデバイスへのセキュアな接続を実現する

グループ

IoT Device Managementでは、デバイスをグルーピングできます。グループには、自身でデバイスを選択して追加する「**静的グループ**」と、状況に応じて所属するデバイスが変わる「**動的グループ**」の2つが用意されています。

動的グループは、接続ステータスや、レジストリまたはデバイスシャドウに含まれている情報をベースにグルーピングを行います。例えば、デバイスシャドウにてバッテリー残量が報告されているデバイスのみをグルーピングし、動的グループに加えるといったことが可能です。

グループは階層構造を取ることができ、デバイスは各階層に複数のグループに所属できます。ただし、同じ親を持つグループには複数所属できません。

● 動的グループ

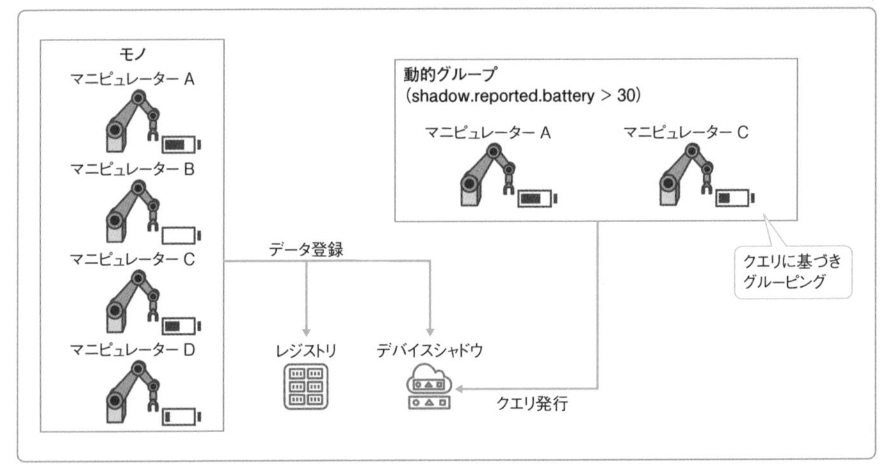

フリートインデックス

前述の通り、AWS IoT Coreでは**フリートプロビジョニング**により、大量のデバイスのプロビジョニングが容易になりました。その一方で、デバイスの量に比例して、モノを管理するコストが増大します。

デバイス管理をサポートするため、IoT Device Managementはフリートインデックスを提供しています。フリートインデックスは、デバイスの接続データやレジストリ、デバイスシャドウのデータに対してクエリを発行し、統計情報や対象のモノの情報を取得できます。例えば、温度計測デバイスの中から20度より高い温度のデバイスの一覧を取得したい場合には、フリートインデックスを有効化し、次のクエリを発行します。

List データ取得クエリ

```
shadow.reported.temperature>20
```

ジョブ

AWS IoT Coreでは、管理するデバイスに対してリモートで操作を行うジョブを実行できます。ジョブの実行対象にはモノを選択するか、グループを指定できます。各モノへのジョブの結果は、AWS IoT Coreで確認できます。アプリケーションやファームウェア更新用ファイルのダウンロードとインストール、デバイスの再起動などに有効です。

● **ジョブの実行**

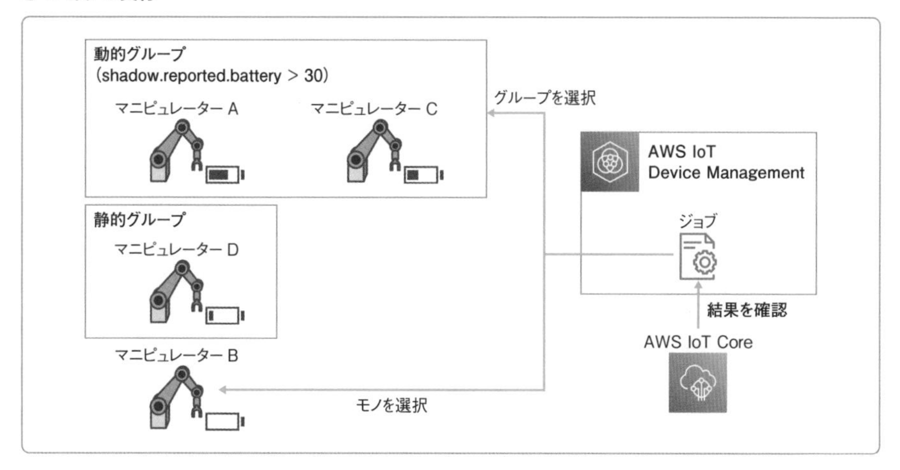

ジョブには、グループにモノが追加されるたびにジョブを実行できる「Continuous ジョブ」と、ジョブを実行する対象が固定される「Snapshot ジョブ」の2つが用意されています。

フリートハブ

フリートハブは、AWSを利用していないユーザーからでもデバイスを管理できる機能です。通常、AWSのマネジメントコンソールにアクセスするにはIAMユーザーが必要です。一方、フリートハブではメールアドレスだけでログイン可能なWebアプリケーションが提供されるため、ユーザーはフリートハブをAWSから切り離される独立したサービスとして利用可能です。

セキュアトンネリング

セキュアトンネリングは、**リモートでのデバイスへのアクセス手段を提供する機能**です。主にトラブルシューティングなどで使用されます。

通常、IoTデバイスにSSH通信などを行う際には、デバイスが接続されたネットワークのファイアウォールでSSHのプロトコルを許可する必要があります。しかし、多くの企業では、セキュリティの観点からこのようなファイアウォールの穴あけを避けるケースが多く見られます。

セキュアトンネリングを利用することで、ブラウザを使って AWS IoT Device Management を経由したデバイスアクセスを行えるため、ファイアウォールの設定を変更せずにセキュアなデバイスアクセスを実現できます。

セキュアトンネリングは、モノと接続元の端末に「localproxy」と呼ばれるアプリケーションを導入することで実現します。

● セキュアトンネリング

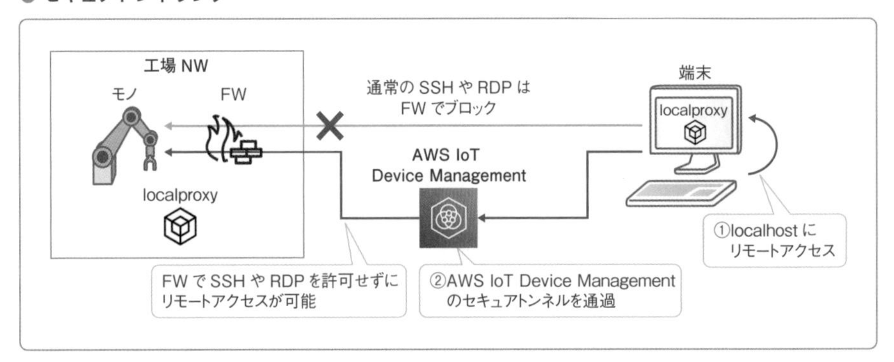

IoT Device Management の利用料金

IoT Device Management の利用料金は、次の通りです。

● IoT Device Management の利用料金

項目	内容
フリートプロビジョニング	登録されたデバイス数に応じた従量課金
フリートインデックス	インデックスの更新回数とクエリ発行回数に応じた従量課金
ジョブ	実行回数に応じた従量課金
セキュアトンネリング	開いたデバイスへの接続（トンネル）に応じた従量課金

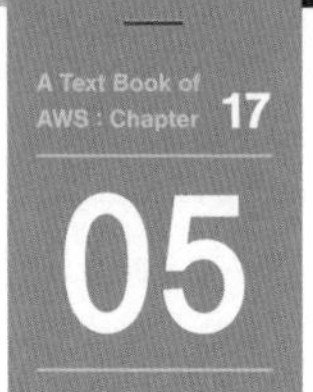

デバイスの挙動や設定をモニタリングするサービス

AWS IoT Device Defender

東京リージョン 利用可能　料金タイプ 有料

AWS IoT Device Defenderの概要

IoTの普及に伴い、IoTデバイスへの攻撃や、IoTデバイスを踏み台としたシステムへの攻撃が近年報告されはじめました。今や、**IoTデバイスのセキュリティ担保はIoTシステムにおける必須条件**となっています。

AWS IoT Device Defenderは、デバイスの挙動や設定をモニタリングするサービスです。独自、もしくは機械学習を使った監視と、デバイスの設定による監査の機能を提供しています。ルールに逸脱する設定や挙動が検知された場合には、SNSでの通知や、対象のモノのグループへの追加、ログの有効化などさまざまなアクションを取ることができます。

ここがポイント

- IoT Device Defenderはデバイスの挙動や設定をモニタリングするサービス
- 現在は、IoTデバイスのセキュリティ担保はIoTシステムにおける必須条件
- 独自もしくは機械学習を使った監視と、デバイスの設定による監査の機能を提供

● IoT Device Defenderによるモニタリング

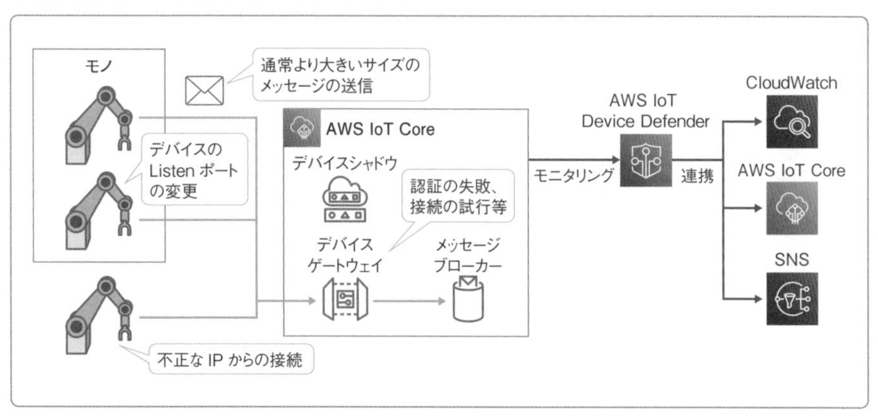

● IoT Device Defender による監査レポート

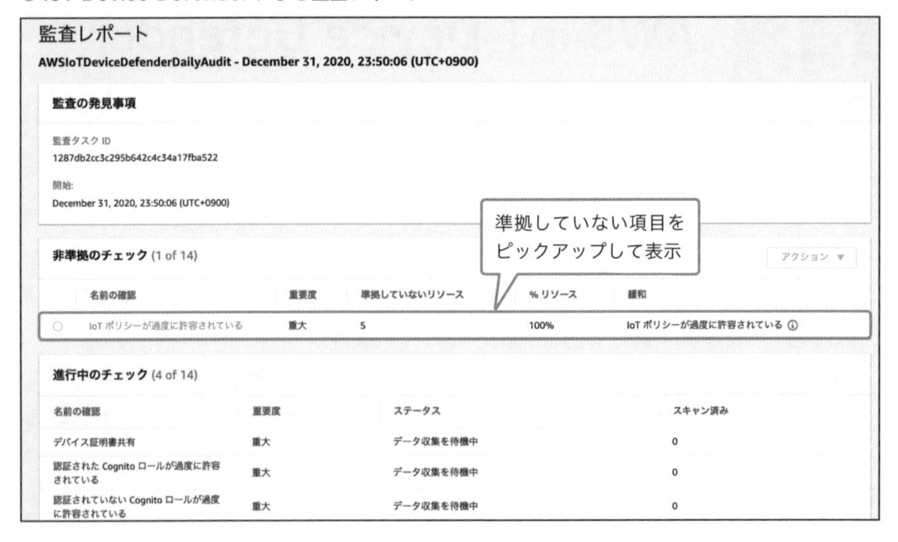

IoT Device Defender の利用料金

IoT Device Defender の利用料金は、次の通りです。

● IoT Device Defender の利用料金

項目	内容
監査	デバイス数に応じた従量課金
検出	それぞれの検出項目を評価するのに必要なデータ数（デバイス数 × デバイスあたりのデータポイント）に応じた従量課金

デバイスのイベントとAWSサービスを連携させるサービス

06 AWS IoT Events

東京リージョン 利用可能　料金タイプ 有料

AWS IoT Events の概要

AWS IoT Events は、ルールエンジンから受け取ったメッセージ（デバイスのイベント）とさまざまな AWS サービスを連携させるサービスです。アプリケーションの構築は GUI で行え、直感的にデバイスイベントドリブンなアプリケーションを構築できます。

ここがポイント

- IoT Events は、デバイスのイベントと AWS サービスを連携させるサービス
- GUI でアプリケーションを構築できる

● AWS IoT Events

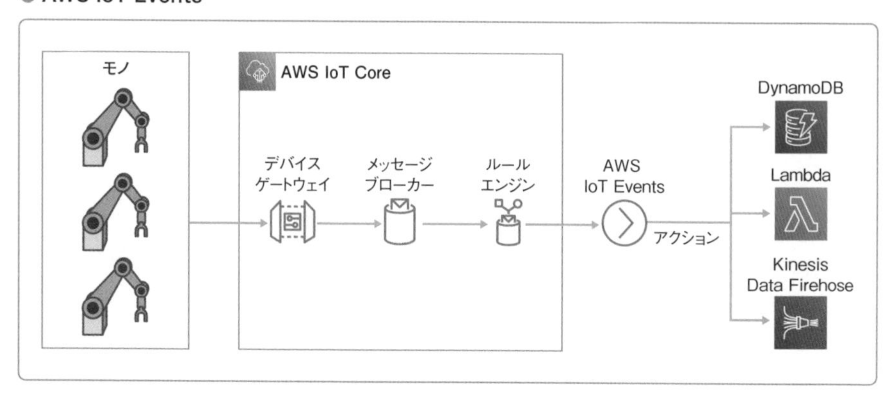

IoT Events の利用料金

IoT Events の利用料金は、以下の通りです。

● IoT Events の利用料金

項目	内容
サービス	連携されたメッセージの評価回数に応じた従量課金

IoTに特化した分析サービス

AWS IoT Analytics

東京リージョン 利用可能　料金タイプ 有料

AWS IoT Analyticsの概要

AWS IoT Analyticsは、**IoTに特化した分析サービス**です。IoT Analyticsは、AWSの各種サービスと連携し、データ分析における収集、蓄積、分析、可視化それぞれの要素に対応した機能を提供しています。

ここがポイント

- IoT Analyticsは、IoTに特化した分析サービス
- データ分析における収集、蓄積、分析、可視化それぞれの要素に対応した機能を提供
- IoT Analyticsは「チャネル」「パイプライン」「データストア」「データセット」「ノートブック」から構成される

IoT Analyticsは、主に次の要素で構成されています。

● IoT Analyticsの構成

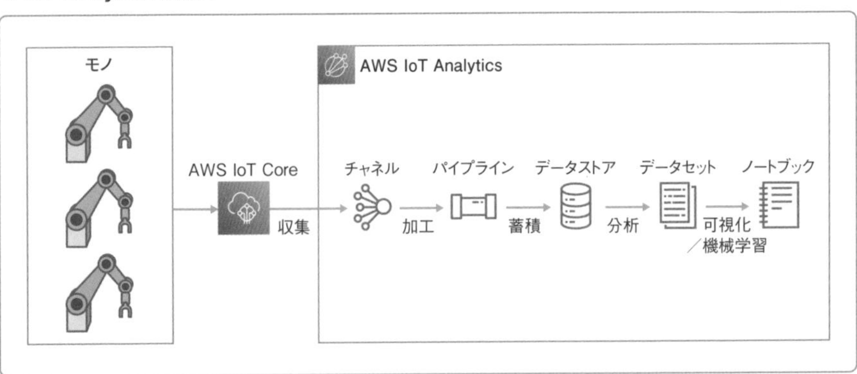

☑チャネル

チャネルは、**IoT Analyticsの分析用データを収集するサービス**です。チャネルはAWS IoT Coreと統合されているため、トピックを指定することでAWS IoT

Core のデータを収集できます。

また、**API を発行することでもデータをチャネルに送信できる**ため、Kinesis など他システムからデータを収集することも可能です。チャネルで収集されたデータは S3 に保管され、保存日数を任意に設定できます。

☑パイプライン

パイプラインは、**チャネルに格納したデータを処理する機能**です。データに含まれた情報の加工、フィルタ機能に加え、AWS IoT Core のレジストリやシャドウで管理された情報を付与してデータを「**強化**」する機能を有しています。パイプラインで処理されたデータは後述のデータストアに格納されます。

☑データストア

データストアは、**パイプラインで処理された結果を格納する機能**です。データストアのストレージは **S3** が使用でき、保存日数を任意に変更できます。

☑データセット

データセットは、**データストア内のデータに対して SQL のようにクエリを発行できる機能**です。クエリの実行間隔はスケジュールでき、実行結果は **S3** か **AWS IoT Events** に連携できます。また、IoT Analytics ではコンテナで独自の分析を行う機能も提供しているため、多様な分析が可能です。

☑ノートブック

ノートブックは、**データセットをデータソースとして、SageMaker ノートブックを作成する機能**です。データセットで得られたデータを元に機械学習や可視化を行えます。SageMaker につういは第 16 章を参照してください。

IoT Analytics の利用料金

IoT Analytics の利用料金は、以下の通りです。

● IoT Analytics の利用料金

項目	内容
パイプライン	処理したデータ量に応じた従量課金
データストア	保存したデータ量に応じた従量課金
データセット	・**クエリ**：読み込んだデータ量に応じた従量課金 ・**コンテナ**：実行時間に応じた従量課金

08

エッジコンピューティングを実現するためのサービス

AWS IoT Greengrass

東京リージョン 利用可能　料金タイプ 有料

AWS IoT Greengrass の概要

AWS IoT Greengrass は、エッジコンピューティングを実現するためのサービスです。Greengrass は、OSS 化された Greengrass とクラウドサービスで構成されており、ユーザーはローカルに Greengrass をセットアップし、ローカルでの Lambda 関数の実行や、エッジと AWS サービスとの連携などさまざまな処理を容易に行えるようになります。

ここがポイント

- Greengrass はエッジ、またはローカルでのコンピューティングを実現するサービス
- AWS IoT Greengrass Core をデバイスにインストールすることで各種機能を利用できるようになる
- AWS IoT Greengrass Core は、ユーザー自身でコンポーネントを作成してアプリケーションなどを動かすことが可能
- セキュリティ要件によりクラウドに機密情報をアップロードできない場合の事前処理や、低レイテンシーが求められる処理などに有効

● Greengrass の概要図

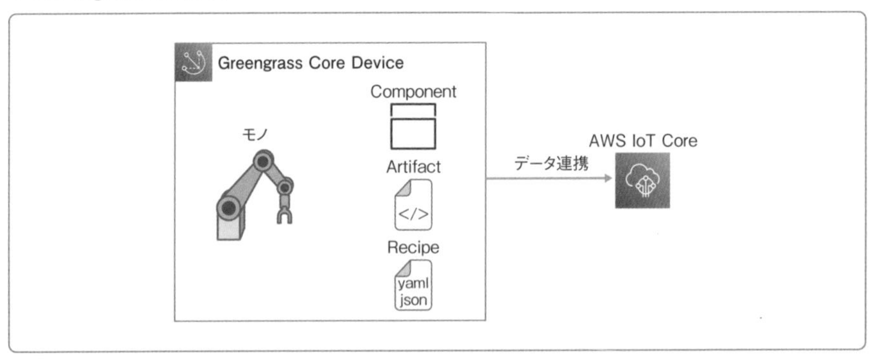

AWS IoT Greengrass Core

AWS IoT Greengrass Coreは、**エッジコンピューティングを実現するためのソフトウェア**です。ユーザーはGreengrass Coreをデバイスにインストールすることで、Greengrassの各種機能を利用できます。

Greengrass Coreがインストールされたデバイスは「**Greengrassコアデバイス**」と呼ばれます。Greengrassコアデバイスは、AWS IoT Coreで解説したグループに含められるため、ジョブを実行したり、他のデバイスと同様に管理したりすることができます。

Greengrass Coreは、組み込みの機能を「**コンポーネント**」という単位で提供しており、今後も提供機能を増やしていくと予想されます。代表的なコンポーネントを以下に示します。

● **Greengrass Coreの代表的なコンポーネント**

コンポーネント名	機能概要
Greengrass nucleus	Greengrass Coreの最小機能を提供するコンポーネント。その他のコンポーネントの管理やデバイス内のコンポーネント間の通信を制御する
CloudWatch metrics	CloudWatchにメトリクスを送信する
Device Defender	Greengrassコアデバイスの不正動作を監視する
Kinesis Data Firehose	Kinesis Data Firehoseにデータを送信する
Greengrass CLI	Greengrassコアデバイス内でのCLI操作を可能にする。CLIを使って各種コンポーネントの制御やデバイスの設定変更を行う
Lambda launcher	ローカルでのLambda関数を実行するのに必要なプロセスや環境設定を制御する
Lambda manager	ローカルでのLambdaの内部処理やLambda関数のスケーリングを制御する
Lambda runtimes	ローカルでのLambdaの実行に必要な各種要素を提供する
Local debug console	Greengrassの各種コンポーネントやGreengrassコアデバイス自身をデバッグするコンソールを提供する
Legacy subscription router	GreengrassのV1環境の移行を支援するツール
Log manager	Greengrassコアデバイスのログを管理し、アップロードする
Modbus-RTU protocol adapter	Modbusプロトコルに対応したデバイスから情報を連携する
Secret manager	シークレット情報をAWS SecretsManagerからデバイスにデプロイする
Amazon SNS	SNSにメッセージをパブリッシュする
Stream manager	AWSに対してストリームデータを送信する
Token exchange service	AWSサービスに必要な認証情報をデバイスに提供する
DLR Installer	深層学習フレームワーク（DLR）を提供する

Recipe／Artifact／Deployment

AWS IoT Greengrass Coreにて紹介したコンポーネントは自身で作成してデプロイできます。すべてのコンポーネントは**Recipe**と**Artifact**で構成されます。Recipeは、**コンポーネントの設定や依存関係の解消を行うファイル**を指し、Artifactは、**コンポーネントとしてデバイス上で動作させるソースコードやバイナリ**を指します。ユーザーはRecipeを記載して、Artifactの組み込みを行います。

デプロイされるコンポーネントは「**Deployment**」という単位で制御されます。Deploymentに所属するデバイスすべてに、コンポーネントのデプロイが実行されます。

●デプロイメントの実行

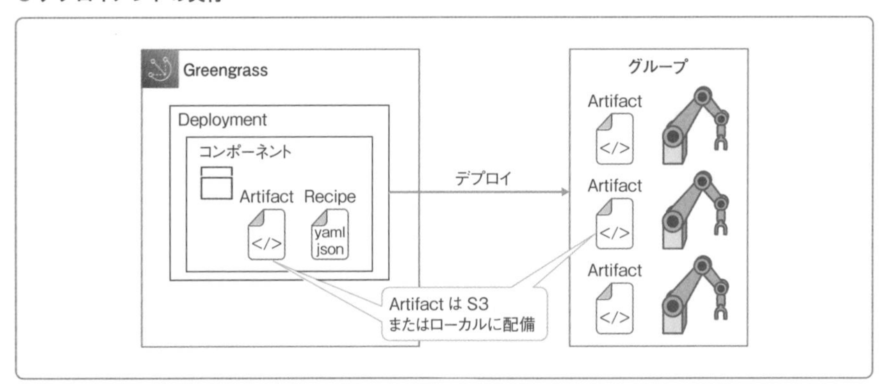

ユースケース

Greengrassを使った、エッジコンピューティングの活用事例を紹介します。

1つめは**IoTゲートウェイとしての役割**です。各種デバイスはGreengrassのみにデータを送信し、Greengrass経由でデータをAWS IoT Coreに送信することで、デバイス本体がインターネットアクセスを行うことなくAWS IoT Coreにデータを送信できます。

● IoT ゲートウェイとしての Greengrass の利用

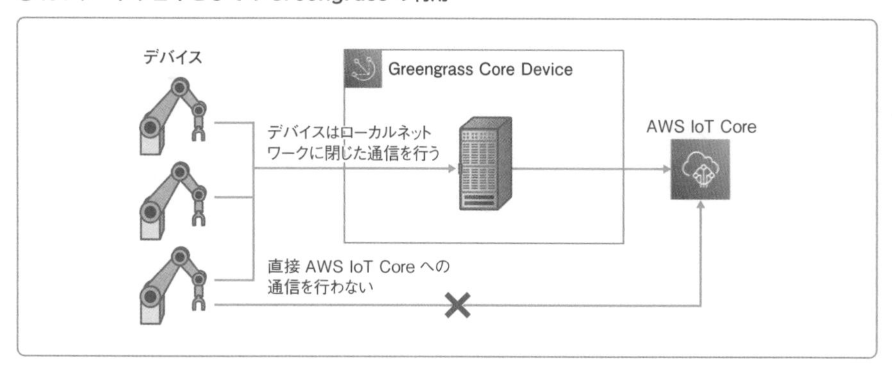

2つめは**個人情報のマスキング**です。例えば、企業のセキュリティルールなどでクラウドへの機密情報のアップロードが禁止されている場合には、プラットフォームにデータをアップロードする前に情報をマスキングする必要があります。

Greengrass の機能により、ローカルにマスキング処理を行う Lambda 関数をデプロイすることで、機密情報のクラウドへのアップロードを防止できます。

● Lambda 関数によるデータマスキング

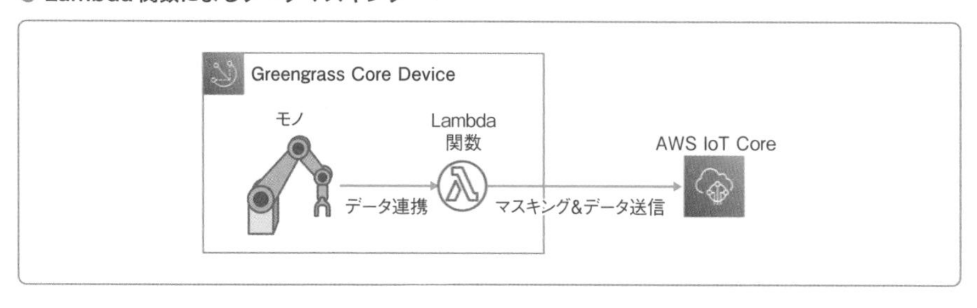

3つめは**機械学習を利用したコネクテッドカー（走行中車両の状況を、ネットワークを介して送信し、制御や情報の提供を受ける車）の制御**です。運転中の情報を使って車を制御する場合には、レイテンシーの遅延が事故などに発展する場合があります。Greengrass は、**DLR Installer コンポーネント**を使うことで SageMakerNeo のモデルをデプロイできます。この機能を使うことで、エッジで推論を実施しつつ、データの収集を行い、モデルの更新を行えます。

● 機械学習モデルを利用したエッジでの推論処理

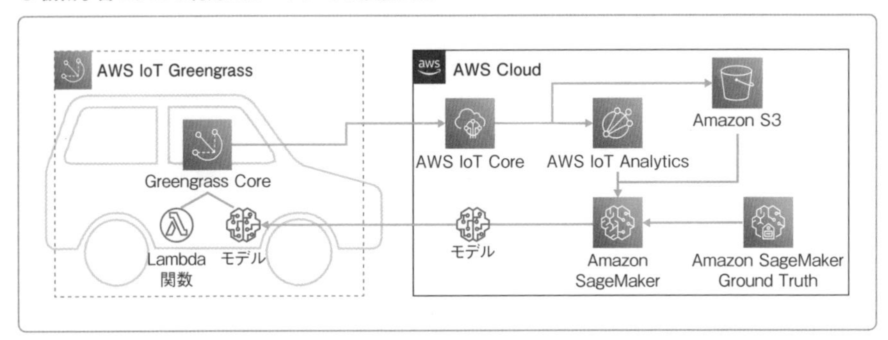

[出所] 渡邊翼 著『AWS IoT サービスを活用したコネクテッドカー向けソリューション AWS Autotech Forum 2020 #1』(2020年)内のスライド資料『車両でのエッジ処理』より一部引用

Greengrass の利用料金

Greengrass の利用料金は、以下の通りです。

● Greengrass の利用料金

項目	内容
サービス	デバイス数に応じた従量課金

A Text Book of AWS : Chapter 17

09

大量のデータを収集・分析・可視化を行うサービス

AWS IoT SiteWise

東京リージョン 利用不可 料金タイプ 有料

AWS IoT SiteWise の概要

AWS IoT SiteWise は、デバイスから送られてくる大量のデータを収集し、分析と可視化を行うサービスです。IoT に特化した分析・可視化サービスであり、企業が保有する工場のような場所での使用が想定されています。

IoT SiteWise は Greengrass や AWS IoT Core からデータを収集します。Greengrass は IoT SiteWise ゲートウェイに対して、Greengrass のコンポーネントである stream manager を使ってデータ（メッセージ）を送信します。AWS IoT Core では、ルールエンジンで IoT SiteWise とメッセージを連携します。

ここがポイント

- IoT SiteWise は、IoT に特化した分析・可視化サービス
- Greengrass や AWS IoT Core からデータを収集する

● IoT SiteWise によるデータ連携

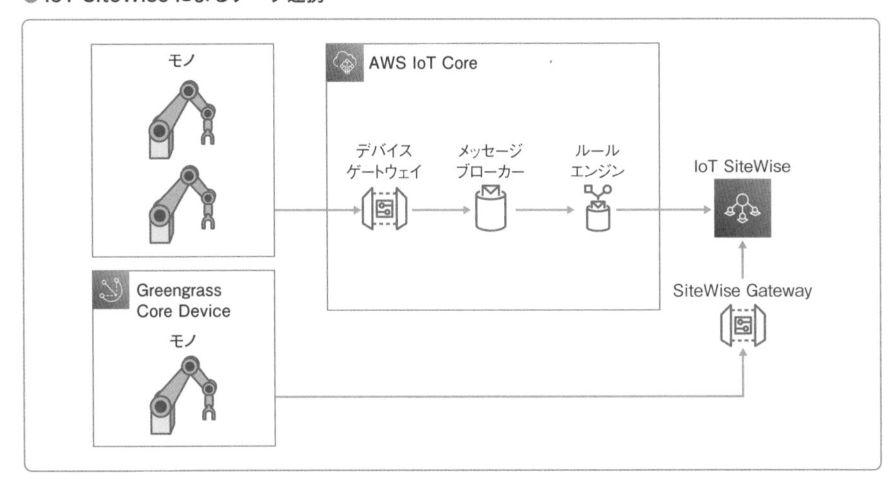

第17章 IoT関連のサービス

アセットとアセットモデル

アセットとは、AWSにデータをアップロードするデバイスを指します。Greengrass や AWS IoT Core からデータを連携する際には、アセットを指定する必要があります。

アセットモデルは、**アセットに送信されるデータの型**を表します。データの型はアセットモデルプロパティとして定義され、次の内容を含みます。

● アセットモデルプロパティの内容

項目	概要
Attribute	アセットが保持する一般的かつ静的な情報を定義する型。生産地やリージョンなどの投入に向く
Measurement	アセットにおける測定値。単位とデータ型（Double、Boolean など）を定義可能
Transform	Measurement の値を変換して異なる値として利用できる型。数式を使用でき、Measurement と同様に単位とデータ型を定義可能
Metrics	指定時間あたりで集計されたアセットの測定値。Measurement の値を変換して算出でき、Measurement と同様に単位とデータ型を定義可能

アセットは階層関係を構築でき、親のアセットは子のアセットの値を利用して新たな型を作成できます。例えば、複数のアセットを1つのアセットと階層関係を構築することで複数のアセットの平均値を算出できます。

● アセットの関連付け

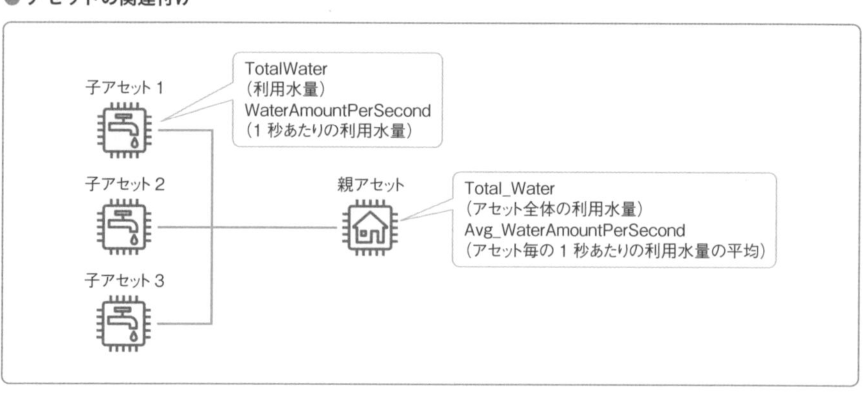

モデルで定義した値でアセットをモニタリングすることもできます。規定値を超えた場合はAWS IoT Eventsをトリガーして通知や制御を行えます。

SiteWise Monitor ポータル

IoT SiteWiseでは、収集したデータを可視化する「SiteWise Monitor ポータル」を提供しています。SiteWise Monitor ポータルでは独自のダッシュボードを作成でき、ユーザーの用途にあわせてデータを可視化できます。

また、ポータルのユーザー管理はIAMユーザーとは独立しており、単一のWebサービスとして扱うことも可能です。次の図では風車で観測された風速を時系列で可視化しています。

● SiteWise Monitor ポータル

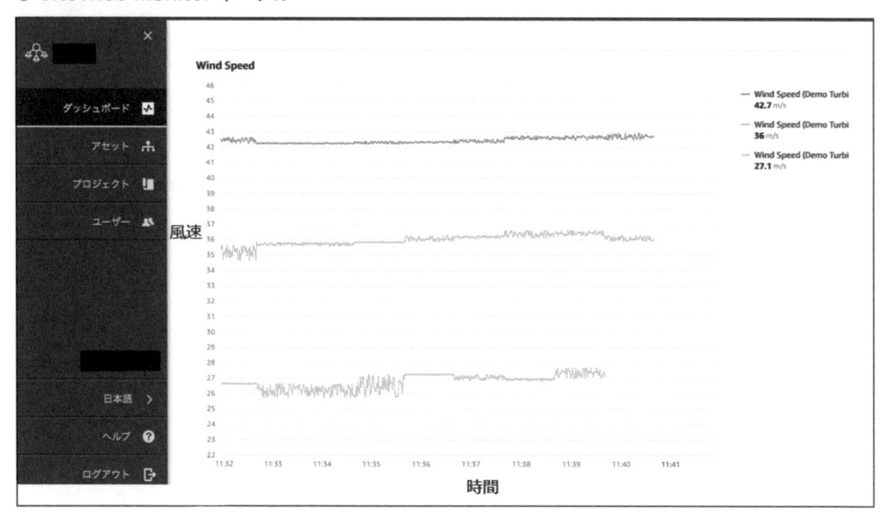

IoT SiteWise の利用料金

IoT SiteWiseの利用料金は、次の通りです。

● IoT SiteWise の利用料金

項目	内容
メッセージング	取り込んだメッセージ量に応じた従量課金
データ処理	データの処理回数に応じた従量課金
データストレージ	データ量に応じた従量課金

A Text Book of AWS : Chapter 17

10

小型エッジデバイス向けのOS

Amazon FreeRTOS

東京リージョン 利用可能 料金タイプ 無料

Amazon FreeRTOSの概要

Amazon FreeRTOSは、AWSが提供する小型エッジデバイス向けのOSです。FreeRTOSはOSS（Open Source Software）であり、リアルタイムOSとして長い歴史を持っています。**リアルタイムOSとは、リアルタイムないしは応答時間を順守することに特化したOS**を指し、計測機器デバイスなどで利用されています。

AWSでは、デバイスのハードウェアに合わせてカスタマイズされたFreeRTOSを無償で配布しています。FreeRTOSはリアルタイムOSとしての機能に加え、AWS IoT CoreやGreengrassとの連携を考慮し事前に組み込みライブラリやパッケージが多数含まれています。

ここがポイント

- FreeRTOSは、無料で使える小型エッジデバイス向けのOS

引用・参考文献

[1] https://www.soumu.go.jp/johotsusintokei/whitepaper/ja/r01/html/nd112120.html
[2] http://www.intellilink.co.jp/article/column/5g-iot.html
[3] https://www.soumu.go.jp/menu_news/s-news/01kiban14_02000485.html

Chapter 18

第18章 基盤自動化関連のサービス

本章では、AWS で基盤自動化を実現する際に使用する、次の3つのサービスについて解説します。

A Text Book of AWS : Chapter 18

01 基盤自動化とは

基盤自動化の概要

基盤自動化とは、**アプリケーションやその実行基盤であるシステム環境を自動構築する仕組み**です。システム構築では通常、ネットワーク環境の設定、サーバOSのプロビジョニング、アプリケーションサーバやデータベースといったミドルウェアのインストール、パラメータ設定、アプリケーションのデプロイなどを行います。 基盤自動化は、こうした一連の作業をスクリプトや設定ファイルを用いて自動実行し、作業スピードや品質を向上させる技術といえます。

基盤自動化を行うツールは、オープンソースをはじめさまざまなものがありますが、一般的な基盤自動化技術を把握したうえで、AWSで提供される基盤自動化サービスを押さえておきましょう。

ここがポイント

- 基盤自動化には、サーバやミドルウェアの環境設定、クラウドリソースのプロビジョニング、アプリケーションのデプロイなどさまざまな種類があり、開発要件やアーキテクチャによって使い分ける
- コンテナイメージを利用することで、クラウドリソースを構築する基盤自動化ツールだけ利用すれば事足りるケースも増えてきている

Memo

近年は、コンテナの登場で、サーバOSより上位のレイヤーをイメージ化して利用できることから、クラウドリソースのプロビジョニングやマネージドサービスの環境設定を行うツールだけ利用すれば事足りるケースも増えてきています。

基盤自動化ツール

基盤自動化の歴史は古く、自動化を行うツールは2000年代から登場しています。当初はオンプレミスにおいて、ミドルウェアのインストールやパラメータ設定などを、多数のサーバで実行することを主な目的として発展してきました。

オンプレミスで使用されてきた代表的な基盤自動化ツールとしては、次の3つが挙げられます。

● 主な基盤自動化ツール

ツール	概要	リリース年
Puppet [1]	Ruby 言語で実装されたオープンソースのクライアント・サーバ型構成管理ツール。マニフェスト定義を用いて、さまざまなミドルウェアのインストールやパラメータ設定を行う	2005
Chef [2]	Erlang 言語で実装されたオープンソースのクライアント・サーバ型構成管理ツール。ミドルウェアの環境設定記述は Ruby 言語を用いて行う	2009
Ansible [3]	Python で実装されたオープンソースのエージェント（クライアント）レス構成管理ツール。YAML ファイルを用いた環境設定記述により実行される	2012

また、クラウドの普及に伴い、EC2 や S3 などのクラウドリソースのプロビジョニングやマネージドサービスの環境設定を行うための基盤自動化ツールも登場しました。次の 2 つが代表的なツールです。

● クラウドリソース構築が可能な基盤自動化ツール

ツール	概要	リリース年
Terraform [4]	Hashicorp 社から提供されているクラウド基盤構築自動化ツール。HCL（Hashicorp Configuration Language）という設定記述言語に従い環境構築を行う。AWS だけでなく、Azure や Google Cloud Platform でも同じ要領でクラウドリソースを構築できる	2014
Pulumi [5]	Pulumi 社が提供するオープンソースのクラウド基盤構築ツール。JavaScript や TypeScript、Python、Go、C# などのさまざまな言語で IDE（統合開発環境）などのコード補完機能などを利用しながら、設定を記述することも可能。Azure や Google Cloud Platform でも動作する	2019

本章では、AWS で提供されている基盤構築自動化に関連する以下のサービスについて解説します。

● 本章で解説するサービス

サービス	用途
AWS CloudFormation	テンプレートをもとに、AWS リソース基盤を自動構築するツール
AWS OpsWorks	上述の構成管理ツール Chef や Puppet を使って AWS リソース環境構築を行うサービス。以下の 3 種類がある ・AWS OpsWorks for Chef Automate ・AWS OpsWorks for Puppet Enterprise ・AWS OpsWorks Stacks
AWS CDK (Cloud Development Kit)	CloudFormation テンプレートを TypeScript や JavaScript、Python、Java、C# などのプログラミング言語で生成するツール

A Text Book of AWS : Chapter 18

02 AWS CloudFormation

AWSリソースの環境を構築するサービス

東京リージョン 利用可能 料金タイプ 無料

AWS CloudFormationの概要

AWS CloudFormationは、JSONやYAML形式で記述されたテンプレートファイルから、EC2やS3をはじめとしたAWSリソースの環境を構築するサービスです。AWSのインフラ環境を構築する作業をソフトウェアコード化し、環境構築作業の迅速化、作業ミスの防止、再利用を実現します。

ここがポイント

- CloudFormationはテンプレートを実行することにより、リソースを作成できる
- 環境を繰り返し作り直したりする場合に特に効果を発揮する
- テンプレートの記述・実行にはさまざまな機能が用意されているので、内容を一通り押さえておき、ユースケースや要件に応じて使いこなせるようにしておく

定められた形式に従ってテンプレートファイルを記述し、AWSコンソール上、またはAWS CLIから実行するというのが、CloudFormationの基本的な使い方です。すると、記述内容に従ってAWSリソースが自動構築されます。この構築されたリソースの集合を**スタック**（Stack）と呼びます。CloudFormationでは、このスタック単位でAWSリソースの作成、変更、削除を行っていくことになります。

テンプレートの構成要素と書き方

CloudFormationを使用するうえで、テンプレートファイルへの理解は欠かせません。テンプレートは下図の要素で構成されます。具体的なイメージをつかむために、あわせてサンプルや要素の説明を示します。

● CloudFormation のテンプレートのサンプル

```
AWSTemplateFormatVersion: '2010-09-09'

Description: Sample CloudFormation template with YAML

Parameters:
  VPCStackName:            # パラメータ論理名
    Description: Target VPC Stack Name
    Type: String
    MinLength: 1
    MaxLength: 255
    AllowedPattern: ^[a-zA-Z][-a-zA-Z0-9]*$
    Default: sample-cloudformation-vpc

Resources:
  SampleCloudFormationVPC:    # リソース論理名
    Type: AWS::EC2::VPC
    Properties:
      CidrBlock: 172.100.0.0/16
      InstanceTenancy: default
      EnableDnsSupport: true
      EnableDnsHostnames: true
      Tags:
        - Key: Name
          Value: SampleCloudFormationVPC

# omit

Outputs:
  VPCID:                      # アウトプット論理名
    Description: VPC ID
    Value: !Ref SampleCloudFormationVPC
    Export:
      Name: !Sub ${AWS::StackName}-VPCID
                              # 組み込み関数および擬似パラメータ参照
```

● CloudFormation の構成要素

構成要素	説明
Template Version	テンプレートのバージョン。最新のテンプレートの形式バージョンは「2010-09-09」
Description	テンプレートの説明を記述する
Metadata	テンプレートに追加された Resource の補足情報などを提供する。AWS コンソール上でテンプレートを読み込み、スタックを構築した際に Metadata を使用して項目のコンソール上における表示順序などを制御することができる
Parameters	AWS コンソール上でテンプレートを読み込んでスタックを構築した際に、Parameters に指定した項目は GUI 上からも指定ができるようになる。また、テンプレート上で Parameters を記述する場合は、変数として使用できる
Rules	スタックの作成・更新時にテンプレートに渡されるパラメータおよび組み合わせを検証する。ルール条件および、判定のアサーション（エラーや例外の発生を発生させる機能や、メッセージを表示させる機能）を定義する。パラメータが無効であった場合は、作成・更新されない

構成要素	説明
Mappings	Mappingsでは、テンプレート内で使用する2次元キーバリューマッピング（2階層化したキーバリュー形式のデータ）を記述できる。EC2インスタンスマシンイメージIDなど、リージョンやユーザの入力パラメータにより、使用したい項目が変わってくる場合などに利用される
Conditions	Resourcesの記述で条件を事前に定義したいときに記述する。プロダクションやステージング環境など異なる条件でリソース定義を分けたい場合などに利用する
Transform	サーバーレスアプリケーションの場合に使用する。AWS SAM（Serverless Application Model）のバージョンを指定する
Resources（必須）	CloudFormationで構築するスタックの構成要素となる、EC2やRDSなどの利用したいAWSリソースを定義する。テンプレートの必須となる要素であり、AWSのリソースタイプにより定義できるプロパティは異なる
Outputs	スタックを構築したあとにAWSコンソール上で表示させたい項目や、他のテンプレートなどで取得したい情報を定義する

テンプレート内のResourceで定義するAWSリソースは、AWSが提供する主要サービスの構築をほぼすべてサポートしています。また、パラメータの参照や文字列操作などで利用できるファンクションやデフォルトで用意されている擬似パラメータ（Pseudo Parameters）が用意されています。

主要なファンクションと擬似パラメータは次の通りです。テンプレート記載のイメージがわかりやすくなるよう表記の例も示します。

● ファンクション

ファンクション	説明
Ref	リソース論理名の物理IDを参照する （表記例）!Ref SampleCloudFormationVPC
Base64	文字列をBase64エンコードする （表記例）!Base64 xxxxx
Sub	文字列を指定した変数を値に置き換える 表記例）!Sub ${VPCStackName}-Output
GetAtt	リソースが持つ属性値を取得する（取得可能な属性値はリソースにより異なる） （表記例）!GetAtt SampleCloudFormationVPC.CidrBlock
Select	指定したインデックス番号に応じて配列内の要素を取得する （表記例）!Select ["0" , ["A", "B", "C"]]
Join	文字列をデリミタを含めて結合する。単純な結合ならブランクを指定する （表記例）!Join ["" , ["A", "B"]]
ImportValue	別のスタックで使用されたリソースの出力を取り出す（クロススタックリファレンスで使用） （表記例）!ImportValue sample-cloudformation-vpc-VPCID
FindMap	Mappingsからデータを取り出す （表記例）!FindInMap [MapLoggicalName, ap-northeast-1, AMI]

ファンクション	説明
Split	文字列を指定したデリミタ（区切り文字）で分割して配列を返却する （表記例）!Split [",", "A,B"]
条件関数（IF、OR、And、Not、Equals）	主にConditionsで定義した条件を元に、Resourcesなどで条件判定の記述などに使用 （表記例）!If [ConditionsLogicalName, "A", "B"]

● 擬似パラメータ

サービス	用途
AWS::Region	リージョン名を取得する
AWS::StackId	スタックIDを取得する
AWS::StackName	スタック名を取得する
AWS::AccountId	AWSアカウントIDを取得する

CloudFormationのその他の機能

その他、CloudFormationでは、次の機能をサポートしています。

● CloudFormationのその他の機能

機能	解説
NestedStack	複数のテンプレートでネスト（親子）を構成する機能
クロススタックリファレンス	ほかのテンプレートの出力を参照する機能
Macros	テンプレートの標準機能で、実現が難しい変換処理などをLambda関数として呼び出す機能
Dynamic Reference	AWS Systems Manager Parameter StoreやAWS Secrets Managerなどと連携し、パスワードなどの認証情報を動的に参照する機能
ChangeSet	変更を要求した箇所とそれによって影響を受けるリソース論理IDを事前に確認できる機能
Drift Detection	現状のリソースとの差分を検出する機能
StackSets	1つのテンプレートを複数のAWSアカウントおよび複数のリージョンに展開する機能
CloudFormation Designer	AWSコンソールにおいて、ドラッグアンドドロップでテンプレートを作成・編集する機能
CloudFormer	構築済みのAWSリソースからCloudFormationテンプレートを作成する機能

この他、CloudFormationでは、コード補完・文法チェックでテンプレート作成をサポートする統合開発環境向けのプラグインや、Taskcatなどのテストツールが提供されています。

開発する際は、次のようなツールを組み合わせて利用するとよいでしょう。

● テンプレートの検証・テストツール

ツール	説明
validate-teplate コマンド	AWS CLIが提供するテンプレートの検証コマンド。あくまでテンプレートの構文を確認するためのもので、リソースに対して指定したプロパティの値等が有効かを検証することはできない
IntelliJ CloudFormation プラグイン	JetBrains社が提供しているIntelliJ IDEAなどの統合開発環境で動作するテンプレート検証プラグイン。上述したCloudFormationの構成要素であるResourceとProperties内の定義・参照検証などを実行する。 このツールでは簡単な構文チェックなどは行えるものの、必須・任意パラメータの有無などの検証はできない
cfn-pyhon-lint	Pythonがインストールされた環境で実行できるテンプレート検証Linter。必須・任意パラメータの有無などのテンプレートの検証機能に加え、エディタ上でコードを補完・サジェストする機能も備える。 Atom、Emacs、NeoVim、SublimeText、IntelliJ IDEA、VisualStduioをサポートし、各エディタ向けにプラグインが提供されている。 なお、「Lint」とは、コンパイラよりも詳細かつ厳密なチェックを行うプログラムのこと
Taskcat	CloudFormationテンプレートをテストするオープンソースのツール。複数のリージョンで複数のテンプレートをテスト実行できる。テストパラメータを細かく設定したり、テスト結果のレポートをHTML出力したりする機能も備える

CloudFormationの利用料金

テンプレートをもとに作成されたAWSリソースは有料になりますが、CloudFormationの利用自体は無料です。開発環境や商用環境を繰り返し構築し直すケースが多いクラウドでは、積極的に活用していきたいサービスです。

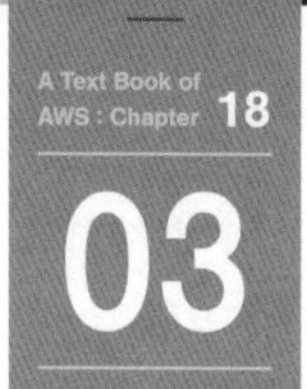

Puppetや Chefを使用するマネージドサービス

AWS OpsWorks

東京リージョン 利用可能 料金タイプ 有料

AWS OpsWorks の概要

Amazon OpsWorks は、前節で紹介した**オープンソースの基盤自動化ツール**である **Puppet や Chef を使用するマネージドサービス**です。

ここがポイント

- ツールを使うために必要な管理サーバのバックアップや冗長化などがサポートされる
- CloudFormation で代替できる場合が多いので、クラウド環境では利用シーンを見極めたほうがよい

OpsWorks では、以下の 3 種類のマネージドサービスが提供されています。

● **OpsWorks が提供するサービス**

OS	説明
AWS OpsWorks for Puppet Enterprize	Puppet マスターサーバのマネージドサービス。サーバのバックアップや EC2 インスタンス上でクライアントとなるノードの設定・デプロイ・管理を自動化する
AWS OpsWorks for Chef Automate	Chef サーバのマネージドサービス。Chef が提供する継続的インテグレーションを実現するための「Chef Automate」「Chef Infra」「Chef InSpec」をインストール・管理した EC2 が提供される
AWS OpsWorks スタック	Chef レシピ（テンプレートに相当するファイルのこと）を使用してクラウドリソースを構築するオリジナルのマネージドサービス。構築・運用台数が多い環境では通常、Chef サーバが必要となるが、AWS OpsWorks スタックでは不要。ヘルスチェックや自動回復機能を持つ独自の管理サーバによりリソースの構築を行う

いずれのサービスも、アクションを記録する **CloudTrail** と統合されており、作業証跡や監査を残す場合の負荷を軽減できます。

また、管理サーバのバックアップや冗長化など、AWS の特徴であるマネージドサービスの恩恵を受けられます。Puppet や Chef を利用する場合は積極的に

活用したいサービスです。

ただ、これらのツールはサーバ上でのパラメータ環境設定を動的・柔軟に行えることが強みであり、すべてのユースケースで効果的に機能するとは限りません。具体的には、**システム基盤構築が、アプリケーションやミドルウェアのコンテナイメージのデプロイや、クラウドリソースの構築で完結するような場合には、OpsWorksは推奨しません。**これらであれば、煩雑な環境構築の必要がなく、無料で利用できる**CloudFormation**を使ったほうがよいでしょう。

OpsWorksの利用料金

OpsWorksの利用料金は次の通りです。

●OpsWorksの利用料金

項目	内容
AWS OpsWorks for Puppet Enterprise	・Puppetマスター（エージェントを管理するマスターサーバ）を実行するAmazon EC2インスタンスサーバに対して課金 ・Puppetマスターに接続されているノード（Puppetエージェントが実行されているクライアント）の数とそのノードの実行時間に基づいて課金
AWS OpsWorks for Chef Automate	・Chef Serverを実行するAmazon EC2インスタンスに対して課金 ・Chef Serverに接続されているクライアントノードの数とそのノードの実行時間に基づいて課金
AWS OpsWorks Stacks	・OpsWorksスタックに対する料金は発生しない ・オンプレミスでOpsWorksスタックエージェントをインストールした場合、オンプレミスサーバごとの実行時間に基づいて課金

CloudFormationのテンプレートを作成するツール

AWS CDK

東京リージョン 利用可能 料金タイプ 無料

AWS CDK の概要

AWS CDK（Cloud Development Kit）は、Python や Java、C#、Node.js、TypeScript などのプログラミング言語を使って、CloudFormation のテンプレートを作成するツールです。

ここがポイント

- 開発が得意なプラグラミング言語で、AWS リソース定義を記述できる
- YAML テンプレートや CloudFormation のデフォルトのファンクションでは記述が難しい制御構文などを使用したい場合に利用を検討するとよい

以下は、CDK を使ったリソース（Amazon S3）を定義する例です。

List　CDK（Java）で S3 バケットを作成する例

```
Bucket bucket = new Bucket(this, "MyBucket",
                            new BucketProps.Builder() MANAGED)
                    .versioned(true)
                    .encryption(BucketEncryption.KMS_.build());
```

基本的には CloudFormation のテンプレートと同様、AWS のリソース定義をソースコードとして記述していく形となります。CloudFormation と比較したときの大きなメリットは、ユーザが使用しているアプリケーションコードと同じプログラミング言語を用いて、使い慣れた IDE で、その言語の機能を活かしてリソース記述ができる点にあります。

CDK を使って作成したコードからは、最終的に CloudFormation テンプレートが出力され、以降は CloudFormation と同様の操作でスタックを構成していく運用になります。YAML テンプレートや CloudFormation のデフォルトのファンクションでは記述が難しい制御構文などを使用したい場合に、こうしたツールを活用するとよいでしょう。なお、CDK 自体は無料で利用できます。

CDK の利用料金

CDK は無料で利用できます。

引用・参考文献

[1] https://puppet.com/
[2] https://www.chef.io/products/chef-infra
[3] https://www.ansible.com/
[4] https://www.terraform.io/
[5] https://www.pulumi.com/

Chapter 19

第19章 システム管理関連のサービス

本章では、AWSのシステム管理で利用される以下のサービスについて解説します。

これらのサービスを活用すると、AWSリソースの維持・運用作業を効率的に行うことができます。

A Text Book of AWS : Chapter 19

01

AWSの各サービスをコマンドで操作する

AWS Command Line Interface

東京リージョン 利用可能 料金タイプ 無料

CLIの概要

AWS Command Line Interface（CLI）は、AWSの各サービスをコマンドで操作するOSSのツールです。CLIはAWS APIのリリースに追従しており、ほぼすべてのAWSのサービスを操作できます。AWSマネジメントコンソールで使用できるサービスと機能は、開始時または開始から180日以内にAWS APIおよびCLIから使用できるとされています[1]。

ここがポイント

- CLIを利用すると、コマンドでAWSリソースの作成・参照・変更・削除ができる
- プロファイルを切り替えると、複数のアカウントに対して操作を行える
- CLI v2では、CLI v1にない便利な機能が提供されている

CLI version 2

2020年2月にCLI version 2(v2)が一般公開となりました。バージョンアップに伴い、ツールの仕組みが変更されています。v1は実行環境にPythonをインストールする必要がありましたが､v2ではPythonがツールに内包されたため、実行環境にPythonをインストールする必要がなくなりました。

下記は、Amazon Linux 2にCLI v2をインストールし、CLIとPythonのバージョンを確認した例です。

```
$ aws --version
aws-cli/2.1.4 Python/3.7.3 Linux/4.14.203-156.332.amzn2.x86_64
exe/x86_64.amzn.2

$ python --version
Python 2.7.18
```

第3部 実践編

それぞれが認識しているPythonのバージョンが「**3.7.3**」と「**2.7.18**」で異なることがわかります。これは、CLI v2に内包されているPythonのバージョンが3.7.3で、利用者の実行環境でインストールされているPythonバージョンが2.7.18であることを示しています。つまり、**CLI v2を利用するために実行環境でPythonのインストールやバージョンアップ作業を行う必要がありません。**

本書の執筆時点では、v1のサポート継続が公式にアナウンスされているものの、いつv1のサポートが終了するかわかりません。これからCLIの利用を開始する場合は、v2を利用したほうがよいでしょう。

CLI v2はv1とほぼ下位互換があるとされていますが、一部互換性がない機能もあります。v2へのアップグレードを検討する際は、開発者ガイド[2]を参照してご自身のユースケースで影響がないことを確認した上で実行してください。ここでの解説では、特に断りがない限りはv1とv2で共通の仕様であるとします。

セットアップ

CLIのバージョンによってサポートされるプラットフォームや前提条件、セットアップ手順に違いがあります。下記にそれぞれのバージョンでサポートされるプラットフォームと前提条件を示します。

● CLIがサポートされるプラットフォームと前提条件

バージョン	プラットフォーム	前提条件
v1	Linux	・Python 2.7または3.4以降がインストールされていること
	macOS	
	Windows	
v2	Docker	・Dockerがインストールされていること
	Linux	・ダウンロードしたパッケージ（zip）の解凍が可能であること ・glibc、groff、lessがインストールされていること ・CentOS、Fedora、Ubuntu、Amazon Linux、Amazon Linux 2の最近のディストリビューションであり、64bit版OSであること
	macOS	・Appleがサポートしているバージョンの64bit版macOSであること
	Windows	・Windows XP以降のバージョンの64bit版OSであること ・ソフトウェアをインストールするための管理者権限があること

各バージョン、各プラットフォームのセットアップ手順は、開発者ガイドを参照してください[3]。

設定

操作対象のAWSアカウントのサービスやリソースにCLIからアクセスするには、事前に設定が必要です。利用者のPCやサーバなどのCLIの実行環境でaws configureコマンドを実行すると、以下のように対話形式で簡単に設定できます。

```
$ aws configure
AWS Access Key ID [None]: AKIAIOSFODNN7EXAMPLE ❶
AWS Secret Access Key [None]: wJalrXUtnFEMI/K7MDENG/bPxRfiCYEXAMPLEKEY ❷
Default region name [None]: ap-northeast-1 ❸
Default output format [None]: json ❹
```

● aws configureコマンドでの入力項目

項番	項目	説明
❶	AWS Access Key ID （アクセスキーID）	AWSアカウントとIAMユーザを一意に特定する情報
❷	AWS Secret Access Key （シークレットキー）	アクセスキーIDのパスワードに相当する情報
❸	Default region name （AWSリージョン）	CLIの操作対象のリージョン
❹	Default output format （出力形式）	実行結果の出力形式。デフォルトはJSONであり、以下を指定可能 ・json：JSON形式にて出力する ・text：複数行のタブ区切りの文字列形式にて出力する ・table：記号（+, |, -）を使ったテーブル形式にて出力する ・yaml：YAML形式にて出力する（v2のみ対応） ・yaml-stream：YAML形式にてストリーミング出力する（v2のみ対応）

アクセスキーIDと**シークレットキー**は、IAMのコンソールで作成できます。シークレットキーは作成完了時のコンソール画面でしか確認できないため、メモを取るかCSVファイルをダウンロードしておきましょう。**失念・紛失した場合はコンソールから再作成する必要があります**。

Memo

アクセスキーIDとシークレットキーは、ユーザやパスワードに相当する情報なので取り扱いには十分注意してください。

aws configure コマンドの設定が完了すると、ホームディレクトリ配下に**プロファイル**が作成されます。このとき、**--profile オプション**を指定すると、名前を付けて複数のプロファイルを作成できます。プロファイル名を指定しない場合は、「**default**」という名称のプロファイルが作成されます。

CLI でリソースを操作する際は、**--profile** オプションを指定することで利用するプロファイルを選択できます。例えば、本番環境用のプロファイルを「**prod**」、開発環境用のプロファイルを「**dev**」としてプロファイルを切り替えれば、複数のアカウントに対して操作を行えます。

--profile オプションを省略すると、default プロファイルを読み込んでコマンドが実行されます。

● **プロファイルの切り替え**

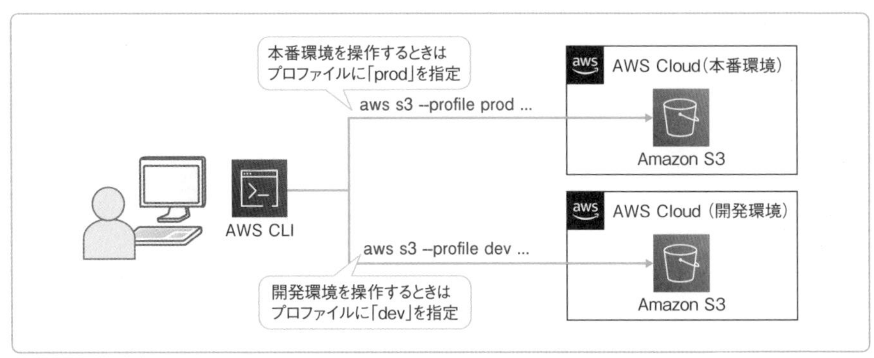

コマンドの構造

CLI のコマンドの構造を下記に示します。

```
$ aws <command> <subcommand> [options and parameters]
```

● **CLI のコマンドの構造**

順序	設定	概要	要否
1	aws	aws プログラムのベースコール	必須
2	<command>	最高位のコマンド。AWS サービス名もしくは configure（設定）、help（ヘルプ表示）を指定する 【AWS サービス名の例】ec2、s3、iam	必須
3	<subcommand>	サブコマンド。<command> に指定した AWS サービスで実行する操作を指定する	必須
4 以降	[options and parameters]	操作に必要な CLI のオプションとパラメータを指定する	任意

例えば下記のコマンドでは、東京リージョンでEC2インスタンス（インスタンスID:i-0671bf54674856fe0）を起動することができます。

```
$ aws ec2 start-instances --instance-ids i-0671bf54674856fe0
--region ap-northeast-1
```

CLI v2の固有機能

CLIには**v2でしか利用できない固有の機能**もあります。ここでは、CLI v2の固有機能の中から、代表的な3つの機能を紹介します。

なお、各機能の紹介で掲載している画面イメージは、後述のSystems Manager（p.492）のセッションマネージャを利用しています。

☑自動補完

v1でも**aws_completerコマンド**を利用することで、コマンドとパラメータのタブ補完(Tabキーによる入力補完)ができました。v2では**自動補完機能**がアップデートされ、コマンドとパラメータに加えて、リソース名の自動補完もできるようになりました。

● 自動補完機能でIAMロール名を自動補完させた例

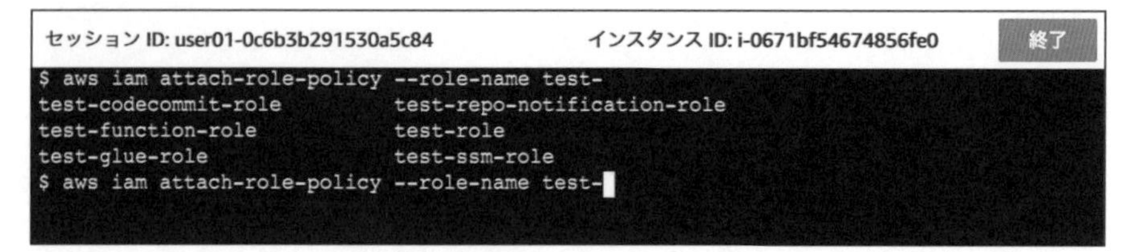

☑Auto-prompt

CLI v1では、各コマンドで利用できるオプションを確かめるには、その都度コマンドリファレンスを参照する必要がありました。

v2では新たに**Auto-prompt機能**が搭載され、コマンドのオプションを自動補完できるようになりました。これでコンソール画面から離れることなく、利用できるオプションと入力値に関する情報を確認できます。

実行したいコマンドに**--cli-auto-prompt**を付けると、下図のようにガイドが表示されます。上下キーで移動してオプションを選択することで、パラメータを入力できます。

● Auto-promptの例

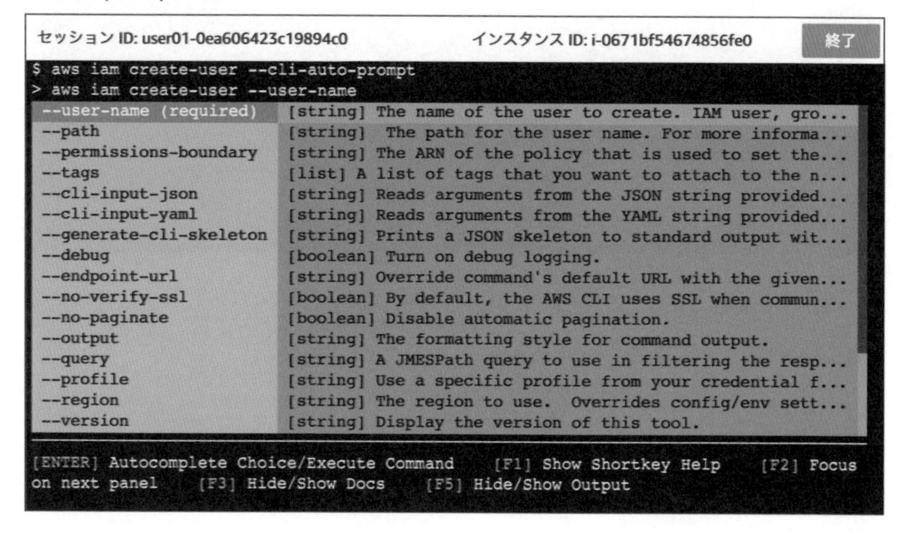

パラメータの入力後にスペースを入力すると再びガイドが表示されるので、複数のオプションを指定することもできます。

● Auto-promptで複数のオプションを指定している例

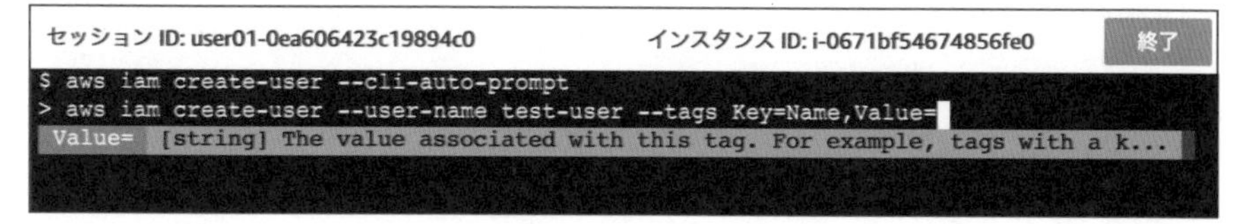

☑ウィザード

ウィザード機能を用いると、対話形式でオプションとパラメータを入力できます。次ページの図はウィザード機能を使って、DynamoDBでテーブルを作成しています。

● ウィザード機能で DynamoDB のテーブルを作成している例

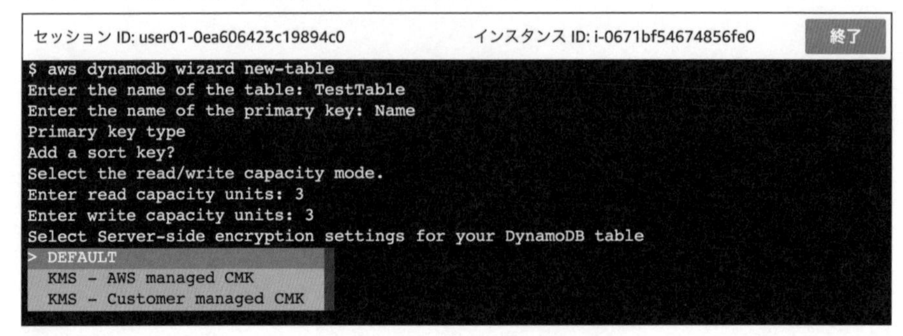

本書の執筆時点では下記のサービスにのみ対応していますが、今後のアップデートで対応サービス数が充実していくものと思われます。

- configure（CLI の設定）
- DynamoDB
- IAM
- Lambda

CLI の利用料金

CLI は無料で利用できます。

第3部 実践編

AWSリソースの構成管理を自動化する

AWS Config

東京リージョン 利用可能 料金タイプ 有料

AWS Configの概要

AWS Configは、AWSリソースの構成管理を自動化するフルマネージド型のサービスです。

構成管理とは、システムを構成するハードウェアやソフトウェアの情報を管理することです。構成管理を正確に行うことで、システムに加えた変更がシステムにどのような影響を及ぼすのかを正しく評価できるようになります。

Configには大きく分けると2つの機能があります。

1. Config：基本機能であるAWSリソースの構成管理機能
2. Config Rules：AWSリソースのコンプライアンス（ルール）の準拠状況の評価およびチェック機能

● Configの概要 [4]

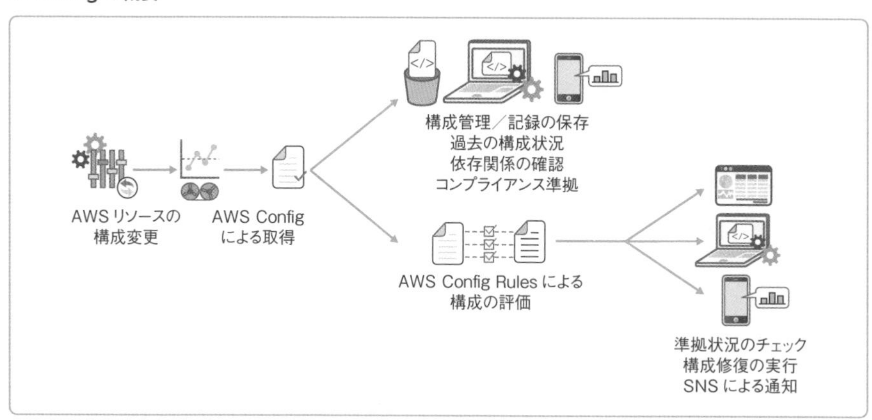

ここがポイント

- Configを利用すると、AWSリソースの構成管理を行える。「誰が」「いつ」「何をしたか」を自動的かつ継続的に記録できる
- Config Rulesを利用すると、システムが準拠すべきルールを設定できる。ルールの準拠状況の継続的なチェックが可能となる

第19章 システム管理関連のサービス

Configによる構成管理

構成管理を行ってシステムを健全な状態に保ち続けることは、ビジネスを発展させていくうえでの前提です。

一方で、構成管理はビジネス価値に直結しないため、対応が後回しになるなど軽視されがちです。例えば、構成管理の手段として環境定義書を作成して管理するケースが多いと思います。この環境定義書の更新が漏れて実機との整合性が取れておらず、それが起因となって問題に発展した経験がある読者もいるのではないでしょうか。

構成管理は、過去・現在・未来に渡って継続的に実施できている必要がありますが、これを実現するにはそれ相応の手間やコストがかかります。

Configを利用すると、AWSリソースに対して**「誰が」「いつ」「何をしたか」**を自動かつ継続的に記録して確認することができます。Configは多くのAWSリソース（AWSサービス）に対応しており[5]、**最短30日間から最長7年間**まで記録を保持できます（デフォルトは7年）。

☑ダッシュボード

Configでは**ダッシュボード**が提供されており、監視対象のリソース一覧（リソースのインベントリ）と、後述のConfig Rulesによるコンプライアンス状況のサマリ情報を確認できます。

● Configのダッシュボード

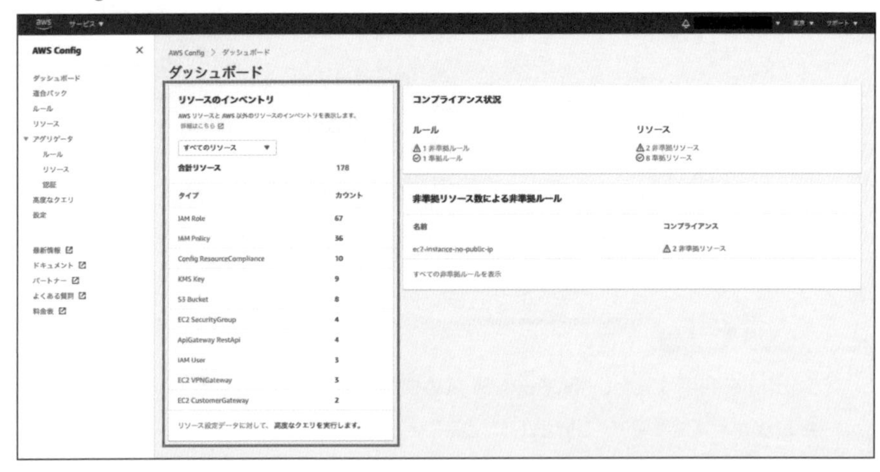

☑構成情報と変更履歴

Configのコンソール画面では、AWSリソースの**構成情報**と**変更履歴**（設定タイムライン）が時系列で表示されます。アカウントアクティビティ（アカウントの操作履歴）を記録する**CloudTrail**のログから、対象リソースに構成変更を発生させたイベントの情報が自動抽出されるため、「誰が」「いつ」「何をしたか」を確認できます。

下図は、EC2インスタンスの構成情報の画面です。EC2インスタンスの作成および設定変更の日時や変更内容が記録されています。「**CloudTrailイベント**」に記載された情報から、「2020年11月23日 16:33:03」に「user02」がEC2インスタンスの再起動を行ったことがわかります。

● **Configの設定履歴と設定項目**

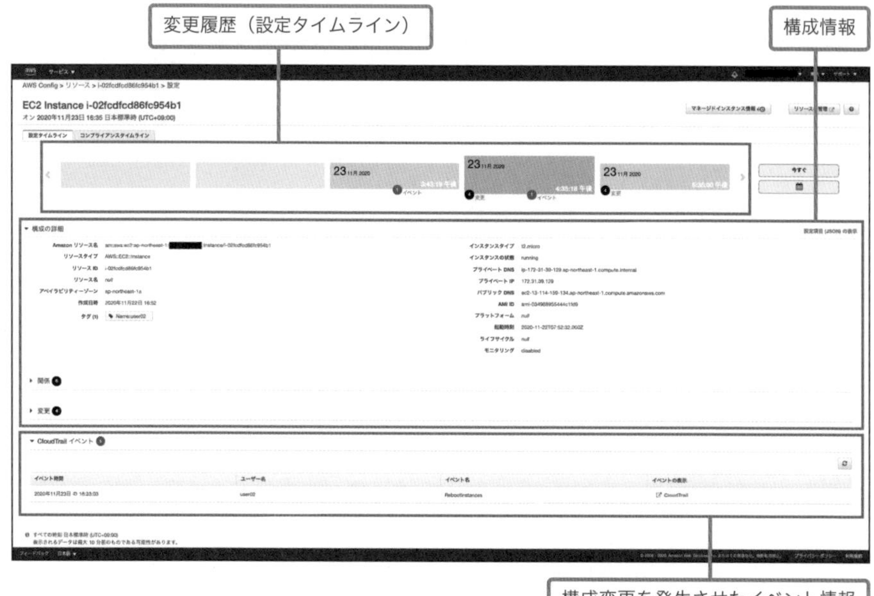

またConfigでは、アカウント内のAWSリソースを検出して、AWSリソース間の依存関係を可視化できます。

次の図の「**関係**」の項目には、EC2インスタンスが配置されているVPC、Subnet、EC2インスタンスにアタッチされているセキュリティグループ、ENI、EBSボリュームが検出されています。

● Configのリソース関係

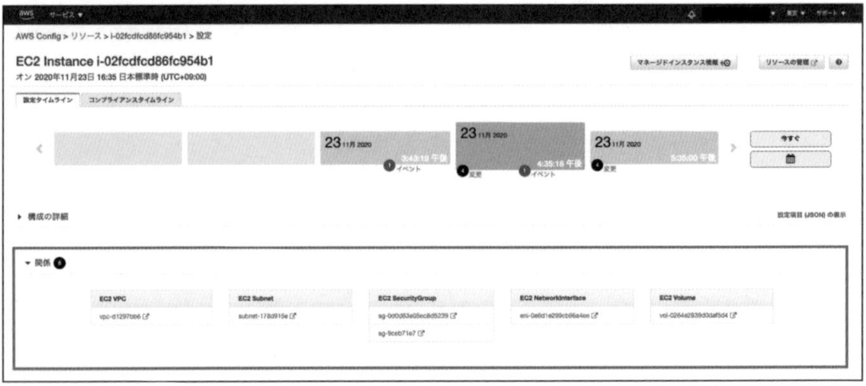

☑設定レコーダー

設定レコーダーは、Configにおける記録の有効化/無効化を切り替える設定です。設定レコーダーは設定画面からいつでも変更できます。

デフォルトでは、Configを実行するリージョンでサポートされている、すべてのリソースを記録します。設定レコーダーをカスタマイズして、指定したリソースタイプのみを記録することもできます。

☑設定スナップショット

設定スナップショットは、ある時点におけるAWSリソースの各種設定項目の状態を記録したものです。定期的、もしくは変更をトリガーとして、設定スナップショットをS3バケットに配信できます。

☑Amazon SNSとの連携による構成変更の通知

Configでは、監視対象リソースで発生した変更をAmazon SNS Topicにストリーミングすることも可能です。Amazon SNS TopicをEメールやチャットでSubscribe（購読）することにより、リソースの変更の際にリアルタイムで通知を受け取れるようになります。

Config Rules

システムは多くの場合、何らかのルールにしたがうことが求められます。例えば、クレジットカード情報を扱う場合に準拠が必要な「**PCI DSS**」や、金融機関の情報システムに準拠が求められる「**FISC 安全対策基準**」などは代表的な例といえるでしょう。あるいは、企業で独自の情報セキュリティルールが定められている場合も多いと思います。

ルールに準拠した状態を保つためには、システムの状態を継続的にチェックし続ける必要があります。しかし、人手に頼った方法では、見落としの可能性がありますし、スケーラビリティの観点でも課題になりかねません。

Config Rules では、**事前に準拠すべきルールを設定して、定期的もしくは設定変更をトリガーとして、ルールへの準拠状況を評価**できます。ルールに違反したリソースを検出した場合は、Systems Manager Automation を利用した修復アクションや、Amazon SNS を利用した通知を行えます。

また次の図のように、Config のダッシュボードでルールの準拠状況を確認することも可能です。

● Config のダッシュボードでルールの準拠状況を表示

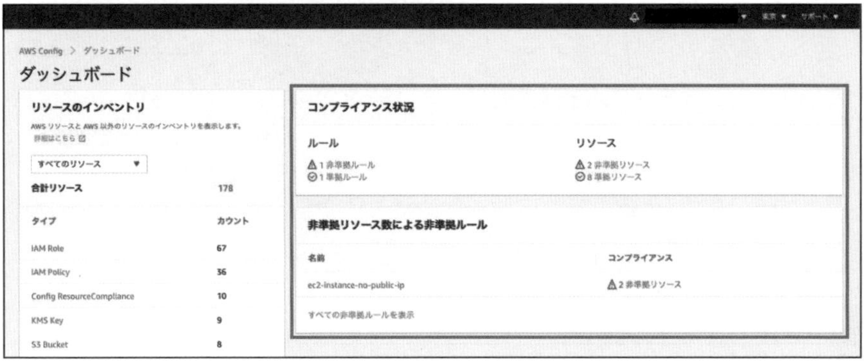

Config Rules に設定するルールは、下記の 2 種類が用意されています。

- **マネージドルール**：AWS により提供される汎用性の高いルール
- **カスタムルール**：Lambda 関数を利用して利用者が独自に定義するルール

「S3 バケットのパブリックアクセス（読み込み）を禁止するルール」や「EC2 インスタンスにパブリック IP アドレス付与を禁止するルール」など、有用なマネージドルールが多数用意されているので、詳細は開発者ガイド [6] を参照してください。

アグリゲータ

昨今では**マルチアカウント**、もしくは**マルチリージョン**にシステムを展開するケースが一般的となってきました。

マルチアカウント・マルチリージョン構成では、管理対象であるシステムのリソースがアカウントやリージョンをまたいで点在するため、セキュリティおよびガバナンスの観点で構成管理が非常に重要となります。

こうした要望に応えるために、Configでは「**アグリゲータ**」という機能が提供されています。アグリゲータを利用すると、マルチアカウント・マルチリージョンにおける構成情報を、単一のアカウントに集約して一元管理することができます。

● アグリゲータ[7]

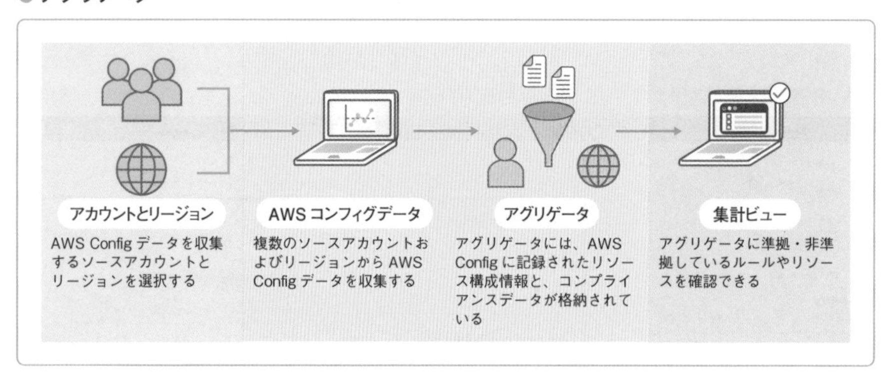

Configの利用料金

Configの利用料金は以下の通りです。

● Configの利用料金

項目	内容
Configの設定項目数	記録された設定項目数に応じた従量課金
Config Rulesの評価件数	記録されたルールの評価件数に応じた従量課金
コンフォーマンスパックの評価件数	リージョンごとにコンフォーマンスパックで評価した件数に応じた従量課金

Memo

コンフォーマンスパックは、Config Rulesのルールと修復アクションをセットにしたものです。YAML形式のテンプレートにルールと修復アクションを定義でき、マネジメントコンソールやCLIを使ってアカウントやリージョンにデプロイできます。

A Text Book of AWS : Chapter 19

03

複数のAWSアカウントを一元管理する

AWS Organizations

東京リージョン 利用可能 料金タイプ 無料

AWS Organizationsの概要

昨今では、組織・プロジェクト・環境などの用途ごとにAWSアカウントを取得して、複数のAWSアカウントを用いてシステムを構成すること（マルチアカウント構成）が多くなりました。

なぜわざわざアカウントを分けてシステムを構成する必要があるのでしょうか。それは、下記のようなメリットがあるからです。

・費用がAWSアカウント単位で請求されるため、それぞれの利用料金が明確になる
・あるアカウントでの操作や障害の影響が別のアカウントに及ばない
・AWSの各サービスに設定されているリソースの構成上限（ハードリミット）を回避できる

一方で、**AWSアカウントが増えてくると、管理が行き届かなくなってガバナンスを効かせることが難しくなるというデメリットもあります**。例えば、プロジェクトの管理者が把握していないAWSアカウントがある場合、ここがセキュリティホールとなって、情報漏洩などのセキュリティインシデントに発展する可能性が考えられます。

AWS Organizationsを利用すると、**複数のAWSアカウントを一元管理**できます。なお、先述したConfigのアグリゲータは、複数のAWSアカウントからAWSの構成情報を集約して一元管理するためのサービスであり、本項で紹介するOrganizationsとは役割が異なります。「一元管理」という意味では2つのサービスは共通していますが、**目的や一元管理する対象が違う**ので、混同しないように注意しましょう。

ここがポイント

- Organizations を利用すると、複数の AWS アカウントの一元管理ができる
- SCP を OU または AWS アカウントに適用して、その配下の IAM ユーザと IAM ロールの操作権限を制御できる

基本的な概念

Organizations の全体像を下記に示します。

● Organizations の全体像

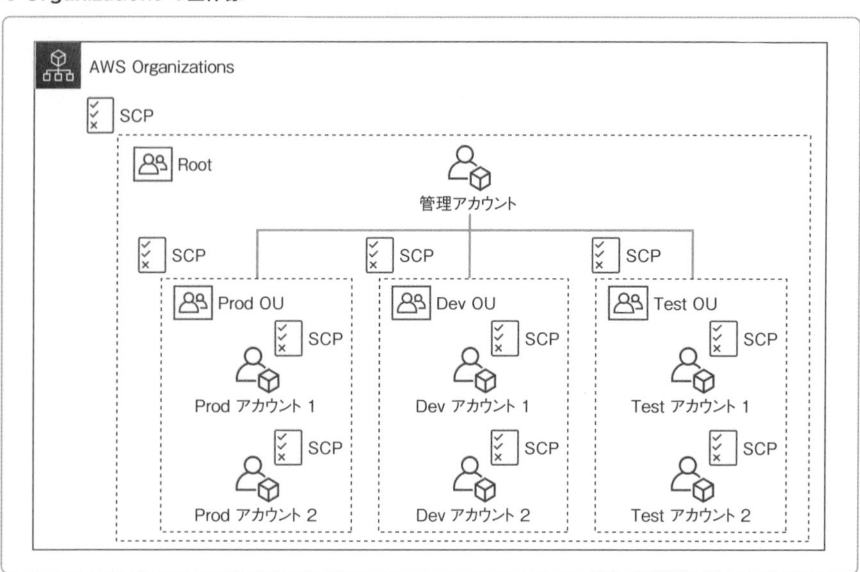

☑組織

一元管理可能な複数 AWS アカウントのセットを「**組織**（Organization）」と呼びます。

☑組織単位（OU）

組織単位（Organizational Unit：**OU**）とは、組織内で作成した複数の AWS アカウントからなるグループです。例えば、上図に示したように「**環境**」に着目して、本番、開発、検証用の OU をそれぞれ「Prod OU」「Dev OU」「Test

第3部 実践編

OU」と設定することができます。OUは入れ子構造にできるため、「A事業部OU」の配下に「A担当OU」を作成するなど企業の組織構造などに合わせて設定することができます。

☑ルート

ルートは、OUの階層構造の**頂点**です。

☑アカウント

アカウントはAWSアカウントを指し、組織で管理する**最小単位**となります。

☑管理アカウント（マスターアカウント）

管理アカウントは、組織内のAWSアカウントを管理（作成、招待、削除）するアカウントです。管理アカウントは、組織に適用するSCPを管理し、組織における利用料金の支払いを行います。

> **Memo**
>
> 管理アカウントは、かつて「**マスターアカウント**」と呼ばれていましたが、名称が変わりました。本書でも「管理アカウント」と表記します[8]。資料によっては「マスターアカウント」と表記されていることがあるかもしれませんが、同一のものを指していると考えてください。

☑サービスコントロールポリシー（SCP）

サービスコントロールポリシー（Service Control Policy：**SCP**）は、OUとアカウントを管理するために使用するポリシーです。Organizationsはデフォルトでは、ルートやOU、アカウントに対して、AWSサービスおよびリソースの全操作権限（AWSFullAccessポリシー）が与えられます。

許可リスト戦略もしくは拒否リスト戦略に従い、要件に応じて適切にSCPを設定します。

- **許可リスト戦略**：許可する操作権限を設定する（ホワイトリスト形式）
- **拒否リスト戦略**：許可しない操作権限を設定する（ブラックリスト形式）

SCPをRootもしくはOUにアタッチすると、その制限がメンバーアカウントに適用されます。ただし、管理アカウントはSCPによる制限が課されない点に注意が必要です。

● 拒否リスト戦略による SCP の定義と適用範囲

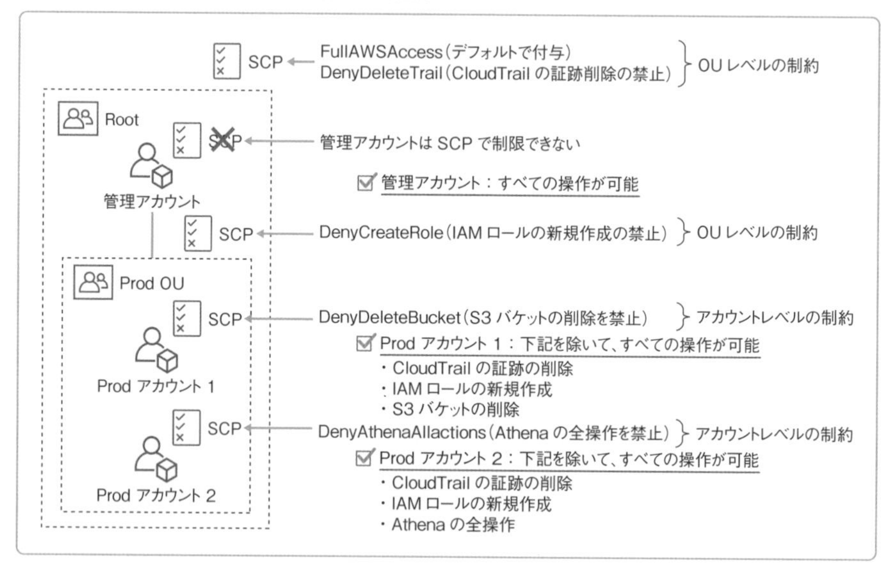

Consolidated Billing

Consolidated Billing（一括請求）では、**組織内のメンバーアカウントの請求を管理用アカウントにまとめる**ことができます。Consolidated Billing を利用すると、下記のようなメリットを享受できます。

・組織内で利用されている複数の AWS アカウントの利用料金を管理用アカウントにまとめられる
・管理用アカウントから請求レポートやコストエクスプローラを使って、メンバーアカウントの利用料金や使用状況を確認できる
・メンバーアカウントの使用量が合算され、ボリュームディスカウント（従量制割引）[9] を受けられる
・請求上は組織内の複数アカウントをまとめて 1 つのアカウントとみなされるので、組織内のほかのアカウントが購入したリザーブドインスタンスや Saving Plan の割引を共有できる（割引の共有の無効化も可能）[10]

Organizations の利用料金

Organizations は無料で利用できます。

リソースをプロビジョニングするための仕組み

AWS Service Catalog

東京リージョン 利用可能 料金タイプ 有料

AWS Service Catalogの概要

自社サービスの利用者が増えてサーバの負荷が上がり、サーバ台数を増やして対応したい場合があります。まずは運用担当者からインフラ担当者に作業依頼をします。サーバの構築を手動で実施している場合は、インフラ担当者が追加作業のたびに毎回同じ手順で、同じ構成のシステムを構築します。インフラ担当者の構築作業にミスがないか実機と設計書との突合確認を行う場合もあるでしょう。これを毎回手作業で行うのは非効率なので、プロジェクト管理者から下記のような改善要望をリクエストされることがあるでしょう。

・システムのリソースをあらかじめ登録しておき、それを複製したい
・構築手順を自動化して、開発経験がない非有識者でも対応できる仕組みを作りたい

AWS Service Catalogは、CloudFormationと連携して、セルフサービスでリソースをプロビジョニングするための仕組みとポータルを構築するサービスです。

Service Catalogではまず、システム管理者が承認済みの**CloudFormationテンプレート**を登録します。すると利用者は、Service Catalogで登録済みのCloudFormationテンプレートを選択するだけで、リソースをプロビジョニングすることができます。パラメータの設定程度の作業は必要ですが、利用するテンプレートなどはService Catalogにあらかじめ登録されているため、全体的な作業量は少なくなります。

ここがポイント

- Service Catalogを利用すると、CloudFormationと連携して、セルフサービスでリソースをプロビジョニングするための仕組みとポータルを構築できる

Memo

インフラストラクチャの構築を「プロビジョニング」、構築したインフラストラクチャに対してアプリケーションやその依存関係などを配布することを「デプロイ」と表現します。文脈によっては違いが曖昧な場合もありますが、システムの構築を意味するものと捉えてください。

Memo

本書では詳しく扱いませんが、Service Catalog は、AWS Marketplace や IT サービス管理ツールである ServiceNow[11] と連携して利用することもできます。

Service Catalog の全体像

Service Catalog の全体像を次の図に示します。

● Service Catalog の全体像

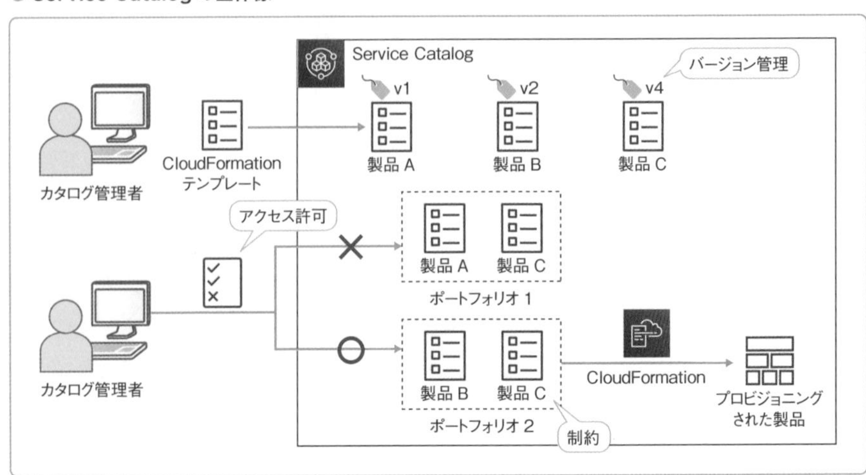

☑製品

製品は、**カタログ管理者によって作成された CloudFormation のテンプレート**のことです。EC2 インスタンスや EBS ボリュームなど 1 つ以上の AWS リソースから構成されます。製品はバージョン管理でき、同じバージョンの製品からは、同じ構成のリソースがプロビジョニングされます。

☑ポートフォリオ

上記で説明した「**製品**」の集合のことを**ポートフォリオ**といいます。ポートフォリオ単位で製品へのアクセス許可や使用方法の制御（後述する「制約」のこと）

を設定できます。製品へのアクセス許可は、IAM ユーザ、IAM グループ、IAM ロールに付与できます。また、ポートフォリオは他の AWS アカウントと共有することも可能です。

☑制約

製品のプロビジョニング方法を制御する機能のことを**制約**といいます。制約はポートフォリオごとに指定できます。本書の執筆時点では、下記の制約を利用できます。

- **起動の制約**：ポートフォリオ内の製品を起動する際、リソースのプロビジョニングに利用する IAM ロールを指定する
- **通知の制約**：Amazon SNS Topic を使用して、CloudFormation スタックのイベントに関する通知を設定する
- **テンプレート制約**：製品を起動する際にユーザが使用可能なパラメータを制限する

☑プロビジョニングされた製品

「**プロビジョニングされた製品**」は、Service Catalog からプロビジョニングされた製品の**インスタンス**（CloudFormation のスタック）です。CloudFormation やスタックの詳細については、p.462 を参照してください。

Service Catalog の利用料金

Service Catalog は、API の呼び出し回数に対して費用がかかります。

● Service Catalog のサービスの料金

項目	内容
API の呼び出し回数	Service Catalog に対して行った API の呼び出し回数に応じた従量課金

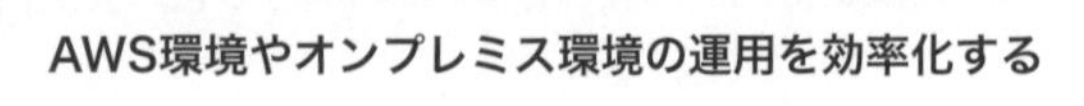

A Text Book of AWS : Chapter 19

05

AWS環境やオンプレミス環境の運用を効率化する

AWS Systems Manager

東京リージョン 利用可能 料金タイプ 一部有料

AWS Systems Managerの概要

AWS Systems Managerでは、EC2を中心とするAWS環境の運用に加えて、オンプレミス環境の運用も効率化する機能が多数提供されています。

ここがポイント

- Systems Managerでは、日々の維持・運用作業を効率化するための便利な機能が多数提供されている
- 多くの機能でAWS環境だけでなく、オンプレミス環境も管理対象にできる

Memo

Systems Managerの略称として、「SSM」と表記されることがあります。これは、Systems Managerの前身のサービス名称が「Amazon Simple Systems Manager（SSM）」と「Amazon EC2 Systems Manager（SSM）」だったことに由来します[12]。

本書の執筆時点では、下記の機能が提供されています。

● Systems Managerが提供する機能

カテゴリ	機能	概要
全体	クイックセットアップ	インスタンスをSSMで管理するように自動構成する機能
運用管理	Explorer	AWSリソースの運用情報を提供するダッシュボード機能
	OpsCenter	運用作業項目であるOpsItemsを管理するダッシュボード機能
アプリケーション管理	アプリケーションマネージャ	CloudFormationスタック、AWSリソースグループ、EKSクラスタ、AWS Launch Wizardなどのアプリケーションを一元管理する機能
	リソースグループ	タグもしくはCloudFormationのスタックによりインスタンスをグループ管理する機能
	AWS AppConfig	アプリケーションの設定を管理やデプロイを行う機能
	パラメータストア	CloudFormationやLambdaなどで設定するパラメータを集中管理する機能

カテゴリ	機能	概要
変更管理	変更マネージャ	アプリケーションやインフラに対する変更のリクエスト、承認、実行およびそれらの履歴を管理する機能
	Automation	AWS サービスに対する処理を自動化する機能
	Change Calendar	指定した処理のスケジュールと実行可否を制御するカレンダー機能
	メンテナンスウィンドウ	自動化した処理のスケジュールと順序を管理する機能
ノード管理	フリートマネージャ	マネージドインスタンスをリモートログインせずにマネジメントコンソールから管理する機能
	コンプライアンス	コンプライアンスの準拠状態を表示するダッシュボード機能
	インベントリ	マネージドインスタンスの構成情報を収集して可視化する機能
	マネージドインスタンス	インスタンスを SSM の管理下に入れる機能
	ハイブリッドアクティベーション	オンプレミスサーバを SSM の管理下に入れてマネージドインスタンスとする機能
	セッションマネージャ	マネージドインスタンスにリモートログインする機能
	Run Command	マネージドインスタンス上でコマンドを実行する機能
	ステートマネージャ	マネージドインスタンス構成を指定した状態に維持する機能
	パッチマネージャ	マネージドインスタンスに指定ルールに基づいてパッチを適用する機能
	ディストリビュータ	マネージドインスタンスにパッケージを配布する機能
共有リソース	ドキュメント	SSM で実行する処理を記述したドキュメント

押さえておきたい Systems Manager が提供する機能

上表に示したすべての機能を覚える必要はありません。維持・運用作業の改善や効率化を検討する際に上表を参照して、使える機能がないか確認するとよいでしょう。

ここでは紙幅の都合上、Systems Manager の代表的な下記の機能に焦点を当てて解説をしていきます。

- マネージドインスタンス
- Run Command
- パッチマネージャ
- パラメータストア
- リソースグループ
- メンテナンスウィンドウ
- セッションマネージャ

マネージドインスタンス

Systems Managerの管理対象となったインスタンスを「**マネージドインスタンス**」と呼びます。EC2のインスタンスだけでなく、オンプレミスのインスタンスも管理下に置くことができます。

マネージドインスタンスとするためには、下記の3つの条件を満たす必要があります。

（1）SSMエージェントが導入されていること
（2）SSM APIへの接続経路が確保されていること
（3）IAMロールに適切な権限が付与されていること

● マネージドインスタンスに必要な条件

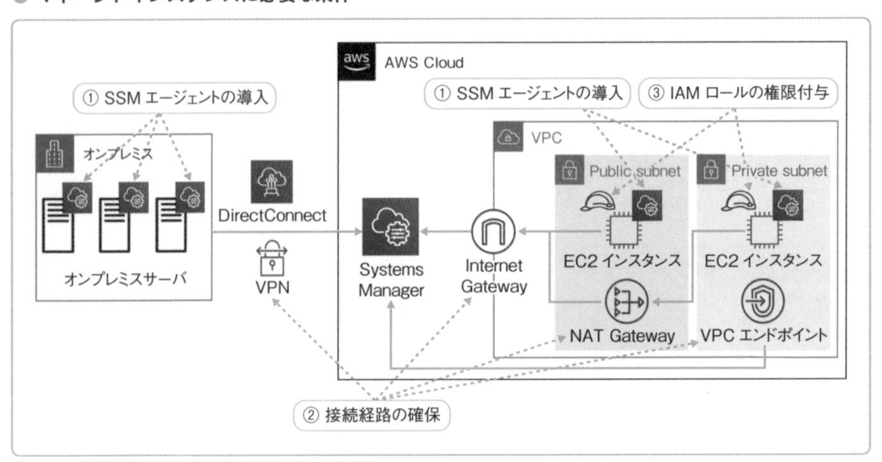

☑（1）SSMエージェントが導入されていること

インスタンスに「**SSMエージェント**」が導入されている必要があります。SSMエージェントは、SSM APIと連携して各種操作を行います。このエージェントは、Linux、macOS、Raspbian、Windows Serverなどの主要なOSに対応しています[13]。

また、次に示す**AMI**（Amazon Machine Image）にはSSMエージェントがプリインストールされています。すべてのAMIにSSMエージェントがプリインストールされているわけではないので、利用する前に開発者ガイド[14]で確認したうえで利用してください。

- Amazon Linux
- Amazon Linux 2
- Ubuntu Server
- macOS
- Windows Server

☑（2）SSM APIへの接続経路が確保されていること

インスタンスの導入されたSSMエージェントとSSM APIは**HTTPSプロトコル**で通信します。セキュリティグループでのアクセス許可に加えて、両者が接続可能な経路を確保する必要があります。

Internet GatewayやNAT Gatewayを利用したパブリックアクセスに加えて、VPCエンドポイントによるプライベートアクセスも実現可能です。オンプレミスのインスタンスからは、DirectConnectやVPNを利用したセキュアな経路を確保します。

☑（3）IAMロールに適切な権限が付与されていること

IAMロールに**Systems Managerの操作権限**を付与して、インスタンスに適切な権限を与える必要があります。「**AmazonSSMManagedInstanceCore**」というマネージドポリシーが提供されており、Systems Managerの操作に必要な最低限の権限を付与することができます。

例えば、セッションマネージャでは実行コマンドをS3バケットやCloudWatch Logsに送信することができますが、このポリシーにはこれらの操作権限が付与されていません。要件に合わせて必要な権限を付与してください。

リソースグループ

リソースグループは、**「付与されたタグ」もしくは「CloudFormationのスタック」をベースにAWSリソースをグルーピングできる機能**です。「Webグループ」「APグループ」「DBグループ」のようなインスタンスの役割に応じたグループや、「Prodグループ」「Devグループ」「Testグループ」などの環境に対応したグループを作成できます。

この機能を利用することで、後述のRun Commandのターゲットにリソースグループを指定できます。「**Webグループを対象にパッケージを一括でアップデートする**」といった操作が可能となり、メンテナンス作業を効率的に行えます。

● **リソースグループとRun Command**

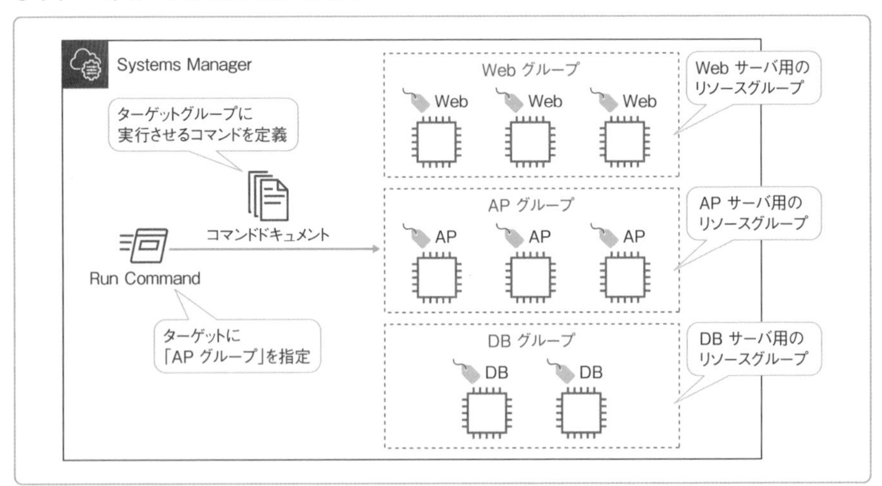

Run Command

Run Commandは、サーバにログインすることなく、AWSマネジメントコンソールからOS上でコマンドを実行できる機能です。下記のいずれかをターゲットにして一括でコマンドを実行できます。

・インスタンスの手動選択
・インスタンスタグ
・リソースグループ

SSMドキュメントのうち、Run Commandで利用するドキュメントを「**コマンドドキュメント**」と呼びます。Run Commandで実行するコマンドは、コマンドドキュメントに定義します。

コマンドドキュメントを独自に定義することはもちろん可能ですが、汎用的なコマンドはAWSにより事前定義されたドキュメントが提供されています。また、独自に定義したコマンドドキュメントを他者に共有することも可能です。

メンテナンスウィンドウ

メンテナンスウィンドウは、Systems ManagerのRun CommandやAutomationに加えて、Lambda関数やStep Functionsのステートマシンを定期的に実行できる機能です。実行タイミングは、Cron式もしくはRate式を利用して定義します。

パッチマネージャ

パッチマネージャは、インスタンスへのパッチ適用（インストール）を自動化できる機能です。パッチを適用するルール「**ベースライン**」を設定することで、ルールの準拠状況の確認や、指定した条件でのパッチの適用（インストール）が行えます。

パッチマネージャは背後でSystems Managerの機能である「**メンテナンスウィンドウ**」と「**Run Command**」を利用して機能が実現されています。Run Commandのコマンドドキュメントには「**AWS-RunPatchBaseline**」が利用されます。

パッチマネージャのターゲットには、下記のいずれかを指定できます。

・インスタンスの手動選択
・インスタンスタグ
・リソースグループ

● **パッチマネージャ**

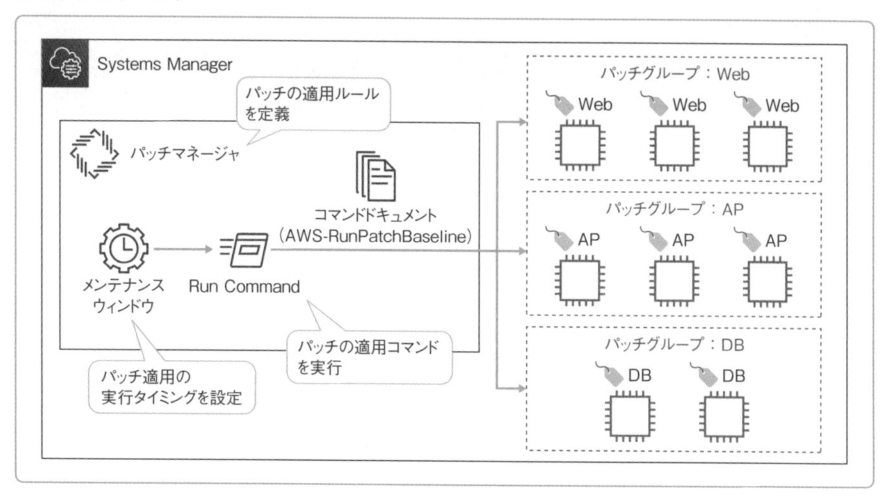

セッションマネージャ

セッションマネージャは、Web ブラウザ（AWS マネジメントコンソール）や AWS CLI からインスタンスのコマンド操作を実現する機能です。

例えば、Linux サーバへのログインは SSH プロトコルを利用することが多いと思います。セッションマネージャでは SSM エージェントを経由したアクセスとなるため、SSH アクセスにおいて必要だった下記の作業が不要となります。

・通信ポート（TCP #22）の開放
・SSH アクセスのための鍵管理
・プライベートサブネットに配置された、インスタンス向けの踏み台サーバの構築

● Web ブラウザからセッションマネージャを利用した例

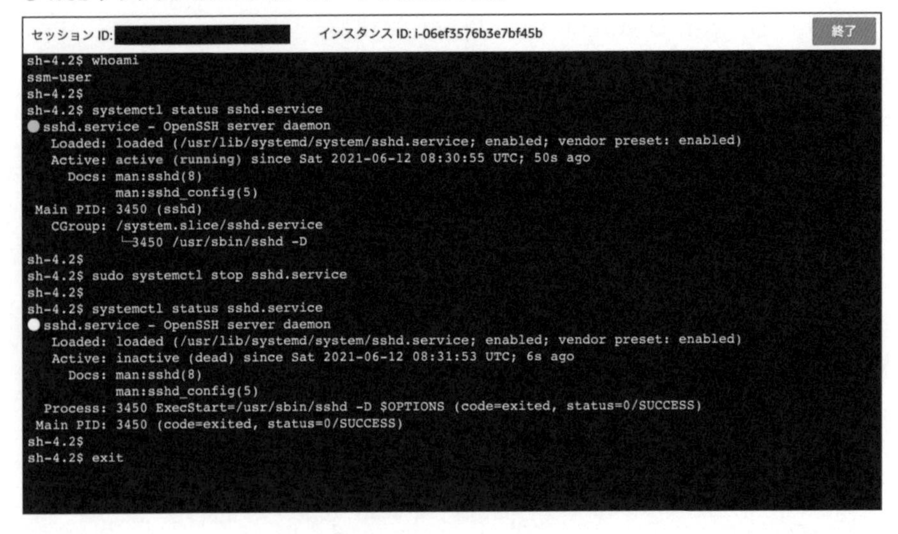

また、セッションマネージャの操作履歴を S3 バケットもしくは CloudWatch Logs に送信することも可能です。ただし、**インスタンスへアタッチする IAM ロールに、S3 もしくは CloudWatch Logs の操作権限を付与する必要がある点に注意してください。**

パラメータストア

パラメータストアは、AWSのサービスやアプリケーションで利用する**パラメータを管理する機能**です。KMSと統合されており、パスワードやDBの接続文字列などのセキュリティに関連するパラメータを暗号化して、セキュアに管理することもできます。

パラメータストアは、EC2やSystems Managerの他に、下記のサービスからもパラメータを参照できます。これらのサービスで利用するパラメータや環境変数を一元管理することが可能となります[15]。

・EC2
・ECS
・Lambda
・CloudFormation
・CodeBuild
・CodeDeploy
・CodePipeline

Systems Managerの利用料金

Systems Managerの利用料金を下表に記載します。なお、Systems Managerは機能数が多いため、本書で紹介した機能に絞って記載します。本書で紹介しなかった機能の料金は、Systems Managerの料金ページを確認してください[16]。

本書で扱った機能では、パラメータストアが課金対象のサービスとなります。

● パラメータストアの料金

項目	内容
スタンダード	無料
アドバンスド	アドバンスドパラメータ数とパラメータストアAPIインタラクション回数に応じた従量課金

なお、下記のパラメータストア以外の機能は無料で利用できます。

・マネージドインスタンス
・リソースグループ
・Run Command
・メンテナンスウィンドウ
・パッチマネージャ

引用・参考文献

[1] https://docs.aws.amazon.com/ja_jp/cli/latest/userguide/cli-chap-welcome.htm
[2] https://docs.aws.amazon.com/ja_jp/cli/latest/userguide/cliv2-migration.html
[3] v1:https://docs.aws.amazon.com/ja_jp/cli/latest/userguide/install-cliv1.html
v2:https://docs.aws.amazon.com/ja_jp/cli/latest/userguide/install-cliv2.html
[4] https://d1.awsstatic.com/webinars/jp/pdf/services/20190618_AWS-Blackbelt_Config.pdf より引用
[5] https://docs.aws.amazon.com/ja_jp/config/latest/developerguide/resource-config-reference.html
[6] https://docs.aws.amazon.com/ja_jp/config/latest/developerguide/managed-rules-by-aws-config.html
[7] https://docs.aws.amazon.com/ja_jp/config/latest/developerguide/aggregate-data.html より引用
[8] https://docs.aws.amazon.com/ja_jp/organizations/latest/userguide/orgs_getting-started_concepts.html
[9] https://docs.aws.amazon.com/ja_jp/awsaccountbilling/latest/aboutv2/useconsolidatedbilling-discounts.html
[10] https://docs.aws.amazon.com/ja_jp/awsaccountbilling/latest/aboutv2/ri-behavior.html
[11] https://www.servicenow.co.jp/
[12] https://docs.aws.amazon.com/ja_jp/systems-manager/latest/userguide/what-is-systems-manager.html
[13] 詳細は開発者ガイドを参照してください。https://docs.aws.amazon.com/ja_jp/systems-manager/latest/userguide/prereqs-operating-systems.html
[14] https://docs.aws.amazon.com/ja_jp/systems-manager/latest/userguide/prereqs-ssm-agent.html
[15] 連携可能なサービスの詳細および最新情報は開発者ガイドを参照してください。https://docs.aws.amazon.com/ja_jp/systems-manager/latest/userguide/systems-manager-parameter-store.html
[16] https://aws.amazon.com/jp/systems-manager/pricing/

Chapter 20

第20章

セキュリティ関連のサービス

本章では、クラウドセキュリティの基礎と、次の AWS のセキュリティソリューションについて説明します。

本章を通して、クラウドのセキュリティリスクと、AWS のサービスで実現できる対策を理解しましょう。

クラウドセキュリティのニーズとリスク

クラウドセキュリティのニーズ

クラウドセキュリティは、セキュリティの分野の1つです。**クラウド上のデータ、アプリケーション、インフラストラクチャを保護するための取り組み全般**を指します。

金融分野では**FinTech**の推進により、公共分野では**クラウド・バイ・デフォルト原則**の発表により、クラウドが多く使われるようになりました[1]。

> **Memo**
> FinTechとは「Finance」と「Technology」を合成した造語であり、金融サービスとITを組み合わせてブレークスルーを引き起こすようなサービスを作る動きのことを意味します。また、クラウド・バイ・デフォルト原則とは「各府省でシステムを整備する際には、クラウドサービスの利用を第一候補として検討する」という方針です。

これらの分野の共通項として、名前や住所といった個人情報や、国家の機密情報などの取り扱いに高いセキュリティ水準が要求されることが挙げられます。

また、業界や取り扱うデータごとに定義されているセキュリティ基準を満たすことが求められるケースがあります。例えば、クレジットカードを取り扱う場合にはPCI DSS、公共のシステムではNISC（National center of Incident readiness and Strategy for Cybersecurity：内閣サイバーセキュリティセンター）が発行する、政府機関等の情報セキュリティ対策のための統一基準群などがあります。

オンプレミスでも、システムを保護するためにセキュリティ対策が行われてきました。クラウドでも同様にシステムを保護するためのセキュリティ対策が必要です。

クラウド上のセキュリティリスク

クラウドでは、次ページの表のようにさまざまなリスクが存在し、それぞれに対して対策を検討する必要があります。

● クラウドセキュリティのリスクの代表例と対策

リスク	概要	対策例
クラウドへの不正アクセス	クラウドサービスそのものへアクセスし、クラウドリソースの操作を行うことでシステムの破壊や、データを盗み出す行為	・アクセス制御（IP 制限、権限制御等） ・システム構成管理 ・監査ログの取得 ・不正通信および不正操作の検知
システムへの攻撃	DDoS 攻撃など、システム停止を引き起こすなどの攻撃を行う行為	・Web Application Firewall の導入 ・DDoS 攻撃対策ソリューションの導入
通信の傍受	システムとの通信のやり取りを傍受し、改ざんやなりすましを行う行為	・通信の暗号化 ・VPN/ 専用線による閉域接続の導入
運用作業者の不正操作、操作ミス	運用作業者によって故意または過失により、システムの構成変更やデータの流出などを行う行為	・システム構成管理 ・アクセス制御 ・監査ログの取得 ・不正通信および不正操作の検知
マルウェア / ウイルス感染	マルウェアやウイルスがシステム内に持ち込まれ、感染するケース	・マルウェア / ウイルス対策ソフトの導入
データセンターへの不正アクセス	クラウド事業者が保有するデータセンターにアクセスし、データの盗難やシステムの破壊を行う行為	・データの保護（暗号化等） ・データセンターへの入室管理の厳正化
各種脆弱性を利用した攻撃	利用している OS/MW/AP の脆弱性を悪用し、システムの停止やデータ流出などを起こす攻撃	・脆弱性管理 ・パッチ適用

☑クラウド事業者のデータセンター

オンプレミスのシステムでは、サーバが配置されているデータセンターには、運用・保守の契約を行った企業の社員だけしか入れません。

一方、クラウドではサーバの運用・保守はクラウドベンダーが実施します。そのため、**システムの管理は誰がいつデータセンターに入り、何の作業が行われるか把握できません。**

● オンプレミスとクラウドの違い

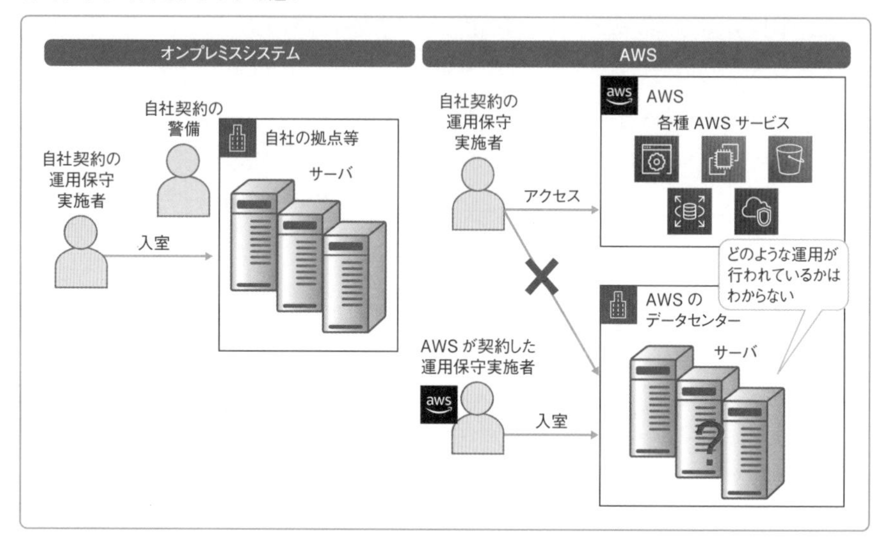

この違いによって、クラウドベンダーによるシステムへの物理的、または技術的な侵入がセキュリティリスクとして考えられます。このリスクに対して、AWS では**責任共有モデル**（p.71）に基づき、先ほど述べた PCI DSS などのセキュリティ基準に準拠した運用・保守を行っています。パブリッククラウドベンダーはそれぞれ準拠しているセキュリティ基準や法律を Web サイトに公開しています[2]。

☑顕在化するリスク

第 1 章で解説したとおり、クラウドでは、オンプレミスで必要だったサーバの購入、設置や配線などの作業が不要です。これは便利である反面、**クラウドを操作する権限さえ持っていれば容易にセキュリティインシデントが起きうる環境を作れる**ことを意味します。

例えば、オンプレミスに保存されたストレージをインターネットからアクセス可能とするには、物理的なインターネット接続のための結線作業と、内部のネットワークの設定変更が必要になります。一方、S3 などのクラウド上のストレージは、設定を変更するだけでインターネットからアクセス可能な状態となります(次ページの図を参照)。

その他にも、クラウドでは不正侵入や情報流出につながる設定が簡単に行えます。このようなリスクを防ぐために、システムが危険な状態になることを防止・検知するような仕組みが必要です。

● オンプレミスとクラウドのストレージの公開作業

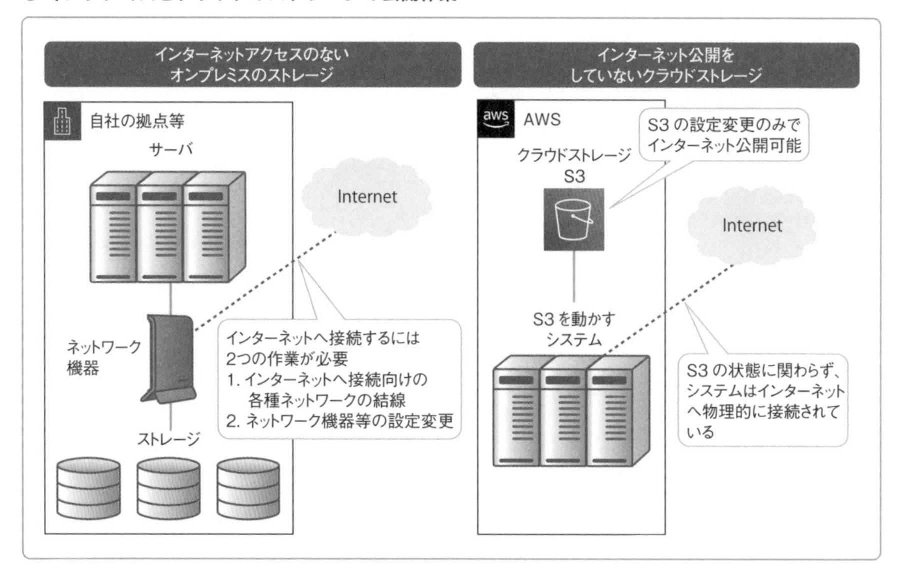

AWS のセキュリティソリューション

これまで記載したリスクへの対策として、AWS では数多くのセキュリティに関するサービスが提供されています。システムに潜むリスクを洗い出し、サービスを適切に組み合わせることで、セキュリティインシデントの発生のリスクを抑えたセキュアなシステムを実現できます。

ここがポイント

- AWS では、ネットワーク、OS/MW、データ、アプリケーション、ガバナンスそれぞれの領域に対応したセキュリティソリューションがリリースされている
- クラウドサービスは物理的にはインターネットに接続されているため、WAF や AWS Shield、セキュリティグループなど、それぞれのネットワークレイヤーでの防御が必要
- AWSデータセンターへの不正侵入等による情報漏えい対策として、KMS を使ったデータの暗号化が有効
- アプリケーションについてはユーザーの責任で防御する必要があり、AWS では脆弱性管理サービスや認証認可を容易にするサービスを展開

☑ネットワークセキュリティ

ネットワークは、インターネットから物理的、あるいはネットワーク等の設定で論理的に切り離すことで、限られたユーザーしかアクセスできない「**閉域網**」と、不特定多数のユーザーがアクセスできる「**オープンネットワーク**」に大別されます。クラウドは設定次第でオープンネットワーク、閉域網どちらの構成も取ることができます。

オープンネットワークは外部からの攻撃を受ける可能性があるため、セキュリティ対策が不可欠です。ネットワークレイヤーごとに、外部からの攻撃手法が変わるため、レイヤーごとに対策の仕方も変わります。AWSではそれぞれのレイヤーに対してサービスを提供しており、それぞれのサービスで適切な設定を行う必要があります。

● ネットワークのレイヤーとAWSサービスの関係

レイヤー	攻撃内容	対応するサービス
L7 アプリケーション層	SQLインジェクションなどのアプリケーションの脆弱性の利用、DDoS攻撃など	・AWS WAF ・AWS Shield Advanced
L6 プレゼンテーション層	SQLインジェクションなど、アプリケーションの不備を利用した攻撃	・AWS WAF
L5 セッション層	盗聴やなりすまし	該当なし
L4 トランスポート層	盗聴やなりすまし	・VPC（セキュリティグループやVPCフローログ） ・AWS Shield Standard ・AWS Shield Advanced
L3 ネットワーク層	盗聴やなりすまし、DDoS攻撃など	・VPC（NACLやVPCフローログ） ・AWS Shield Standard ・AWS Shield Advanced
L2 データリンク層	盗聴やなりすまし、DDoS攻撃など	AWSの責任で管理
L1 物理層	物理的な接続・侵入	AWSの責任で管理

☑データの保護

冒頭で解説したとおり、AWSでは**PCI DSS**などの数多くのセキュリティ基準に基づく運用を行っているため、法律違反等の特定の状況を除き、ユーザーの同意なしにAWSがデータにアクセスすることはありません。

ただし、AWS以外の攻撃者によるデータの盗難や流出のリスクはあります。これらのリスクに対応するため、**データと通信の暗号化**による、データの保護を行います。

☑OS/MWの防御

RDSなどのマネージドサービスではOSおよびMW（ミドルウェア）はAWSの責任で管理されますが、EC2インスタンスのOSとMW、ならびにアプリケーションはユーザーの責任で管理する必要があります。

こうした管理を簡略化するため、AWSにはOSやMW、アプリケーションの脆弱性情報のスキャンやパッチ適用を自動化する仕組みが用意されています。また、AWSにはウイルス対策やマルウェア対策を行うサービスはないものの、セキュリティベンダーの製品がMarketplaceで提供されています。これらを利用することで、個別にセキュリティ製品を調達する必要がなくなります。

☑アプリケーションの防御

基本的に、AWSにデプロイしたアプリケーションは**ユーザーの責任で管理**する必要があります。AWSでは、アプリケーション自体の脆弱性を保護する仕組みやセキュリティ認証を容易にする仕組みを提供しており、これらを用いることでセキュアかつ迅速にシステムを構築できます。

☑セキュリティガバナンス

近年、テレビや新聞で「**コーポレートガバナンス**」や「**ガバナンス**」という言葉が一般的に使われるようになりました。

コーポレートガバナンスとは、健全な企業経営を行うために会社全体の統制や管理を行うことを指します。**セキュリティガバナンス**（または情報セキュリティガバナンス）は、**コーポレートガバナンスの構成要素の１つで、セキュリティ観点での統制や管理を行うこと**を指します。経済産業省では、セキュリティガバナンスを以下のようなフレームワーク[3]で定義しています。

● 情報セキュリティガバナンスのフレームワーク

タスク	概要
方向付け	経営陣が経営戦略やリスク管理の観点から行う指針の提示
モニタリング	方向付けの指針に従った、適切なリスク管理が行われているかを評価するための情報収集
評価	モニタリングの情報をもとに、方向づけの指針に従ったリスク管理が行われているかを評価
監督	適切な方向付けやモニタリング、評価が適切に遂行されているかを確認し、問題の改善を促す監査などの活動

AWSでは、これらのタスクをサポートするサービスを多数提供しています。

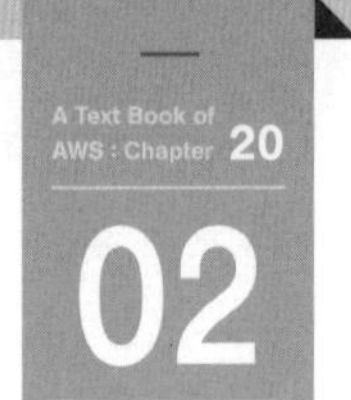

IAMの操作履歴を取得するサービス

AWS CloudTrail

東京リージョン　利用可能　料金タイプ　有料

CloudTrail の概要

AWS CloudTrail は、IAM（p.202）の操作履歴を取得するサービスです。CloudTrail によって、いつ、誰が、どのリソースにどのような操作をしたかが記録されます。S3 や CloudWatch Logs に対して操作履歴を配信して証跡として保存したり、特定の操作をトリガーに Lambda を起動したり、SNS に通知したりするなど、さまざまなアクションを実施できます。

CloudWatch Logs は**ログのフィルタリング機能**を有しており、配信された証跡から特定の操作を抽出できます。この機能と SNS を組み合わせることで、システムとして許容できない操作を監視し、システム管理者に通知する仕組みを構築できます。例えば、AWS のマネジメントコンソールの不正ログインを検知し、責任者へ通知する仕組みは、次のアーキテクチャで構築できます。

● CloudWatch を組み合わせたログイン監視

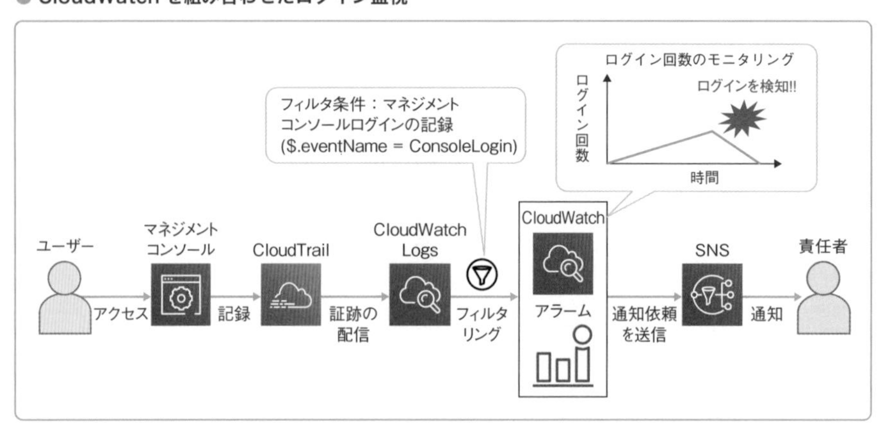

CloudWatch の代表的な監視対象として「**ルートアカウントでのマネジメントコンソールのログイン操作**」が挙げられます。ルートアカウントはアカウント契約時に払い出されるアカウントであり、アカウントの解約など、もっとも強い権限を持ちます。そのため、ほとんどのシステムでルートアカウントの利用を監視することは必須といえます。

CloudTrailによる監査

高いセキュリティ水準を持つシステムでは、監査者が定期的に監査し、不正なログインや操作が行われていないかをチェックします。監査はさかのぼって確認できる必要があるため、CloudTrailの証跡をS3に長期保管する必要があります。

また、監査には証跡をそのまま提示する場合もありますが、**監査レポート**の提示を求められるケースもあります。監査レポートはLogStorage[4]など、サードパーティのツールを使うことが一般的ですが、Athena（p.367）でも簡単な監査レポートを作成できます。AthenaはS3に保管された証跡に対し直接クエリを発行できるので、監査対象の操作を抽出して監査レポートを作成できます。

● Athenaによるログイン監査レポートの作成

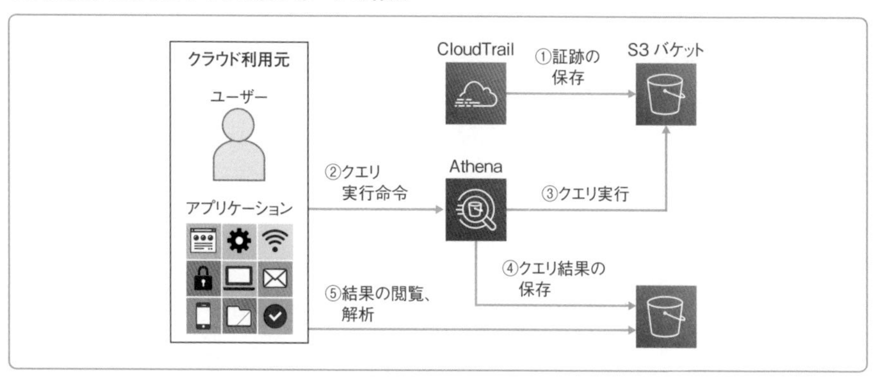

CloudTrailの利用料金

CloudTrailの利用料金は、S3に配信されたイベント（リソース操作の数）数に応じた従量課金となります。

● CloudTrailの利用料金

項目	内容
管理イベント （AWS内の構成変更の設定など）	初回のS3への配信は無料。追加のS3バケットへの配信を行う場合、配信されるイベント数あたりの課金
データイベント （Lambdaの実行やS3のオブジェクト操作など、高頻度の実行が想定されるもの）	配信されるイベント数あたりの課金

DDoS攻撃からシステムを保護する仕組み

AWS Shield

東京リージョン 利用可能 料金タイプ 無料／有料

AWS Shieldの概要

AWS Shieldは、L3、L4、L7レイヤーへのDistributed Denial-of-Service（分散型サービス妨害、DDoS）攻撃からシステムを保護する仕組みです。Shieldには StandardとAdvancedがあり、それぞれ保護するレイヤーと提供機能に違いがあります。

● Shieldの種類

種類	説明
Standard	L3、L4を対象としたDDoS攻撃からシステムを保護する機能。デフォルトで有効化されており、無料で利用できる
Advanced	Standardの機能に加えて、L3、L4を対象とした攻撃の通知やレポーティング機能を提供。また、AWS WASFと連携することでStandardでは対応できないL7への攻撃にも対応している。L7を対象とした攻撃への防御の他、通知、レポーティング機能を提供する

AWS Shield Advancedを利用することで、AWSが保有するDDoSの専用サポートチームのサポートを24時間、365日受けられます。機能、サポート共に充実していますが、**AWS Shield Advancedの料金は年間約3,000USドルと通信量に応じた金額が請求される**ため、相応のコストがかかります。必ずしも有効化するのではなく、システムが取り扱うデータの重要度や保存先に応じて使い分けましょう。

AWS Shieldの利用料金

AWS Shieldの利用料金は以下の通りです。

● Shieldの利用料金

項目	内容
Standard	無料
Advanced	月額料金と転送されたデータ量に応じた請求

04

ネットワークトラフィックをキャプチャする機能

VPCフローログ

東京リージョン 利用可能 料金タイプ 有料

VPC フローログの概要

VPC フローログは、**VPC 内のネットワークトラフィックをキャプチャする機能**です。

VPC フローログにより、ENI の ID や送信元と送信先の IP アドレス、使用しているポート番号、パケット数やバイト数などが記録されます。記録された情報は CloudTrail と同様に S3 や CloudWatch Logs に保存できます。

代表的なユースケース

VPC フローログの代表的なユースケースとしては、**CloudTrail と同じように監視と監査、分析**が挙げられます。CloudTrail と同じように S3 や CloudWatch にログを送信できるため、CloudWatch Logs を使ったトラフィック監視や、Athena を用いた監査レポートの作成が可能です。

押さえておきたい **CloudTrail と VPC フローログの使い分け**

CloudTrail は IAM の操作履歴を記録します。一方、VPC フローログはネットワークトラフィックを記録します。このように、用途が異なることを覚えておいてください。

VPC フローログの利用料金

VPC フローログの利用料金は、データ量に応じた請求となります。

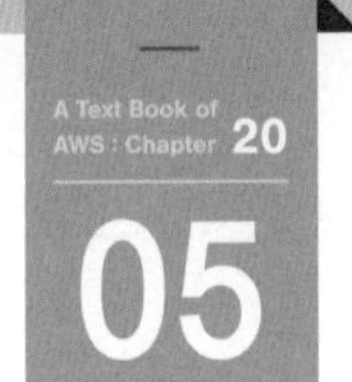

AWSが提供するWebアプリケーションファイアウォール

AWS WAF

東京リージョン 利用可能 料金タイプ 有料

AWS WAF の概要

AWS WAFは、AWSが提供するWebアプリケーションファイアウォール(WAF)です。WAFは、Webアプリケーションの脆弱性を悪用した攻撃からWebアプリケーションを守る仕組みです。

● AWS WAF の構成要素

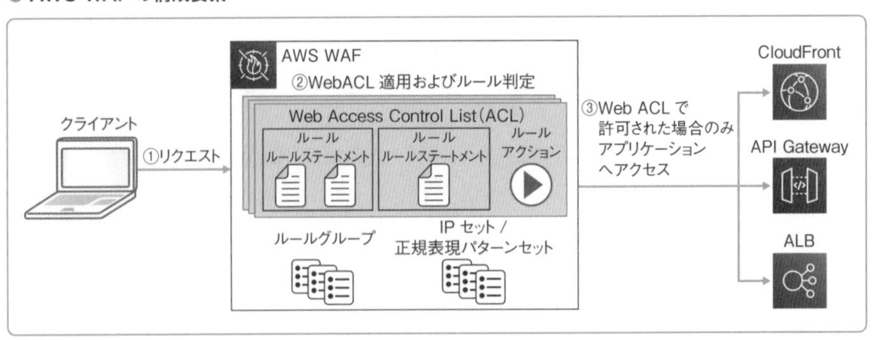

● AWS WAF の構成要素

コンポーネント	概要
Web Access Contrl List	ルールの集合体
ルール	ルールステートメントとルールアクション含む条件と処理の定義
ルールステートメント	リクエストの検査条件
ルールアクション	ルールステートメントの条件を満たした際の処理
IP セット	ルールステートメントで参照できるIPアドレスとIPレンジの集合体
正規表現パターンセット	ルールステートメントで条件として利用できる正規表現パターンの集合体
ルールグループ	Web ACL で参照（利用）できるルールの集合体。AWSまたはセキュリティベンダーが提供するマネージドルールを利用可能

AWS WAF の利用料金

AWS WAFの利用料金は、WebACLやルール数、リクエスト数に応じた請求となります。

A Text Book of AWS : Chapter 20

06

鍵を管理するサービス

AWS Key Management Service

東京リージョン 利用可能　料金タイプ 有料

AWS Key Management Serviceの概要

AWS Key Management Service（KMS）は、**データを暗号化するための鍵を管理するサービス**です。暗号鍵はAWSの責任で管理され、可用性やセキュリティが保証されています。KMSはEBSやRDS、S3などと統合されており、それぞれのサービスで保存されているデータを暗号化できます。

● KMSの各種キーの関係性

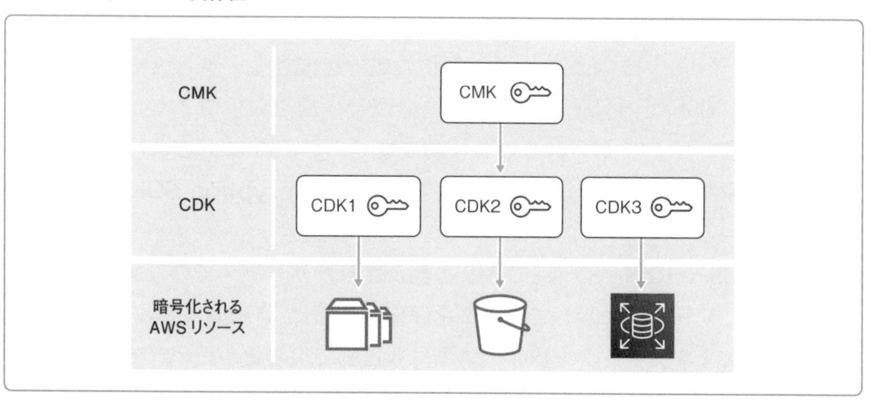

KMSでは、データを**Customer Data Key（CDK）**という鍵を使って暗号化します。この鍵はAWS側で暗号化して管理されており、データを取得/書き込むたびに暗号化/復号化します。このとき、CDKを暗号化する際に使われる鍵は**Customer Master Key(CMK)**と呼ばれます。CMKはKMSの機能を使って作成できます。また、独自生成や、会社で定められた所定の鍵を使う要件がある場合には鍵をインポートできます。

CMKもCDKを復号化する重要なキーのため、平文（暗号化されていない状態）で保存しません。CMKはAWSが管理する**Hardware Security Module（HSM）**に保存された鍵を使って暗号化されて管理されます。基本的にユーザーが意識する必要はありませんが、システムによっては「鍵をHSMで管理すること」といった要件が含まれる場合があり、そのような要件にも対応できているといえます。

● KMS のアーキテクチャ

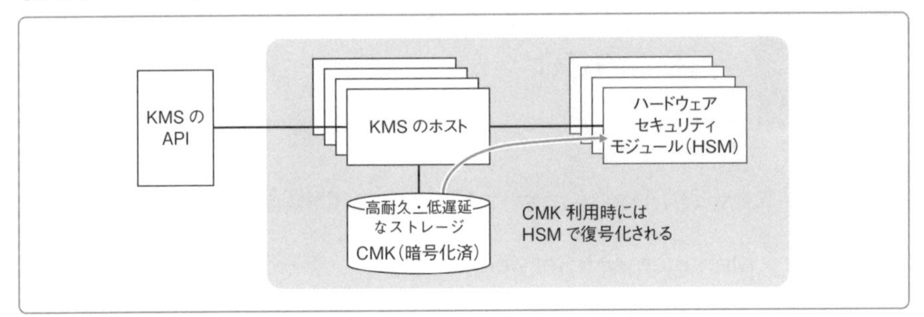

KMS を使った暗号化方式

KMS を使った暗号化には、**Client-Side Encryption**(**CSE**)と **Server-Side Encryption**(**SSE**)の 2 つの方式があります。

CSE はアプリケーションの中で暗号化の処理を記述し、データそのものを暗号化します。CSE で暗号化されたデータは復号の鍵を入手できない限り、流出してもデータの中身を知られることはありません。CSE による暗号化を簡単かつエラーを少なく実装するため、AWS では **AWS Encryption SDK** を提供しています。

SSE は EBS や RDS、S3 など KMS と統合されたサービスでのみ使える機能です。SSE では、サービスに対してデータを保存する際に、自動的に KMS の鍵を使って暗号化されます。データを取り出す際にも自動で復号化が行われるため、ユーザーは暗号化と復号化の処理を意識する必要はありません。これを「**透過的な暗号化 / 復号化**」と呼びます。

KMS のアクセス権は IAM ポリシーや KMS のポリシー(p.203 で解説のリソースベースのポリシー)で制御可能です。KMS のアクセス権を持っていない IAM ユーザーや IAM ロールは暗号化されたデータを復号化できません。KMS のアクセス権限を振り分けることで、データごとにアクセス可能な IAM ユーザーや IAM ロールを制御できます。

● SSEによるデータ保護例

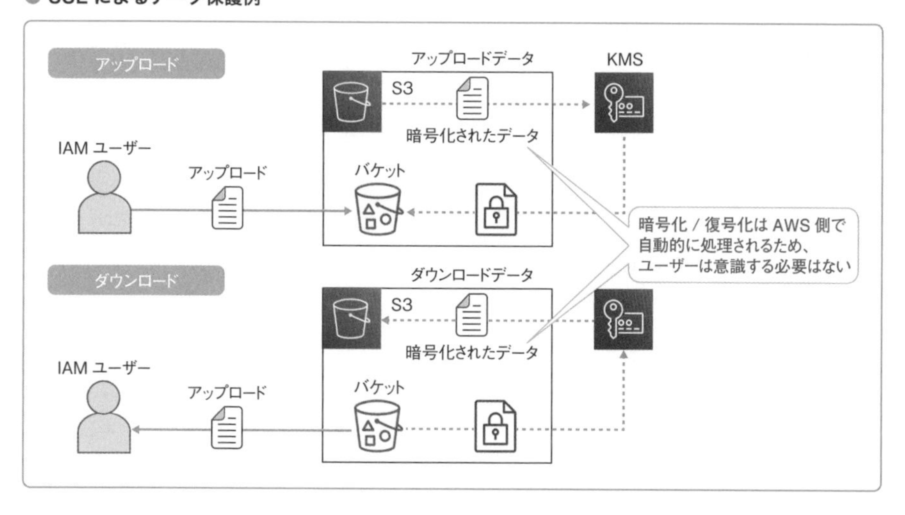

KMSの利用料金

KMSの利用料金は以下の通りです。

● KMSの利用料金

項目	内容
CMK	CMKを保持している場合、一定額の利用料金が請求される
キー	キー利用時のAPIリクエスト数に応じた従量課金

危険性がある認証情報を集約し、管理するサービス

AWS Secrets Manager

東京リージョン 利用可能 料金タイプ 有料

AWS Secrets Manager の概要

AWS Secrets Manager は、データベースのパスワードや API キーなどデータ流出の危険性がある認証情報（シークレット）を集約し、管理するサービスです。

オンプレミスのシステムでは、データベースの認証情報が、アプリケーションのソースコードや各アプリケーションが保持する設定ファイルに直接書き込まれることがありました。こういったケースでは、設定ファイルやコードさえ閲覧できればデータベースに接続できるため、情報流出のリスクがあります。

また、アプリケーションが複数台のサーバにデプロイされていると、データベースの接続情報を変更した際に、すべてのアプリケーションの変更が必要になってしまいます。

Secrets Manager を使えば、アプリケーションは Secrets Manager にアクセスすることでシークレットを取得できます。そのため、シークレットをローカルに保持する必要がなくなります。また、シークレットは KMS で暗号化して保存できるため、セキュアにシークレットを管理できます。

● Secrets Manager によるシークレットの集約管理

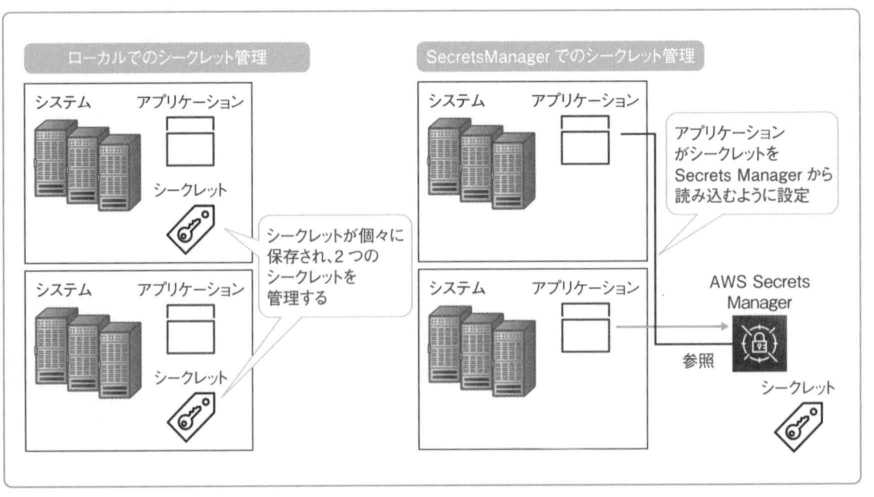

先述した**AWS Systems Manager**のパラメーターストア（p.499）でも、Secrets Managerと同様に認証情報を一元管理できます。両者の違いとして挙げられるのが、Secrets Managerによる**シークレットの自動ローテーション機能**です。

Secrets Managerは、シークレットの更新間隔を指定すると自動でパスワード変更を行います。この機能はRDS、RedShiftなどのデータベースサービスと統合されており、Secrets Manager内のDBのパスワードがローテーションされると自動的にデータベースサービス側のパスワードを変更します。

パスワードローテーションの仕組みは、Secrets Managerによって自動的に作成されるLambdaによって実現されます。Lambdaの関数を変更することで、APIキー以外のシークレットのローテーションも実機と連動して実現できます。

● Secrets Managerによるシークレットのローテーション

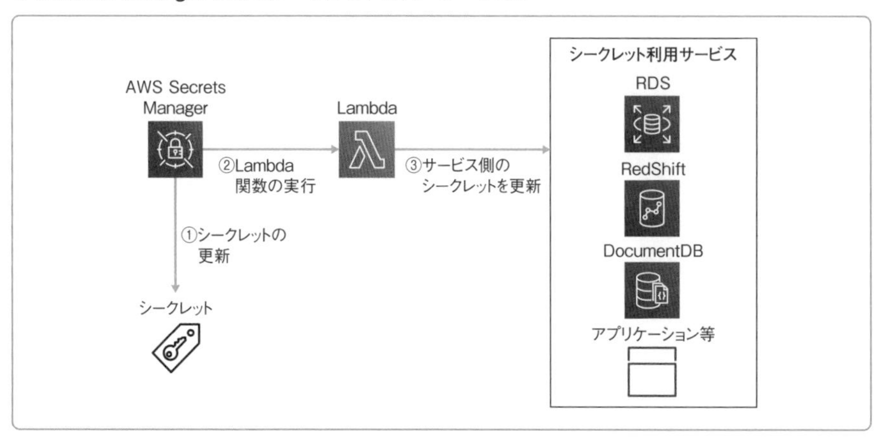

Secrets Managerの利用料金

Secrets Managerの利用料金は次の通りです。

● Secrets Managerの利用料金

項目	内容
シークレット	シークレットの数に応じた従量課金
API	シークレット利用に伴うAPI呼び出し回数に応じた従量課金

EC2の脆弱性管理をサポートするサービス

Amazon Inspector

東京リージョン 利用可能　料金タイプ 有料

Amazon Inspector の仕組み

RDS や Lambda などの PaaS またはサーバーレスのサービスは、責任共有モデル（p.71）に基づいて **AWS の責任**で脆弱性に対する対策が行われます。一方、EC2 の OS 設定やソフトウェアの脆弱性管理は**ユーザーの責任**で実施する必要があります。

こうした**EC2 の脆弱性管理をサポートするサービス**が、**Amazon Inspector** です。Amazon Inspector では、診断の基準となるルールパッケージを提供しており、このルールパッケージに基づき EC2 を評価します。ユーザーはルールパッケージを複数組み合わせることで、より高度な脆弱性管理を実現できます。

Amazon Inspector は、大きく分けて、次の 2 つの診断機能を有しています。

☑ホスト型診断

ホスト型診断は、**サーバ内部から脆弱性を確認する診断方法**です。Amazon Inspector では、EC2 に **Amazon Inspector エージェント**をインストールすることで診断します。

エージェントは EC2 から Amazon Inspector に**テレメトリ**（インストール済みのパッケージ情報やソフトウェアの設定）を送信します。Amazon Inspector は、受け取った情報や選択されたルールパッケージに基づいて EC2 を診断します。診断結果は S3 に保存できるほか、SNS での通知にも対応しています。

☑外部ネットワーク型診断

外部ネットワーク型診断は、**外部ネットワークから脆弱性を確認する診断方法**です。ホスト型診断と異なり、こちらの診断方法では Amazon Inspector エージェントの導入は不要です。

ルールパッケージ

診断の基準となるルールパッケージは次の 4 つが提供されています。ルールパッケージのカスタマイズはできません。

☑ネットワーク到達可能性

ネットワーク到達可能性は、外部ネットワーク型診断に分類される診断です。Amazon Inspectorでは、一般的な外部ネットワーク型診断とは異なり、AWS内のネットワーク設定を読み取り、EC2インスタンスがインターネットゲートウェイやピアリングの接続など、意図していないネットワークからアクセスできる設定になっていないかを診断します。

☑共通脆弱性識別子

共通脆弱性識別子は、ソフトウェアパッケージの**CVE**（Common Vulnerabilities and Exposures）を診断するサービスです。CVEは、ソフトウェアパッケージのそれぞれの脆弱性に対して、MITREと呼ばれる米国の非営利団体が採番し、取りまとめた辞書です。採番された番号はCVE番号と呼ばれ、「**CVE-西暦年-4桁以上の番号**」で表されます。Amazon Inspectorではテレメトリで得た構成情報を解析し、AWSが独自に取得しているCVE番号に合致する脆弱性を持っていないかを確認します。

☑Center for Internet Securityベンチマーク

Center for Internet Security（CIS）は、米国のインターネットセキュリティ標準化団体です。この団体はOSのセキュリティ設定ガイドを提供しています。これをベンチマークとしてOSの設定を診断するのが**CISベンチマーク**[5]です。

☑Amazon Inspectorのセキュリティのベストプラクティス

Amazon Inspector独自の基準に基づき、EC2を診断するルールパッケージです。例えば、SSH経由でのrootログインの無効化や、パスワードの複雑さの設定などを診断します。

Amazon Inspectorの利用料金

Amazon Inspectorの利用料金は、評価したインスタンスの数と回数に応じた請求となります。

09

脅威を識別する脅威検出サービス

Amazon GuardDuty

東京リージョン 利用可能　料金タイプ 有料

Amazon GuardDuty の概要

Amazon GuardDuty は、ユーザーの動作や通信をモニタリング・分析し、**脅威を識別する脅威検出サービス**です。GuardDuty は脅威インテリジェンス（脅威検知のインプットとなる情報）と機械学習モデルを用いており、継続的に進化しながら脅威検出の精度を高めています。AWS のセキュリティのベストプラクティスでは、GuardDuty を有効化することが推奨されています。

GuardDuty は VPC フローログ、CloudTrail、Route53 の DNS ログをインプットして解析を行います。このとき、これらのログの設定をユーザー側で有効化する必要はありません。各サービスから取得した情報を基に、GuardDuty は「**既知の脅威**」と「**未知の脅威**」を検出します。

既知の脅威とは、脅威インテリジェンスに含まれた、既知の不正な操作や通信として登録されているものを指します。未知の脅威とは機械学習によって検出される異常な操作、通信パターンを指します。

● GuardDuty の仕組み

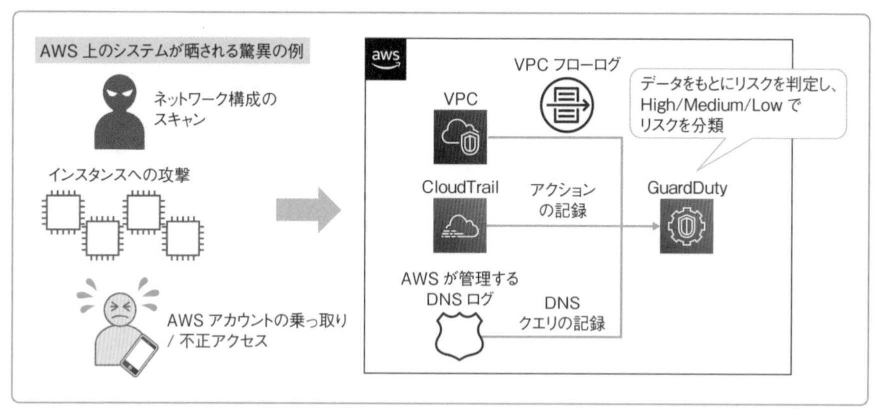

GuardDuty の利用料金

GuardDuty の利用料金は、CloudTrail のイベント数、ならびに VPC フローログ、および DNS ログのデータ量に応じた従量課金となります。

脅威の検出やデータ分類を行うサービス

Amazon Macie

東京リージョン 利用可能　料金タイプ 有料

Amazon Macie の概要

Amazon Macie は、S3 バケットと S3 バケット内のオブジェクトを分析し、機械学習とパターンマッチングを用いて、脅威の検出やデータ分類を行うサービスです。暗号化無効化や公開検知といったバケットの脅威を検出するだけでなく、オブジェクトを分類してクレジットカードや電話番号など個人情報や機密データを検出できます。Amazon GuardDuty と同様に、Macie も機械学習を用いており、継続的な改善が行われています。

● Macie によるデータ分類

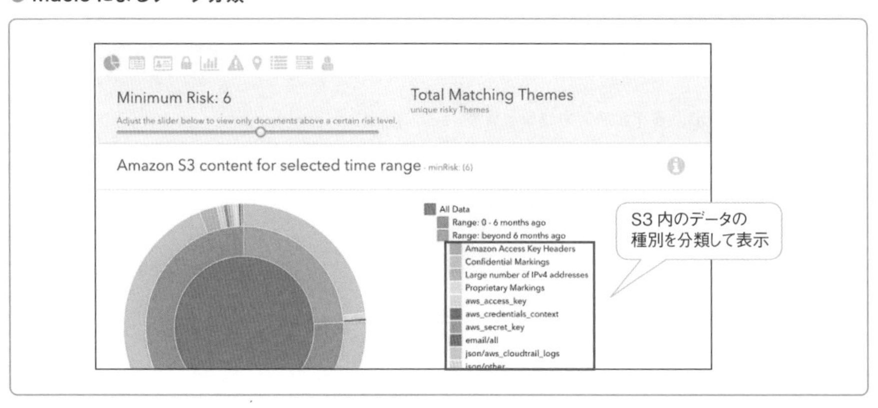

Macie の利用料金

Macie の利用料金は以下の通りです。

● Macie の利用料金

項目	内容
S3 バケット	評価対象の S3 バケットの数に応じた従量課金
データ	データ検出のために読み込んだデータ量に応じた従量課金

リスク分析サービスの情報を集約し、一元管理するサービス

AWS Security Hub

東京リージョン 利用可能 料金タイプ 有料

AWS Security Hubの概要

AWS Security Hubは、これまで解説したリスク分析サービスなどの情報を集約し、一元管理するサービスです。それらの管理された情報を使って、**CIS AWS Foundations**や**PCI DSS**などのセキュリティ標準に基づいたセキュリティチェックを行えます。

AWSのサービスに加えて、Trend Microの**Deep Security**やCheckPointの**Dome9**など、サードパーティのセキュリティサービスによる検出結果もSecurity Hubに集約できます[6]。また、Security Hubの代表的なユースケースとして**マルチアカウントの管理**が挙げられます。AWS Organization（p.485）の1つのアカウントに対して、Security Hubsの情報を連携し一元管理できます。

● Security Hubによるマルチアカウント管理

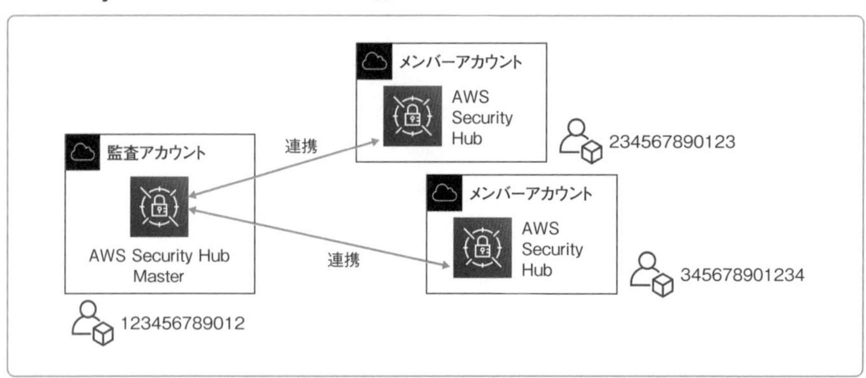

Security Hubの利用料金

Security Hubの利用料金は次の通りです。

● Security Hubの利用料金

項目	内容
検出結果の取り込み	各種サービスの検出結果の取り込み回数に応じた従量課金
セキュリティチェック	セキュリティチェックの回数に応じた従量課金

インシデントの原因を特定するサービス

Amazon Detective

東京リージョン 利用可能　料金タイプ 有料

Amazon Detectiveの概要

Amazon Detectiveは、各種AWSサービスから収集できるデータを分析・可視化し、インシデントの原因を特定するサービスです。DetectiveはAWS Security HubやAmazon GuardDutyと統合されており、ロールやAPI、インスタンス、ユーザーを条件として、収集された情報をドリルダウン（収集された情報を掘り下げて情報を詳細化すること）できます。

以下の例では、あるアカウントのリソース操作が実行された国とその回数を可視化しています。東京と中国からリソースの操作が行われていることが確認できます。

●Amazon Detectiveによるリソース操作の実行地域特定

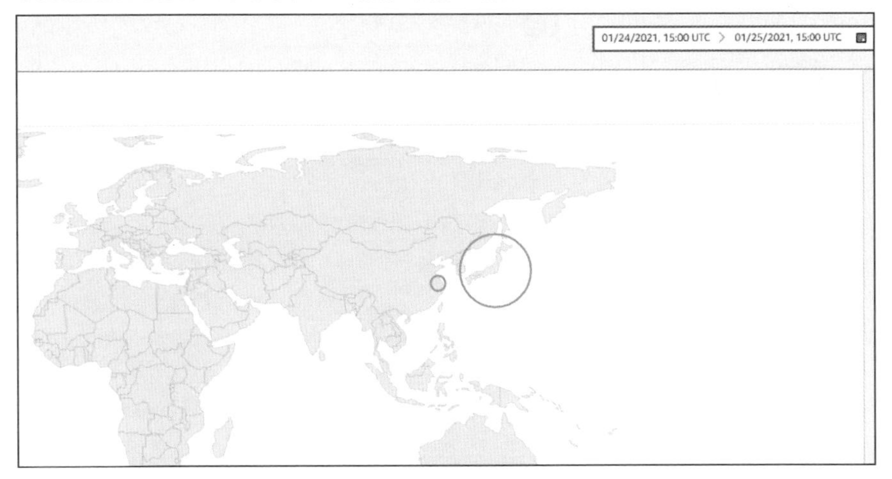

DetectiveはAWS Security Hubと同様に、マルチアカウントに管理するため、マルチアカウントの情報集約に有効です。

Detectiveの利用料金

Detectiveの利用料金は、収集されたデータ量に応じた従量課金となります。

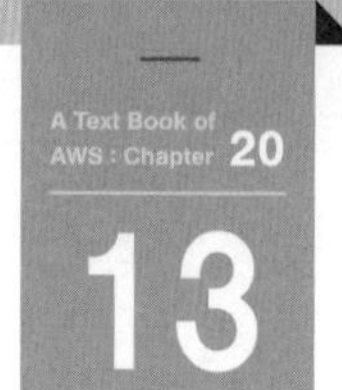

リスクとコンプライアンスの評価方法を簡素化するサービス

AWS Audit Manager

東京リージョン 利用可能　料金タイプ 有料

AWS Audit Manager の概要

AWS Audit Manager は、AWS の使用状況を継続的に監査して、リスクとコンプライアンスの評価方法を簡素化するサービスです。AWS Organization と連携することで複数のアカウントの管理に対応できるため、組織全体の監査にも有効です。

Audit Manager は AWS の情報を証跡として収集し、リスク管理と PCI DSS、CIS など業界標準のガイドラインへの準拠状況をモニタリングできます。

Audit Manager は主に次の図に示す要素で構成されます。

● Audit Manager の構成

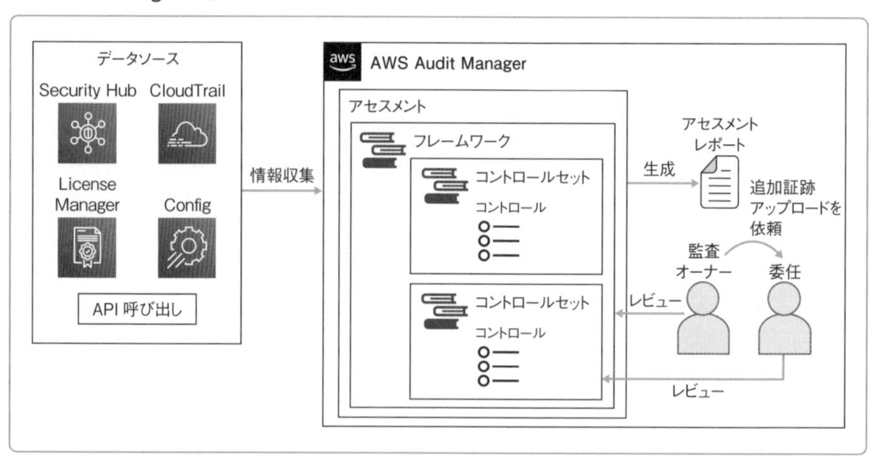

押さえておきたい Audit Manager のマネジメントコンソール

Audit Manager では、アセスメントによって評価された結果を監査オーナーや委任されたユーザーがレビューします。アセスメント結果とレビュー状況はマネジメントコンソールで確認できます。

● Audit Manager の構成

要素	概要
データソース	Audit Manager で収集される情報
コントロール	Audit Manager で収集すべき情報とアクションプランを定義する要素。1つひとつの評価項目に該当する。デフォルトで PCI DSS や CIS などのコントロールが提供されており、自身でオリジナルのコントロールを定義することも可能
コントロールセット	コントロールの集合体。複数のコントロールを含められる。評価項目をグループ分けするための評価観点に該当する
フレームワーク	コントロールセットの集合体。デフォルトで PCI DSS や CIS などのコントロールが提供されており、自身でオリジナルのフレームワークを定義することも可能。フレームワーク単位で評価が実行される
アセスメント	フレームワークに基づき、評価を行う単位。監査する AWS サービスの範囲を指定できる
監査オーナー	アセスメントごとに指定するIAMユーザーまたはIAMロール。フレームワークの評価結果をレビューするだけでなく、フレームワーク内のコントロールセット単位で Delegation（委任）を指定できる
委任	レビューの権限を委任（Delegate）されたユーザーとコントロールセットの組み合わせ。コントロールセット単位で割り振る
アセスメントレポート	アセスメント内のコントロールの評価結果を取りまとめたレポート。レポートは S3 に出力される

アセスメント内のコントロールを選択することで、それぞれのコントロールの概要と収集された証跡を確認できます。また、各コントロールにはコメントが行え、証跡の追加アップロードなどを担当者に依頼することも可能です。

アセスメント内の各コントロールの評価結果から、証跡として残すべき項目を選択することで、アセスメントレポートに掲載できます。アセスメントレポートは、PDF でダウンロードでき、コントロールの概要や証跡の情報を閲覧できます。

Audit Manager の利用料金

Audit Manager の利用料金は、Audit Manager で評価を行うリソースの数（アカウントの数、ユーザー操作、インスタンス数等）に応じた従量課金となります。

引用・参考文献

[1] https://www.nttdata.com/jp/ja/news/release/2017/051201/
[2] https://aws.amazon.com/jp/compliance/programs/
[3] https://www.meti.go.jp/policy/netsecurity/secgov-tools.html
[4] https://www.logstorage.com/
[5] https://docs.aws.amazon.com/ja_jp/inspector/latest/userguide/inspector_cis.html
[6] https://aws.amazon.com/jp/security-hub/partners/

Index 索引

▶ 記号・数字

▶ A

▶ B

▶ C

▶ D

▶ E

▶ F

▶ O

▶ P

▶ Q

▶ R

▶ S

▶ T

▶ U

▶ V

▶ W・X・Y・Z

▶ あ行

▶ か行

▶ さ行

▶ た行

▶ な行

▶ は行

▶ま行

▶や行・ら行・わ行

著者プロフィール

川畑 光平（かわばた こうへい）

エグゼクティブ IT スペシャリスト、ソフトウェアアーキテクト・デジタルテクノロジーストラテジスト（クラウド）。金融機関システム業務アプリケーション開発・システム基盤担当、ソフトウェア開発自動化、デジタル技術関連の研究開発を経て、クラウド技術に関する研究開発・推進に従事。
AWS Partner Ambassadors / APN AWS Top Engineers since 2019。

菊地 貴彰（きくち たかあき）

シニア IT スペシャリスト（クラウド）。システム基盤担当として公共、金融、法人の各業界のシステム開発に従事。学生時代の専攻である機械学習のノウハウを活かしつつ、現在はデジタル技術や Agile 開発プロセスを用いたシステム開発を中心に担当。
AWS Partner Ambassadors、APN AWS Top Engineers、APN ALL AWS Certifications Engineers に選出。

真中 俊輝（まなか としき）

NTT データに入社後、クラウドを中心とした公共、金融、法人のシステム開発の支援やクラウド人材の育成を担当。
2019-2020 年に AWS APN Top Engineers に選出

■本書サポートページ

https://isbn2.sbcr.jp/07852/

- 本書をお読みいただいたご感想を上記URLからお寄せください。
- 上記URLに正誤情報、サンプルダウンロード等、本書の関連情報を掲載しておりますので、併せてご利用ください。
- 本書の内容の実行については、全て自己責任のもとで行ってください。内容の実行により発生した、直接・間接的被害について、著者およびSBクリエイティブ株式会社、製品メーカー、購入された書店、ショップはその責を負いません。

カバーデザイン ……………… 新井大輔

編集協力 ………………………… 澤田竹洋（浦辺制作所）

担当編集 ………………………… 岡本晋吾

本文デザイン・DTP ……… クニメディア株式会社

AWSの基本・仕組み・重要用語が全部わかる教科書

2022年 8月26日　初版第1刷発行

2024年10月29日　初版第8刷発行

著者 ………………………………… 川畑光平

菊地貴彰

真中俊輝

発行者 ……………………………… 出井貴完

発行所 ……………………………… SBクリエイティブ株式会社

〒105-0001　東京都港区虎ノ門2-2-1

https://www.sbcr.jp

印刷・製本 ……………………… 株式会社シナノ

落丁本、乱丁本は小社営業部にてお取り替えいたします。

定価はカバーに記載されております。

Printed in Japan ISBN 978-4-8156-0785-2